Spracheund Kognition

Sprache und Kognition

Perspektiven moderner Sprachpsychologie

Hans-Joachim Kornadt/Joachim Grabowski/
Roland Mangold-Allwinn (Hrsg.)

Spektrum Akademischer Verlag Heidelberg · Berlin · Oxford

Die Deutsche Bibliothek – CIP-Einheitsaufnahme

Sprache und Kognition : Perspektiven moderner Sprachpsychologie / Hans-Joachim Kornadt ... (Hrsg.) – Heidelberg ; Berlin ; Oxford : Spektrum, Akad. Verl., 1994
ISBN 3-86025-135-X
NE: Kornadt, Hans-Joachim

Lektorat: Katharina Neuser-von Oettingen
Produktion: Susanne Tochtermann
Umschlaggestaltung: Zembsch' Werkstatt, München
Druck und Verarbeitung: Druckhaus Beltz, Hemsbach

Spektrum Akademischer Verlag Heidelberg · Berlin · Oxford

EIN VERLAG DER SPEKTRUM FACHVERLAGE GMBH

Für Theo Herrmann

Inhaltsverzeichnis

Hans-Joachim Kornadt, Roland Mangold-Allwinn und Joachim Grabowski
Sprache und Kognition – Aspekte des Forschungsfeldes 1

Zur Geschichte sprachpsychologischer Problembehandlungen

Werner Deutsch
Mit dem Zeitgeist gegen den Zeitgeist – Die Anfänge des Forschungsprogramms "Objektbenennung" 15

Johannes Engelkamp
Mentale Repräsentationen im Kontext verschiedener Aufgaben 37

Carl Friedrich Graumann
Wieviel Zeigen steckt im Nennen? – Zur Situiertheit des Sprachgebrauchs 55

Kognitive Grundlagen der Sprachverwendung

Gert Rickheit und Hans Strohner
Kognitive Grundlagen situierter künstlicher Kommunikatoren 73

Klaus Foppa
Wie muß man was wissen, um sprechen (und verstehen) zu können? 93

Boris M. Velichkovsky
Sprache, Evolution und die funktionale Organisation der menschlichen Erkenntnis 113

Friedhart Klix
Wissenselemente: Bausteine für Gedächtnis und Sprache 133

Untersuchungen zur Sprachverwendung in ausgewählten Phänomenbereichen

---

Wolfgang Klein
Keine Känguruhs zur Linken – Über die Variabilität von Raumvorstellungen und ihren Ausdruck in der Sprache 163

Joachim Grabowski
Kommunikative Unschärfen – Zur Rezeption und Produktion von Richtungspräpositionen am Beispiel von "vor" und "hinter" 183

Roland Mangold-Allwinn
Das Forschungsprogramm "Objektbenennung": Neuere Entwicklungen 209

Hans-Joachim Kornadt und **Gisela Trommsdorff**
unter Mitarbeit von **Ryozo B. Kobayashi**
"Mein Hund hat mich bestorben" – Sprachlicher Ausdruck von Gefühlen im deutsch-japanischen Vergleich 233

Christiane von Stutterheim
Quaestio und Textaufbau 251

Sprachpsychologische Forschung in Anwendungsfeldern

Hermann Schöler
"Gib mal dem weißem Ratzefummel" - Überlegungen zur Störung der Sprachproduktion am Phänomen der Spezifischen Sprachentwicklungsstörung 275

Peter Winterhoff-Spurk
Nonverbale Kommunikation und Führung 291

Manfred Hofer und **Birgit Pikowsky**
Richtig-Verstehen in konfliktären Interaktionen zwischen Eltern und Kindern 309

Autorenregister 327

Sprache und Kognition

Aspekte des Forschungsfeldes

Hans-Joachim Kornadt, Roland Mangold-Allwinn
und Joachim Grabowski

In diesem einführenden Beitrag wird zunächst das Forschungsfeld skizziert, dem der vorliegende Sammelband gewidmet ist. Sodann werden die einzelnen Beiträge kurz charakterisiert und in den Gesamtzusammenhang eingeordnet.

1. Das Forschungsfeld der Sprachpsychologie

Mit der Sprache verfügt der Mensch über eine einzigartige, spezifisch menschliche Fähigkeit. Ihre Funktion erschöpft sich nicht in der 'Kommunikation': denn »dies haben wir mit den Tieren gemeinsam«, wie Karl Popper (nach Apel, 1986) betont hat. Der Sprache kommt darüber hinaus mit der Benennung, Darstellung und Repräsentation von 'Inhalten' eine Funktion zu, die weit über den bloßen 'Ausdruck' und die Übermittlung von 'Signalen' hinausreicht. Mit Hilfe der Sprache können wir Gedanken, Konzepte, Argumente und ganze Ideen-Systeme übermitteln und austauschen. Wir können damit das Wissen, Denken und Handeln anderer Menschen beeinflussen, zum Beispiel für die Koordination gemeinsamen Tuns, für den Abgleich von Sichtweisen der Situation und der Welt. Nicht von ungefähr ist sie seit langem Gegenstand intensiver Forschungsbemühungen. Die *Linguistik* ist dabei traditionell am Aufbau des *Symbolsystems* Sprache interessiert. Die Art, die Bedingungen und Konsequenzen des *Umgangs* von Sprechern und Hörern mit sprachlichen *Äußerungen* stellen im Unterschied dazu den Untersuchungsgegenstand der (Sprach-) *Psychologie* dar, ebenso wie die Frage nach der *Verwendung* von Sprache als einer der Arten menschlicher Handlungsweisen (unter anderen). Zugleich ergeben sich hier natürlich auch viele Anknüpfungspunkte zwischen beiden Disziplinen.

Bei der psychologischen *Sprachproduktionsforschung* stehen diejenigen Faktoren im Vordergrund, die Form und Inhalt produzierter sprachlicher Äußerungen determinieren. Es wird gefragt, durch welche psychischen Prozesse es von den kognitiven oder auch affektiven Zuständen eines Sprechers zu den laut- oder schriftsprachlich kodierten Äußerungen kommt. Auf der Seite der *Sprachrezeptionsforschung* interessieren diejenigen Prozesse und ihre Wirkungen, die beim Hörer durch unterschiedlich beschaffene sprachliche Äußerungen angeregt werden. Schließlich wird in der *Sprachentwicklungsforschung* verfolgt, wie Kinder im Verlauf ihrer Entwicklung das Symbolsystem Sprache zu beherrschen und zielführend einzusetzen lernen und welche Störungen dabei beispielsweise auftreten können.

Nun kann man Forschungsfeld der Sprachpsychologie enger oder weiter fassen. Für eine weitere Fassung spricht nach unserer Auffassung die Notwendigkeit, die Sprachpsychologie in das umfassende Forschungsgebiet der Allgemeinen Psychologie einzubetten. Wir schließen uns damit der Konzeption von Theo Herrmann (1982, 1985, 1990, 1992; vgl. auch Herrmann & Grabowski, 1994) an, der wiederholt – auch im deutlichen Gegensatz zum vorherrschenden Trend in der Psycholinguistik – betont hat, daß die Sprachpsychologie sich nicht, und schon gar nicht ohne Not, auf eine 'verkürzte Optik' bei der Definition ihres Themenfeldes beschränken sollte. Das heißt, sprachpsychologische Forschung und Theoriebildung sollten nicht erst bei der Frage der lexikalischen, morpho-syntaktischen und schließlich phonetischen Umsetzung von Kommunikationsinhalten beginnen, und sie sollten nicht enden beim Dekodieren der rezipierten Sprache, das heißt beim partnerseitigen Erkennen der phonetischen Elemente, beim Analysieren der morpho-syntaktischen Strukturen und beim Erschließen der 'Bedeutung' der lexikalischen Einheiten. Der Gegenstand der Sprachpsychologie umfaßt letztlich den gesamten Prozeß, der einerseits zum Aussprechen einer bestimmten Äußerung führt, einschließlich der ihn bedingenden und beeinflussenden Faktoren, und andererseits beim Hörer alle Prozesse, die zur Rezeption des Gesprochenen und zu den Wirkungen des 'Verstandenen' führen. So müssen auch Fragen wie die folgenden gestellt werden, die sich – ohne Anspruch auf Vollständigkeit oder Systematik – am besten am Beispiel eines Sprechers S., einem kompetenten Mitglied unserer Sprach- und Kulturgemeinschaft, veranschaulichen lassen: Wenn S. in der Küche Altpapier verschnürt und dazu die im Arbeitszimmer befindliche Schere braucht, welche Bedingungen müssen erfüllt sein, um seine Partnerin zu bitten: "Könntest du mir mal die Schere bringen?" Was muß S. bei seiner Entscheidung, statt selber zu gehen die Partnerin zu bitten, wissen und kennen? Wie spielen sein Wissen über die aktuelle, innere wie äußere Lage der Partnerin, über die generelle wie auch situationsbezogene Zumutbarkeit von Handlungsaufforderungen – um eine solche handelt es sich in diesem Falle – bei seiner Entscheidung zusammen?

Dieses Beispiel führt auch zu der in der Psychologie oft vernachlässigten Berücksichtigung der Konventionengeleitetheit des menschlichen Handelns, das im Sprechen eine von mehreren möglichen Ausprägungen erfährt. "Könntest du mir mal die Schere bringen?" sagt sich schließlich leichter und wohl auch mit größerer Aussicht auf Erfolg als: "Könntest du mal in die Stadt gehen und mir eine Schere kaufen?" Und was heißt hier Erfolg? Es ist nicht damit getan, daß der Partner *versteht*, was der Sprecher sagt oder allenfalls auch meint, sondern es kommt letztlich darauf an, daß der Partner dasjenige *tut*, was der Sprecher wünscht, daß er im Beispiel einer Wegbeschreibung den skizzierten Weg *findet*, daß er im Fall einer Gebrauchsanweisung das Gerät zu *bedienen vermag*, daß er auf einen erzählten Witz hin *lachen* kann. Wie müssen – um zu unserem Beispiel zurückzukehren – die Wissensvoraussetzungen von S. beschaffen sein, damit er sich für das Äußern der Bitte entscheiden kann und nicht dazu, doch selber zu gehen? Und was muß S. sonst noch wissen, damit er eine Erfüllung seiner Bitte überhaupt erwarten kann?

Welche Voraussetzungen fließen in die verbale Realisierung seiner Aufforderung ein? Setzt S. nicht voraus, daß seine Partnerin weiß, wo sich die Schere befindet? Würde er sonst nicht – wie einem mit der Wohnungseinrichtung unvertrauten Besucher gegenüber – sagen, *wo* sie sich befindet? Und natürlich wissen Menschen in der Regel auch, was eine Schere ist und was man mit Scheren gemeinhin tut. Vielleicht kommt die Partnerin mit einem Messer an und sagt: "Ich habe die Schere nicht gefunden." Dann kann man die Kommunikation hinsichtlich der eigentlichen Intention des Sprechers dennoch als gelungen bezeichnen. Aber welche sprecher- und hörerseitigen Gedankenprozesse sind hier beteiligt (und genauer zu erforschen)? Und selbst die Tatsache, daß es in S.' Haushalt genau *eine* Schere gibt, scheint in der Äußerung berücksichtigt zu sein; sonst hätte S. vielleicht "die große Schere", "die Papierschere" oder nur schlicht "eine Schere" gesagt.

Diese nur in einigen Punkten – und an einem sehr einfachen Beispiel der *Handlungsregulation* eines Sprechers – skizzierten Wissensvoraussetzungen lassen leicht erkennen, daß auch die Frage nach dem Aufbau und der Struktur des allgemeinen Weltwissens, der kognitiven Repräsentation aktueller Situationen, dem Wissen über den Partner, das bei ihm voraussetzbare oder noch zu explizierende Wissen, und schließlich dem Wissen über zielführende sprachliche Regularien unmittelbare sprachpsychologische Relevanz besitzen. Besondere Bedeutung kommt der Situationsabhängigkeit des Sprechens und Sprachverstehens zu. Wann genügt ein "Ich bräuchte mal eine Schere", wann ist ein "Ich weiß, ich störe dich gerade. Aber ich muß den Stapel hier festhalten. Könntest du mir gerade mal kurz bitte die Schere bringen?" notwendig? Warum ist die Antwort auf die Frage "Wie war es denn im Urlaub?" gegenüber einem Vorgesetzten hinsichtlich Informationsauswahl und Formulierung anders beschaffen als gegenüber einem besten Freund?

Und überhaupt: *Wie* sind Äußerungen in gegebenen Situationen beschaffen? Schließlich darf nicht vergessen werden, daß Sprecher selten nur verbale Äußerungen produzieren; sie zeigen und deuten auch, sie modulieren die Intonationskontur, sie gestikulieren, werden laut, blicken den Partner (grimmig, oder freundlich lächelnd) an, etc. Auch dieses Zusammenspiel von verbalen und nonverbalen Äußerungskomponenten muß in Rechnung gestellt und untersucht werden. So können wir auch am Telefon zielführend sprechen, wo uns der Partner hören, aber nicht sehen kann; beim Schreiben schließlich sind selbst akustische Variationen ausgeschlossen. Es wird deutlich, daß die Situationsabhängigkeit der Produktion und Rezeption sprachlicher Äußerungen weit mehr umfaßt als das räumliche Hier und das zeitliche Jetzt als Voraussetzung deiktischer Sprachverwendung.

Diese Auswahl von Forschungsfragen an Hand eines einfachen Beispiels (bei komplexeren Sachverhalten wie Wegbeschreibungen, Gebrauchsanweisungen, Aufbauanleitungen oder Argumentationssequenzen ist noch viel mehr zu berücksichtigen) läßt erkennen, daß sprachpsychologische Themen nicht ohne Einschluß der Frage nach kognitiven Repräsentationen, kognitiven und motivationalen Prozessen angemessen behandelt werden können.

Hierin liegt zugleich eine einfache Begründung für Themenbereich und Titel des vorliegenden Bandes. Es wird damit auch noch einmal deutlich, daß Sprachpsychologie wirklich als Teil der Allgemeinen Psychologie zu sehen ist, daß Sprache, Sprechen und Sprachverstehen nicht ohne Kenntnis von Wahrnehmungs-,

Kategorisierungs-, Lern-, Denk-, Problemlöse-, Gedächtnis- und Motivationsprozessen befriedigend untersucht werden können. Im Sinne Herrmanns sehen wir damit den Gegenstand der Sprachpsychologie im Rahmen und als Teil der allgemeinen Handlungsdynamik des Menschen. Diese Integration eröffnet auch das gesamte allgemeinpsychologische Spektrum von Ansätzen zur Theoriebildung und -prüfung: So ist die Leistungsfähigkeit unterschiedlicher Modellierungsansätze (zum Beispiel symbolverarbeitende und konnektionistische Modelle) gegeneinander abzuwägen, handlungstheoretische Konzeptionen oder systemtheoretische Annahmen sind 'stilrein' zu explizieren, die Isolierung von Einzelphänomenen mit Hilfe experimenteller Untersuchungsansätze tritt neben die Untersuchung natürlicher Sprachproduktion und -rezeption, und die Erarbeitung von Grundlagenerkenntnissen folgt anderen Prämissen als anwendungsbezogene Fragestellungen. Die Beiträge des vorliegenden Bandes können den skizzierten sprachpsychologischen Themenbereich nur in einzelnen Facetten behandeln, wobei die sprachpsychologische Invariante, die Frage nach der Beschaffenheit und den Voraussetzungen sprachbezogener Prozesse und ihrer Resultate, gleichwohl immer im Zentrum bleibt und somit – wie die Herausgeber hoffen – durch fallweise lokale Explikation den Lesern und Leserinnen zu einer *Konturierung* des Problem- und Forschungsfeldes verhilft.

Betrachtet man rückblickend die insgesamt bisher vorliegenden Arbeiten zur Sprachpsychologie, so wird deutlich, daß der vollständige Prozeß, angefangen mit den Vorbedingungen des Sprechens und endend allenfalls mit den Wirkungen der rezipierten Sprache, der aber im Grunde auch noch vielfältige Sprecher-Hörer-Wechselwirkungen mit umfaßt, daß dieser Gesamtprozeß als solcher kaum untersucht wurde. Bisher zerfällt die Sprachpsychologie aus vielerlei Gründen immer noch in die beiden Forschungsfelder der Sprachproduktion und der Sprachrezeption. Dabei ist außerdem noch ein deutliches Übergewicht der Untersuchungen zum Sprachverstehen erkennbar: Sprachrezeption ist offenbar die bevorzugt erforschte Seite der Medaille. Eine Ursache für dieses Ungleichgewicht ist sicher darin zu suchen, daß Untersuchungen zum Sprechverstehen einfacher durchgeführt und leichter kontrolliert werden können, und daß die Auswertungen unkomplizierter sind als bei Experimenten zur Sprachproduktion.

Ein typisches Beispiel sind Rezeptionsexperimente, in denen die Funktion der semantischen Beziehung zwischen Wörtern untersucht werden soll. Die Erwartung ist dabei, daß durch ein zuerst dargebotenes (aufgefaßtes) Wort eine Bedeutung aktiviert wird, durch die die Erkennung eines zweiten Wortes erleichtert wird, wenn es ebenfalls in diesen Bedeutungszusammenhang gehört. Da 'Erleichterung' sich in einer kürzeren Reaktionszeit zeigen sollte, kann diese als Indikator genommen werden. Damit hat man eine Meßvariable gewählt, die objektiv und vom Expcrimentator unabhängig und die problemlos zu quantifizieren ist. Statt einfacher Wörter kann man auch zu komplexeren sprachlichen Gebilden übergehen und entsprechende Fragestellungen an Hand von Sätzen oder Texten untersuchen.

Die Untersuchung von Vorgängen der Sprach*produktion* ist dagegen wesentlich schwieriger. Das beruht einerseits auf der Komplexität des 'Produkts' Sprache, die die 'abhängigen Variablen' einschließt, zum anderen auf der Vielfältigkeit und Flexibilität der Interaktion der den Produktionsprozeß bedingenden und steuernden Faktoren. Das komplexe Phänomen Sprache muß sozusagen in Meßvariablen 'zerlegt' werden, wobei zahllose Variablen (von Reaktionszeiten und Zahl bestimmter Wörter über Inhalte bis zu Form- und Stilelementen) in Betracht kommen. Ihre jeweilige Indikator-Funktion für bestimmte, sie bedingende psychische Faktoren und Prozesse ist dabei unklar – eben das ist ja eine Forschungsfrage. Der Erfolg der Untersuchung hängt unter anderem davon ab, daß dem Forscher ein Kategoriensystem für die Zuordnung der zu analysierenden sprachlichen Einheiten (Objektbenennungen, Lokalreferenzen, Aufforderungen, Berichte, Erzählungen, usf.) zur Verfügung steht beziehungsweise daß er ein Schema entwickeln kann, das für mögliche systematische Variationen in den Äußerungen sensitiv ist und die Zusammenhänge erkennbar werden läßt. Hier muß praktisch das gesamte linguistische, auf die Struktur der sprachlichen Oberfläche bezogene, und das gesamte kognitionspsychologische, vorsprachliche Wissenselemente und -strukturen erschließende Methodenrepertoire zum Einsatz kommen. Die zur Befundsicherung angestrebte Metrisierung derartiger Variablen und geeignete inferenzstatistische Verfahren können dabei oft nicht einfach aus den Standardwerken der Methodenlehre übernommen werden (vgl. Herrmann & Grabowski, 1994, S. 76ff.).

Entsprechendes gilt für den Prozeß der Sprachproduktion selber. Es ist von vornherein klar, daß an ihm zahllose Faktoren beteiligt sind, die auch in Interaktion zueinander stehen und nicht selten flexibel zusammenwirken. Es ist daher schwierig, durch experimentelle Manipulation auf einzelne dieser Faktoren einzuwirken, um ihre Funktion aufzuklären, und es ist schwierig, bei einer experimentellen Anordnung zu diesem Zweck sicherzustellen, daß der gewollte Effekt auch tatsächlich wie gewollt eintritt. So ergibt eine Erfassung von Aktivationszuständen im Verlauf des Produktionsvorgangs nur dann einen Sinn, wenn zuverlässig vorhergesagt werden kann, welche Äußerung (oder zumindest welche Klasse von Äußerungen) von der Versuchsperson produziert werden wird. Beispielsweise untersuchen Levelt et al. (1991) mit der Methode der lexikalischen Entscheidung (der Messung der Reaktionszeit auf die Frage "Ist das dargebotene Wort ein Wort unserer Sprache?") die Aktivationsverläufe von zu produzierenden Objektbezeichnungen bei semantisch oder klanglich ähnlichen Zielwörtern. Die Autoren können ihre Daten nur interpretieren, weil bekannt ist, welche Benennungen von den Sprechern für die zuvor auf Bildern gezeigten Objekte produziert werden.

Allerdings sind in den letzten zwei Jahrzehnten in zunehmendem Maße Anstrengungen zu beobachten*, trotz der im Vergleich zur Sprachrezeptionsforschung größeren Schwierigkeiten Licht in das Dunkel der bei der Sprachproduktion ablaufenden Vorgänge zu bringen. In der sprachpsychologischen Literatur

* Als Beispiel für diese Bestrebungen kann die Forschungsgruppe "Sprache und Kognition" an der Universität Mannheim angeführt werden, die sich seit 1978 vorrangig mit Fragen der Sprachproduktion und ihren kognitiven Determinanten beschäftigt; aus ihr ging das *Mannheimer Modell der Sprachproduktion* hervor (Herrmann, 1982, 1985; Herrmann & Grabowski, 1994). Teile dieser Forschungsgruppe mündeten in den von der Deutschen Forschungsgemeinschaft geförderten Heidelberg-Mannheimer Sonderforschungsbereich *"Sprechen und Sprachverstehen im sozialen Kontext"*, in dem sich Linguisten und Psychologen auch intensiv mit Sprachproduktionsvorgängen befassen.

findet man eine breiter werdende Datenbasis von Untersuchungsergebnissen aus Sprachproduktionsexperimenten. Es liegt inzwischen auch eine Reihe alternativer Modelle zur Erklärung der Zusammenhänge vor, die in Bedingungs- beziehungsweise Prozeßanalysen gefundenen wurden.

Freilich ist die größere Zugänglichkeit der Rezeptionsprozesse zum Teil auch nur scheinbar gegeben. Die gehörte, aufzufassende Sprache ist natürlich ebenso komplex und in zahllose Einzelvariablen zu 'zerlegen' wie die produzierte. – Auch wenn keine Symmetrie zwischen Produktions- und Rezeptionsprozeß besteht, muß im Prinzip die gleiche Vielfalt und Flexibilität der beteiligten psychischen Prozesse angenommen werden. Die Untersucher der Rezeption haben es vielleicht nur leichter (oder sich leichter gemacht), Indikatoren zu definieren.

Insgesamt erweist sich somit die Sprachpsychologie als ein sehr breites, viele Aspekte berührendes oder einschließendes Forschungsfeld der Psychologie. Insbesondere wenn man es mit seinen vielfältigen Beziehungen als Teil der Allgemeinen Psychologie sieht, wird evident, wie fruchtbar seine Erforschung ist. In der Tat sind noch viele Fragen zu erforschen, und immer neue tun sich auf: Die Sprachpsychologie ist ein virulentes Forschungsgebiet der Psychologie.

2. Zum Inhalt

In dem oben skizzierten Forschungsfeld will nun der vorliegende Band einen Beitrag leisten, wobei selbstverständlich nicht alle Bereiche gleichmäßig behandelt werden können. Die einzelnen Arbeiten sehen wir insgesamt als Beitrag zu einer im dargelegten Sinne 'unverkürzten' Erforschung der Sprachverwendung und ihrer Determinanten. Bei unterschiedlicher Akzentuierung verschiedener Aspekte ist immer die Sprachpsychologie der Bezugspunkt, wobei im Bereich der Sprachproduktion ein Schwerpunkt liegt. Bei der Gliederung des Bandes haben wir uns von folgenden Gesichtspunkten leiten lassen:

Man kann – als grobe Einteilung – natürlich auch in der Sprachpsychologie einmal Arbeiten, die mehr auf *grundlegende Erkenntnisse* ausgerichtetet sind, von solchen unterscheiden, die eher *anwendungsbezogene* Fragestellungen verfolgen. Dabei ist selbstverständlich mit anwendungsbezogener Forschung nicht etwa eine 'weniger wissenschaftliche' Forschung gemeint. Vielmehr steht bei der ersten Art von Arbeiten der Erkenntnisgewinn ohne Bezug zur Umsetzung bei Alltagsproblemen, bei der zweiten Art dagegen die Einbettung der Fragestellungen und Ergebnisse in anwendungsbezogene Kontexte (*Praxisfelder*) im Vordergrund. Im Rahmen der Grundlagenforschung zur Sprachproduktion wird zum Beispiel untersucht, wie die Formulierung von Handlungsaufforderungen von der Beschaffenheit situativer Bedingungen abhängt (vgl. Herrmann, 1982, 1985). Einen Anwendungsbezug kann eine solche Untersuchung dann bekommen, wenn mit Hilfe der gefundenen Ergebnisse versucht wird, den Zusammenhang von Aufforderungs- und Führungsverhalten zu erhellen (vgl. Winterhoff-Spurk, Herrmann & Funk-Müldner, i. Dr.).

Weiterhin stellt die Sprachproduktion einen Vorgang dar, bei dem (vorsprachliche) kognitive Prozesse zu beobachtbaren sprachlichen Äußerungen führen. Entsprechend lassen sich Arbeiten zur Sprachproduktion danach unterscheiden, ob in ihnen eher die *kognitiven Voraussetzungen* des Sprechens thematisiert werden oder ob sie 'sprachnah' sind, das heißt, ob in ihnen Fragen diskutiert werden, die sich mehr mit *spezifischen sprachlichen Phänomenen* und der *Verwendung* von Sprache befassen.

Schließlich gewinnt ein Forschungsfeld immer auch an Übersichtlichkeit und Klarheit in bezug auf den Stellenwert dessen, was in einzelnen Arbeiten getan wird, wenn man sich der *Entwicklung von Fragestellungen und Methoden* und der Einbettung von Problemen in einen breiteren *geschichtlichen Zusammenhang* vergewissert. Der jeweilige Kenntnisstand und die Art der wissenschaftlichen Rekonstruktion interessierender Phänomene ist nicht nur durch den behandelten Gegenstand und seine Erscheinungsformen, sondern eben auch durch innerdisziplinäre Kontinuitäten oder Diskontinuitäten beeinflußt. Gerade die heutige kontinentale Sprachpsychologie ist in vielen Aspekten durch das Wiederaufgreifen von Denktraditionen gekennzeichnet, die durch die Wirren des Zweiten Weltkriegs und die damit verbundenen Schicksale von Forscherpersönlichkeiten eine Unterbrechung erfahren hatten. Zum Teil haben diese erschwerenden Umstände auch eigenständige (Weiter-) Entwicklungen ermöglicht, indem leichter an frühe Pioniere (vor allem Bühler) angeknüpft werden konnte.

Nach diesen Überlegungen erweisen sich folgende Abschnitte als angemessen:

- Zur Geschichte sprachpsychologischer Problembehandlungen;
- Kognitive Grundlagen der Sprachverwendung;
- Untersuchungen zur Sprachverwendung in ausgewählten Phänomenbereichen;
- Sprachpsychologische Forschung in Anwendungsfeldern.

Die Zuordnung der einzelnen Beiträge zu diesen Abschnitten ist natürlich nicht immer absolut eindeutig zu treffen; nicht alle Beiträge folgen der von uns vorgeschlagenen Schnittlegung so spezifisch, daß sie nicht auch anders hätten gruppiert werden können.

2.1 Zur Geschichte sprachpsychologischer Problembehandlungen

Deutsch befaßt sich in seinem Beitrag damit, wie ein *Forschungsprogramm* zu ausgewählten sprachlichen Einheiten – hier: den *Objektbenennungen* – in Gang gekommen ist und wie es sich fortentwickelt hat. Im Anschluß an die einflußreiche Arbeit von Olson (1970), in der der Versuch unternommen wurde, eine Semantik (im Gegensatz zu bis dato üblichen linguistischen Verfahren) vor dem Hintergrund einer psychologisch-informationstheoretischen Perspektive zu begründen, wurde in der Zeit von 1972 bis 1978 am Psychologischen Institut der Universität Marburg eine Reihe von Forschungsarbeiten durchgeführt. Anhand dieser Arbeiten kann gezeigt werden, daß das Forschungsprogramm "Objektbenennung" von einem Geflecht von Themen durchzogen ist. Die Dynamik der Fortentwicklung des Programmes läßt sich zu wesentlichen Teilen aus dem Spannungsfeld zwischen den überraschend sparsamen Annahmen Olsons (1970) einerseits und den sich abzeichnenden Widersprüchen zu empirischen Daten andererseits ableiten. Mit der Nachzeichnung der Entwicklung des Forschungsprogramms an Hand der lückenlosen Durchsicht von etwa 50 Studienarbeiten (und gerade nicht an Hand der allgemein zugänglichen Publikationen) begeht Deutsch zugleich einen vielleicht ungewöhnlichen, aber durchaus zielführenden Weg der Wissenschaftshistoriographie. (An die Darstellung von *Deutsch* schließt der Beitrag von *Mangold-Allwinn* thematisch an.)

Im Vordergrund des Beitrags von *Engelkamp* steht das Problem, wie das für Sprechen und Sprachverstehen benötigte Wissen repräsentiert ist. Er argumentiert, daß die in einer vor gut zehn Jahren intensiv geführten Auseinandersetzung aufgeworfene Frage nach einem propositionalen vs. analogen, nach einem modalitätsspezifischen vs. modalitätsfreien usf. Format der Repräsentationen zunächst als nicht beantwortbar zur Seite gelegt werden mußte. Bei den Experimentalanordnungen standen Variationen der Art des vorgegebenen *Reizmaterials* zu sehr im Vordergrund. Werden jedoch auch die *Aufgabenstellungen* systematisch variiert, wobei ein wesentlicher Aspekt ist, daß auch episodisches Gedächtnis als Faktor in die Untersuchung einbezogen wird, so ergibt sich eine neue Befundlage. Diese läßt die zuvor genannten Überlegungen zu den Repräsentationsarten in einem anderen Licht erscheinen. Engelkamps Beitrag bietet somit eine Miniatur rezenter Themengeschichte: wie ein zwischenzeitlich zur Seite gelegtes Problem mit der Einführung eines neuen Betrachtungsaspekts wieder auflebt, der den scheinbar unterbrochenen Forschungsverlauf zu integrieren vermag.

Graumann greift – in engem Bezug auf Bühler (1934) – die Frage auf, wie Sprecher in der sozialen Interaktion mit Hilfe der Sprache ihre Partner steuern. Sie vermögen dies im *Zeigfeld* der Sprache mit *Zeigwörtern* oder im *Symbolfeld* der Sprache mit *Nennwörtern*. Der Autor führt vor Augen, daß Sprecher auch ohne die Verwendung von im eigentlichen Sinne deiktischen Zeichen ihre Perspektive ausdrücken; daß auch dadurch dem Partner etwas gezeigt wird, belegt, daß das Symbolfeld sich nicht vollständig vom Zeigen losgelöst hat. Bühlers Problemstellung erweist sich als unverändert aktuell; sein Lösungsvorschlag vermag, wiewohl in vielen Punkten fraglich, die Beschäftigung mit der Funktionsweise sprachlich-interaktiver Partnersteuerung nach wie vor zu stimulieren.

2.2 Kognitive Grundlagen der Sprachverwendung

In allen Beiträgen dieser Gruppe steht die Frage nach den kognitiven Voraussetzungen menschlicher Sprachproduktion und -rezeption im Vordergrund. Dieses Problem gehen *Rickheit & Strohner* über die Frage an, was ein *künstlicher Automat* braucht, um mit menschlichen Partnern kommunizieren zu können. Dabei ziehen die Autoren auch die Schnittstellen des Sprachverarbeitungssystems zur Wahrnehmung und zum Effektorensystem in Betracht. Diese Fragestellung führt zu den Kennzeichen und Grundvoraussetzungen menschlicher Kommunikation: Sprachverarbeitende Systeme müssen der grundlegenden Situiertheit der Kommunikation, der Integriertheit der Informationskanäle, der Robustheit beispielsweise gegen Mehrdeutigkeit und fehlender Präzision, der Zielorientiertheit, die die Fähigkeit zur Planung impliziert, und der Lernfähigkeit gerecht werden. Schließlich wird die Frage nach einer geeigneten Methodologie zur Behandlung des Problems aufgeworfen und ein Modell zur Umsetzung der Anforderungen an situierte künstliche Kommunikatoren in ein maschinelles System vorgestellt.

In dem Beitrag von *Foppa* wird die spezifischere Frage nach den Wissensvoraussetzungen diskutiert: *Wie* muß man *was* wissen, um sprechen zu können? Wissen umfaßt danach sowohl das *Weltwissen* (Was-Wissen) als auch das *Verfahrenswissen* (Wie-Wissen). Der Autor führt an einer Reihe von Textbeispielen vor Augen, daß zunächst als nicht funktionierend erscheinende sprachliche Interaktionssequenzen dennoch ihren Zweck deshalb erfüllen, weil Sprecher und Partner beträchtliches Vorwissen in die Kommunikationssituation einbringen. Überlegungen zu dem Problem, wie Wissensmodelle beschaffen sein müßten, die sich primär an den Prozessen des Sprechens und Sprachverstehens orientieren, runden den Beitrag ab.

Velichkovsky stellt die Frage nach den kognitiven Voraussetzungen der Sprachverwendung in einen *evolutionären* Zusammenhang. Unter Heranziehung vielfältiger Befunde auch aus dem neurophysiologischen und -psychologischen Bereich führt er die phylogenetische Entwicklung der sprachlichen Verarbeitung in einem Mehr-Ebenen-Modell der kognitiven Organisation, der *vertikalen Dimension* kognitiver Prozesse, vor Augen. Es wird ausgeführt, daß im Verlauf der Evolution neu ausgebildete Gehirnteile erst in einem 'zweiten Durchgang' ihre funktionale Fixierung auf sprachbezogene Prozesse erhalten haben und daß dabei der Fähigkeit zu metakognitiven Leistungen, wie sie sich in der situativen Pragmatik manifestieren, eine entscheidende Rolle zukommt. Die Abhandlung Velichkovskys, die auch die Phänomene der Rückentwicklung geistiger Prozesse im Alter im Rahmen der vertikalen Dimension kognitiver Leistungen zu integrieren vermag, impliziert und expliziert eine eindeutige Abgrenzung gegen aktuelle Annahmen zur *Modularität* der Hirnfunktionen.

Eine ausführlichere Darstellung möglicher Auffassungen zur Organisation sprachrelevanten Wissens im Gedächtnis beinhaltet der Beitrag von *Klix*. Bei der Beschreibung von Modellen zur Struktur von Wissenselementen konzentriert er sich auf das *Begriffswissen*. Er argumentiert – ähnlich wie *Foppa* – gegen die Annahme einer starren Organisationsstruktur und setzt sich mit Vorstellungen einer dynamischen Wissensorganisation auseinander, wie sie sich beispielsweise auch bei Herrmann (1985) findet. Einige Folgen seiner Auffassung für die Rolle des – auch operativen – Wissensbesitzes bei der Sprachproduktion werden im Zusammenhang mit dem "Mannheimer Modell" erörtert.

2.3 Untersuchungen zur Sprachverwendung in ausgewählten Phänomenbereichen

Die Verwendung von Begriffen zur *Bezeichnung von Raum* sind das Thema des Beitrages von *Klein*. Seine Ausführungen basieren auf der Grundannahme, daß Kommunikationspartner, wenn sie Wörter wie "hinter" oder "rechts von" in der Kommunikation erfolgreich verwenden können, sowohl deren Bedeutung kennen als auch eine etwa gleiche Vorstellung von Raum haben müssen. Der Autor kann zeigen, daß – als allgemeines Prinzip – bei der Definition und beim Aufeinander-Beziehen von Räumen ein abstrakter Basisraum mit antropomorphen Eigenschaften versehen wird, wobei es bei der Art dieser Überformung zu kulturell bedingten Unterschieden kommt.

Grabowski greift, wie schon *Klein*, die Frage der Verwendung von Raumbezeichnungen auf. Er zeigt an einer Experimentalserie zur Produktion und Rezeption der *Präpositionen "vor" und "hinter"*, daß die Bezeichnung eines bestimmten Teilraums durch den Sprecher und die Identifikation eines Teilraums durch den Hörer allenfalls bei Beachtung des differenzierten Zusammenspiels mehrerer außersprachlicher Determinanten einheitlich beschrieben werden kann. Ein Vergleich der auftretenden Eindeutigkeiten und Mehrdeutigkeiten bei Produktion und Rezeption läßt die Annahme, Sprachverwendung sei vornehmlich durch Mechanismen kooperativer Verständnissicherung gekennzeichnet, fragwürdig erscheinen; vielmehr wird gezeigt, daß eklatante Unschärfen in der Zuordnung von Raumbezeichnungen zu bezeichneten Räumen durchaus alltäglich sind und die Kommunikation auch nicht weiter zu stören scheinen.

Mit Modellierungsansätzen zum Prozeß der Produktion von *Objektbenennungen* setzt sich *Mangold-Allwinn* in seinem Beitrag auseinander. Zunächst wird der (auch im Beitrag von *Deutsch* dargestellte) Ansatz von Olson (1970) kritisiert, nach dem die Beschaffenheit von Objektbenennungen allein aus einer informationstheoretischen Perspektive heraus erklärbar ist. Es kann nämlich in Experimenten gezeigt werden, daß Form und Inhalt von Objektbenennungen nicht nur von der Beschaffenheit der Kontextobjekte, sondern auch von weiteren (sozialen) Faktoren determiniert sind, was dem im Sprachproduktionsmodell von Herrmann (1985) explizierten Prinzip der *Instrumentalität* entspricht. Es werden neuere Entwicklungen sowohl in der zur Untersuchung des Einflusses situativer Bedingungen auf Objektbenennungen eingesetzten *Versuchsanordnung* (Objektbenennung im *Diskurs*) als auch im bevorzugten Erklärungsansatz für die gefundenen Zusammenhänge (Objektbenennung als *Erfüllung lokaler Anforderungen*) behandelt.

Kornadt & Trommsdorff erweitern mit ihrem Beitrag den Themenbereich, indem sie den Blick auf das Verhältnis von Sprache zu Emotionen lenken. Sie gehen aus von Befunden einer kulturvergleichenden Untersuchung, bei der sich Diskrepanzen zwischen deutschen und japanischen Auswertern beim Erkennen von emotionsbezogenen Äußerungen japanischer Probanden zeigten. Unter Mitarbeit von R. *Kobayashi* legen sie in ihrem Beitrag eine Reihe von Eigentümlichkeiten der japanischen Sprache dar. Diese erlauben es, Emotionen indirekt oder umschrieben auszudrücken oder anzudeuten, was in Japan gegenüber der direkten Benennung von Emotionen bevorzugt wird. Da dies auch in vielfältiger Weise mit anderen sozialen Regeln und Werten übereinstimmt, werden anschließend zwei Fragen diskutiert: Einmal, ob angenommen werden kann, daß aus den sprachlichen Ausdrucksformen auf Besonderheiten des Emotionserlebens und der emotionsbezogenen Kognition geschlossen werden kann. Zum anderen, wie weit nicht auch die Annahme begründet erscheint, daß diese Besonderheiten der Sprache zusammen mit einer Reihe anderer Bedingungen in der Sozialisation auch auf die Entwicklung kulturspezifischer Emotionsqualitäten und -konzepte Einfluß haben.

Mit der Erforschung der *Textproduktion* beschäftigt sich *von Stutterheim* in ihrem Beitrag. Sie kann zeigen, daß es sich dabei um einen in hohem Maße von Prinzipien beziehungsweise Regeln geleiteten Vorgang handelt; zur Erklärung des Wirkens der Determinanten von Informationsselektion, Informationsstrukturierung und Informationsausdruck wird der *Quaestio-Ansatz* vorgestellt. Unter Verweis auf eine Reihe empirischer Befunde kann aufgezeigt werden, wie sich die jeweils veränderte Beschaffenheit der situativen Determinanten auf Textaspekte der Informationsauswahl, der Linearisierung sowie der sprachlichen Darstellung der Information auswirkt. Insgesamt spricht die Argumentation der Autorin dafür, Textproduktion nicht als einen schematisiert und unkontrolliert ablaufenden Vorgang, sondern als einen *geplanten* und auf *lokale Anforderungen* reagierenden *Problemlösungsprozeß* zu verstehen.

2.4 Sprachpsychologische Forschung in Anwendungsfeldern

Den Ausführungen von *Schöler* liegt die Überzeugung zugrunde, daß auch eine Betrachtung von Störungen der Sprachproduktion einen Zugang zur Erklärung der dabei ablaufenden Vorgänge liefert. Aus einer umfangreichen Untersuchungsreihe zur Spezifischen Sprachentwicklungsstörung, die mit dem Erscheinungsbild sprachlich-struktureller, vor allem morpho-syntaktischer Defizite einhergeht, leitet der Autor drei Erklärungsannahmen ab: (i) Die Spezifische Sprachentwicklungsstörung ist auf *qualitativ veränderte Informationsverarbeitungsvorgänge* zurückzuführen, die (ii) sowohl Sprachproduktion als auch Sprachrezeption beeinflussen, wobei die Störung der Rezeption schwerer und nur mit geeigneten Untersuchungsmethoden nachzuweisen ist. (iii) Als Ursache der Defizite wird eine *basale auditive Verarbeitungsstörung* ausgemacht, die in ihrer Auswirkung nicht nur auf den Bereich sprachlichen (Regel-)Wissens begrenzt ist.

Obwohl – wie zum Beispiel bei Herrmann (1985) – zwar häufig hervorgehoben wird, daß sich Sprachproduktion und andere (nichtsprachliche) Verhaltensweisen zur Zielregulation des Organismus wechselseitig ergänzen, muß *Winterhoff-Spurk* in seinem Beitrag das Fehlen von umfassenderen Ansätzen, in denen verbale, paraverbale und nonverbale Aspekte der Sprachproduktion integriert werden, konstatieren. Im Verlauf seiner Argumentation weist er auf die Bedeutung des *Nonverbalen* im Kommunikationsprozeß hin, stellt am Beispiel des *Aufforderns* eigene Untersuchungen zum Zusammenhang von verbaler und nonverbaler Kommunikation vor und geht (in einem mehr anwendungsorientierten Kontext) auf die *nonverbale Kommunikation von Führungskräften* und dabei im besonderen auf die Zusammenhänge zwischen verbalen und nonverbalen Ausdrucksformen ein. Dabei verdichtet sich der – auch vom Autor hervorgehobene – Eindruck, daß die Forschung zur nonverbalen Kommunikation bislang theoretisch und empirisch weder in die Kommunikationspsychologie noch in die Organisationspsychologie gut eingebettet ist.

Sprachproduktion und Sprachverstehen sind wichtige Prozesse, die in *konfliktären Auseinandersetzungen* zwischen Müttern und ihren Töchtern eine Rolle spielen und in denen sich das Aufeinandertreffen der mütterlichen Kontrollintention und der Individualisierungsintention der Töchter widerspiegelt. Dabei ist die sprachliche Kommunikation in diesen Situationen nach *Hofer & Pikowsky* in erheblichem Maße durch *Mißverstehen* bedroht. In einer empirischen Untersuchung wurde auf seiten des Sprechers und des Hörers beobachtet und in Zusammenhang gesetzt, was die Bedingungen des *Richtig-Verstehens* sind, wie sich Richtig-Verstehen auf Kommunikationsinhalte und Beziehungsaspekte erstreckt und wie die Folgen des Richtig-Verstehens zu beurteilen sind. Die Befunde vermitteln pädagogisch-psychologische Erkenntnisse zur Realisierung von Bedingungen, die für ein gegenseitiges (Richtig-) Verstehen in konflikthaften Interaktionen günstig sind, und dokumentieren die Nützlichkeit sprachpsychologischen Forschens beim Bemühen um förderliche erzieherische Maßnahmen.

Wir hoffen, damit einen Einblick zu vermitteln in die Vielfalt der im sprachpsychologischen Forschungsfeld verfolgten und zu verfolgenden Fragestellungen, in die zu deren Beantwortung verwendeten Methoden und in Modelle zur Einordnung der empirischen Ergebnisse.*

Literatur

Apel, K.-O. (1986). Die Logoauszeichnungen der menschlichen Sprache. In H.-G. Bosshardt (Hrsg.), *Perspektiven auf Sprache. Interdisziplinäre Beiträge zum Gedenken an Hans Hörmann* (S. 45–87). Berlin: de Gruyter.

Bühler, K. (1934/1965). *Die Axiomatik der Sprachwissenschaften*. Frankfurt: Klostermann.

Herrmann, Th. (1982). *Sprechen und Situation*. Berlin: Springer.

Herrmann, Th. (1985). *Allgemeine Sprachpsychologie*. München: Urban & Schwarzenberg.

Herrmann, Th. (1990). Sprechen und Sprachverstehen. In H. Spada (Hrsg.), *Allgemeine Psychologie* (S. 281–322). Bern: Huber.

Herrmann, Th. (1992). Sprachproduktion und erschwerte Wortfindung. *Sprache & Kognition*, *11*, 181–192.

Herrmann, Th. & Grabowski, J. (1994). *Sprechen – Psychologie der Sprachproduktion*. Heidelberg: Spektrum Akademischer Verlag.

Levelt, W. J. M., Schriefers, H., Vorberg, D., Meyer, A. S., Pechmann, T. & Havinga, J. (1991). The time course of lexical access in speech production: a study of picture naming. *Psychological Review*, *98*, 122–141.

Olson, D. R. (1970). Language and thought: Aspects of a cognitive theory of semantics. *Psychological Review*, *77*, 257–273.

Winterhoff-Spurk, P., Herrmann, Th. & Funk-Müldner, K. (i. Dr.). Sprache in der Führung. In A. Kieser, G. Reber & R. Wunderer (Hrsg.), *Handwörterbuch der Führung*. Stuttgart: Poeschel.

* Wir danken Heike Heil und Dieter Korek für ihre Mithilfe bei der Herstellung des Manuskripts.

Zur Geschichte sprachpsychologischer Problembehandlungen

Mit dem Zeitgeist gegen den Zeitgeist

Die Anfänge des Forschungsprogramms "Objektbenennung"

Werner Deutsch

Dieser Aufsatz beschäftigt sich mit der Entwicklung des Forschungsprogramms "Objektbenennung". Im Mittelpunkt stehen etwa 50 Studienarbeiten, die zwischen 1972 und 1978 als Semester- und Diplomarbeiten sowie als Dissertation am Psychologischen Institut der Philipps-Universität Marburg/Lahn entstanden sind. Anhand der Themen, Methoden und Ergebnisse dieser Arbeiten wird rekonstruiert, wie das Forschungsprogramm "Objektbenennung" in Gang gekommen ist und in welche Richtungen es sich entwickelt hat. Die Entwicklung kann am besten als ein Geflecht von thematischen Linien beschrieben werden, die aufeinander aufbauen und sich gegenseitig ergänzen. Von besonderer Bedeutung für die Dynamik des Forschungsprogramms sind die kritische Auseinadersetzung mit Olsons Idee einer kognitiven Semantik und der Versuch gewesen, die kognitiven Prozesse bei der Objektbenennung ohne Anleihen an linguistische Konzeptionen zu modellieren und experimentell zu prüfen. Hierdurch ist – mit dem Zeitgeist gegen den Zeitgeist – ein Beitrag zur Psychologie der Sprachproduktion entstanden, der bis heute wirksam ist.

1. Am Anfang war...

Sprachpsychologen beschäftigen sich in der Regel mit Wörtern, Phrasen, Sätzen, Texten, Phonemen, Graphemen, Gebärden, aber nur selten mit Bildern. Es gibt mindestens ein Bild, das auch Sprachpsychologen gesehen haben sollten. Der Weg dahin ist beschwerlich und führt teilweise über Leitern nach Nordgriechenland in eines der Meteoraklöster. Die Pilgerfahrt in Sachen Sprachpsychologie endet im heiligen Kloster von Agios Nikolaos Anapausas, also dem heiligen Nikolaus, der sich ausruht. Auf einem Fresko dieses Klosters (siehe Abbildung 1) ist folgende Szene dargestellt:

Ein jugendlicher Mann sitzt aufrecht auf einer Anhöhe, die wie ein Thron wirkt. Der linke Arm ruht auf dem linken Oberschenkel, während der rechte Arm zwischen Ober- und Unterarm in einem Winkel von etwa 90° gestreckt ist. Auffällig ist die Haltung der Finger der rechten Hand, von denen der Ringfinger gebeugt ist, während Zeige-, Mittel- und kleiner Finger gestreckt sind. Der Daumen ist verdeckt. Vor (beziehungsweise neben) dem Mann sind zahlreiche Tiere zu sehen – eine Schlange, ein Löwe, ein Elephant, ein Affe, ein Kamel, ein Hahn, ein Drache und dergleichen mehr. Die meisten wenden sich dem hockenden Mann zu, doch einige – wie ein Hase – wenden sich auch von ihm ab. Was ist hier dargestellt? Wer ist der Mann? Was macht er? Hat die eigentümliche Stellung seiner rechten Hand eine Bedeutung? Warum übt gerade dieses Fresko auf Sprachpsychologen, von Psycholinguisten ganz zu schweigen, eine magische Anziehungskraft aus?

Abb. 1: Fresko aus dem Kloster Agios Nikolaos Anapausas.

Betrachter, die nicht bibelfest sind, dürften Schwierigkeiten mit der Entschlüsselung der Szene haben. Was für ein Glück, daß das Fresko eine pädagogische Hilfe enthält, die zwischen dem Mann und der ersten Tierreihe am oberen Bildrand auftaucht. Sie besteht aus einem griechischen Text, der in deutscher Übersetzung so lautet:

> [So] benannte Adam alle gezähmten Tiere und alle Vögel am Himmel und alle wilden Tiere des [Landes].

Das Fresko führt uns eine Version vom Ursprung der Sprache vor, nämlich die Version, die im 1. Buch Mose – genannt "Genesis" – steht. In Luthers Übersetzung klingt die im Fresko genannte Stelle so (1. Mose 2/19–20):

> Und Gott der Herr machte aus Erde alle Tiere auf dem Felde und alle Vögel unter dem Himmel und brachte sie zu dem Menschen, daß er sähe, wie er sie nennte; denn wie der Mensch jedes Tier nennen würde, so sollte es heißen. Und der Mensch gab einem jeden Vieh und Vogel

unter dem Himmel und Tier auf dem Felde seinen Namen; aber für den Menschen ward keine Gehilfin gefunden, die um ihn wäre.

Diese Version vom Ursprung der Sprache ist heute heiß umstritten. Sie setzt Prioritäten, die manchem ein Dorn im Auge sind. Es fängt damit an, daß der Mensch, auch wenn das auf dem Fresko nicht so deutlich zu erkennen ist, ein Mann ist. Hinter dieser Behauptung steht eine doppelte Provokation, daß nämlich erstens der Ursprung der Sprache nicht auf die Notwendigkeit zwischenmenschlicher Kommunikation zurückgehe und zweitens das Werk eines Mannes sei. Die Provokation geht noch weiter. Das Kernstück der Sprache ist für viele Psycholinguisten die Grammatik und nicht der Wortschatz, wie die biblische Version suggeriert, in der die – leider nicht näher ausgeführten – Äußerungen Adams aus Benennungen, also einzelnen Wörtern bestehen. Schließlich läßt das Fresko aus dem Kloster des heiligen, sich ausruhenden Nikolaus auch Zweifel aufkommen, ob die Sprache so funktioniert, wie es Oralisten gerne hören. Adam redet nicht nur mit dem Mund, sondern führt parallel dazu mit einer Hand, der rechten, eine ganz bestimmte Geste aus. Wie das genaue zeitliche Verhältnis zwischen Geste und Benennung gewesen ist, muß dieses Bild natürlich offen lassen. Fest steht nur, daß Sprache und Gestik auf dem Fresko zusammenhängend auftreten. Darüberhinaus ist es – aus heutiger Sicht – bestimmt kein Zufall, daß die Haltung des linken und des rechten Arms beim Sprechen nicht übereinstimmen. Der linke Arm ruht, während der rechte in Bewegung ist. Die Darstellung verleitet zu der Annahme, Adam könne ein Rechtshänder gewesen sein, dessen Sprachzentrum in der linken Hirnhälfte lokalisiert ist. Aber das sind Spekulationen, die retrospektiv nicht mehr geklärt werden können. Adams Geste wirkt nicht wie eine zufällige Bewegung, sondern wie eine willkürlich gesteuerte Aktivität, die auf einen definierten Zielzustand, eine symbolische Geste, hinausläuft. Er segnet die Tiere, während er sie benennt und anblickt. Adams Gebärde des Segnens entspricht – nach Auskunft von Theologen – der eines Bischofs in der Ostkirche. Sie drückt analog zum Fingeralphabet die griechischen Buchstaben *X* und *P* aus, also den Beginn des Namens Christus. Hierdurch soll die Beziehung zwischen Adam und Christus sinnfällig gemacht werden. Darüberhinaus sind die drei gestreckten Finger auch ein Symbol für die Trinität von Vater, Sohn und Heiliger Geist. Nach Auskunft von Gebärdensprachexperten ist diese Gebärde eine phonologisch sehr 'markierte' Handform, deren Produktion schwierig ist und kein direktes Gegenstück in einer der natürlichen Gebärdensprachen hat.

Was hat das Fresko mit der modernen Sprachpsychologie zu tun, in deren Zentrum die empirische Erforschung des Gebrauchs und Erwerbs natürlicher Sprache steht? Auf den ersten Blick wenig, denn die empirische Sprachpsychologie macht um bestimmte Grundsatzfragen wie der Frage nach dem Ursprung beziehungsweise den Ursprüngen menschlicher Sprachen einen großen Bogen. Diese Fragen lassen sich eben nicht mit dem eingespielten Methodeninventar sprachpsychologischer Forschung wie der Erfassung von Voice-onset-Zeiten oder Silbenvertauschung bearbeiten. Auf den zweiten Blick ist das Fresko "Adam nominating" – so der englischsprachige Titel im Klosterführer – gar nicht so weit entfernt von den Fragen, die einen bestimmten Teil der sprachpsychologischen Forschung in den vergangenen 100 Jahren im allgemeinen und in den letzten 20

Jahren im besonderen bewegt haben und noch bewegen. Hierbei geht es um den Vorgang des Benennens, der für den Sprachgebrauch so wichtig ist wie die Tür für die Benutzung eines Hauses. Am Ende des vergangenen Jahrhunderts tauchten die ersten Benennungsexperimente auf, die mit dem biblischen Benennen vieles gemeinsam haben. An die Stelle des einsamen, aber sprechenden Adam treten jetzt Versuchspersonen, meistens Studenten. Studentinnen sind eben noch nicht (oder nur als Ausnahmeregelungen) erschaffen. An die Stelle von Gott dem Herren, der Adam die Tiere vorführt, tritt der (fast) alles bestimmende und kontrollierende Versuchsleiter. Er führt Bilder von Gegenständen, gedruckte Wörter oder Farben vor, die zu benennen oder – das konnte Adam noch nicht! – zu lesen sind. Erfaßt wird die Latenz zwischen dem Beginn der Darbietung eines visuellen Reizes und dem Beginn beziehungsweise der Dauer einer Reaktion, dem Benennen oder lauten Lesen eines Wortes. An diesem Vorgehen, das wohl auf den Wundt-Schüler MacKeen Cattell zurückgeht und später von Fraisse, Oldfield und anderen bis in die Gegenwart (vgl. Levelt et al., 1991) fortgeführt worden ist, irritiert die Ausklammerung des sozialen Aspekts des Sprachgebrauchs. Wie Adam ist die benennende Versuchsperson eine Monade, deren Sprachproduktion ohne soziale Wirkung bleibt. Von Interesse ist ausschließlich der Vorgang des Benennens, nämlich wie und wie schnell visuelle Vorlagen erkannt und wie und wie schnell auf diesem Wege die dazu passenden Wörter hervorgerufen werden. Benennen um des Benennens willen!

Es steht außer Frage, daß dieser Zugang zum Benennen viele interessante Fragen aufgeworfen und einige einer Antwort näher gebracht hat. Außerdem ist er gar nicht so praxisfern, wie es zunächst scheint. Die Erfassung von Latenzzeiten ist an die Entwicklung von geeigneten technischen Registriermöglichkeiten gebunden, die im Laufe der Zeit immer mehr an Genauigkeit gewonnen haben. So hat die technische Entwicklung die Methodik von Benennungsexperimenten bis heute kontinuierlich verändert. Hierdurch haben sich nicht nur Reizdarbietung und Reaktionserfassung gewandelt, sondern auch die theoretischen Modelle, die auf den Benennungsvorgang bezogen werden. Es gibt noch einen zweiten Praxisbezug. Normalerweise ist das Benennen ein Vorgang, der wie von selbst abläuft. Doch selbst 'normale' Sprecher und Sprecherinnen haben manchmal Probleme mit dem Benennen, wenn ein Wort, das ihnen auf der Zunge zu liegen scheint (vgl. Brown, 1991; Brown & McNeill, 1966), ihnen nicht einfallen will. Die Störungen können vorübergehend sein, aber auch etwa als Folge von Hirnschädigungen andauern. Hierbei stellt sich die Frage, auf welcher Ebene der Benennungsvorgang gestört ist und welche Verbindungen zwischen der Art des Ausfalls und der Art der neurologischen Schädigung besteht.

Wir sehen keinen Grund, die an "Adam nominating" angelehnte Forschung in ein schlechtes Licht zu rücken. Allerdings ist das Bild, das durch diesen Untersuchungsansatz entsteht, einseitig, weil es die sozialen Aspekte des Sprachgebrauchs beim Benennen außen vor läßt. Es ist schade, daß die biblische Version zur Sprachentstehung nur Auskunft über ihren Ursprung, nicht aber über ihre weitere Entwicklung gibt. Hat Adams Sprachgebrauch sich geändert, nachdem er nicht mehr alleine war und Gott – aus einer Rippe Adams – die 'Männin' Eva erschaffen hatte? Hat Eva genauso wie Adam gesprochen? Das Buch Genesis teilt uns über diese Fragen nichts mit. Wer die soziale Seite des Benennungsvorgangs zum Ausgangspunkt seiner Forschung macht, hat schlechte Karten. Er kann seinen Stammbaum nicht biblisch fundieren, sondern muß mit weniger ehrwürdigen Konzeptionen vorlieb nehmen, zum Beispiel mit den Aspekten einer kognitiven Theorie der Semantik. Hinter diesem (Unter-)Titel verbirgt sich ein 1970 in *Psychological Review* erschienener Aufsatz von David Olson, in dem das Benennen in einen kommunikativen Kontext eingebettet worden ist. Adam ist jetzt nicht mehr einsam und allein mit den Tieren und Gottes Stimme. Er hat eine Partnerin, die nicht alles weiß, was er weiß, so daß seine Benennungen etwas ausrichten können.

2. Der Stein des Anstoßes

Was veranlaßt einen Psychologieprofessor, sich aus einem erfolgreichen Forschungsprojekt zurückzuziehen und mit ganzer Kraft in ein neues Forschungsprojekt einzusteigen?

Theo Herrmann war 1968 von der Technischen Universität Braunschweig zur Philipps-Universität Marburg gewechselt. Er hatte eine aktive Forschungsgruppe (Karl-Heinz Stäcker, Aiga und Kurt Stapf) und ein erfolgreiches Forschungsprojekt mitgebracht, in dem es um die Auswirkung des elterlichen Erziehungsstils – speziell der Komponenten *Unterstützung* und *Strenge* – auf die Persönlichkeitsentwicklung von Kindern ging. Zur gleichen Zeit, als die Ergebnisse dieses Projektes in einer umfassenden Monographie (Stapf, Herrmann, Stapf & Stäcker, 1972) vorgestellt wurden, arbeitete er an einem Forschungsantrag für ein neues Projekt. Das Thema war die empirische Untersuchung der Objektbenennung. Zwischen dem alten und dem neuen Projekt schien ein Bruch zu liegen. Die Erziehungsstilforschung stand unter dem Einfluß von Modellen des Lernens, die im theoretischen Umfeld des Behaviorismus beziehungsweise Neobehaviorismus entstanden waren und von der Laborsituation auf die häusliche Erziehungssituation übertragen wurden. Im Forschungsantrag zur Objektbenennung wurden andere theoretische Töne angeschlagen. Der Vorgang des Benennens wird als ein kognitiver Vorgang aufgefaßt. Bei der Wortwahl treffen Sprecher Entscheidungen, die über die Beziehungen Name-Gegenstand hinausgehen. Benennungen haben eine soziale Funktion, indem sie einem Partner die richtige Identifikation eines Objektes, das mit anderen verwechselt werden kann, möglich machen. Der Wechsel vom alten zum neuen Projekt hat damals viele überrascht und Anlaß zu Spekulationen gegeben. Hatte Theo Herrmann erkannt, daß auch in der deutschen Psychologie der nach dem 2. Weltkrieg aus den USA eingeführte Behaviorismus in eine Sackgasse führen würde? War es ihm vor anderen gelungen, die kognitive Wende zu vollziehen, indem er ein sprachpsychologisches Projekt zur Objektbenennung auf die Beine stellte? Hatte Theo Herrmann sich von einem behavioristisch eingefärbten Saulus in einen kognitivistisch durchtränkten Paulus verwandelt? Sicherlich sind die Veränderungen nicht so abgelaufen, wie Psychologiehistoriker, die sich mit der noch ungeschriebenen Geschichte der deutschen Psychologie nach dem 2. Weltkrieg beschäftigen, es gerne sähen. In der Marburger Forschungsgruppe von Theo Herrmann liefen die Aktivitäten des alten und des neuen

Forschungsprojektes nebeneinander, ohne daß sich zwischen den Teilgruppen Grabenkämpfe abspielten. Das Binnenklima war durch 'friedliche Koexistenz' bestimmt, während nach außen hin die sprachpsychologischen Eskapaden von Theo Herrmann Kopfschütteln, Spott, Anfeindungen und auch Bewunderung hervorriefen.

Die Hinwendung zur kognitiv orientierten Sprachpsychologie kam nicht über Nacht. Sie hatte bereits einige Stadien durchlaufen, bevor das Forschungsprogramm "Objektbenennung" das Licht der Welt erblickte. Die Sprachpsychologie gab es bereits vor der kognitiven Wende, etwa im Rahmen von Modellvorstellungen der Informationstheorie, die Theo Herrmann theoretisch und empirisch in seine Arbeiten aufgenommen hatte. Grundgedanken der Informationstheorie sind auch in das Forschungsprogramm zur Objektbenennung eingeflossen, ohne allerdings den quantitativen Apparat für die Bestimmung von Informationsgehalt mitzuschleppen. Zusammen mit Karl-Heinz Stäcker hatte Theo Herrmann 1969 unter dem Titel "Sprachpsychologische Beiträge zur Sozialpsychologie" ein Sammelreferat publiziert, das auch die sozialen Dimensionen des Sprachgebrauchs auslotet. Ebenfalls 1969 trafen sich auf Schloß Lehen in Bad Friedrichshall die wenigen Psychologen, die damals im deutschsprachigen Raum Sprachpsychologie betrieben. Unter ihnen waren Hans Hörmann, der nach dem 2. Weltkrieg in Deutschland begonnen hatte, die auf Wundt und Bühler zurückgehende, in Vergessenheit geratene Tradition fortzusetzen, Carl-Friedrich Graumann, Suitbert Ertel und auch Theo Herrmann. Zwanzig Jahre später konnte ein zweites, von der Reimers-Stiftung finanziertes Symposium zum Thema "Die Sprachproduktion und ihr Input" in Bad Homburg vor der Höhe stattfinden (vgl. Deutsch, 1989). Als 1972 die Geburtsstunde des bis heute andauernden Forschungsprogramms "Objektbenennung" schlug, war der Boden für eine kognitive Sprachpsychologie bereits in mehrjährigen Vorarbeiten bereitet. Die Initialzündung jedoch kam von außen. Irgendwann zwischen 1970 und 1971 muß Theo Herrmann den bereits erwähnten Aufsatz von David Olson gelesen und auf Anhieb das Potential erkannt haben, das in dem 'seminal paper' steckt. Olson präsentierte eine Alternative zu der – im Fresko des heiligen Klosters von Agios Nikolaus Anapausas so treffend dargestellten – Tradition der Objektbenennung. Die Grundidee läßt sich am besten einer Abbildung entnehmen, die in den Publikationen vorkommt, die aus dem Forschungsprogramm "Objektbenennung" hervorgegangen sind (s. Abbildung 2).

Die Abbildung 2 ist viel nüchterner als das eingangs beschriebene Fresko. Personen tauchen in der Abbildung gar nicht auf. Sie müssen mitgedacht werden. Dargestellt ist nur das Versuchsmaterial, das aus Holzklötzen unterschiedlicher Form (rund vs. quadratisch) und unterschiedlicher Farbe (weiß vs. schwarz) besteht. Unter einem der Holzklötze ist ein Stern versteckt worden. A – der Sprecher – weiß, wo; B – sein Adressat – weiß nicht, unter welchem Klotz der Stern liegt. Wie wird der Sprecher sein Wissen an den Adressaten übermitteln, damit dieser den richtigen Holzklotz ohne Verwechslungen herausfindet? Wird er den fraglichen Holzklotz – das Zielobjekt – immer gleich benennen, oder wird die Benennung davon abhängen, welche anderen Holzklötze neben dem Zielobjekt vorhanden sind?

Der Befund: Die Benennung bleibt nicht konstant; ein und derselbe Gegenstand wird verschieden benannt, und zwar so, daß eine Unterscheidung zwischen dem Zielobjekt und den jeweiligen anderen Objekten möglich ist. Sprecher passen sich mit ihren Benennungen an die aktuelle Lage und die Bedürfnisse des Adressaten an. Olson selbst interpretierte das adaptive, kontextspezifische Verhalten bei der Benennung von Objekten als Beleg für eine kognitive Theorie der Semantik. Die Beziehung zwischen Gegenstand und Wort sowie Wort und Bedeutung ist nicht festgeschrieben, sondern muß nach Maßgabe der Situation und dem Informationsdefizit des Adressaten vom Sprecher immer wieder neu geschaffen werden. Kognitive Prozesse entscheiden also darüber, welche Wörter in einer bestimmten Situation für die Benennung eines bestimmten Gegenstandes verwendet werden und wie die Bedeutung einer sprachlichen Benennung zu verstehen ist.

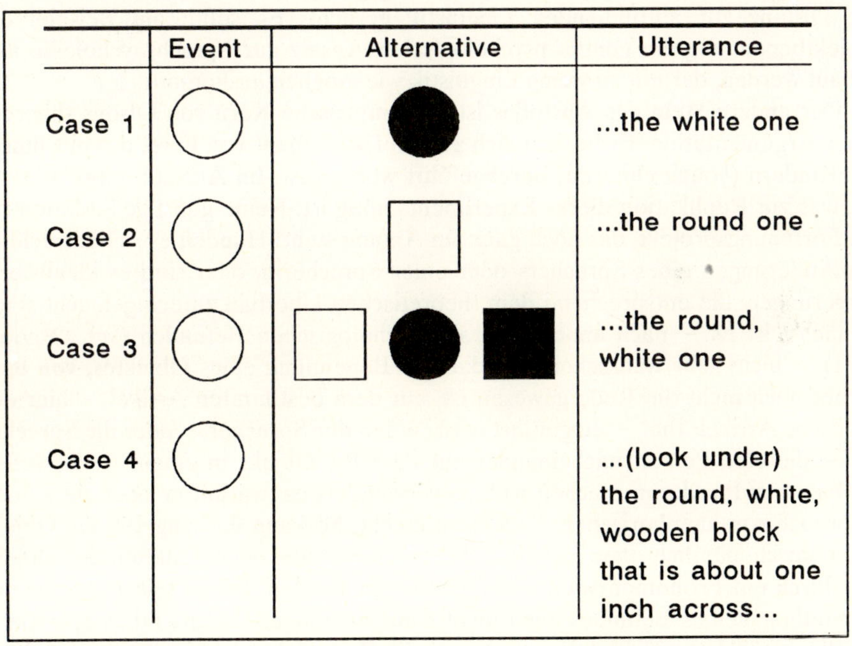

Abb. 2: Die Beziehung einer sprachlichen Äußerung zu einem Zielobjekt, dem 'intended referent' nach Olson (1970, S. 264).

Olsons Aufsatz war und blieb ein Stein des Anstoßes, und zwar in doppelter Hinsicht. Er hat erstens das Forschungsprogramm "Objektbenennung", das mit dem Zeitgeist gegen den Zeitgeist gerichtet war, in Fahrt gebracht. Untersuchungen zur Sprachproduktion waren die Ausnahme von der Regel, denn Sprachpsychologie war damals fast gleichbedeutend mit der Untersuchung des Sprachverstehens. Diese Untersuchungen waren inspiriert von – oft wechselnden – linguistischen Modellvorstellungen zum strukturellen Aufbau von sprachlichen Einheiten, von denen – nach der Revolution der Linguistik durch Chomskys Modell einer generativen Universalgrammatik – der Satz besonders hoch im Kurs stand. Das Marburger Forschungsprogramm favorisierte die Sprachproduktion – damals ein Novum in Deutschland – und das Wort als zentrale sprachliche Einheit in der Sprachproduktion. Zumindest in den ersten Jahren blieb das Verhältnis zur Linguistik eher kühl und distanziert, weil die Form von sprachlichen Äußerungen nicht im Mittelpunkt des Interesses stand, sondern die kognitiven Prozesse, die zu ganz bestimmten Formen führen. Und hier kam Olsons Aufsatz wie gerufen, indem er einen einfachen Untersuchungsansatz vorstellte, mit dem sich ohne geborgte Leitideen aus der Linguistik kognitive Prozesse in der Sprachproduktion, speziell der Objektbenennung, untersuchen ließen. Olsons Anspruch ging viel weiter als das, was in das Forschungsprogramm "Objektbenennung" eingegangen und darin verwirklicht worden ist. Ihm schwebte die Theorie einer kognitiven Semantik vor, eine Theorie, die kognitive Psychologie und Linguistik verbindet. Zu Beginn des Forschungsprogramms wurde dagegen gerade nicht die Nähe, sondern die Distanz zur aufblühenden Linguistik gesucht. Es sollte am Beispiel der Objektbenennung ein genuin psychologischer Ansatz zur Sprachpsychologie aufgebaut werden, der mit so wenig Linguistik wie möglich auskommt.

Der andere Stein des Anstoßes ist der empirische Kern von Olsons theoretischer Argumentation. Er bezieht sich auf ein Experiment von Ford, das mit jüngeren Kindern (young children) durchgeführt worden ist. Im Aufsatz selbst fehlt alles, was zur Replikation dieses Experiments nötig ist. Keine günstige Situation für ein Forschungsprojekt, das noch ganz am Anfang steht! Handelt es sich tatsächlich um Äußerungen eines Sprechers oder einer Sprecherin, oder sind es idealisierte Äußerungen, die entsprechend dem theoretischen Überbau zurechtgemacht sind? Zunächst ist es – nach anderen sprachpsychologischen Befunden (vgl. Osgood, 1971) – nicht sehr wahrscheinlich, daß die Benennung eines Objektes, von dem vorher noch nicht die Rede gewesen ist, mit dem bestimmten Artikel – hier der englische Artikel "the" – eingeführt wird. Wenn der Sprecher – oder die Sprecherin – dieselbe Person nacheinander auf dasselbe Objekt in einem wechselnden Ambiente aufmerksam machen will, so verwundert es, warum er oder sie keinen Gebrauch von anaphorischen Verweisen macht. So kann ein eingeführtes Objekt ökonomisch, nämlich ohne Rekurs auf die Erscheinung oder Funktion des Objektes, durch ein Pronomen wieder aufgenommen werden. Olson selbst scheint der Darstellung seines Befundes auch nicht ganz zu trauen. Offensichtlich spezifizieren die tatsächlichen Objektbenennungen das Zielobjekt nicht immer in der theoretisch unterstellten notwendigen Weise. Das gilt erstens für die begriffliche Klassifikation, weil bestimmte Klassifikationsniveaus ohne Rücksicht auf den aktuell gegebenen Kontext bevorzugt werden. Roger Brown hat auf diese Eigenart des Benennens bereits 1958 hingewiesen. Eine Rose bleibt eine Rose, auch wenn sie weit und breit die einzige Blume ist, die zu sehen und von anderen Objekten zu unterscheiden ist. Später ist Browns Beobachtung dann vor allem von Rosch und ihrem Forschungsteam (1978) zu einer Theorie, der Prototypentheorie begrifflichen Klassifizierens, ausgebaut worden.

Noch in einer zweiten Hinsicht treten Probleme mit der minimal notwendigen Spezifikation auf. Benennungen können redundant sein, indem sie Unterscheidungen machen, die über das für die Kontextdiskrimination notwendige Maß hinausgehen. Olson sieht das Problem, aber er kann in seinem Aufsatz keine überzeugende Erklärung für die Entstehung (und Wirkung) von redundanten Anteilen einer Benennung anbieten. Der Verweis auf das Konzept der Redundanz in der Informationstheorie führt in die Irre. Dort hat Redundanz die Funktion, die Störanfälligkeit einer Nachricht bei der Übertragung zu verringern. Wenn sich in Olsons Demonstrationsexperiment die Benennung auf ein bestimmtes Objekt und nicht eine Klasse von Objekten mit bestimmten gemeinsamen Merkmalen bezieht, so könen redundante Anteile nicht das leisten, wozu sie im Sinne der Informationstheorie da sind. Die Identifikation des Zielobjektes hängt von der Übertragung der benannten diskriminierenden Objektmerkmale ab. Merkmale, die über diese Menge hinausgehen, können nicht den Ausfall von diskriminierenden Objektmerkmalen kompensieren. Mit ihnen gelingt eine Eingrenzung möglicher Zielalternativen im Kontext, aber nicht die sichere Identifikation des Zielobjekts, das der Sprecher gemeint hat. Fragen über Fragen.

Als 1972 das Forschungsprojekt zur Objektbenennung von der Deutschen Forschungsgemeinschaft genehmigt worden war, ging es zunächst um die Absicherung eines Befundes aus einem nicht replizierbaren Demonstrationsexperiment. Hinzu kam noch eine weitere Unsicherheit. Wie hört sich das deutsche Gegenstück zur englischen Benennung "the white one" an? "Das Weiße", "Das weiße Ding", "Das weiße Etwas"? An diesem Beispiel wird deutlich, daß Befunde nicht einfach von einer Sprache – und Kultur – auf eine andere übertragen werden können und Replikationsstudien in der Sprachpsychologie deshalb auf Grenzen stoßen.

Der Aufsatz von Olson, der das Marburger Forschungsprogramm theoretisch so beflügelt hat, wurde in Bezug auf seinen empirischen Gehalt zum Stein des Anstoßes. Im nachhinein war gerade diese ambivalente Ausgangslage gar nicht so ungünstig. Immer wieder ist der Verdacht zu hören, die deutsche – und nicht nur diese – Nachkriegspsychologie habe die nordamerikanische Psychologie mit einem gewissen 'time-lag' epigonal übernommen und, von wenigen Ausnahmen abgesehen, keine eigenständigen Beiträge zur internationalen Psychologie erbracht. Gilt der Verdacht auch für das von Theo Herrmann initiierte Forschungsprogramm "Objektbenennung"? Es lag, wie bereits erwähnt, nicht im Trend des amerikanischen und internationalen psycholinguistischen 'mainstream'. Durch Olson hatte sich eine theoretische Idee herauskristallisiert. Unklar war der Weg von der Idee zur Empirie. Deshalb mußten im Forschungsprogramm neue Wege eingeschlagen werden. Sie führten von Olson über Olson hinaus. Unbestimmtheit beziehungsweise Unterbestimmtheit können manchmal zum Nutzen sein – zum Beispiel bei der Entstehung von Forschungsprogrammen.

3. Jenseits von Olson

Tres sunt collegium – sagt eine alte Definition über die minimale Größe einer Gruppe. So groß – so klein – war die Forschungsgruppe "Objektbenennung" von 1972 bis 1976. Im letzten Jahr, 1977, bestand sie nur noch aus einer Dyade. Das Forschungsprogramm "Objektbenennung" hatte sich in Marburg aufgelöst, um an anderer Stelle – am Lehrstuhl Psychologie III der Universität Mannheim und in der Projektgruppe für Psycholinguistik der Max-Planck-Gesellschaft in Nijmegen (Niederlande) – neue Wurzeln zu schlagen.

Die ersten Mitarbeiter kamen aus dem Erziehungsstilprojekt, in dem Aiga Stapf wissenschaftliche Mitarbeiterin und Werner Deutsch wissenschaftliche Hilfskraft gewesen waren. Im April 1974 übernahm Manfred Laucht Aiga Stapfs Position im Projekt. Werner Deutsch schied Ende 1976 aus dem Marburger Institut aus. Manfred Laucht und Theo Herrmann wechselten im Herbst 1977 nach Mannheim. Forschungsprogramme haben keine feste Ortsbindung. Sie ziehen mit den Personen, die sie tragen, von Ort zu Ort. Gibt es in Marburg, 15 Jahre nach dem dortigen Ende des Forschungsprogramms "Objektbenennung", noch Spuren, die über das Projekt und seine Entstehung Auskunft geben können? Es gibt sie tatsächlich, aber sie sind schwer zu identifizieren und nicht einfach zu interpretieren. Man findet sie nicht hinter Schloß und Riegel in einem verstaubten Institutsarchiv, sondern da, wo der Besucherverkehr besonders intensiv ist – in der Institutsbibliothek. An der Rückwand des Leseraums im Marburger Institut stehen Hunderte von Prüfungsarbeiten, die in den vergangenen Jahren und Jahrzehnten als Semester- und Diplomarbeiten entstanden sind. Sie alle tragen ein kleines weißes Rückenschild mit einem Buchstaben und einer Zahl. Der Buchstabe verweist auf den Anfangsbuchstaben des Erstautors oder der Erstautorin, die Zahl auf die zeitliche Reihenfolge, in der die abgeschlossenen Arbeiten inventarisiert worden sind. In den Regalen befinden sich auch etwa 50 sprachpsychologische Arbeiten, die größtenteils im Rahmen des Forschungsprogramms "Objektbenennung" entstanden sind. An ihnen haben über 100 Studierende mitgewirkt, die von den Mitgliedern des Forschungsprojekts betreut worden sind. Die Zuordnung von Semester- und Diplomarbeiten und dem Forschungsprogramm ist keine leichte Aufgabe. Nur ganz selten werden in den Jahrgängen 1972 bis 1978 die Anleiter der Arbeiten genannt, und Danksagungen scheinen in der Zeit – im Gegensatz zu heute – ein Tabu gewesen zu sein. Die Themen bieten schon eher Fingerzeige für die Zuordnung. Außerdem gibt es bestimmte Standards, die eingehalten worden sind. Fast alle Arbeiten bestehen aus umfangreichen empirischen Untersuchungen mit Hunderten von Kindern, Jugendlichen und Studierenden. Theoretische Untersuchungen sind echte Ausnahmen; Einzelfallstudien (vgl. Kleine-Moritz, 1991)* und Analysen von Situationen, die nicht durch experimentelle Eingriffe verändert werden, kommen überhaupt nicht vor.

Was für ein Bild ergibt sich aus den Studienarbeiten über die Entwicklung des Forschungsprogramms "Objektbenennung"? Wie sehr unterscheidet es sich von den 'offiziellen' Publikationen aus dem Projekt (zum Beispiel Deutsch, 1986; Herrmann, 1982; Herrmann & Deutsch, 1976; Herrmann & Laucht, 1976)? Die beiden Bilder sind ähnlich, aber nicht deckungsgleich. Ihr Unterschied ist mit einer Skulptur vergleichbar, deren Gestalt durch Abschleifen und Polieren immer deutlicher hervortritt. Während die Publikationen Zwischenbilanzen darstellen, sind die Studienarbeiten Werkstattberichte. Gerade die Entwicklungslinien des Forschungsprogramms lassen sich – mit ihren Irrungen und Wirrungen – aus den

---

* Ohne Hermann Schöler wären wir nicht auf diese Publikation aufmerksam geworden. Wir danken ihm.

Studienarbeiten besser ablesen als aus den Projektveröffentlichungen. Deshalb sei hier der Versuch gewagt, einige Entwicklungslinien nachzuzeichnen. Unsere Analyse basiert auf einer Durchsicht aller sprachpsychologischen Studienarbeiten, die zwischen 1972 und 1978 in der Marburger Institutsbibliothek inventarisiert worden sind und - mehr oder minder direkt - mit Objektbenennung zu tun haben. Wir beschränken uns hier auf eine Auswahl der Studienarbeiten, da ein vollständiger Überblick den Rahmen sprengen würde. Unsere Auswahl begünstigt die Studienarbeiten, die Entwicklungslinien einleiten. So fallen - leider - Studienarbeiten unter den Tisch, die eine Entwicklungslinie 'nur' aufgenommen und weitergeführt haben. Das Forschungsprogramm "Objektbenennung" umfaßt in Marburg einen Zeitraum von gut fünf Jahren. Es ist jedoch alles andere als die Realisierung eines Fünfjahresplans. Seine Entwicklung läßt sich deshalb nicht in Phasen rekonstruieren, in denen ein Plansoll erreicht, über- oder unterschritten wird. Die Entwicklung besteht vielmehr in thematischen Linien. Sie setzen zu unterschiedlichen Zeitpunkten ein und hören zu unterschiedlichen Zeitpunkten auf. Einige knüpfen aneinander an, während andere parallel geführt werden. So entsteht in ein und demselben Forschungsprogramm ein Geflecht von Kontinuitäten und Diskontinuitäten, das mit einem einfachen Phasenmodell nicht auf den Begriff gebracht werden kann.

Aus der Keimzelle des Projekts - der Auseinandersetzung mit Olsons Aufsatz "Language and Thought" - sind mehrere Entwicklungslinien hervorgegangen. Olsons theoretische Konzeption stützt sich auf ein unveröffentlichtes Experiment. Es ist so ungenau beschrieben, daß es nicht einfach nachgestellt werden kann. Am Anfang des Forschungsprogramms standen deshalb Versuche, einen Befund abzusichern. Benennen Sprecher ein Objekt tatsächlich so, daß Adressaten es eindeutig von anderen Kontextobjekten unterscheiden können? Beschränken sie sich dabei nur auf jeweils die Merkmale, die das Zielobjekt von seinem Objektkontext minimal unterscheiden? Wann und warum werden weitere Merkmale mitbenannt? Von welchem Alter an kann überhaupt mit kontextspezifischen Objektbenennungen gerechnet werden? Gesucht wurden also eine Methode und eine Population, mit der im deutschsprachigen Bereich der zentrale Befund aus einem unveröffentlichten Experiment nachvollzogen werden konnte. Dies gelang zum ersten Mal in der Semesterarbeit von Hesse & Petry (1972). Sie wurde zum Vorbild für viele nachfolgende Semester- und Diplomarbeiten, weil sie nicht nur ein Problem löste, sondern eine ganze Reihe von neuen Problemen aufwarf. Ein Vorversuch zeigte, daß sechsjährige Kinder bei ihren Benennungen den Objektkontext nicht berücksichtigen. Das von Olson unterstellte Benennungsverhalten war erst bei neunjährigen Kindern anzutreffen. Hieraus entwickelten sich Fragestellungen, die weit über Olsons Vision einer kognitiven Semantiktheorie hinausführten. Sie wurden zu einem festen Bestandteil des Forschungsprogramms "Objektbenennung", indem die situationsspezifische Variation der Objektbenennung nicht nur als (variabler!) Zielzustand, sondern als ein - zwischen Personen - variierender Entwicklungsprozeß betrachtet wurde. So sprengte dieses Forschungsprogramm von Anfang an die Grenzen, die psychologische Teildisziplinen - hier Allgemeine Psychologie, Entwicklungspsychologie, Differentielle Psychologie und Sozialpsychologie - um sich herum aufbauen. Hesse & Petry zeigten durch einen Gruppenvergleich auch, daß der Einfluß des Objektkontexts auf eine Objektbenennung nicht von bestimmten angelernten Wörtern abhängt, sondern auch in der spontanen Sprachproduktion auftritt, soweit es sich um die Benennung von Objektmerkmalen wie Form, Farbe und Materialbeschaffenheit handelt. Die spontane Sprachproduktion war allerdings dadurch eingeschränkt, daß durch die Instruktion Zeigen und der Verweis auf räumliche Positionen wie rechts und links untersagt war. Außerdem vermied der Adressat der Objektbenennung, mit dem Sprecher in Interaktion zu treten, selbst dann, wenn die gegebene Objektbenennung nicht eindeutig war. Im weiteren Verlauf des Forschungsprogramms ist gerade das, was aus methodischen Überlegungen, zum Beispiel in dieser allerersten Studienarbeit, so einschränkend kontrolliert wurde, Auslöser für neue Fragestellungen geworden.

Es blieb nicht bei dieser ersten und einzigen Bestätigung. Neben oder kurz nach Hesse & Petry wurden weitere Semester- und Diplomarbeiten abgeschlossen, die den situationsspezifischen Sprachgebrauch anders angingen – zum Beispiel mit Kunstwörtern, bei denen Faktoren wie Worthäufigkeit oder Wortart, die in der natürlichen Sprache eine wichtige Rolle spielen, eliminiert wurden. Auch auf diesem Weg gelang die Sicherung des Ausgangsbefundes, allerdings mit einem kleinen Schönheitsfehler, der sich wie ein roter Faden durch die ersten Jahre des Forschungsprojekts hindurchzieht (vgl. unter anderem Häfner & Wolter, 1975; Selbmann, 1974; Viol & Will, 1976). Selbst bei angelernten Kunstwörtern beschränken sich Sprecher – hier 100 Kinder im Alter von 10 bis 12 Jahren – nicht auf die minimale Anzahl kontextdiskriminierender Objektmerkmale. Die Benennungen enthalten oft redundante Anteile. Warum verhalten sich Sprecher redundant? Wollen sie ihrem Adressaten einen Gefallen tun, oder können sie, zumindest in der spontanen Sprachproduktion, nicht anders? Aus einem immer wieder auftretenden Schönheitsfehler wurde dann später ein eigenständiges Problem und eine neue Linie im Forschungsprogramm, auf die wir noch ausführlicher zu sprechen kommen werden. Noch weiter über Olson hinaus führten Untersuchungen, in denen ein anderer Begriff von Kontext zum Tragen kam. Es gibt sprachliche Ausdrücke, die sozusagen von Natur aus kontextabhängig sind. Das gilt für alle deiktischen Ausdrücke wie "links" und "rechts", "heute" und "morgen", "ich" und "du" sowie den Gebrauch von Verwandtschaftsbezeichnungen wie "Neffe" und "Kusine". Auf diese sprachlichen Ausdrücke war Olson in seinem Aufsatz gar nicht eingegangen, vermutlich deshalb, weil ihre Situationsabhängigkeit auf der Hand liegt, während sie bei einer Objektbenennung wie "das schwarze Quadrat" zunächst überraschend klingt. Im Forschungsprogramm "Objektbenennung" wurden nach und nach auch einige Bereiche der sprachlichen Deixis erobert, wie etwa die sprachliche Bezeichnung von räumlichen Relationen in der Diplomarbeit von Frick (1975) und – vor allem – die Benennung von Personen durch Personalpronomen (Barthelmcy, 1977; Pechmann & Weddige, 1974; Volbers, 1978) oder Verwandtschaftsnamen in den Semesterarbeiten von Bockhacker, Braun & Jaekel (1973), Christlieb, Laufenberg & Sieburg (1974) sowie Hunkel & Kühnhold (1974). Hierbei handelt es sich um umfangreiche Erhebungen von Sprachproduktionsdaten zur Raum- beziehungsweise Persondeixis, in denen die entwicklungsspezifischen Vorraussetzungen für den korrekten Gebrauch von deiktischen Ausdrücken thematisiert worden sind. Da im Rahmen von Studienarbeiten Längsschnittuntersuchungen nicht möglich sind, beschränken sich diese Arbeiten auf Vergleiche zwischen Kindern, die auf Grund ihrer kognitiven Fähigkeiten unterschiedlichen Entwicklungsstufen zugeordnet werden können oder in einem verschiedenartigen sozialen Erfahrungsraum (Familien- vs. Heimkinder) aufwachsen.

In zwei anderen Studienarbeiten, der Semesterarbeit von Koch, Nittel & Wieser (1974) sowie der Diplomarbeit von Landow (1974), sind die kognitiven Voraussetzungen für kontextangemessene Objektbenennungen auch experimentell durch Lern- und Trainingsphasen manipuliert und auf ihre Auswirkungen für Objektbenennungen geprüft worden. In diesen beiden Studienarbeiten kam dann auch die Methode zum Zuge, die sich im Forschungsprogramm zur Untersuchung der Objektbenennung als besonders günstig erwies, das sogenannte Parkplatzexperiment. Der – zukünftige – Sprecher erfährt über ein Signal, bei welchem Fahrzeug auf einem Parkplatz die Parkzeit abgelaufen ist. Die Aufgabe des Sprechers besteht darin, diese Fahrzeuge so zu benennen (mündlich oder schriftlich), daß es von allen übrigen Fahrzeugen auf dem Parkplatz eindeutig unterschieden werden kann. Diese Methode hat den Vorteil, daß das Zielobjekt direkt benannt wird, während im unveröffentlichten Experiment von Ford und den ersten Experimenten im Projekt es genaugenommen zwei Zielobjekte gegeben hat: den versteckten Gegenstand und den Gegenstand, unter dem der gesuchte Gegenstand versteckt ist. Mit dem Parkplatzexperiment erfolgte auch eine Annäherung an referentielle Kommunikationsaufgaben (zum Beispiel Krauss & Glucksberg, 1969), in denen Sprecher – meistens Kinder – einem hinter einer Trennwand sitzenden Partner die Identifikation eines bestimmten Objektes ermöglichen sollen. Es verwundert, warum Olson bei seinen Überlegungen die referentielle Kommunikation übersehen hat und – im Gefolge von Olson – im Forschungsprogramm "Objektbenennung" diese produktive Forschungsrichtung zunächst auch übersehen worden ist.

In den bisher vorgestellten Untersuchungen steht die Eindeutigkeit von Objektbenennungen im Mittelpunkt. Sie hilft dem Adressaten, genau das zu erkennen, was der Sprecher mit seiner sprachlichen Äußerung gemeint hat. Eindeutigkeit kann oft auf mehreren Wegen erzielt werden, etwa dann, wenn es mehr als ein Merkmal gibt, das zur Unterscheidung des Zielobjekts vom Objektkontext taugt, oder wenn es mehrere sprachliche Ausdrücke für das beziehungsweise die kontextdiskriminierenden Merkmale des Zielobjektes gibt. Wovon hängt die Entscheidung für das Merkmal a beziehungsweise das Wort B ab, wenn der Sprecher vor der Wahl zwischen Merkmals- beziehungsweise Wortalternativen steht? Auch diese Frage führt über Olson hinaus und kündigt Entwicklungslinien im Forschungsprogramm an, die nach der Absicherung des Ausgangsbefundes in verschiedenartigen Versuchsanordnungen hinzugekommen sind. Die Entscheidung zwischen mehreren Möglichkeiten der Kontextdiskrimination ist im Forschungsprogramm *multiple Benennbarkeit* genannt worden (vgl. Herrmann & Laucht, 1976). Zum ersten Mal berührt das Forschungsprogramm damit Fragen aus der Wahrnehmungspsychologie, insofern bei der Benennung die Bevorzugung bestimmter Objektmerkmale in Bezug auf ihre perzeptuelle Auffälligkeit empirisch geprüft wird. Von hier aus bietet sich dann auch eine Brücke zur Entstehung von redundanten Anteilen bei der Objektbenennung an. Schleicht sich Redundanz in eine Benennung ein, wenn ein bestimmtes Objektmerkmal besonders auffällig ist? Redundanz wäre dann nicht das Ergebnis von adressatenfreundlichen Hilfestellungen, sondern von perzeptuellen Determinanten des Benennungsvorgangs. Wegen des perzeptuellen Herangehens an die Objektbenennung entfachte Miller (1976) eine Kontroverse, die in der *Zeitschrift für Linguistik und Literaturwissenschaft* ausgetragen worden ist (Deutsch, Herrmann & Laucht, 1979).

Die Untersuchung von Situationen, in denen Sprecher Entscheidungen zwischen mehreren (eindeutigen) Möglichkeiten der Wortwahl treffen, hat das Forschungsprogrammm "Objektbenennung" entscheidend verändert. Die Beziehung zwischen Sprecher und Adressat ist keine Konstante. Soziale Beziehungen variieren, unter anderem nach Dominanz und Nähe. Auch die Beziehung zwischen Sprecher und Gegenstand ist keine Konstante. Die Kontaktdichte kann eng, neutral oder distanziert sein. Wie kann die soziale Beziehung zwischen den Kommunikationspartnern und die Kontaktdichte die Wortwahl bei der Objektbenennung beeinflussen? Zu dieser Frage liegen eine Fülle von Semester- und Diplomarbeiten vor, beispielsweise von Ballmeier, 1975; Esch, 1976; Hartung, 1976; Kronenberger, 1975; Lippold-Grunewald, 1975; Ress & Geier, 1975; Selbmann, 1976. Sie zeigen, daß die Stilhöhe bei der Wortwahl, differenziert nach Umgangssprache und Standardsprache, vom sozialen Kontext und von der Kontaktdichte zum Objekt abhängt. Umgangssprachliche Ausdrücke werden, wenn überhaupt, nur bei ich-nahen Objekten und/oder vertrauten Kommunikationspartnern verwendet. Ich-ferne Objekte und unvertraute Adressaten führen zu Objektbenennungen, die der Standardsprache angehören. Auch diese Beziehungen sind auf ihre entwicklungsspezifischen Voraussetzungen hin untersucht worden, speziell in der Diplomarbeit von Selbmann (1976) und in der Semesterarbeit von Dieterich, Eberhardt & Heymann (1974). Die Befunde bestätigen die Notwendigkeit, den Begriff des Kontextes in dreifacher Weise zu differenzieren, erstens als Kontext von Objektalternativen, zweitens als sozialer Kontext von Kommunikationspartnern und drittens als kognitiv-emotionale Beziehung zwischen Sprecher und Gegenstand.

Jenseits von Olson hat das Forschungsprogramm "Objektbenennung" Neuland betreten und Beziehungen zur Entwicklungspsychologie, zur Wahrnehmungspsychologie, zur Kognitiven Psychologie, zur Sozialpsychologie und zur Differentiellen Psychologie aufgebaut. Seine Entwicklungslinien sind nicht nacheinander entstanden, sondern haben sich nebeneinander und miteinander herausgebildet. Hierdurch ist eine Differenzierung entstanden, die trotz relativ einheitlicher methodischer Standards nicht leicht zu überblicken ist. Herrmann, Deutsch & Laucht konnten 1975 ein Buch (Herrmann & Deutsch, 1976) abschließen, in dem die vielfältigen Befunde unter einem einheitlichen theoretischen Hut erscheinen, dem Konzept der Benennungsflexibilität (BF). Es handelt sich um ein Persönlichkeitskonstrukt, bei dem der – interindividuell variierende – situative Sprachgebrauch auf unterschiedliche Determinanten zurückgeführt wird, die Situationsvariablen und Personvariablen umfassen. Nach Abschluß des Buches ist es um die persönlichkeitspsychologische Verankerung des Forschungsprogramms "Objektbenennung" im Konstrukt BF relativ still geworden. Warum? Auf eine Phase verstärkter theoretischer Integration erfolgte noch in Marburg eine Teilung des Forschungsprogramms in zwei Richtungen, die einander nicht als Gegensätze gegenüberstehen, sondern sich ergänzen. Von dieser Gabelung soll – wiederum am Beispiel einer handvoll Semester- und Diplomarbeiten – im nächsten Abschnitt die Rede sein.

4. Jenseits der Benennungsflexibilität

Das Buch "Psychologie der Objektbenennung" ist der Höhepunkt des Forschungsprogramms "Objektbenennung" innerhalb der Marburger Zeit. Aber der Höhepunkt war keineswegs schon das Ende. Nach Abschluß des Manuskripts folgten 1976 und 1977 eine Reihe von Untersuchungen, die neue Wege einschlugen und anhand von Semester- und Diplomarbeiten sowie einer Dissertation dokumentiert sind. In diesen Untersuchungen spielt das Konstrukt der Benennungsflexibilität nur noch eine Nebenrolle. In den Mittelpunkt treten Überlegungen, wie die kognitiven und sozialen Aspekte, die den Vorgang des Benennens mitbestimmen, als Prozeßmodelle konzipiert und überprüft werden können. Hierbei entsteht im Forschungsprogramm eine Arbeitsteilung. Sie sieht so aus, daß Theo Herrmann die soziale und Werner Deutsch die kognitive Seite des Benennungsvorgangs betont. Manfred Laucht ist an beiden neuen Entwicklungslinien des Forschungsprogramms beteiligt.

Was ist neu an den jetzt entstehenden Untersuchungen? Die Untersuchungen zur Objektbenennung, die im vorangehenden Kapitel "Jenseits von Olson" dargestellt sind, haben alle eines gemeinsam. Es sind experimentelle Untersuchungen, die nicht in einem Forschungslabor entstanden sind. Die Versuchspersonen – insgesamt wohl weit über 1000 – sind nicht ins Projekt gekommen, sondern das Projekt hat sie dort aufgesucht, wo sie sich aufhielten – in Ferienlagern, Kindertagesstätten, Kindergärten, Grund- und Hauptschulen und Gymnasien. Die technische Ausstattung war bescheiden, aber für den Zweck der Untersuchung durchaus ausreichend. Sie bestand aus bestimmten Standardtestverfahren, selbstgebastelten Materialien und einem Tonbandgerät, mit dem die sprachlichen Äußerungen zur Objektbenennung registriert wurden. Die Auswertung konzentrierte sich auf die Tatsachen, die im Rahmen des Konstrukts der Benennungsflexibilität theoretisch von Bedeutung waren, also auf einzelne Wörter, die Merkmale von Objekten oder Personen entsprachen. Hinter dieser gezielten Auswahl von Untersuchungsdaten steckte die Auffassung »..., daß die sogenannten Tatsachen, mit denen es die Psychologie zu tun hat, stets theoriegetränkt, daß sie interpretierte Tatsachen« sind (Herrmann, 1976, S. 41).

Es fällt auf, daß die Benennungen fast ausschließlich unter lexikalischen Aspekten betrachtet wurden, während ihre grammatische und lautliche Seite nicht beachtet wurde. Diese Beschränkung erklärt sich daraus, daß im Forschungsprogramm "Objektbenennung" keine vollständige Theorie, sondern nur eine Teiltheorie überprüft werden sollte, in deren Mittelpunkt die Auswahl und Verschlüsselung von Objektmerkmalen stand. Hierfür genügte die Konzentration auf den lexikalischen Output beim Benennen. Die beiden neuen Entwicklungslinien weichen von diesem Ansatz auf eine unterschiedliche Art und Weise ab. In der sozialen Entwicklungslinie erscheinen Objektbenennungen in einem neuen Licht. Sie werden als Teile von umfassenderen Äußerungen betrachtet, die über die reine Informationsübertragung hinausgehen. Diese Äußerungen haben eine instrumentelle Funktion und sollen etwas bewirken, was jenseits der Reduktion von Denkalternativen liegt. Wird der Adressat etwas tun, was der Sprecher mit seinen Äußerungen gerne erreichen möchte, zum Beispiel ein Objekt tauschen oder leihen? Welche Rolle spielen hierbei Form und Inhalt der Äußerungen des Sprechers? Wird ein Sprecher, dessen Adressat zum Objekttransfer verpflichtet ist, sich sprachlich anders ausdrücken, als wenn diese Verpflichtung nicht besteht? Es geht also weiterhin um Objekte und Objektbenennungen, aber ihre Funktion hat sich grundlegend gewandelt – von der möglichst eindeutigen Beschreibung zur Handlungsaufforderung. Kein Wunder, daß Olson, wenn überhaupt, nur noch am Rande auftaucht. An seine Stelle und die Stelle der Benennungsflexibilität sind Überlegungen getreten, wie Searles Sprechakttheorie in ein empirisch überprüfbares Prozeßmodell zur Generierung von Handlungsaufforderungen transformiert werden kann.

Im Prozeßmodell geht es um eine dreistufige Genese von Äußerungen, die dem Zweck der Handlungsaufforderung dienen (vgl. Herrmann & Laucht, 1977). Dies sind die Stufen *Bereichsaktualisierung*, *Komponentenselektion* und *Komponentenverschlüsselung*. Methodisch bauen die Untersuchungen, die das Forschungsprogramm "Objektbenennung" in den Bereich der Handlungsaufforderung überführen, auf den vorangehenden Erfahrungen auf. Die Untersuchungen sind keine natürlichen dialogischen Situationen, da der Adressat ein instruierter Versuchsleiter ist. Er verhält sich nicht so, wie ihm subjektiv zumute ist, sondern wie der experimentelle Versuchsplan es erfordert. Versuchspersonen – in der Sprecherrolle – sind Gymnasiasten oder Studenten, die mit einem oder mehreren Partnern ein Gesellschaftsspiel spielen, dessen Regelwerk auf den theoretischen Zweck der Untersuchung abgestimmt ist. Als abhängige Variablen werden jetzt verschiedenartige Indikatoren für die Beziehung von Sprache und Situation verwendet. Die Objektbenennung ist dabei ein Indikator unter vielen anderen. Die Diplomarbeiten, an denen unter anderem Bozetti (1978), Dreckmann (1977), Grewe (1976) und Hauptmann (1978) beteiligt waren, sind Beispiele für eine Entwicklungslinie, die im Forschungsprogramm "Objektbenennung" entstanden ist, aber thematisch in den Bereich der Handlungsaufforderung hinausführt.

Jenseits der Benennungsflexibilität gibt es eine zweite, kognitiv orientierte Entwicklungslinie, die im Forschungsprogramm "Objektbenennung" verbleibt, aber methodisch neue Wege einschlägt. Im Zusammenhang mit der Dissertation von Deutsch (1976) war im Marburger Institut ein Laborraum entstanden, in dem – ein Novum im Forschungsprogramm – auch Reaktionszeitexperimente zum Benennen und zur Wirkung von Benennungen durchgeführt wurden. Das Versuchsmaterial bestand aus Diapositiven mit geometrischen Figuren, abstrakten Mustern oder Buchstaben, die auf eine Leinwand projiziert wurden. Neben Benennungen wurden auch Latenzzeiten beziehungsweise Identifikationszeiten erfaßt. Die Latenzzeiten bezogen sich auf die Zeitspanne zwischen dem Beginn der Darbietung und dem Einsetzen der sprachlichen Artikulation. Sie wurden mit Hilfe eines Stimmschlüssels gemessen. Die Identifikationszeiten bezogen sich auf die Zeitspanne zwischen dem Ende einer mündlich dargebotenen Benennung und dem Berühren des dazu passenden Objektes auf der Leinwand mit Hilfe eines Kontaktstabes. So konnte erfaßt werden, wieviel Zeit der Adressat für eine Benennung brauchte, um das benannte Objekt innerhalb eines Objektkontexts zu identifizieren und zu lokalisieren.

In dem kleinen Labor, dessen Ausstattung aus heutiger Sicht wie ein Relikt aus den Anfangstagen der experimentellen Psychologie wirkt, konnten etliche Experimente durchgeführt werden, die von der technischen Seite her durch den Wahrnehmungspsychologen Manfred Ritter, die Photographin Franziska Schulze-Naumburg und den Motorikforscher Florian Schaefer, der bereits als Hilfskraft im Erziehungsstilprojekt mitgearbeitet hatte, tatkräftig unterstützt wurden. Die Ergebnisse haben im Forschungsprogramm "Objektbenennung" einiges in Bewegung gebracht. In der Hauptsache ging es um die Frage, wie in Objektbenennungen redundante Anteile entstehen und wie Benennungen mit und ohne Redundanz den Prozeß der Objektidentifikation beeinflussen. Die sozialen Determinanten spielten für diese Fragen nur eine untergeordnete Rolle, da die Rollen von Sprecher und Adressat im Labor vom Versuchsleiter beziehungsweise der Versuchsperson übernommen wurden. Lietz (1977) konnte in seiner Diplomarbeit zeigen, daß die Produktion von redundanzfreien Benennungen mit hohen zeitlichen Kosten verbunden ist, die allerdings je nach Art der diskriminierenden Merkmale erheblich variierten. Jung (1976) untersuchte in seiner Diplomarbeit die Wirkung von unterschiedlichen Graden der Redundanz auf die Identifikationszeiten für Zielobjekte. Er fand heraus, daß Redundanz meistens die Identifikationszeit verkürzt, vor allem dann, wenn die redundanten Anteile besonders leicht erkennbare Merkmale betrafen. In der Dissertation von Deutsch (1976) wurden zwei theoretische Modelle zur Wirkung von Benennungen auf die Objektidentifikation vorgestellt und empirisch geprüft. Die objektzentrierte Suche, die aus empirischen Gründen der dimensionszentrierten Suche vorgezogen wurde, bildete den Ausgangspunkt für die Diplomarbeit von Clausing (1977) und der Semesterarbeit von Ewering & Schulze (1978). Schließlich lieferten die Diplomarbeiten von Kaiser (1976) und die Semesterarbeiten von Altfelder (1978) sowie Gallisch & Schmidt (1977), in denen geometrische Muster oder Buchstabenfolgen als Material verwandt wurden, deutliche Hinweise für systematische Beziehungen zwischen der Erkennbarkeit von Merkmalen und dem Auftreten von redundanten Benennungen. Bei schwer erkennbaren Merkmalen traten häufig, bei leicht erkennbaren Merkmalen selten redundante Benennungsanteile auf. So wurde am Ende des Forschungsprogramms "Objektbenennung" in Marburg ein störendes Seitenthema zu einem Leitmotiv, das für die Entstehung und Wirkung von kontextabhängigen Objektbenennungen noch lange danach Stoff zum Theoretisieren und Experimentieren bot.

5. Zwischenbilanz

Das Forschungsprogramm "Objektbenennung" hat sich als ein Geflecht von Linien entwickelt, die aufeinander aufbauen und einander ergänzen. Am Anfang stand eine Auseinandersetzung mit Olsons Idee einer kognitiven Semantik. Sie führte zu

Versuchsanordnungen, um die kontextabhängige Sprachproduktion bei Erwachsenen, Jugendlichen und Kindern unter kontrollierten Bedingungen zu erfassen. Als theoretische Leitidee für eine große Vielzahl und Vielfalt von Fragestellungen zur Genese von kontextangemessenen Benennungen diente das Persönlichkeitskonstrukt *Benennungsflexibilität*. Anschließend gabelte sich das Forschungsprogramm in einen Zweig, der die instrumentelle Funktion von sprachlichen Äußerungen (einschließlich der Objektbenennung) betont und in Regelspielen untersucht, und in einen Zweig, der die perzeptuellen und kognitiven Prozesse bei der Entstehung und Wirkung von Redundanz in Objektbenennungen herausstellt. Das Forschungsprogramm war damit nicht am Ende angelangt (vgl. den Beitrag von Mangold-Allwinn in diesem Band). Es ging weiter, und es geht weiter.

6. Danksagung

Wir danken Markus Wenglorz für die Unterstützung bei der Herstellung dieses Manuskripts, Dimitrios Fasoulis und Vasilini Pappa für ihre Hilfe bei der Übersetzung eines griechischen Zitats, Klaus Bender und Penny Boyes-Braem für theologische und gebärdensprachliche Interpretationshinweise sowie Martin Kumpf und Eva-Maria Ludwig für ihr Engagement bei der Identifikation von Semester- und Diplomarbeiten im Psychologischen Institut der Philipps-Universität Marburg.

Literatur

Altfelder, G. (1978). *Redundanz und Strategien der Objektbenennung*. Unveröffentlichte Semesterarbeit. Marburg: Philipps-Universität.

Ballmeier, R. (1975). *Zum Einfluß der sozialen Partnerdistanz und der Offizialität der Versuchssituation auf das Benennungsverhalten bei Kindern*. Unveröffentlichte Diplomarbeit. Marburg: Philipps-Universität.

Barthelmey, E. (1977). *Erwerb und Gebrauch dativischer Personalpronomen bei Kindern im Vorschulalter*. Unveröffentlichte Semesterarbeit. Marburg: Philipps-Universität.

Bockhacker, K., Braun, C. F. & Jaekel, H. (1973). *Relationale Benennungsleistungen im Verwandtschaftssystem*. Unveröffentlichte Semesterarbeit. Marburg: Philipps-Universität.

Bozetti, I. (1978). *Untersuchung zum verbalen situationsspezifischen Aufforderungshandeln bei 12-jährigen Kindern unter besonderer Berücksichtigung eines Faktors des negativen Feedback*. Unveröffentlichte Diplomarbeit. Marburg: Philipps-Universität.

Brown, A. S. (1991). A review of the tip-of-the-tongue experience. *Psychological Bulletin*, *2*, 204–223.

Brown, R. (1958). How shall a thing be called? *Psychological Review*, *65*, 14–21.

Brown, R. & McNeill, D. (1966). The "tip of the tongue" phenomenon. *Journal of Verbal Learning and Verbal Behaviour*, *5*, 325–337.

Christlieb, M., Laufenberg, W. & Sieburg, I. (1974). *Sprachliche Benennungsreaktionen im situativen Kontext*. Unveröffentlichte Semesterarbeit. Marburg: Philipps-Universität.

Clausing, H. (1977). *Der Einfluß sprachlicher Information auf die Identifikation von Objekten*. Unveröffentlichte Diplomarbeit. Marburg: Philipps-Universität.

Deutsch, W. (1976). *Sprachliche Redundanz und Objektidentifikation*. Unveröffentlichte Inauguraldissertation. Marburg: Philipps-Universität.

Deutsch, W. (1986). Sprechen und Verstehen: Zwei Seiten einer Medaille? In H. G. Bosshardt (Hrsg.), *Perspektiven auf Sprache* (S. 232–263). Berlin: de Gruyter.

Deutsch, W. (1989). *Die Sprachproduktion und ihr Input*. Bericht über das Symposium der Werner-Reimers-Stiftung vom 7. bis zum 10. 6. 1989 in Bad Homburg vor der Höhe.

Deutsch, W., Herrmann, Th. & Laucht, M. (1979). Die Kontroverse um eine Kontexttheorie sprachlicher Referenz. *Zeitschrift für Linguistik und Literaturwissenschaft*, *33*, 104–109.

Dieterich, A., Eberhardt, E. G. & Heymann, I. (1974). *Untersuchung zur Personenklassifikation bei Kindern anhand der Dimensionen "Dominanz" und "Soziale Nähe"*. Unveröffentlichte Diplomarbeit. Marburg: Philipps-Universität.

Dreckmann, I. (1977). *Untersuchung zum Zusammenhang von Sprechen und Handlungsvoraussetzung. Sprachpsychologische Beiträge*. Unveröffentlichte Diplomarbeit. Marburg: Philipps-Universität.

Esch, F. J. (1976). *Der Einfluß der Sprecher-Objekt-Relation auf die Variation von Objektbenennungen in sozial-kommunikativen Situationen*. Unveröffentlichte Diplomarbeit. Marburg: Philipps-Universität.

Ewering, N. & Schulze, M. (1978). *Der Einfluß auditorischer und visueller Vorinformation auf die Identifikation und Klassifikation visuell wahrgenommener Objekte*. Unveröffentlichte Semesterarbeit. Marburg: Philipps-Universität.

Frick, A. M. (1975). *Zum Erwerb räumlicher Relationsbezeichnungen bei Kindern*. Unveröffentlichte Diplomarbeit. Marburg: Philipps-Universität.

Gallisch, M. & Schmidt, G. (1977). *Zur Entstehung von Redundanz bei der Objektbenennung*. Unveröffentlichte Semesterarbeit. Marburg: Philipps-Universität.

Grewe, N. (1976). *Sprechhandlung und Sprecherintention. Eine Erkundungsstudie zur situativen Sprachvariation*. Unveröffentlichte Diplomarbeit. Marburg: Philipps-Universität.

Häfner, I. & Wolter, G. (1975). *Einfluß von Merkmalsvariation und Kontextart auf sprachliche Informationsübertragung*. Unveröffentlichte Semesterarbeit. Marburg: Philipps-Universität.

Hauptmann, U. (1978). *Der Einfluß der Erwartbarkeit von Partnerreaktionen auf verbale Aufforderungshandlungen 12-Jähriger. Ein Beitrag zur Analyse von Planungsprozessen sprachtaktischen Verhaltens*. Unveröffentlichte Diplomarbeit, Philipps-Universität Marburg.

Hartung, O. (1976). *Der Einfluß der Sprecher-Objekt-Relation auf die Variation von Objektbenennungen in sozial-kommunikativen Situationen*. Unveröffentlichte Diplomarbeit. Marburg: Philipps-Universität.

Herrmann, Th. (1976). *Die Psychologie und ihre Forschungsprogramme*. Göttingen: Hogrefe.

Herrmann, Th. (1982). *Sprechen und Situation*. Berlin: Springer.

Herrmann, Th. & Deutsch, W. (1976). *Psychologie der Objektbenennung*. Bern: Huber.

Herrmann, Th. & Laucht, M. (1976). On multiple verbal codability of objekts. *Psychological Research*, *38*, 355–368.

Herrmann, Th. & Laucht, M. (1977). Pars pro toto. Überlegungen zur situationsspezifischen Variation des Sprechens. *Psychologische Rundschau*, *28*, 247–265.

Herrmann, Th. & Stäcker, K. H. (1969). Sprachpsychologische Beiträge zur Sozialpsychologie. In C. F. Graumann (Hrsg.), *Handbuch der Psychologie, Band 7* (S. 398–474). Göttingen: Hogrefe.

Hesse, W. & Petry, J. (1972). *Einfluß der Wahrscheinlichkeitsstruktur der Sprache und des situativen Kontexts auf das Sprachverhalten von Kindern*. Unveröffentlichte Semesterarbeit. Marburg: Philipps-Universität.

Hunkel, G. & Kühnhold, K. (1974). *Benennungsleistungen in drei unterschiedlichen, strukturell jedoch gleichen Verwandtschaftssystemen*. Unveröffentlichte Semesterarbeit. Marburg: Philipps-Universität.

Jung, E. E. (1976). *Zur Wirkung redundanter Benennungen – Eine experimentelle Analyse*. Unveröffentlichte Diplomarbeit. Marburg: Philipps-Universität.

Kaiser, N. (1976). *Zur Entstehung redundanter Benennungen – eine Erkundungsstudie über einen Modellansatz des Benennungsvorgangs*. Unveröffentlichte Diplomarbeit. Marburg: Philipps-Universität.

Kleine-Moritz, G. (1991). *Friedrich der Große und die Bahnwärters-Tochter* (= Reihe Gelebte Geschichte, Nr. 6). Bad Soltro: Institut für Angewandte Zweckforschung.

Koch, D., Nittel, K. & Wieser, I. (1974). *Kognitive und situative Determinanten nichtredundanter Benennungsleistungen*. Unveröffentlichte Semesterarbeit. Marburg: Philipps-Universität.

Kronenberger, U. (1975). *Sprachliche Benennungen in Abhängigkeit vom Kommunikationspartner: Der Einfluß von sozialer Schicht und Geschlecht*. Unveröffentlichte Diplomarbeit. Marburg: Philipps-Universität.

Krauss, R. M. & Glucksberg, S. (1969). The development of communication: Competence as a function of age. *Child Development*, *40*, 255–266.

Landow, M. (1974). *Mobilitätstraining und Benennungsleistung*. Unveröffentlichte Diplomarbeit. Marburg: Philipps-Universität.

Levelt, W. J., Schriefers, H., Vorberg, D., Meyer, A. S., Pechmann, T. & Havinga, J. (1991). The time course of lexical access in speech production: A study of picture naming. *Psychological Review*, *98*, 122–142.

Lietz, J. (1977). *Theoretische und experimentelle Analyse des Benennungsvorgangs*. Unveröffentlichte Diplomarbeit. Marburg: Philipps-Universität.

Lippold-Grunewald, R. (1975). *Zum Einfluß der sozialen Partnerdistanz und der Offizialität der Versuchssituation auf das Benennungsverhalten bei Kindern*. Unveröffentlichte Diplomarbeit. Marburg: Philipps-Universität.

Miller, M. (1976). *Zur sprachlichen Einführung und Kontrolle von Wahrnehmungssituationen im Falle der Objektbenennung*. Thesenpapier zum Symposium "Situationsspezifische Sprechvariation", 30. Kongreß der Deutschen Gesellschaft für Psychologie, Regensburg, 19. - 23. September 1976.

Olson, D. (1970). Language and thought: Aspects of a cognitive theory of semantics. *Psychological Review*, *77*, 257-273.

Osgood, C. E. (1971). Where do sentences come from? In D. A. Steinberg & L. A. Jakobovits (Eds.), *Semantics: An interdisciplinary reader in philosophy, linguistics and psychology* (pp. 497-529). Cambridge: Cambridge University Press.

Pechmann, T. & Weddige A. (1974). *Über den Gebrauch des dativischen Personalpronomens*. Unveröffentlichte Semesterarbeit. Marburg: Philipps-Universität.

Ress, R. & Geier, N. (1975). *Benennungsverhalten gegenüber Objekten in Bezug auf Kontextabhängigkeit durch Ich-Nähe und geschlechtsspezifisches Benennungsverhalten*. Unveröffentlichte Semesterarbeit. Marburg: Philipps-Universität.

Rosch, E. (1978). Principles of categorization. In E. Rosch & B. Lloyd (Eds.), *Cognition and categorization* (S. 27-48). Hillsdale: Erlbaum.

Selbmann, K. E. (1974). *Der Einfluß der Kontextbedingungen auf Benennungen – ein Meßverfahren zur Ermittlung von Benennungsflexibilität*. Unveröffentlichte Semesterarbeit. Marburg: Philipps-Universität.

Selbmann, K. E. (1976). *Altersabhängigkeit beim Zuordnen von Wörtern verschiedener Sprachschichthöhe*. Unveröffentlichte Diplomarbeit. Marburg: Philipps-Universität.

Stapf, K. H., Herrmann, Th., Stapf, A. & Stäcker, K. H. (1972). *Psychologie des elterlichen Erziehungsstils*. Stuttgart: Klett.

Viol, B. & Will, C. (1976). *Strategien bei Benennungsreaktionen*. Unveröffentlichte Semesterarbeit. Marburg: Philipps-Universität.

Volbers, A. (1978). *Sprachliche Markiertheit und der Erwerb von Personalpronomen*. Unveröffentlichte Diplomarbeit. Marburg: Philipps-Universität.

Mentale Repräsentationen im Kontext verschiedener Aufgaben

Johannes Engelkamp

Mentale Repräsentationen zu postulieren ist seit der kognitiven Wende in der Psychologie üblich. Strittig war in den 70er und frühen 80er Jahren die Frage, ob man verschiedene Repräsentationstypen unterscheiden soll. Diese Kontroverse hat man in den 80er Jahren ungeklärt verlassen. Ich zeige in dem Beitrag, daß trotz der Tatsache, daß diese Kontroverse nicht geklärt wurde, seither eine beträchtliche Anzahl verschiedener Repräsentationstypen von vielen Forschern gefordert wird. Darüber hinaus lege ich dar, daß die Kontroverse in den 80er Jahren ungelöst aufgegeben wurde, weil man sich zu sehr auf Reizvariation als Mittel zur Unterscheidung zwischen verschiedenen Repräsentationstypen konzentriert hat. Die gewichtigeren Argumente für die Annahme verschiedener Repräsentationstypen sehe ich in der Aufgabenvariation, und dies insbesondere bei der Untersuchung von episodischen Gedächtnisleistungen, weil hier die Aufgaben beim Lernen und Testen variiert werden können.

1. Einleitung

In der Psychologie ist weniger strittig, ob man mentale Repräsentationen annehmen soll, sondern eher, ob man verschiedene Typen von mentalen Repräsentationen fordern soll, die sich qualitativ unterscheiden (zum Beispiel Herrmann, 1993; Le Ny, 1993). Qualitativ verschieden soll bedeuten, daß unterschiedliche Prozesse auf unterschiedlichen Informationstypen laufen, das heißt, bestimmte Verhaltensfunktionen sollen von bestimmten Informationstypen abhängen. Obwohl die Forderung nach qualitativ verschiedenen Repräsentationstypen – Herrmann (1993) spricht von Repräsentat-Typen – oder allgemeiner nach verschiedenen Codes in den späten 70er und frühen 80er Jahren intensiv und kontrovers diskutiert wurde (zum Beispiel Kosslyn, 1981; Pylyshyn, 1981), wurde die Kontroverse nie entschieden, und einige Autoren wie Anderson (1978) haben die Meinung vertreten, die Frage sei auch nicht entscheidbar, da Struktur- und Prozeßannahmen sich so zueinander verhalten, daß sie sich im Hinblick auf Verhaltensvorhersagen wechselseitig kompensieren können. Trotz dieser ungeklärten Sachlage hat sich die Zahl postulierter Repräsentationstypen seit der sogenannten Imagery-Debatte ständig vermehrt. Diese Differenzierung will ich in Abschnitt 2 zunächst kurz nachzeichnen. Dann will ich mich der Frage der Rechtfertigung für diese Differenzierungen zuwenden. Es ist schon erstaunlich, daß die Kontroverse zu der Frage, ob man verschiedene Repräsentationstypen unterscheiden soll, trotz einer offensichtlichen Zunahme postulierter Repräsentationstypen an Interesse verloren hat. Gibt es jetzt andere und bessere Argumente für die Forderung verschiedener Repräsentationstypen? Welcher Art sind die Argumente? Dieser Frage will ich in Abschnitt 3 nachgehen und dabei aufzeigen, daß den Aufgaben zu Beginn zu wenig Beachtung geschenkt wurde. Es wurde zu einseitig auf die Reize geschaut. Heute kommt die Begründung für spezifische Repräsentationsannahmen meist aus der Analyse des Zusammenspiels von Reiz und Aufgabe, wobei Reize wie Aufgaben variiert werden. Im Kontext von Gedächtnisaufgaben wird zusätzlich zwischen den Aufgaben beim Lernen und Testen unterschieden.

2. Zur Differenzierung mentaler Repräsentationen

Am Anfang der kognitiven Wende, das heißt der Forderung von mentalen Repräsentationen, standen die semantischen Netze (Tulving & Donaldson, 1972). Semantische Netze modellieren die Struktur unseres begrifflichen Wissens. Es gibt nur einen Repräsentationstyp, den semantischen Knoten. Jeder Knoten repräsentiert eine Bedeutungseinheit. Die Prozeßvorstellung ist einfach: Der Reiz aktiviert seine Bedeutung. Statt von Bedeutung spreche ich, der allgemeinen Konvention in der Kognitiven Psychologie folgend, von Konzept (K). Diese Position wird als "common code"-Theorie bezeichnet.

Diese Position war jedoch von Beginn an nicht unangefochten. Zeitgleich vertrat Paivio (1969, 1971) seine "dual code"-Theorie. Er unterschied – wenn man so will – zwei Netze, eines für verbale und eines für nonverbale, bildliche Reize. Kurz, er forderte ein verbales und ein visuell-nonverbales Repräsentationssystem. Die verbalen Repräsentationen nennt er Logogene, die nonverbalen Imagene. Die Repräsentationen beider Systeme können assoziativ miteinander verknüpft sein. Paivios Position veranschaulicht Abbildung 1.

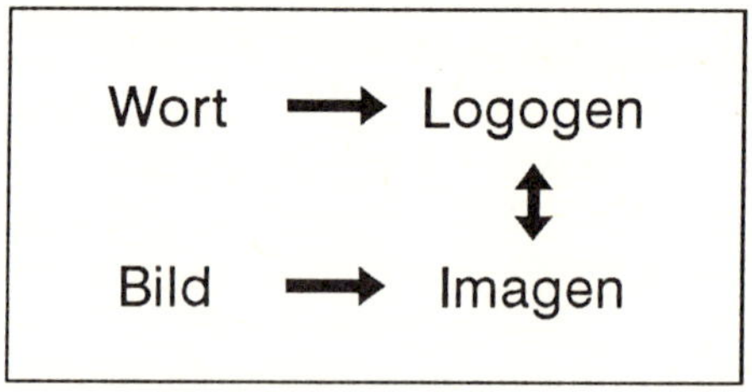

Abb. 1: Repräsentationsannahmen der "dual code"-Theorie von Paivio.

Bedeutsam an der Position Paivios ist, daß er für episodische Erfahrungen modalitätsspezifische Repräsentationen fordert, die sowohl die sensorischen als auch die semantischen Bestandteile umfassen (Paivio, 1986, S. 58).

Genau diese Annahme lehnt jedoch die Mehrzahl der Forscher ab, die während der 70er Jahre verschiedene Repräsentationstypen forderten. Sie verlagerten die Unterscheidung modalitätsspezifischer Repräsentationstypen in die Peripherie des informationsverarbeitenden Systems und forderten zusätzlich ein System für amodale Repräsentationen, das heißt für Konzepte. Die typische Grundlage für diese Architekturannahmen bildeten wiederum Objekte und ihre verbalen Bezeichnungen. Man nahm an, daß das Objekt Apfel und seine Bezeichnung "Apfel" zwar dasselbe bedeuten, daß sich ihre Repräsentationen jedoch insofern unterscheiden, als neben der Bedeutung in der Form von Konzepten auch ihre Erscheinungsformen repräsentiert werden. Letztere sind präsemantisch und für Wörter und Bilder qualitativ verschieden (zum Beispiel Glass, Holyoak & Santa, 1979; Nelson, 1979; Snodgrass, 1984). Ich bezeichne die Repräsentationen von Wortformen im folgenden als Wortmarken (WM) und die von der Erscheinung von Bildern oder Objekten als Bildmarken (BM). Abbildung 2 veranschaulicht diese Position, die auch als Hybrid-Theorie bezeichnet wird.

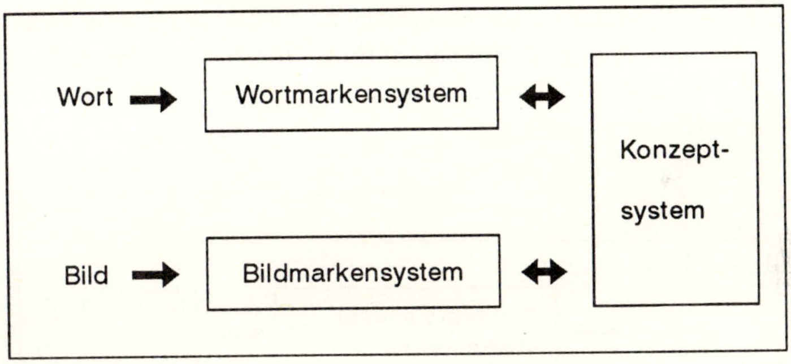

Abb. 2: Repräsentationsannahmen nach der Hybrid-Theorie.

Beachtenswert an dieser Theorie ist, daß die modalitätsspezifischen Repräsentationen nicht direkt miteinander verbunden sind, sondern nur über gemeinsame Konzepte. Marken und ihre Konzepte können sich jedoch wechselseitig aktivieren.

Diese Position ist inzwischen weit verbreitet und wurde auf weitere *Modalitäten* ausgeweitet. Ein typisches Beispiel bildet die Theorie zum Erkennen von Gesichtern von Bruce & Young (1986). In dieser Theorie werden neben einem Konzept für eine Person Stimmerkennungs- und Gesichtserkennungseinheiten (beziehungsweise in unserer Terminologie Stimm- und Gesichtsmarken) gefordert.

Ein Problem wird bei vielen Hybrid-Theorien jedoch übersehen. Auf dieses Problem will ich kurz eingehen, da es für die mentale Architektur zentral ist. Bei der Einführung von modalitätsspezifischen Marken wird der Eindruck erweckt, als würden Marken notwendig und bottom up durch die Reize aktiviert, als seien die Reize selbst bereits modalitätsspezifisch. Diese Sichtweise verkennt, daß zum Beispiel Wörter akustisch wie visuell geboten werden können, oder andersherum, daß ein Wort wie sein Referenzobjekt auf visuellen Informationen beruhen können. Auf diese Unterscheidung hat zwar Paivio (zum Beispiel 1986, S. 56 ff.) bereits hingewiesen, sie aber bei der Ausformulierung seiner "dual code"-Theorie nicht berücksichtigt. In seiner Theorie kennt er bis heute nur zwei funktional verschiedene Systeme, das verbale und das nonverbale System. Auch andere Theoretiker, die modalitätsspezifische Subsysteme unterscheiden, wie Baddeley (1986), bleiben im Hinblick auf die Frage, ob beispielsweise das visuelle Subsystem für visuelle sprachliche beziehungsweise für visuelle nichtsprachliche oder für Reize beider Art zuständig ist, unterspezifiziert. Es ist jedoch wichtig, sinnesspezifische Reizunterschiede (wie visuelle, akustische, olfaktorische etc.) von modalitätsspezifischen (wie verbalen und nonverbalen) zu unterscheiden (vgl. Engelkamp, 1992). Marken beruhen auf Klassifikationsprozessen, die von der sinnesspezifischen oder physikalischen Reizbeschaffenheit abstrahieren können. Dies ist zum Beispiel der Fall, wenn bei einer Wortmarke davon abstrahiert wird, ob das Wort akustisch oder visuell präsentiert wurde, oder auch, wenn bei gleicher Sinnesspezifität beispielsweise ein visueller Reiz einmal eine 'Gesichtsmarke' und einmal eine 'Objektmarke' oder eine 'Wortmarke' aktiviert. Inzwischen werden deshalb Repräsentationsmodelle vorgeschlagen, die zwischen sinnesspezifischer und modalitätsspezifischer Information unterscheiden (zum Beispiel Ellis & Young, 1989; Herrmann, 1985; Riddoch et al., 1988). Diese Unterscheidung ist wichtig, weil viele Funktionscharakteristika von der sinnesspezifischen Informationsbasis abhängen. Ich nenne diese Modelle multimodale Hybrid-Modelle. In Abbildung 3 ist diese Modellvorstellung illustriert.

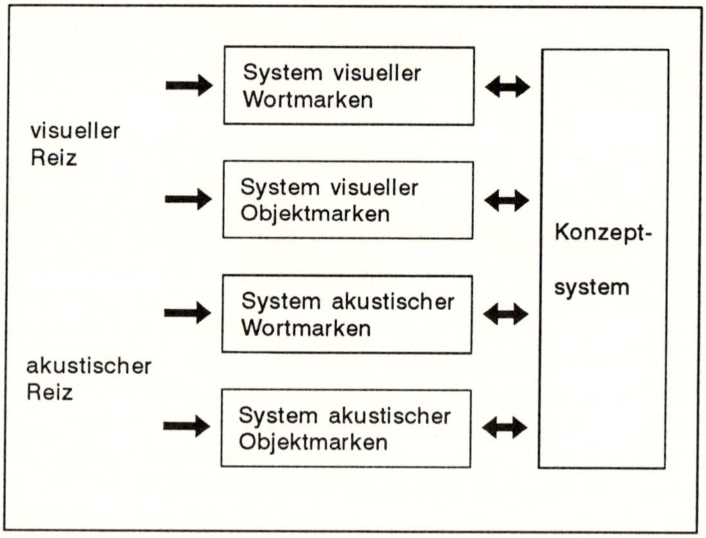

Abb. 3: Multimodale Hybrid-Theorie.

Ich habe auch Herrmanns Vorschlag (1985) unter diesen Modelltyp subsumiert, weil er der Unterscheidung zwischen sinnesspezifischer und modalitätsspezifischer Information in seinem Modell schon vor anderen Rechnung getragen hat. Herrmanns Position unterscheidet sich jedoch in wesentlichen Punkten von den anderen Modellen. Der wesentlichste Unterschied besteht darin, daß er das Wort "Konzept" abweichend gebraucht. Was ich als Konzept eingeführt habe, nennt Herrmann eine S-Marke und stellt sie in seiner Theorie neben die anderen Marken (wie Bildmarken, Geräuschmarken, Wort-Lautmarken etc.). Ein Konzept ist für ihn "das Ensemble von aktivierten modalitätsspezifischen Marken", das heißt, eine temporäre Erscheinung. Herrmanns Repräsentationsannahmen sind in Abbildung 4 zusammengefaßt.

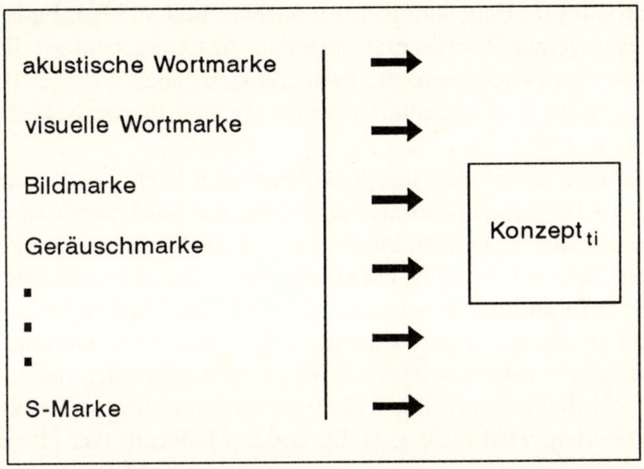

Abb. 4: Repräsentationsannahmen nach Herrmann (1985, S. 85). In diesem Modell bilden die verschiedenen Marken das (temporäre) Konzept zum Zeitpunkt t_i (s. Text).

Obwohl die abweichende Terminologie von Herrmann eher verwirrt, weist er mit seiner Annahme, daß sich Marken temporär in der aktuellen Verarbeitung unterschiedlich zusammenschließen, auf den wichtigen Sachverhalt hin, daß von den unterschiedlichen Marken je nach Reiz und Aufgabe unterschiedliche Teilmengen aktiviert werden können. Das heißt, welche Komponenten eines Konzepts in einer aktuellen Situation aktiviert werden, ist variabel. »Konzepte werden ... aus langfristig gespeicherten Marken und deren Merkmalen zeitweilig generiert und bilden so temporäre Informationselemente ...« (Herrmann, 1985, S. 82). Eine andere Besonderheit an Herrmanns Konzeption von Repräsentationen halte ich dagegen für weniger glücklich. Für Herrmann liegt die S-Marke, das heißt, was in den anderen Modellen als Konzept bezeichnet wird, auf einer Ebene mit den anderen modalitätsspezifischen Marken. In diesem Sinne spricht er auch bei S-Marken von Modalität, wenngleich von einer »gedanklich-konzeptuell-abstrakten« (S. 81). Das heißt, wo andere Modelle eine hierarchische Beziehung zwischen S-Marken beziehungsweise Konzepten und sensorischen Marken annehmen, postuliert Herrmann eine Nebenordnung.

Damit werden zwei Sachverhalte aus dem Blickfeld verdrängt, die meines Erachtens für eine Diskussion mentaler Repräsentationen wichtig sind. Der eine

Sachverhalt besteht darin, daß wir bei der Verarbeitung von Objekten wie auch von Wörtern in aller Regel das fokussieren, was Herrmann S-Marke nennt, landläufig gesprochen ihre Bedeutung. Ein Apfel ist für uns zum Beispiel in erster Linie eine Frucht, die man essen kann, und nicht etwa ein Gegenstand, der sich glatt anfühlt oder der eine rundliche Form hat. Der andere Sachverhalt besteht darin, daß nicht zwischen typischen Modi der Verarbeitung von S-Marken und anderen Marken unterschieden wird. Weil bei der Verarbeitung, zum Beispiel der Wahrnehmung eines Apfels, der Fokus in der Regel darauf liegt, daß er eine Frucht ist, bleiben andere Eigenschaften, die in anderen Marken repräsentiert sind, meist unbeachtet. Sie werden aber, soweit sie der Reizmodalität entsprechen, dennoch verarbeitet (s. Engelkamp, 1991, S. 69 ff. und 365 ff.). Es ist deshalb notwendig, zwischen jenen Repräsentationsteilen zu unterscheiden, die zu Bewußtseinsinhalten werden, und jenen, die zwar aktiviert, aber nicht zu Bewußtseinsinhalten werden. Beide Sachverhalte sprechen für eine theoretische Sonderstellung von S-Marken.

Der Fokus aller bisher dargestellten Positionen liegt – wenn auch meist unausgesprochen – bei den Informationsaspekten, die uns bewußt werden. Das sind in aller Regel die Konzepte beziehungsweise in der Terminologie Herrmanns die S-Marken. Darum endet – außer bei Herrmann – bei allen anderen dargestellten Positionen die Informationsverarbeitung im konzeptuellen System. Das bewußte Erkennen wird als der natürliche Endzustand der Informationsverarbeitung angenommen. Was jemand dann mit dieser Repräsentation oder mit diesem Wissen macht, wird nicht thematisiert. Die Frage, ob auch motorische Reaktionen mental repräsentiert werden, wird nicht gestellt, außer wiederum von Herrmann (1985). Auch hier war er seiner Zeit voraus.

Beispielhaft sind hier jene Modelle, die in der Neuropsychologie entwickelt wurden. Sie sehen neben Systemen von visuellen und akustischen Wortmarken, die als visuelles und akustisches Eingangslexikon bezeichnet werden, auch Ausgangslexika vor, in denen die Fähigkeit, ein Wort auszusprechen, als Sprechprogramm oder die Fähigkeit, ein Wort zu schreiben, als Schreibprogramm repräsentiert sind (zum Beispiel Ellis & Young, 1989). Von hier ist es nur ein kleiner Schritt, auch nonverbale Handlungsprogramme (beispielsweise die Fähigkeit zu klopfen oder einen Handstand zu machen) als motorische Repräsentationen zu postulieren (s. Engelkamp & Zimmer, 1985; Engelkamp, 1991). Abbildung 5 faßt diesen Stand der Diskussion in einem multimodal-motorischen Hybrid-Modell zusammen.

Die Berücksichtigung motorischer Programme als mentale Repräsentationen, die aus dem System herausführen, ist eine theoretisch außerordentlich bedeutsame Erweiterung der Repräsentationsannahmen, weil sie den Blick auf die verschiedenen Aufgaben lenkt, in denen Reize verarbeitet werden, und weil sie die Aufmerksamkeit nicht nur auf die Reiz- oder Modalitätsvariation konzentriert. Es ist informationsverarbeitungspsychologisch etwas anderes, ob ich einen Apfel verbal beschreibe, ihn zeichne oder ihn esse. Dieser einleuchtende Sachverhalt wurde nur allzu lange bei der Diskussion der mentalen Repräsentationen übersehen, und auf ihn will ich meine Aufmerksamkeit im folgenden Abschnitt konzentrieren. Damit komme ich zur Rechtfertigung der vorgestellten Differenzierungen.

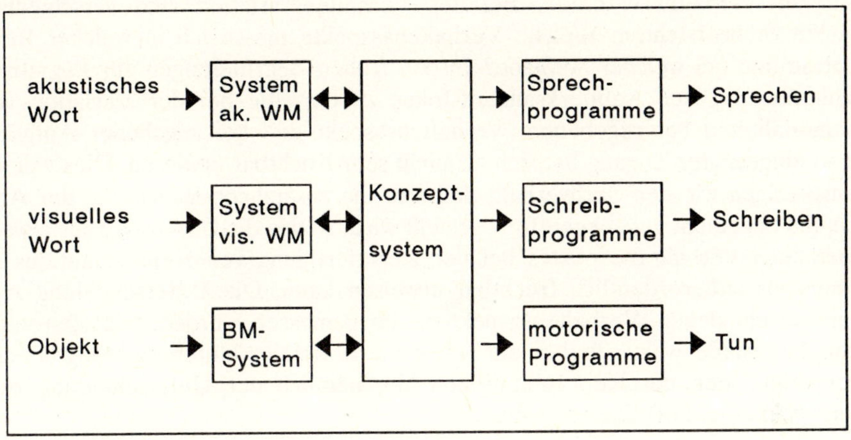

Abb. 5: Repräsentationsannahmen des multimodal-motorischen Repräsentationsmodells, das auch motorische Repräsentationen vorsieht (ak. WM = akustische Wortmarken; vis. WM = visuelle Wortmarken; BM-System = Bildmarken-System).

3. Zur Rechtfertigung mentaler Repräsentationen

Mit Herrmann (1985, S. 97f.) gehe ich davon aus, daß man »Annahmen über die interne Struktur ... von temporären Konzepten [im Sinne Herrmanns] ... überprüfen [kann], indem man in Experimenten Pro- und Contra-Indizien für das Zutreffen der Annahmen sucht. Es handelt sich auch bei Marken und Konzepten, wie so oft in der Psychologie, nicht um Phänomene, die unmittelbar der Beobachtung und sinnfälligen Demonstration zugänglich sind. Vom wahrnehmbaren Tatbestand (zum Beispiel vom beobachtbaren Experimentalergebnis) bis hin zu dem in einer theoretischen Sprache dargestellten "hypothetischen" Sachverhalt müssen erst Brücken geschlagen werden. Und das geschieht durch die Sammlung vieler, sich gegenseitig stützender empirischer Anzeichen ...«. Über Herrmann (1985) gehe ich hinaus, indem ich zu zeigen versuchen werde, wie solche stützenden Befunde aussehen müssen und daß inzwischen eine Reihe recht überzeugender Befunde für bestimmte Repräsentationsannahmen vorliegen. Das heißt, ich möchte im folgenden zeigen, daß bestimmte Repräsentationsannahmen – wenn schon nicht mehr als »nützliche Fiktionen« (Herrmann, 1983) – so doch wenigstens empirisch recht gut begründete Fiktionen sind und daß ein Fortschritt der Forschung darin besteht, daß Herrmanns kritische Feststellung heute weniger gilt als 1985. Er schreibt dort: »Viele psychologische Annahmen zur internen Struktur von Konzepten und Marken sind nichts mehr als 'nützliche Fiktionen', deren Bonität noch eher in einem relativ wohlgeordneten und differenzierten Entwurf für eine Rekonstruktion des jeweiligen Problemfelds liegt als in kaum noch zu bezweifelnden empirischen Bestätigungen durch sehr viele eindeutige Experimentalergebnisse« (S. 97f.).

Stellt man die Frage, was die Forderung verschiedener Repräsentationstypen rechtfertigt, dann heißt die Antwort in der Psychologie die Erklärung von systematischer Verhaltensvariation. Bei der Verhaltensvariation sind verschiedene Aspekte zu beobachten: Welche Verhaltensaspekte messe ich in welcher Reizsituation und bei welcher Aufgabe? In den frühen Begründungen zur kognitiven Architektur lag der Aufmerksamkeitsfokus zu einseitig bei der Variation von Reizmodalitäten bei gegebenem Verhaltensaspekt und bei gegebener Aufgabe. Ein so eingeengter Zugang hat sich als nicht sehr fruchtbar erwiesen. Dies will ich ebenso zeigen wie den Sachverhalt, daß sich die zusätzliche Beachtung der Aufgabe, die bei einem gegebenen Reiz gestellt wird, so wie die Beachtung des jeweils gemessenen Verhaltensaspektes bei der Rechtfertigung von Repräsentationsannahmen als außerordentlich fruchtbar erweisen kann. Die Unterscheidung zwischen verschiedenen Verhaltensaspekten, die gemessen werden, wie Zeit- und Richtigkeitsmaße, weisen zudem auf eine weitere wichtige Unterscheidung bei der Erforschung mentaler Repräsentationen hin, nämlich der Unterscheidung zwischen on-line- und off-line-Aufgaben.

3.1 Mentale Repräsentationen im Kontext von on-line-Aufgaben

Ein typisches Paradigma zur Untersuchung von Repräsentationstypen war in den späten 70er und frühen 80er Jahren der Wort-Bild-Vergleich (siehe das Sonderheft des *Journal of Verbal Learning and Verbal Behavior*, 1984). In diesem Paradigma wurde in der Regel die Aufgabe konstant gehalten, der Reiz variiert und die Reaktionszeit gemessen. In einer Reihe von Untersuchungen ging es zum Beispiel um die Lese- bzw. Benennungszeit bei Wörtern und Bildern (beispielsweise Potter & Faulconer, 1975; Potter, So, Eckhardt & Feldman, 1984). In solchen Untersuchungen zeigt sich, daß Wörter schneller gelesen als Bilder benannt werden können. Ein solcher Befund kann aber gleichermaßen beispielsweise von einer "common code"-Theorie erklärt werden (der Zugriff zum Konzept ist schneller vom Wort als vom Bild) wie von einer "dual code"-Theorie (der Zugriff vom Wort zur verbalen Repräsentation ist schneller als vom Bild) wie auch von einer Hybrid-Theorie (der Zugriff über die Wortmarke zum Konzept ist schneller als über die Bildmarke zum Konzept). (Vgl. hierzu Engelkamp, 1987, S. 77 ff.)

Die Vielfalt der Erklärungsmöglichkeiten reduziert sich jedoch, wenn man die Reaktionszeiten bei Wörtern und Bildern in unterschiedlichen Aufgaben mißt. So kann man beobachten, daß Wörter zwar schneller gelesen als Bilder benannt werden, aber Bilder werden schneller Kategorien zugeordnet als Wörter (zum Beispiel Potter & Faulconer, 1975; Smith & Magee, 1980). Eine solche Dissoziation, das heißt Umkehrung der Befunde in Abhängigkeit von der Art der Aufgabe, ist schon schwieriger und nur durch oft implausible post hoc-Annahmen durch die "common code"- oder "dual code"-Theorie zu erklären. Warum sollte nach der "common code"-Theorie der Zugriff vom Wort zum Konzept nur bei der Aufgabe "Lesen", aber nicht bei der Aufgabe "Kategorisieren" schneller sein als der entsprechende Zugriff vom Bild? Die "dual code"-Theorie müßte erklären, warum eine Kategorienfrage sich anders als eine Lese- beziehungsweise Benennungsaufgabe auf das verbale und das nonverbale System auswirkt.

Hybrid-Theorien könnten das gesamte Befundmuster mit folgenden Annahmen erklären: (a) Die Lese-Response erfolgt von der Wortmarke aus, (b) während für das Benennen von Bildern die Konzepte aktiviert werden müssen und die Benennung von hier aus erfolgt, (c) Kategorisieren beruht auf Konzeptinformation, und (d) auf Konzeptinformation kann von Bildern schneller als von Wörtern aus zugegriffen werden. In Abbildung 6 sind die Annahmen (a) bis (c) in ein einfaches Hybrid-Modell eingebaut.

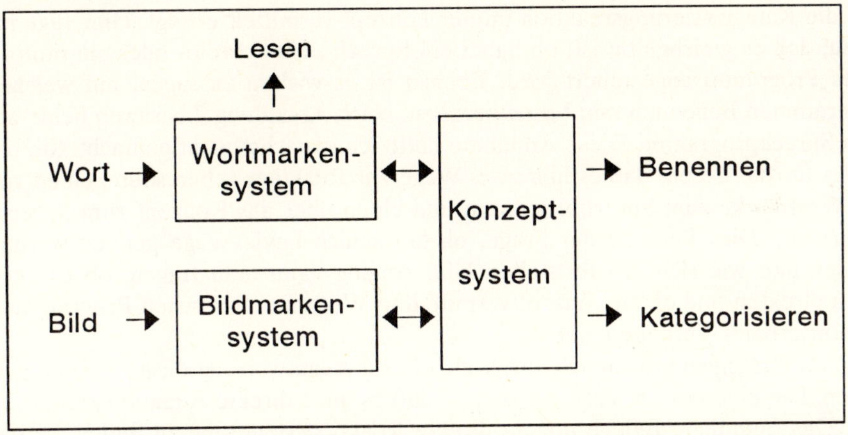

Abb. 6: Hybrid-Theorie unter Beachtung aufgabenspezifischer Ausgänge.

Abbildung 6 macht deutlich, daß nicht jede Reaktion konzept-vermittelt erfolgen muß, sondern daß es auch direkte Verhaltensausgänge von Marken (sogenannte "privileged loops") gibt. Diese Sachlage wird noch deutlicher, wenn man wie in den motorischen Hybrid-Modellen auch motorische Repräsentationen annimmt. Dann würden Lesen und Benennen gleichermaßen auf Sprechprogrammen basieren; diese würden aber unterschiedlich angesteuert (über Marken oder Konzepte). Diesen Sachverhalt illustriert Abbildung 7.

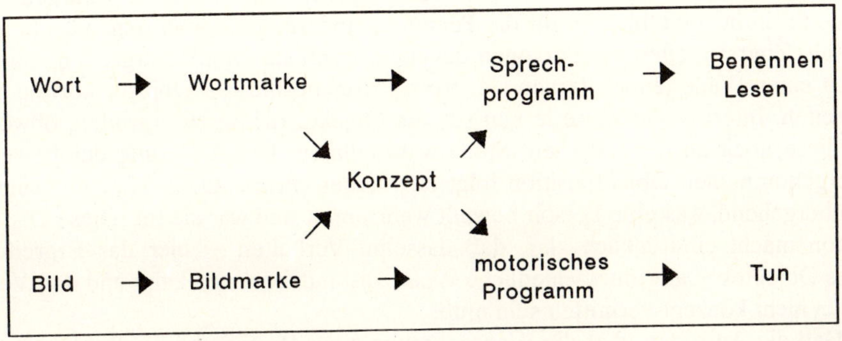

Abb. 7: Motorische Hybrid-Theorie unter Beachtung aufgabenspezifischer Ausgänge und möglicher Wege durch das System.

Abbildung 7 macht noch zwei weitere, theoretisch bedeutsame Gesichtspunkte deutlich. Erstens muß in jeder Theorie expliziert werden, auf welchem Programm die Reaktion bei einer bestimmten Aufgabe beruht, und zweitens, von welchen Repräsentationen aus die Programme direkt angesteuert werden können. So ist es zum Beispiel wichtig zu sagen, auf welchen Programmen die Kategorisierungsreaktion beruht und ob die Programme nur konzept-vermittelt oder auch direkt von einer Marke aus angesteuert werden können. Oben habe ich angenommen, daß die Kategorisierungsreaktion immer konzept-vermittelt erfolgt. Hier füge ich hinzu, daß es gleichgültig ist, ob dabei ein Sprech-, ein Schreib- oder ein motorisches Programm angesteuert wird. Ebenso ist es wichtig zu sagen, auf welchen Programmen Benennen und Lesen beruhen. Nach Abbildung 7 basieren beide auf dem Sprechprogramm. Diese Annahme hatte ich zunächst nicht gemacht. Sie bedeutet für das Lesen, daß es hier zwei Wege zur Reaktion geben sollte, einen von der Wortmarke zum Sprechprogramm und einen über das Konzept zum Sprechprogramm. Dies führt zu der Frage, ob tatsächlich beide Wege genutzt werden können und wie sich das feststellen läßt. Analog kann man fragen, ob es auch einen direkten und einen konzept-vermittelten Weg zu motorischen Programmen für nonverbales Verhalten gibt.

Zwei Strategien möchte ich anführen, die zur Beantwortung dieser Fragen beitragen. Die eine besteht darin zu zeigen, daß es auch direkte Reaktionssteuerung gibt. Das Bemühen, Belege für die direkte Reaktionssteuerung zu finden, ist dadurch motiviert, daß das konzept-vermittelte Reagieren als der Normalfall angesehen und nicht bezweifelt wurde. Es entspricht unserer subjektiven Erfahrung, daß wir aufgrund der bewußt wahrgenommenen Reize reagieren. Wir nennen einen Apfel "Apfel", weil wir ihn als Apfel erkennen, und wir zeigen auf ihn, weil wir ihn dort wahrnehmen, wo wir hinzeigen. Das heißt, nach unserem subjektiven Erleben reagieren wir konzept-gesteuert. Beeindruckend sind deshalb Belege, die zeigen, daß unsere (als kognitiv vermittelt angenommenen) Verhaltensweisen nicht kognitiv vermittelt sind beziehungsweise es nicht sein müssen. Die Strategie, dies zu zeigen, besteht darin, Dissoziationen zwischen der erlebten Wahrnehmung und dem gezeigten Verhalten zu finden.

Solche Dissoziationen konnte man in Prismen-Versuchen beobachten. In Untersuchungen, in denen Personen Prismengläser tragen, die die wahrgenommene Position von Objekten für die Person verändern, kann man folgendes beobachten. Zuerst greifen die Personen daneben, wenn sie Objekte ergreifen sollen. Nach einer Weile jedoch lernen sie, trotz Prismenbrille die Objekte korrekt zu ergreifen. Interessanterweise lernen sie, die Objekte richtig zu ergreifen, obwohl sie diese noch an der 'falschen' Stelle wahrnehmen. Die Änderung der bewußt wahrgenommenen Objektposition folgt erst später (Prinz, 1990). Hier dissoziiert vorübergehend, was eine Person bewußt wahrnimmt und was sie tut. Diese Dissoziation macht eindrücklich klar, daß dasselbe Verhalten – hier das Ergreifen eines Objektes – auf unterschiedliche Weise zustandekommen kann und daß Verhalten nicht konzept-vermittelt sein muß.

Daß die Aussagen über die Wahrnehmung eines Reizes und die Reaktion auf diesen Reiz dissoziieren können, ist auch aus anderen Untersuchungen bekannt (s. Neumann, 1988). In Untersuchungen zum autokinetischen Effekt, der Wahrnehmung der scheinbaren Bewegung eines Lichtreizes im Dunkeln und ohne Bezugsrahmen, läßt sich folgendes beobachten. Wenn man eine Person bittet, auf einen solchen (stehenden) Lichtreiz im Dunkeln zu zeigen, dann nimmt die Person den Reiz zwar als sich bewegend wahr, aber ihr ausgestreckter Arm bewegt sich nicht mit. Führt man einen Bezugsrahmen ein, kann man eine Situation herstellen, in der die Person den Lichtreiz als stillstehend wahrnimmt, obwohl er sich faktisch bewegt. Diese Illusion entsteht dadurch, daß der Lichtreiz und der Bezugsrahmen so bewegt werden, daß sich ihre Bewegungen in der Wahrnehmung wechselseitig aufheben. Obwohl die Person unter diesen Bedingungen keine Bewegung wahrnimmt, bewegt sich ihr Arm mit dem Punkt, wenn sie aufgefordert wird, auf den Punkt zu zeigen (Bridgeman, Kirch & Sperling, 1981).

Diese Beispiele für Dissoziationen von Wahrnehmungen und Verhalten machen noch einen Aspekt deutlich. In der Regel stimmen das direkte Verhalten und das konzept-vermittelte Verhalten auf einen Reiz überein. Erst die geschilderten Dissoziationen zeigen, daß dies nicht der Fall sein muß, und nur wenn dies nicht der Fall ist, wird der Unterschied offensichtlich. Sie machen aber auch deutlich, daß allgemein geprüft werden muß, welche Repräsentationen einem Verhalten zugrundeliegen. Hierzu ist meist eine Aufgabenvariation angezeigt.

Die zweite Strategie beruht eher auf dem Bemühen nachzuweisen, daß an einer Aufgabe konzeptuelle Information beteiligt ist. Die Logik solcher Aufgaben besteht darin zu zeigen, daß konzeptuelle Information das Verhalten beeinflußt. Die Logik kann am semantischen Priming demonstriert werden. Semantisches Priming beruht nach der Theorie darauf, daß die Voraktivation des Zielkonzeptes durch einen semantisch verbundenen Prime-Reiz über Aktivationsausbreitung im konzeptuellen System die Verarbeitung des Zielreizes beschleunigt. Daß semantisch mit dem Zielreiz verbundene Prime-Reize die Verarbeitung von Zielreizen beschleunigen, wurde vielfach gezeigt (zum Beispiel Lorch, 1982; Meyer & Schvaneveldt, 1971; Neely, 1977; Warren, 1977). Dies zeigt, daß die Reaktion auf den Zielreiz konzept-vermittelt erfolgt. Man kann das Verfahren des semantischen Primings auch benutzen, um zu zeigen, daß eine Reaktion nicht konzeptvermittelt ist. In dem Fall sollte sich kein semantischer Priming-Effekt einstellen. Lupker (1984, 1988) konnte zum Beispiel zeigen, daß bei der Lesereaktion kein Priming-Effekt auftritt, wo sich bei der lexikalen Entscheidung ein solcher Effekt zeigt.

Die Überlegungen und Befunde bis hierhin haben deutlich gemacht, daß neben der Reizvariation die Aufgabenvariation und der gemessene Verhaltensaspekt wichtig sind, wenn man etwas über mentale Repräsentationen erfahren will. Es ist für die Erklärung von Verhalten kritisch, ob ich einen Reiz benennen, auf ihn nonverbal (beispielsweise durch Zeigen) reagieren oder ihn verbal beschreiben lasse, um bestimmte bewußte Wissensbestandteile zu erfragen.

3.2 Mentale Repräsentationen im Kontext von off-line-Aufgaben

Die Aufgaben, die ich bisher angeführt habe, waren sogenannte on-line-Aufgaben. Die Personen reagierten auf Reize auf der Basis ihres allgemeinen Wissens. Es waren zwar Gedächtnisprozesse involviert, aber keine episodischen Erinnerungsleistungen gefragt. Mentale Repräsentationen werden aber auch im Kontext von episodischen Behaltensleistungen diskutiert. Paivio (1971) erklärt zum Beispiel den Bildüberlegenheitseffekt beim Behalten mit der dualen Kodierung von Bildern. Bilder aktivieren nach Paivio zwangsläufig mit ihren nonverbalen Repräsentationen die zugehörigen verbalen Repräsentationen. Bei konkreten Wörtern ist eine duale Kodierung weniger wahrscheinlich (deshalb ist das Behalten schlechter als bei Bildern). Auch hier gilt, ähnlich wie bei den Annahmen über die Zugriffsgeschwindigkeiten, daß man mit der Annahme unterschiedlicher Enkodierungsgüte den Bildüberlegenheitseffekt durch verschiedene Modelle gleichermaßen erklären kann, wenn die Aufgabe gleich bleibt. So kann ein "common code"-Vertreter eine bessere konzeptuelle Enkodierung für Bilder als für Wörter fordern. Ein Vertreter einer Hybrid-Theorie kann die Effekte bei Unterschieden in der Gedächtniseffizienz von Wort- und Bildmarken lokalisieren. Auch hier hilft eine Aufgabenvariation, zwischen den verschiedenen Modellen zu entscheiden.

Bei den episodischen Erinnerungsleistungen ist aber ihr off-line-Charakter zu beachten. Er verkompliziert die Situation, führt aber auch zu weiteren Informationsquellen für die Frage nach verschiedenen Repräsentationstypen. Typisch für einen episodischen Gedächtnistest ist, daß zwei Systemzustände, der beim Lernen und der beim Testen, miteinander in Beziehung gesetzt werden. Zunächst sind deshalb die verschiedenen Repräsentationen zu spezifizieren, die beim Lernen aktiviert werden und von denen eine Gedächtnisspur angelegt wird. Dies ist zum Beispiel bei Paivio bei Bildern eine doppelte Spur (nonverbal und verbal), bei der Hybrid-Theorie ist es eine aus der Bildmarke und dem Konzept zusammengesetzte Spur. Für den Test stellt sich dann die Frage der Nutzung dieser Spuren. Nimmt man an, daß diese Nutzung von der spezifischen Form der Gedächtnisaufgabe unabhängig ist, sollte die Leistung für alle Gedächtnistests wie die freie Reproduktion, den Cued Recall, die Rekognition etc. gleich sein. Dies nimmt heute kaum ein Gedächtnistheoretiker an. Wenn aber verschiedene Tests die Gedächtnisspuren unterschiedlich nutzen, dann ist zu fragen, welche Anteile sie jeweils nutzen. Hier fällt die Antwort anders aus, wenn man davon ausgeht, daß nur etwas mehr oder weniger vom Gleichen genutzt wird, als wenn man annimmt, daß verschiedene repräsentationstyp-abhängige Informationen in verschiedenen Testverfahren genutzt werden.

Wie komplex die Situation damit wird, will ich an einer eigenen Untersuchung zeigen. Es muß für die Lernsituation geklärt werden, welche Repräsentationstypen enkodiert, und für die Testsituation, welche der enkodierten Repräsentationstypen genutzt werden. Um diesbezügliche Annahmen testen zu können, ist es in der Regel nötig, in der Lern- wie in der Testsituation Reizaspekte und Aufgaben zu variieren. In unserer Untersuchung (Engelkamp, Zimmer & Biegelmann, 1993) haben wir gewöhnliche Handlungsphrasen wie "die Pfeife rauchen", "den Koffer packen" etc. und sogenannte bizarre Handlungsphrasen wie "die Glühbirne anstreichen", "den Hammer streicheln" etc. unter zwei Enkodierbedingungen lernen lassen. Versuchspersonen hörten entweder eine aus beiden Phrasentypen gemischte Liste von 80 Phrasen und versuchten, diese zu behalten (Hören); oder die Versuchsteilnehmer hörten dieselben Phrasen und führten sie beim Lernen symbolisch aus (der Einfachheit halber bezeichne ich diese Bedingung als "Tun").

Im Hinblick auf die Lernsituation gehen wir davon aus, daß alle Personen beim Hören der Phrasen die korrespondierenden Wortmarken im Lexikon und die entsprechenden Konzepte im konzeptuellen System aktivieren und hiervon episodische Spuren anlegen. Die Personen, die die Handlungen zusätzlich ausführen, sollen darüber hinaus Programme im motorischen Ausgangssystem aktivieren und hiervon eine episodische Spur anlegen. Zusätzlich nehmen wir an, daß die Variation der Phrasen entlang der Dimension "gewöhnlich - bizarr" eine Eigenschaft betrifft, die primär im Lexikon zu lokalisieren ist.

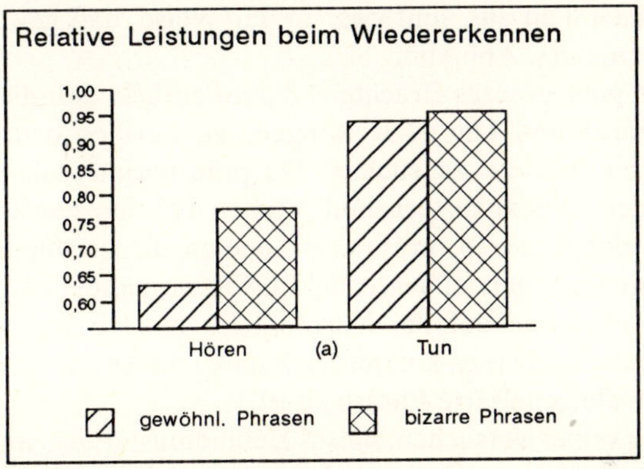

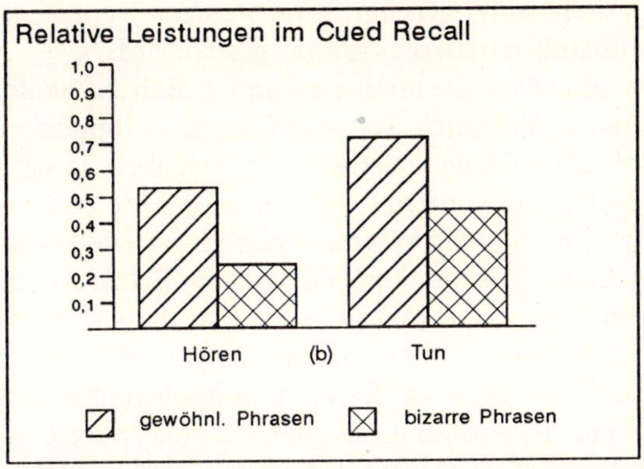

Abb. 8: (a) Relative Wiedererkennungsleistungen (Pr-Scores) und (b) relative Leistungen im Cued Recall für gewöhnliche und bizarre Phrasen nach Hören und Tun (Daten nach Engelkamp, Zimmer & Biegelmann, 1993).

Testet man die episodische Gedächtnisleistung später in einem Wiedererkennenstest, so beobachtet man folgendes. Nach Hören werden bizarre Phrasen besser wiedererkannt als gewöhnliche. Nach Tun hat die Bizarrheit der Phrasen keine Wirkung auf das Wiedererkennen. Zusätzlich findet man einen Ausführungseffekt (s. Abbildung 8a).

Unter den Annahmen unserer Theorie erklärt sich dieser Befund wie folgt. Nach Hören nutzen die Personen für ihre Wiedererkennensentscheidung das Lexikon, nach Tun nutzen sie das motorische Ausgangssystem. Die Bizarrheit ist aber eine Eigenschaft des Lexikons, deshalb wirkt dieser Faktor beim Wiedererkennen nur nach Hören. Der Ausführungseffekt beruht auf der Nutzung des motorischen Ausgangssystems nach Tun.

Testet man nach gleicher Lernsituation mit einem Cued Recall, indem man die Objektwörter der Phrasen als Cues vorgibt und die Verben dazu erinnern läßt, verschwindet diese Wechselwirkung zwischen Bizarrheit der Phrasen und der Enkodierbedingung (Hören vs. Tun). Jetzt wirkt sich die Bizarrheit sowohl nach Hören als auch nach Tun aus, und zwar in der Weise, daß gewöhnliche Phrasen besser erinnert werden (s. Abbildung 8b).

Dieser Befund geht unseres Erachtens darauf zurück, daß die Cue-Wörter die Personen nach Hören und Tun dazu zwingen, das Lexikon beim Test zu nutzen, um die zugehörigen Verben zu suchen. Da präexperimentell die Assoziationsstärke zwischen den Objektwörtern und Verben bei den gewöhnlichen Phrasen größer ist als bei den bizarren, profitieren hiervon die gewöhnlichen. Der unter beiden Testbedingungen zu beobachtende Ausführungseffekt bleibt hiervon unberührt. Er wird weitgehend auf die Nutzung des motorischen Ausgangssystems nach Tun zurückgeführt. Dieses kommt auch im Cued Recall zur Anwendung, um zu entscheiden, ob die generierte Phrase alt ist.

Der Leser mag selber versuchen, dieses Befundmuster, das auf eine Reizvariation und auf eine Aufgabenvariation beim Lernen wie beim Testen zurückgeht, ökonomischer, das heißt unter Rückgriff auf weniger Repräsentationssysteme zu erklären. Er wird feststellen, daß dies schwierig sein wird.

Aufgrund einer ähnlichen Befundlage kommt man zu analogen Repräsentationsforderungen beim Vergleich von Leistungen in impliziten und expliziten Gedächtnistests. Implizite Gedächtnistests sind Aufgaben, in denen die Versuchspersonen nicht aufgefordert werden, sich an eine Episode zu erinnern (sie müssen beispielsweise Wörter lesen oder Wörter ergänzen oder auf Wörter frei assoziieren), in denen die Leistung aber dennoch von der Erfahrung der Episode beim Enkodieren beeinflußt wird. Obwohl insbesondere die sogenannten Prozeßtheoretiker (zum Beispiel Jacoby, 1983; oder Roediger, 1990) versucht haben, die unterschiedlichen Befunde beim expliziten und impliziten Erinnern zu erklären, ohne auf verschiedene Repräsentationstypen zu rekurrieren, werden auch hier neuerdings mehr oder weniger explizit perzeptuelle und konzeptuelle Repräsentationen gefordert, weil die Befunde sich anders nur schwer erklären lassen. Die Arbeit von Blaxton (1989) ist hier instruktiv. In ihrem ersten Experiment mußten ihre Versuchspersonen in der inzidentellen Lernphase Wörter lesen oder auf der Grundlage konzeptueller Cues generieren. Nimmt man an, daß beim Lesen stärker perzeptuelle Information (in meiner Sprechweise: Markeninformation) aktiviert wird, während beim Generieren mehr konzeptuelle Information aktiviert wird, sind im Behaltenstest unterschiedliche Effekte zu erwarten, je nachdem, ob man eine Testaufgabe wählt, die eher Marken- oder Konzeptinformation nutzt.

Blaxton hat vier Testaufgaben verwendet: zwei explizite und zwei implizite. Die beiden expliziten Behaltenstests waren ein Free Recall und ein graphemischer

Cued Recall. In dem graphemischen Cued Recall-Test wurden klangähnliche Wörter wie "Plateau" für "Platane" als Cues eingesetzt. Hierbei ergab sich besseres Behalten nach Generieren als nach Lesen im Free Recall und der umgekehrte Effekt im graphemischen Cued Recall (s. Abbildung 9).

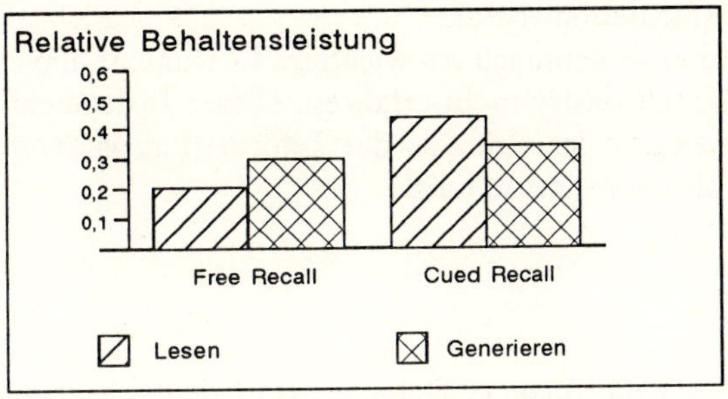

Abb. 9: Relative Behaltensleistung im Free Recall und im graphemischen Cued Recall nach Lesen und Generieren (Daten nach Blaxton, 1989).

Nach den Annahmen von Hybrid-Modellen erklärt sich das Befundmuster so, daß im graphemischen Cued Recall primär Wortmarkeninformation genutzt wird, während im Free Recall überwiegend konzeptuelle Information genutzt wird.

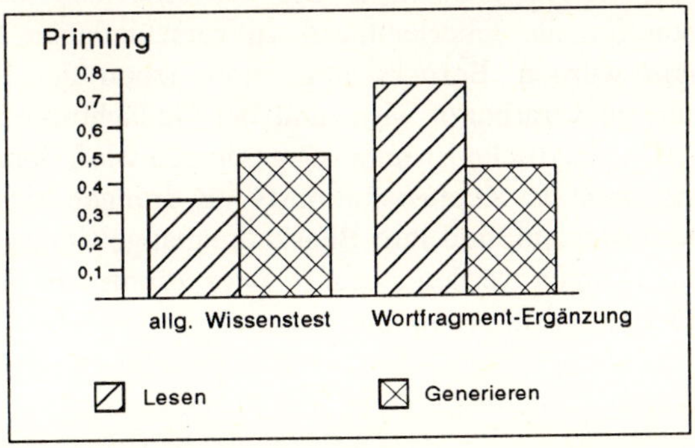

Abb. 10: Priming-Effekte im allgemeinen Wissenstest und bei der Wortfragment-Ergänzung nach Lesen und Generieren (Daten nach Blaxton, 1989).

Die beiden impliziten Tests waren Wortergänzung und ein allgemeiner Wissenstest. In dem allgemeinen Wissenstest wurde die Versuchsperson nach dem kritischen Wort (zum Beispiel "Plantane") mit allgemeinen Fragen gefragt (zum Beispiel "Welcher Straßenbaum ist besonders in südeuropäischen Ländern zu finden?"). Es sei noch einmal in Erinnerung gerufen, daß in impliziten Behaltenstests den Teilnehmern verborgen bleibt, daß ihre Erinnerung an Episoden getestet wird. Auch hier findet man eine disordinale Interaktion zwischen der Art der

Lernaufgabe und dem Behaltenstest. Das Wortergänzen gelingt nach Lesen in der Lernphase besser als nach Generieren, und der allgemeine Wissenstest führt nach Generieren zu mehr richtigen Antworten als nach Lesen (s. Abbildung 10).

Auch hier erweisen sich Hybrid-Modelle zur Erklärung der Daten als besonders geeignet. Wieder gilt, daß ein Test – die Wortergänzung – primär auf Wortmarkeninformation rekurriert, während der andere Test – allgemeines Wissen – auf konzeptuelle Information abzielt.

Aufgabenvariation ist demnach ein wichtiges Instrument, um etwas über unterschiedliche Repräsentationstypen zu erfahren. Dieses Instrument erweist sich bei off-line-Aufgaben wegen des Prinzips der Informationspassung zwischen Lern- und Testsituation als besonders nützlich.

4. Fazit

Blickt man zurück auf die Imagery-Debatte, so ist deutlich, daß die Brücken von den Befunden zu den theoretischen Konstrukten – um mit Herrmann zu sprechen – seit damals sicherer und der Brückenbau komplizierter oder komplexer geworden ist. Eine Ursache dafür, daß man in den frühen 80er Jahren die Kontroverse über die zu fordernden Repräsentationen unentschieden verlassen hat, bestand darin, daß man sich zu sehr auf die Reizvariation konzentriert und der Aufgabenvariation zu wenig Beachtung geschenkt hat. Eine andere, hiermit verbundene Ursache war, daß man die Aufgabe zu unzulänglich analysiert hat. Dies hatte zum Beispiel zur Folge, daß die grundlegenden Unterschiede zwischen der Reaktionszeitmessung in on-line-Aufgaben und der Richtigkeitsmessung in off-line-Gedächtnisaufgaben für die Überlegungen zu verschiedenen Repräsentationstypen nicht erkannt wurden. Berücksichtigt man neben der Reizsituation die Aufgabe, unter der sie verarbeitet wird, und bei Gedächtnistests zusätzlich die Aufgabe, mit der die episodische Erinnerung gemessen wird, dann ändert sich das Bild. Verschiedene mentale Repräsentationstypen drängen sich angesichts der komplexen Befundmuster auf, und ihre Begründungen gewinnen an Gewicht, das heißt, die Brücken zu ihnen werden sicherer. Dies könnte ein Grund dafür sein, daß die Imagery-Debatte nicht erneut entbrannt ist.

Literatur

Anderson, J. R. (1978). Arguments concerning representations for mental imagery. *Psychological Review*, *85*, 249–277.

Baddeley, A. D. (1986). *Working memory*. Oxford: Oxford University.

Blaxton, T. (1989). Investigating dissociations among memory measures: Support for a transfer-appropriate processing framework. *Journal of Experimental Psychology: Learning, Memory, and Cognition*, *15*, 657–668.

Bridgeman, B., Kirch, M. & Sperling, A. (1981). Segregation of cognitive and motor aspects of visual function using induced motion. *Perception and Psychophysics*, *29*, 336–342.

Bruce, V. & Young, A. (1986). Understanding face recognition. *British Journal of Psychology*, *77*, 305–327.

Ellis, A., & Young, A. W. (1989). *Human cognitive neuropsychology*. Hillsdale: Lawrence Erlbaum.

Engelkamp, J. (1987). Arguments for a visual memory system. In J. Engelkamp, K. Lorenz & B. Sandig (Hrsg.), *Wissensrepräsentation und Wissensaustausch* (S. 73–99). St. Ingbert: Röhrig.

Engelkamp, J. (1991). *Das menschliche Gedächtnis* (2. Aufl.). Göttingen: Hogrefe.

Engelkamp, J. (1992). *Modality and modularity of mind* (Arbeiten der Fachrichtung Psychologie, Nr. 167). Saarbrücken: Universität des Saarlandes.

Engelkamp, J. & Zimmer, H. D. (1985). Motor programs and their relation to semantic memory. *German Journal of Psychology*, *9*, 239–254.

Engelkamp, J., Zimmer, H. D. & Biegelmann, U. (1993). Bizarreness effects in verbal tasks and subject-performed tasks. *European Journal of Cognitive Psychology*, *5*, 393–415.

Glass, A. L., Holyoak, K. J. & Santa, J. L. (1979). *Cognition*. London: Addison-Wesley.

Herrmann, Th. (1983). Nützliche Fiktionen: Anmerkungen zur Funktion kognitionspsychologischer Theoriebildungen. *Sprache & Kognition*, *2*, 85–99.

Herrmann, Th. (1985). *Allgemeine Sprachpsychologie*. München: Urban & Schwarzenberg.

Herrmann, Th. (1993). Mentale Repräsentation – ein erläuterungsbedürftiger Begriff. In J. Engelkamp & T. Pechmann (Hrsg.), *Mentale Repräsentation* (S. 17–30). Bern: Huber.

Jacoby, L. L. (1983). Perceptual enhancement: Persistent effects of an experience. *Journal of Experimental Psychology: Learning, Memory, and Cognition*, *9*, 21–38.

Kosslyn, S. M. (1981). The medium and the message in mental imagery: A theory. *Psychological Review*, *88*, 46–66.

Le Ny, J.-F. (1993). Wie kann man mentale Repräsentationen repräsentieren? In J. Engelkamp & T. Pechmann (Hrsg.), *Mentale Repräsentation* (S. 30–39). Bern: Huber.

Lorch, R. L. (1982). Priming and search processes in semantic memory: A test of three models of spreading activation. *Journal of Verbal Learning and Verbal Behavior*, *21*, 468–492.

Lupker, S. J. (1984). Semantic priming without association: A second look. *Journal of Verbal Learning and Verbal Behavior*, *23*, 709–733.

Lupker, S. J. (1988). Picture naming: An investigation of the nature of categorical priming. *Journal of Experimental Psychology: Learning, Memory, and Cognition*, *14*, 444–455.

Meyer, D. E. & Schvaneveldt, R. W. (1971). Facilitation in recognizing pairs of words: Evidence of a dependence between retrieval operations. *Journal of Experimental Psychology*, *90*, 227–234.

Neely, J. H. (1977). Semantic priming and retrieval from lexical memory: Roles of inhibitionless spreading activation and limited-capacity attention. *Journal of Experimental Psychology: General*, *106*, 226–254.

Nelson, D. L. (1979). Remembering pictures and words: Appearence, significance and name. In L. Cermak & F. I. M. Craik (Eds.), *Levels of processing* (pp. 45–76). Hillsdale: Lawrence Erlbaum.

Neumann, O. (1988). Kognitive Vermittlung und direkte Parameterspezifikation. Zum Problem mentaler Repräsentation in der Wahrnehmung. *Sprache & Kognition*, *8*, 32–49.

Paivio, A. (1969). Mental imagery in associative learning and memory. *Psychological Review*, *76*, 241–263.

Paivio, A. (1971). *Imagery and verbal processes*. New York: Holt, Rinehard & Winston.

Paivio, A. (1986). *Mental representations. A dual coding approach*. New York: Oxford University.

Potter, M. C. & Faulconer, B. A. (1975). Time to understand pictures and words. *Nature*, *253*, 437–438.

Potter, M. C., So, K. F., von Eckart, B. & Feldman, L. B. (1984). Lexical and conceptual representation in beginning and proficient bilinguals. *Journal of Verbal Learning and Verbal Behavior*, *23*, 23–28.

Prinz, W. (1990). Wahrnehmung. In H. Spada (Hrsg.), *Allgemeine Psychologie* (S. 25–114). Bern: Huber.

Pylyshyn, Z. W. (1981). The imagery debate: Analogue media versus tacit knowledge. *Psychological Review*, *88*, 16–45.

Riddoch, M. J., Humphreys, G. W., Coltheart, M. & Funnell, E. (1988). Semantic systems or system? Neuropsychological evidence re-examined. *Cognitive Neuropsychology*, *5*, 3–25.

Roediger, H. L. (1990). Implicit memory. Retention without remembering. *American Psychologist*, *45*, 1043–1056.

Smith, M. C. & Magee, L. E. (1980). Tracing the time course of picture-word processing. *Journal of Experimental Psychology: General*, *109*, 373–392.

Snodgrass, J. G. (1984). Concepts and their surface representation. *Journal of Verbal Learning and Verbal Behavior*, *23*, 3–22.

Tulving, E. & Donaldson, W. (Eds.) (1972). *Organization of memory*. New York: Academic Press.

Warren, R. E. (1977). Time and spread of activation in memory. *Journal of Experimental Psychology: Human Learning and Memory*, *3*, 458–466.

Wieviel Zeigen steckt im Nennen?

Zur Situiertheit des Sprachgebrauchs

Carl Friedrich Graumann

Im Reden miteinander steuern wir uns gegenseitig. Unter dieser axiomatischen Annahme hat Karl Bühler zwei semantische Formen der Steuerung unterschieden: Zeigen und Nennen. Er selbst beschränkt dabei ersteres auf das an Gesten gebundene Zeigen. Ein Blick auf das Feld des Sprachgebrauchs zeigt jedoch, daß wir mit "zeigen" durchaus verschiedene Varianten der Grundbedeutung des Sehenlassens meinen. Am Beispiel deiktischer beziehungsweise indexikalischer Ausdrücke läßt sich denn auch zeigen, daß deren Grundbedeutung der Verankerung in der Äußerungssituation nicht auf 'Zeigwörter' beschränkt ist. Die Verwendung von Zeichen überhaupt ist nie völlig situationsentbunden.

1. Die gegenseitige Steuerung sinnvollen Benehmens

Fünfzig Jahre nach Erscheinen von Karl Bühlers Axiomatik der Sprachwissenschaften (1933/1976[2]) beklagen Theo Herrmann und C. F. Graumann in ihrer Einleitung zu einem dieser Axiomatik gewidmeten Sammelband (Graumann & Herrmann, 1984), daß das sprachtheoretische oeuvre Bühlers von der angelsächsischen Sprachpsychologie so gut wie gar nicht, aber selbst von der deutschsprachigen – trotz Hörmanns Impulsen – nicht sachgerecht rezipiert worden ist, obwohl er das von seiner Bedeutung her verdient hätte. Ich denke, daß sich auch sechzig Jahre nach Erscheinen der "Sprachtheorie" von 1934 daran nichts Wesentliches geändert hat.

Lediglich in zwei Bereichen finden wir immer wieder Rückgriffe auf Bühlers Sprachtheorie. Der eine betrifft das nach wie vor gerne und häufig zitierte Organon-Modell und dessen gelegentliche Modifikation in der Linguistik (zum Beispiel Heger, 1971, 1984) und in der Psychologie (zum Beispiel Graumann, 1992). Hierüber ist in den dem Gedächtnis Karl Bühlers gewidmeten Bänden (Graumann & Herrmann, 1984; Eschbach, 1984, 1988) einiges ausgeführt worden; ich werde deshalb hierauf nicht mehr eingehen.

Der andere Bereich, in dem man, zumindest in der sprachwissenschaftlichen Literatur, unweigerlich auf Bühler zurückverwiesen wird, ist der Bereich der Deixis. Wie immer Deixis definiert wird – und ich schicke voraus, daß der Konsens recht bescheiden ist –, ein Hinweis auf Bühlers Konzept des 'Zeigfeldes' und damit auf seine Zweifelder-Theorie von 1934 gehört fast schon zu den Zitationsklassikern. Doch ist unübersehbar, daß sowohl das Konzept des Zeigfeldes, schon das des Zeigens, die Relation von Zeigwörtern zu Deiktika, als auch die Zweifeldertheorie Probleme bergen, auf die jeder stößt, der, an der 'Steuerungsfunktion' sprachlicher Kommunikation interessiert, an Bühler anzuknüpfen versucht.

An dieser Steuerungsfunktion ist nicht nur derjenige interessiert, der – wie Herrmann – partnerbezogene Raumreferenz und partnerbezogenes Lokalisieren von Objekten (Herrmann, 1990) untersucht. Jeder Sozialpsychologe, der die gesprochene und geschriebene Sprache als Medium sozialer Interaktion versteht, wird Bühler zustimmen:

> »Wo immer echtes Gemeinschaftsleben besteht, muß es eine gegenseitige Steuerung des sinnvollen Benehmens der Gemeinschaftsmitglieder geben. Wo die Richtpunkte der Steuerung nicht in der gemeinsamen Wahrnehmungssituation gegeben sind, müssen sie durch einen Kontakt höherer Ordnung durch spezifisch semantische Einrichtungen vermittelt werden.« (Bühler, 1927/1965, S. 50.)

Wenn wir bei der Grundbedeutung des Steuerns bleiben als mit Hilfe einer entsprechenden 'Einrichtung' eine bestimmte Richtung einschlagen beziehungsweise die Richtung bestimmen, dann geschieht dies, folgen wir Bühler (1934), im 'Zeigfeld der Sprache' durch die Verwendung von 'Zeigwörtern' und im 'Symbolfeld der Sprache' mit Hilfe von 'Nennwörtern'. Bevor wir uns der (von Bühler betonten) Verschiedenheit wie der (kritisch zu erfragenden) Gemeinsamkeit der beiden Formen wechselseitiger Steuerung zuwenden (ihre Wechselwirkung ist ohnehin unbestritten), sei der Versuch gemacht, einen Grundkonsens über den Sprachgebrauch als Miteinanderreden herzustellen. Gleich ob ich mit meinem Sprechen, dem Beginn eines Gesprächs, einem anderen etwas mitzuteilen wünsche, oder es mir in erster Linie darauf ankommt, eine Beziehung zu dem oder der anderen herzustellen, zu bestätigen oder zu ändern, immer versuche ich, das Bewußtsein beziehungsweise die Aufmerksamkeit eines Anderen (Adressaten, Rezipienten, Zielperson) auf das zu lenken, was ich meine, um zu erreichen, daß das von mir Gemeinte verstanden wird. Dies, was Hörmann (1976) "Änderungsintention" nannte, sei im Folgenden als die Grundintention sprachlichen 'Steuerns' verstanden.

Wenn wir mit Bühler (1965) annehmen, daß dies durch Zeichen geschieht, dann ist deren Funktion »das Vorführen der Dinge oder das Hinlenken des Beschauers« (1965, S. 37).

Von den beiden Wortklassen, die dieses leisten, den als 'Signale' fungierenden Zeigwörtern und den als 'Symbole' zu bestimmenden Nennwörtern, gilt nach Bühler für erstere (und rechtfertigt ihren Namen), daß ihre Bedeutungserfüllung »an sinnliche Zeighilfen gebunden« und »auf sie und ihre Äquivalente angewiesen bleibt«. Diese Hilfe, so wird bekräftigt, »kann niemals schlechterdings wegfallen und entbehrt werden« (1965, S. 80). Da diese Aussage von Bühler zum 'Angelpunkt' seiner Lehre vom Zeigfeld und damit auch der Zweifelderlehre erklärt wird, stellt sich die Frage, was denn eigentlich "zeigen" heißt.

Die Frage stellt sich zumindest demjenigen, der unbefangen, aber mit der Alltagsbedeutung von "Zeigen" vertraut, erfährt, daß es – und zwar zur Markierung der 'Origo des Zeigfeldes' – drei zentrale Zeigwörter gibt, nämlich "hier", "jetzt", und "ich", die wir nicht unbedingt mit der Geste des Zeiges in Verbindung bringen würden. Zeige ich, wenn ich den Satz äußere:

(1) "Ich möchte hier jetzt mal was klarstellen.",

auf mich als den Sprecher (ich), auf den Ort (hier) oder den Zeitpunkt (jetzt) dieser Äußerung? Lenke ich nicht in erster Linie die Aufmerksamkeit meiner Hörer auf das, was ich klarstellen möchte, also durch die 'Nennwörter' dieser Äußerung? Wenn gleichwohl "ich", "hier" und "jetzt" unverkennbare Deiktika und als solche kategorial verschieden von den 'Nennwörtern' dieser Äußerung sind, was hat das mit "zeigen" zu tun? Was heißt "zeigen"?

2. Die Vieldeutigkeit des Zeigens

(a) Zeigen (*point*) als in eine Richtung weisen oder auf jemanden zeigen kommt dem Bühlerschen Zeigen, prototypisch mit dem Zeigefinger, am nächsten:

(2) Er zeigte in die Richtung, aus der er Schüsse gehört hatte.

Hier wird gestisch auf etwas hingewiesen, das nicht einmal im gemeinsamen Wahrnehmungsraum zu liegen braucht und nur der allgemeinen Richtung nach bestimmbar ist. Der Adressat dieses Zeigens wird seine Aufmerksamkeit in die angegebene Richtung lenken.

(3) Die Lehrerin zeigte auf Karlchen.

Hier wird gestisch auf jemanden im (zumindest den beiden Personen) gemeinsamen Wahrnehmungsraum verwiesen, der dadurch im Sinne einer gestellten oder jetzt zu stellenden Frage oder Aufforderung identifiziert wird.

Während bei (2) nur die Richtung markiert wird, wird bei (3) eine Person (allgemein: ein Objekt) genauer bestimmt.

Gemeinsam ist diesen beiden Fällen des Zeigens:

- ein Ort beziehungsweise Ausgangspunkt, von dem aus gezeigt wird,
- eine Geste des Zeigens (mit dem Finger, Arm, Zeigestock oder durch Kopfbewegung),
- eine Richtung, in die gezeigt wird, und
- ein Bestimmungsort oder -objekt, sowie
- Personen, die entweder die zeigenden oder die gezeigten sind oder denen etwas gezeigt wird, also eine prinzipiell dreistellige Relation: Einer – etwas – einem anderen; nicht aber, wie in Bühlers Organon-Modell »einer – dem anderen – über die Dinge« (1965, S. 24).

Der Sprachgebrauch gestattet aber auch den quasi apersonalen Gebrauch von "zeigen":

(4) Die Kompaßnadel zeigt nach Norden.

(b) In einem auf den ersten Blick sehr viel anderen Sinn wird "zeigen" (*show*) verwendet als jemanden in die Lage versetzen, daß er etwas mit eigenen Augen beziehungsweise in eigener Anschauung sieht. Dieses instruierende Zeigen bedarf keiner Zeigegesten, wohl aber entsprechender vorführender und darstellender Handlungen:

(5) Er wollte, daß ich ihm unser Institut zeige.

Darum gebeten, werde ich den Gast durch das Institut führen, erklären, was er sieht und gegebenenfalls etwas vorführen.

(6) Könnten Sie mir zeigen, wie der Drucker gewechselt wird?

Auch diese Bitte wird erfüllt entweder durch eine exemplarische Vorführung oder durch eine genaue Instruktion, welche Tasten zu drücken sind.

(7) Ich habe versucht, den Hörern meiner Vorlesung zu zeigen, daß Menschen für Unterlassungen genauso verantwortlich gemacht werden können wie für Handlungen.

Wer dies zu zeigen versucht, wird dies in der Regel durch eine argumentative Darstellung zu erreichen versuchen. In diesem Sinn wird auch das klassische "quod erat demonstrandum" korrekt mit "was zu zeigen war" übersetzt, wobei das "Zeigen" oft dem strengeren "Beweisen" gleichgestellt wird.

In allen drei Fällen (5) bis (7) hat der Zeigende dann Erfolg, wenn er durch seine instruierenden Handlungen das zu Zeigende bei seinen Adressaten zur Anschauung beziehungsweise zur Evidenz gebracht hat. Die Grundbedeutung dieses Zeigens ist etwas sehen lassen, was vorher nicht bekannt oder nicht klar war.

(c) Es gibt ein weiteres Zeigen (*show*) im Sinne des sichtbar Werdens oder des sichtbar werden Lassens. Das eine mag unabsichtlich, das andere absichtlich sein:

(8) »In der Beschränkung zeigt sich erst der Meister.« (Goethe)
(9) Die Antwort des Kandidaten zeigt, daß er keine Ahnung von diesem Thema hat.

In beiden Fällen wird etwas offenbar, enthüllt sich etwas, kommt etwas zum Vorschein, in (9) sicher wider Willen, in (10) ohne daß ein Wille im Spiel ist.

(10) »Ein andres Antlitz, eh sie geschehen, ein anderes zeigt die vollbrachte Tat.« (Schiller)

Übertragen wir die dichterische Form in Prosa, dann bedeutet "zeigen" hier so viel wie "aussehen".

Auch das gewollte Aussehen, den intendierten Eindruck auf den anderen, bringen wir mit "zeigen" zur Sprache:

(11) Sie zeigte ihm die kalte Schulter.

Hier ist "zeigen" soviel wie zu erkennen geben, 'es jemandem zeigen' im Sinne eines *impression management*.

Das Gemeinsame dieser letzten Beispiele ist darin zu sehen, daß das, was sich zeigt beziehungsweise gezeigt wird, als Zeichen genommen werden kann beziehungsweise soll für etwas anderes (Meisterschaft, Ahnungslosigkeit, Verachtung).

(d) Sich zeigen. Auch die reflexive Form des Zeigens als sich sehen lassen hat in der Regel die Bedeutung der Selbstdarstellung, des impression management:

(12) Er zeigte sich von seiner besten Seite.

Oder auch ohne weitere Spezifizierung:

(13) Er zeigt sich gerne in der Öffentlichkeit.

In beiden Fällen ist das Sichzeigen die Intention des auf andere Wirkens.

(e) Zeigen als anzeigen: Während die Kompaßnadel den Norden dadurch zeigt, daß sie den Betrachter in eine bestimmte Richtung weist, zeigen andere Instrumente lediglich an, was zu messen sie konstruiert sind:

(14) Das Thermometer zeigte heute früh minus sechs Grad.

ist meine Mitteilung, daß die Quecksilbersäule sechs Teilstriche unter der Null stand.

(15) Die Uhr zeigt halb acht.

sagen wir, wenn die Zeiger die entsprechende Konfiguration bilden, auch wenn das modere 'Ziffernblatt' keine Ziffern zeigt (= sehen läßt). Die Zustände, in denen die Temperatur beziehungsweise die Zeit sich befinden, werden nicht gezeigt, sondern angezeigt, das heißt aber symbolisiert: Es gibt zeigerlose (digitale) Uhren und durch Färbung wirkende Temperaturanzeiger.

Wenn auch nicht alle Verwendungen von "zeigen" sich dem System fügen, so können wir doch die meisten den von Bühler in seinem Organon-Modell explizierten Zeichenfunktionen zuordnen:

- eher signalisierendes Zeigen, zum Beispiel (2), (6);
- eher symptomatisches Zeigen, zum Beispiel (9), (11);
- eher symbolisierendes Zeigen, zum Beispiel (14), (15);

dies allerdings nur mit dem – auch dem Organon-Modell entnommenen – Vorbehalt, daß die im Zeigen eingesetzten sprachlichen wie nichtsprachlichen Zeichen prinzipiell trifunktional interpretierbar sind, also sowohl in ihrer expressiven wie appellativen wie darstellenden Funktion.

Sicher läßt sich ohne Mühe zu jeder der hier (ohne Anspruch auf Vollständigkeit) exemplifizierten Verwendungsweisen von "zeigen" ein Satz nicht nur von synonymen, sondern verwandten Wörtern und Redewendungen des 'Zeigens' zuordnen. Doch muß die gegebene Auswahl genügen, um deutlich zu machen, wie vielfältig im Deutschen "zeigen" verwendet wird, aber auch, welches das sich durch alle Verwendungsvarianten hindurchziehende Gemeinsame ist, nämlich *das durch ein Hinweisen oder einen Hinweis Sehenlassen*, wobei das Hinweisen oder der Hinweis dem Bewußtsein (der Wahrnehmung, der Aufmerksamkeit; allgemein der *Intentionalität*) des Betrachters die Richtung weist, in der es etwas zu sehen gibt.

Schon an den wenigen Verwendungsweisen des Zeigens wird zweierlei deutlich, das für die weitere Diskussion wichtig ist:

(i) Wenn "zeigen" in seiner Grundbedeutung ein Sehenlassen beziehungsweise ein Vor-Augen-Führen ist, gilt dies für die sinnliche wie für die geistige Anschauung, für das Auge als Sinnesorgan wie metaphorisch für das innere oder geistige Auge. Zeigen ist außer in der erstgenannten Verwendungweise (*pointing*) nicht auf Sinnesdinge beschränkt.

(ii) Da Bühler seinen Begriff des Zeigens auf dieses *pointing* beschränkt und aus dieser Beschränkung auch seine Gegenüberstellung von Zeigen (Zeigfeld) und Nennen (Symbolfeld) legitimiert, stellt sich die Frage, ob das, was bei Bühler und nach Bühler Deixis heißt, so eng an das gestische und quasigestische Zeigen gebunden werden kann.

3. Spielarten der Deixis

Bühler baut seine Konzeption der Deixis vom Zeigzeichen her auf als demjenigen Zeichen, das »im Zeigfeld der Sprache die Bedeutungserfüllung und Bedeutungspräzision von Fall zu Fall erfährt; und *nur* in ihm *erfahren kann*« (1965, S. 80). Das Zeigfeld seinerseits wird als ein Koordinatensystem vorgestellt, dessen Nullpunkt, Origo genannt, durch die konstitutiven Zeigzeichen "hier", "jetzt" und "ich" semantisch markiert ist und auf die anderen Positionen, Zeitpunkte und (personalen) Rollen im Zeigfeld verweist. Die die Origo und die anderen Stellen im Zeigfeld besetzenden Zeigwörter »steuern den Partner in zweckmäßiger Weise. Der Partner wird aufgerufen durch sie ...« (S. 105). Die deiktischen Zeichen lösen eine bestimmte »Blickwendung« aus (S. 107).

Die hier und an anderen Stellen des Zeigfeldkapitels der "Sprachtheorie" verwendeten Begriffe sind alle unklar beziehungsweise, da Bühler keine Definitionen gibt, unzureichend bestimmt. Das läßt sich an der Rezeptionsgeschichte der nach-Bühlerschen Deixistheorie und -forschung belegen, beziehungsweise den unterschiedlichen auf Bühler rekurrierenden Deixiskonzepten entnehmen. Ich beschränke mich auf die zur Beantwortung unserer Leitfrage wichtigsten Unklarheiten.

(a) Was die Bühlersche Konzeption des *Zeigens* betrifft und die daraus hergeleiteten Begriffsbildungen (Zeigfeld, Zeigzeichen, Zeiganweisung, Zeigobjekt und dergleichen), so sollten die Ausführungen im Abschnitt 2. deutlich gemacht haben, was auch Deixistheoretiker wie Harweg (1975, 1976) und Sennholz (1985) kritisch anmerken, nämlich daß das von Bühler gemeinte gestische beziehungsweise an Zeigegestik gebundene Zeigen nur auf einige Formen der lokalen (Hetero-)Deixis angemessen anzuwenden sind. Schon bei der temporalen Deixis des Vorher-jetztnachher wäre Zeigegestik sinnfrei; ich lasse Rhetorik begleitende Gesten hier einmal aus. Auch bei der personalen Deixis fällt in den meisten Fällen das gestische Zeigen als Stütze für deiktische Ausdrücke aus. Das aber heißt, daß Bühler mit der durchgängigen Verwendung des Zeigens auch für alle temporalen und personalen Deiktika die *metaphorische Verwendung* in Rechnung gestellt hat, was er dann ausdrücklich durch das Einbeziehen der Anaphorik und der Deixis am Phantasma tut und bei letzterem das Zeigen selbst in Anführungszeichen setzt (S. 33).

Den Gesamtbereich der Deixis (dessen Grenzen ja ebenfalls umstritten sind) an das körperliche Zeigen zu binden, hat sich letztlich als nicht hilfreich erwiesen. Deshalb verzichten neuere Deixisdefinitionen (s. unten) auf diese Bindung beziehungsweise überhaupt auf die Verwendung des Zeigebegriffs.

(b) Daß die räumliche Deixis für Bühler den Prototyp abgegeben hat, von dem die anderen Formen metaphorische Varianten sind, wird auch durch die Einführung des *Feld*begriffs nahegelegt, der allerdings schon in der Psychologie, aus der Bühler kommt, metaphorisch verwendet (und so bereits aus der Physik übernommen) worden ist. Er (beziehungsweise ein Raumkonzept) scheint auch für die Darstellung der Orientierungs- und Steuerungsfunktion der Sprache unumgänglich zu sein. Unklar dagegen bleibt, warum das 'Zeigfeld' als ein zweidimensionales Koordinatensystem eingeführt und sogar gezeichnet wird (S. 102; Abb. 4), ohne daß die Ordinaten semantisch belegt beziehungsweise überhaupt weiter spezifiziert werden. Lediglich das System im ganzen und der 'Koordinatenanfangspunkt' finden nähere Beachtung. Zumindest erfahren wir, daß »es einfach hinzunehmen [ist], das Koordinatensystem der 'subjektiven Orientierung', in welcher alle Verkehrspartner befangen sind und befangen bleiben« (102f.). Das heißt, jeder hat sein eigenes Koordinatensystem, verhält sich aber (mehr oder minder adäquat) gegenüber dem »fremden Orientierungssystem« (S. 103). Ohne daß auf die Problematik der Adäquation, also der Perspektiven-Übernahme eingegangen wird, erfahren wir, »daß das klappt, ... ist ein Faktum« (ebda.). Wer aber den Versuch macht, die drei 'Zeigarten' (der Orts-, Zeit- und Personendeixis) auf das Koordinatensystem zu projizieren, sieht sich im Stich gelassen.

Die mangelnde Brauchbarkeit des zweidimensionalen Koordinatensystems mag denn wohl auch zur Folge gehabt haben, daß die Deixistheorie zwar Bühler ein zentriertes Feld- oder Raumkonzept verdankt, die Koordinaten-Idee aber – wie schon Bühler selbst – nicht weiter verfolgt hat. Das Koordinatensystem scheint Klein (1978, S. 19) »mehr eine Metapher« zu sein.

(c) Das Schema, das »das Zeigfeld der menschlichen Sprache repräsentieren soll« (S. 102), dient vor allem der Bestimmung der *Origo*, und es ist auch dieser Begriff, der bis heute die meiste Beachtung verdient hat. Aber auch er ist nicht eindeutig und hat zu unterschiedlichen Rezeptionen geführt.

"Jetzt", "hier" und "ich" werden nur vorgestellt als »Augenblicksmarke«, als »Ortsmarke« und als »Sendermarke« (ebda.). Alle drei sind »Rezeptionssignale«, die beim Hörer eine bestimmte Blickwendung auslösen und »in ihrem Gefolge eine Rezeption« (S.107). Aber gilt das nicht für alle 'Zeigwörter'? Wir erfahren auch: »Von der Origo des anschaulichen Hier aus werden sprachlich alle anderen

Positionen gezeigt, von der Origo Jetzt aus alle anderen Zeitpunkte« (ebda.). Welche Blickwendung, welches Zeigen sind hier im Spiel?

(16) Ich kaufe dir gleich draußen ein Eis.

In dieser (sagen wir im Kino von einem Vater seiner kleinen Tochter gegenüber produzierten) Äußerung haben wir zwei personale Deiktika ("ich", "dir") ein temporales ("gleich") und ein räumliches 'Zeigzeichen'. Die Origo des mit diesem Satz gesetzten (oder schon vorausgesetzten) Feldes ist bei dem zum Zeitpunkt Sprechenden (= Ich) zu suchen, der – allerdings unausgesprochen – jetzt hier (drinnen) ist und von jetzt und hier aus sein Kind auf gleich und draußen verweist. Zumindest setzt das Verständnis dieser Äußerung das "Jetzt" und "Hier drinnen" als Relate des "gleich" und "draußen" voraus. Aber löst das Rezeptionssignal "Ich" der Äußerung bei der Tochter die entscheidende 'Blickwendung' aus oder nicht vielmehr das, was es "gleich draußen" gibt? Letzteres wird um so wahrscheinlicher, je öfter die Tochter schon um ein Eis gebettelt hat und mit dieser Äußerung (16) schon zum wiederholten Male vertröstet worden ist.

Lassen wir die Origo dieser Äußerung im gesprochenen "Ich" und im ungesprochenen, aber durch den Akt der Äußerung bestimmten "Jetzt" und "Hier", dann muß ihm nicht notwendig die 'Blickbewegung' gelten. Sie kann auf das gerichtet sein, worauf von hier und jetzt aus verwiesen wird. Das kann ein 'Zeigwort' sein, etwa eine Anapher:

(17) Ich kauf es dir dann draußen.

oder eben ein symbolisierendes Nennwort ("Eis").

Bühler selbst, der mit Sprachbeispielen geizte, hat zwischen dem von der Origo ausgehenden 'Zeigen' auf andere Positionen und Zeitpunkte und der ebenfalls den Zeigwörtern (als 'Rezeptionssignalen') zugewiesenen Steuerungsfunktion nicht klar unterschieden. Dadurch bleibt die nicht seltene Konstellation unberücksichtigt, daß es nicht die Origo des Zeigfeldes ist, die in einer deiktisch konstruierten Äußerung die Aufmerksamkeit des Hörers oder Lesers auf sich lenkt, sondern das, worauf die Origo als Ausgangspunkt verweist.

Erst die in der neueren Deixistheorie eingeführte Differenzierung von Origo als deiktischem Ausgangspunkt und dem ihm relational zugeordneten Deixisobjekt (Harweg, 1976) und die begriffliche Scheidung von Origo als Ausgangspunkt einer gerichteten Relation und als Äußerungsort, -zeitpunkt und -träger, denen wieder der eigentliche Sachverhalt (nach Ort, Zeit und Träger) entspricht (Sennholz, 1985), machen auch die in bezug auf deiktische Äußerungen unterschiedlichen 'Blickwendungen' und damit verschiedenen Steuerungsmöglichkeiten verständlich. So mag sich das Bewußtsein des nach Eis lechzenden Mädchens durch die Äußerung

(16) Ich kaufe dir gleich draußen ein Eis.

je nach Verfassung freudig auf das (explizit) markierte *gleich draußen* richten oder aber enttäuscht nur die 'relational' implizierte, aber lexikalisch nicht markierte Botschaft vernehmen: "Jetzt und hier nicht!" (Die persuasiven Steuerungsmöglichkeiten des Sprechers durch seine Wortwahl liegen auf der Hand, sind im übrigen altes Lehrgut der Rhetorik).

Mit diesem Beispiel zweier Interpretationen einer deiktisch konstruierten Äußerung haben wir das Gebiet der Pragmatik beziehungsweise der Sprachpsychologie betreten und zwar mit der speziellen Frage: Wie werden deiktische Äußerungen aus einer Situation heraus verstanden? Daß sie aus der jeweiligen und nur aus der jeweiligen Situation heraus verstanden werden, findet sich, fast konsensuell, in allen neuen Deixisdefinitionen. Als Beispiele mögen dienen:

> »Deixis ist die Bezeichnung für solche formale Eigenschaften von Äußerungen, die durch bestimmte Aspekte des Kommunikationsaktes, in denen die betreffenden Äußerungen eine Rolle spielen, bestimmt werden und die aufgrund der Kenntnis dieser Aspekte interpretiert werden« (Fillmore, 1972, S. 147).

> »Unter Deixis verstehe ich die Funktion bestimmter sprachlicher Ausdrücke, allein oder unterstützt durch Gesten, die geometrischen Örter von durch bestimmte Äußerungen ausgedrückten Sachverhalten ... in Relation zu den – tatsächlichen oder imaginierten – geometrischen Örtern oder Positionen der Äußerungsträger im Zeitpunkt der Äußerungen zu bezeichnen ...« (Harweg, 1975, S. 379).

> »Deixis ist eine an bestimmte Ausdrücke gebundene Eigenschaft der Sprache, einen Sachverhalt mit Hilfe einer zweistelligen, gerichteten Relation ... so zu lokalisieren, daß diese Relation in der Äußerungssituation dadurch verankert ist, daß sich ihr Ausgangspunkt an der Stelle von Ort, Zeit und Träger der Äußerung befindet. Der Zielpunkt der Relation koinzidiert mit dem Ort, der Zeit und dem Träger des Sachverhalts« (Sennholz, 1985, S. 7).

Was diesen (und anderen) theoretisch unterschiedlich fundierten Deixis- und Indexikalitätsdefinitionen gemeinsam ist, läßt sich, wenn auch stark entdifferenziert und dadurch verallgemeinert, mit dem Enzyklopädie-Eintrag fassen:

> »Expressions whose reference or extension is systematically determined by aspects of the speech situation ... are called *deictic* or *indexical* terms« (Levinson, 1992, S. 343).

Über die Verallgemeinerung des Deixiskonzepts durch Levinson wird noch eigens zu reden sein. Zuerst sollten wir, von Bühler kommend und auch sub specie der in Bühlers Terminologie gestellten Leitfrage dieses Beitrages, festhalten, daß keine der neueren Deixiskonzeptionen mehr auf ein Zeigen zurückgreift. Wohl aber ist allen Bestimmungen gemeinsam die *Verankerung* von bestimmten Ausdrücken oder Äußerungen in der Äußerungssituation (vgl. hierzu auch Rommetveit, 1968, S. 185ff.), wobei die Verankerung derart fest ist, daß bestimmte Äußerungselemente nur bei Kenntnis bestimmter Aspekte der kommunikativen Situation interpretiert beziehungsweise in ihrer referentiellen oder extensionalen Bedeutung bestimmt werden können. Um wenigstens an das 'Zeigen' im weiteren (metaphorischen) Sinne anschließen zu können, kann man formulieren, daß durch deiktische Ausdrücke der Hörer auf bestimmte Elemente der gemeinsamen Situation *verwiesen* wird. Nur durch seine Kenntnis dieser Elemente ist er in der Lage, eine entsprechende Äußerung zu verstehen. Dabei spielt es keine Rolle, ob er die zum vollen Verständnis der Deiktika erforderliche Situationskenntnis der Wahrnehmung von Dingen und Personen, auf die zur Not jemand zeigt, entnimmt, dem eben gesprochenen, gehörten oder gelesenen Text, auf dessen entscheidende Elemente er anaphorisch verwiesen wird, oder seinem allgemeinen Weltwissen, das für bestimmte Situationen typische Wissensbestände bereithält, oder einer ihm narrativ vermittelten Situation, in die er sich hineinversetzt (Bühlers 'Deixis am Phantasma'). Vier Beispiele verdeutlichen beides, die Verankerung in der jeweiligen Situation und die genaue Bestimmung der Extension des deiktischen Ausdrucks.

(18) Da liegt es. (Auf die Frage: "Hast Du mein Feuerzeug gesehen?").

Das "da", dessen Extension im Deutschen bis zum Da des Seins reicht, dürfte hier für Sprecher wie Hörer eher spezifisch lokalisierend sein, während es im gleichen Satz gesprochen beim ersten Anblick des ersehnten Meeres (oder des 'Gelobten Landes') nach langer Wüstenwanderung eine im Wortsinne weitere Extension hat. Die Äußerung

(19) Er ist in der Kantine.

determiniert das Personalpronomen nach der Frage "Wo ist Willi?" (Rommetveit, 1968, S. 185) hinreichend genau.

(20) Meinen Sie mich?

mag derjenige Ältere fragen, der inmitten einer Menge von einem fremden Menschen geduzt wird, um sicher zu sein, auf wen sich das Du bezogen hatte, wenn sein Weltwissen das Duzen unter Fremden ausschließt.

(21) »Erst jetzt, obwohl ich schon geraume Zeit am Prinzip der Dichotomie gezweifelt hatte, fühlte ich mich frei, dem der Duplizität näher zu treten« (Dölle, o. J.).

Wann immer dieser undatierte Satz niedergeschrieben worden ist, allein das Präteritum versetzt den Leser (und das "jetzt") in eine als Gegenwart nacherlebte oder zumindest rekonstruierte Vergangenheit. Hinzu kommt, daß das, was der Leser jetzt liest (also zur Dekodierzeit), zu einem Zeitpunkt niedergeschrieben wurde (zur Enkodierzeit), die nach dem deiktischen "jetzt" von (21) liegt. Doch trotz der temporalen und imaginären Verschiebung der Origo enthält die fixierte Äußerung alle Hinweise, die ein angemessenes Verständnis des "jetzt" ermöglichen; weitere Determination müßte dem hier weggelassenen Kontext entnommen werden.

Weitere Aufschlüsse über die hier nur kurz exemplifizierte eingebettete Deixis finden sich in den Analysen erlebter Rede, also der »Darstellung von etwas aus der Perspektive einer Romanfigur« (Conte, 1988, S. 244). In der erlebten Rede, auch als "perspektivische Rededarstellung" bezeichnet (Lebsanft, 1981; Stempel,

1972), findet ein Perspektivenwechsel statt »vom Zeigfeld des Erzählers zum Zeigfeld einer Figur« (Conte, ebda.), welche perspektivische Versetzung sich am klarsten an den verwendeten deiktischen Ausdrücken erkennen läßt.

4. Implizite Deixis: Indexikalität im Nennen

Der Leser des unter (21) wiedergegebenen Satzes weiß – wie jeder, der nicht online mitliest –, daß diese Äußerung in der Vergangenheit niedergeschrieben wurde. Diese temporale Verankerung ist durch kein Element der Äußerung selbst angezeigt, sondern wird durch das Weltwissen, das Leser haben, geleistet. Selbst wenn die Äußerung im Präsens stünde, würde sie als vergangene gelesen; es sei denn, dem Autor, etwa einem guten und spannenden Erzähler, gelingt es, seinen Leser so in die narrative Gegenwart zu versetzen, daß ihm das Bewußtsein der zeitlichen Distanz zwischen Erzählzeit und Lesezeit schwindet. In jedem Fall aber bleibt die Verankerung in einer als präsent erlebten Situation die für das volle Verständnis deiktischer Äußerungen notwendige Voraussetzung.

Wenn Deixis, allgemein gesprochen, die Bindung von Elementen einer Äußerung an Elemente einer Äußerungssituation meint, so daß diese jene in ihrer Extension determinieren oder wenigstens mitdeterminieren, dann stellt sich die Frage, ob diese Beziehung nicht auch für die Äußerungen gilt, die keine Deiktika im engeren Sinne enthalten, ob nicht auch das 'Symbolfeld' (im Sinne Bühlers) deiktische oder indexikalische Momente aufweist. Das ist sicher, ohne daß das hier ausgeführt werden kann, für den sehr großen Bereich der *Raum- und Bewegungsmetaphorik* der Fall, der bis weit in den Diskurs der Wissenschaften hineinreicht (was ein Satz wie der vor der Klammer stehende 'zeigen' kann). Eine Wissenschaft wie beispielsweise die Psychologie ist ohne Metaphorik kaum zu denken, und ein beachtlicher Teil dieser Wissenschaft, die es von ihrem Ursprung her mit der das Menschsein charakterisierenden Innen-Außen-Relation zu tun hat, wird mit Hilfe von räumlich-metaphorischen Begriffen und Modellen betrieben. Eine Folge davon ist, daß wir die Art, wie wir auf physisch Räumliches verweisen und uns darin einrichten und bewegen, mit in den metaphorischen Gebrauch hinübernehmen. Das gilt nicht zuletzt für die Metaphorisierung des 'Zeigens', des 'Hinweisens', ganz allgemein der Intentionalität und ihrer Perspektivität.

Bei Bühler selbst ist einerseits die angebliche 'Subjektivität', verstanden als Positions- oder Standpunktbezogenheit, ein legitimes Merkmal lediglich der Zeigwörter (1965, S. 106), während dem Symbol die universelle, also situationsenthobene Einsetzbarkeit attestiert wird. Zwar befallen Bühler am Ende seiner Darstellung des Symbolfeldes der Sprache und der Nennwörter Zweifel:

> »Vielleicht *überschätzen* wir die Erlösung vom Zeigfeld, vielleicht *unterschätzen* wir das Faktum der prinzipiellen Offenheit und das Ergänzungsbedürfnis jeder sprachlichen Darstellung eines Sachverhaltes vom Wissen her um diesen Sachverhalt« (S. 255),

– ein Zweifel, der heute Gewißheit ist – doch bleibt Bühler bei der dichotom anmutenden Gegenüberstellung von Situationsgebundenheit und Situationsentbundenheit als Differentialkriterium zwischen Zeig- und Nennwörtern.

Sprachphilosophen und einige moderne Sprachwissenschaftler unterscheiden hier etwas behutsamer. Husserl (1913) behandelt in dem seine "Logischen Untersuchungen" einleitenden Kapitel über "Ausdruck und Bedeutung" unter den Bezeichnungen "objektive Ausdrücke" und "wesentlich subjektive und okkasionelle Ausdrücke" (S. 79ff.) zwar nicht das, was Bühler mit Nenn- und Zeigwörtern kontrastiert. Aber die deiktischen Ausdrücke sind für Husserl prototypisch für die 'wesentlich okkasionellen'. Allerdings faßt er den Begriff des Okkasionellen weiter und bezieht alle Redeformen ein, »in welchen der Redende irgendetwas ihn selbst Betreffendes oder durch Beziehung zu ihm selbst Gedachtes zum Ausdruck bringt« (S. 85). Dazu gehören dann auch die Ausdrücke für »Wahrnehmungen, Überzeugungen, Bedenken, Wünsche ...« etc. Selbst gewisse individualisierende Verbindungen mit dem bestimmten Artikel sind okkasionell, was so viel heißt wie: von der gegenwärtigen Situation abhängig: »Wenn wir Deutschen von *dem* Kaiser sprechen, dann meinen wir natürlich den gegenwärtigen deutschen Kaiser« (ebda.), das heißt zum Zeitpunkt der Niederschrift dieser Äußerung. Überhaupt gibt es keine absolute Grenze zwischen dem Objektiven und dem Okkasionellen, was sich an Impersonalien verdeutlichen läßt: »Niemand wird den Satz *es gibt Kuchen* so verstehen wie den mathematischen Satz *es gibt regelmäßige Körper*. Im ersten Fall ist nicht gemeint, daß es überhaupt und schlechthin Kuchen gibt, sondern *hier und jetzt – zum Kaffee – gibt es Kuchen* (S. 87). Ähnlich wie bei dem Satz

(22) Es regnet. (ebda.)

ist das implizite *hier* und *jetzt* mitgemeint, wird mitverstanden und gibt der Äußerung ihren eindeutigen Sinn. Wir dürfen aber mit einer Fülle derartiger 'enthymematischer Verkürzungen' prinzipiell deiktischer Äußerungen rechnen.

Dasselbe gilt für im engeren Sinne *perspektivische* Äußerungen, die ja auch in dem Sinne indexikalisch (oder okkasionell oder situationsspezifisch) sind, als sie nur von einem 'Blickpunkt' oder 'Standpunkt' aus richtig oder wahr sind (vgl. hierzu Graumann, 1992; und Herrmann, 1993). Aber es ist, zumindest da, wo es dem Sprecher selbstverständlich erscheint, nicht die Regel, die Perspektive, in der etwas gesehen oder beurteilt wird, mitzunennen. Bei perspektivischen Äußerungen bleibt es allerdings nicht bei impliziten personalen, lokalen und temporalen Verweisungen auf die Äußerungssituation. Evaluationen treten hinzu und dominieren oft. So ist die Äußerung

(23) Die Wahl war eine Katastrophe.

nicht nur implizit deiktisch, weil die Äußerung sich in einer gegebenen Situation auf die soeben abgehaltene Wahl in unserem Land bezieht, und nur für diese gilt die Katastrophen-Aussage. Sie ist auch perspektivisch in dem Sinne, als die mit dem Wort "Katastrophe" gemeinte negative Bewertung darauf verweist, daß der (unmarkierte) Sprecher eine politische Position vertritt, aus der heraus ihm das Wahlergebnis 'katastrophal' erscheint.

Die von vielen Autoren bemerkte und auch konzeptuell genutzte Verwandtschaft von kognitiver Perspektive und kognitiv-sprachlicher Deixis sei hier nicht expliziert. Es genügt, die begründete Vermutung festzuhalten, daß die Einbeziehung des kognitiven Blickpunkts in die Analyse lokaler Deixis und Referenz (Herrmann, 1993) wie die Einbeziehung deiktischer Mittel in die Analyse kognitiver und sprachlicher Perspektivität (Graumann, i. Dr.; Graumann & Sommer, 1989) unserem Verständnis der Situiertheit von Sprache weitergeholfen haben, und daß es sich lohnt, dieses Forschungsprogramm weiterzuführen.

Gibt man der Deixis oder Indexikalität die allgemeine Bedeutung der semantischen oder pragmatischen Verankerung von Äußerungen in ihrer Äußerungssituation, so daß Begriffe ihre extensionale Bedeutung – und sei es nur teilweise – aus Parametern dieser Situation gewinnen, dann ist auch das in der Rede entwickelte Symbolfeld nur in den seltensten Fällen, etwa eines rein theoretischen Diskurses, ganz situationsentbunden. Schon die Art, wie wir natürliche Prädikate wie "Wasser" oder "Ulme", also reine Nennwörter, verwenden, zeigt für Putnam (1972, S. 40ff.), daß solchen Prädikaten bei aller 'Starrheit' Extensionsunterschiede und damit Indexikalität zugesprochen werden müssen. Ich mag mich mit einem anderen botanischen Laien ohne Schwierigkeiten über Ulmen unterhalten, deren Wuchs, Vorkommen, die Maserung des Holzes, das Ulmensterben etc.; irgendwann kommen Extensionsunterschiede, kommen unterschiedliche Erfahrungen und Perspektiven zum Vorschein: Das Wissen ist immer auch personales Wissen. Die Situation, aus der heraus ich rede, ist eine biographisch andere als die meines Partners.

Hans Hörmann (1976, S. 394ff.) hat diese Varianz in die These von der prinzipiellen 'Ich-Zentriertheit des Äußerungsfeldes' gefaßt, die er wegen der interindividuellen Verschiedenheit der Bewußtseinszustände nicht auf das Zeigfeld begrenzt, sondern auf das Symbolfeld ausdehnt. Denn jeder Bewußtseinszustand hat einen »Kern, *von dem* aus gesehen, gerechnet, gemessen und gedacht wird: das Ich« (S. 403). Ihm entspricht die »*Origo des Äußerungsfeldes*«. Von diesem »variablen Ort« aus erfolgt die Äußerung, wird sie gemeint und verstanden (S. 408f.). Und vor allem – in Richtung auf Bühler argumentiert – »... auch im Symbolfeld dirigieren wir das Bewußtsein unseres Hörers noch durch Zeichen, welche unseren persönlichen Stempel tragen ...« (S. 415). Ich kann, so darf man Hörmann wie die Vertreter der Indexikalität auch von 'objektiven Ausdrücken' verstehen, meine Perspektive, meine Sicht der Dinge auch ohne die Verwendung von im eigentlichen Sinne deiktischen Zeichen ausdrücken und damit dem Partner 'zeigen' – im Sinne von sichtbar machen, sehen lassen. Dieses 'Zeigen' steckt auch im 'Nennen', dessen Feld nie ganz vom Zeigen 'erlöst' ist, wie Bühler selbst mutmaßte.

Aber ist es wirklich das Zeigen, von dem Sprache nie ganz erlöst ist? Folgen wir ein letztes Mal Bühler (1965, S. 36f.), so gehört »das Vorführen der Dinge oder das Hinlenken des Beschauers« zu den Funktionen von Zeichen überhaupt. Nun mag es sein, daß wir mit Zeigwörtern eher die Aufmerksamkeit des Beschauers auf etwas hinlenken und mit Nennwörtern eher die Dinge selbst zu zeigen versuchen. Doch beide Formen des Sehenlassens werden jeweils aus einer Situation heraus realisiert, der wir als Sprechende wie als Sprache Verstehende zwar oft fern, nie aber ganz entbunden sind. Was zu zeigen war und auch weiterhin noch zu zeigen sein wird.

Literatur

Bühler, K. (1965[3]/1927). *Die Krise der Psychologie*. Stuttgart: Fischer.

Bühler, K. (1965[2]/1934). *Sprachtheorie. Die Darstellungsfunktion der Sprache*. Stuttgart: Gustav Fischer.

Bühler, K. (1976[2]/1933). *Die Axiomatik der Sprachwissenschaften*. Frankfurt/M.: Klostermann.

Conte, M. E. (1988). Zeigzeichen. In A. Eschbach (Ed.), *Karl Bühler's Theory of Language* (pp. 239-255). Amsterdam: John Benjamins.

Dölle, E. A. (o. J.) *Autodeiktisches* (Ms. XXXIII). E. A. Doelle-Archiv.

Eschbach, A. (Ed.) (1988). *Karl Bühler's Theory of Language*. Amsterdam: John Benjamins.

Eschbach, A. (Ed.) (1984). *Bühler-Studies*. 2 Bde. Frankfurt/M.: Suhrkamp.

Fillmore, C. J. (1972). Ansätze zu einer Theorie der Deixis. In F. Kiefer (Hg.) *Semantik und generative Grammatik I* (S. 147-174). Frankfurt/M.: Athenäum.

Graumann, C. F. (1992). Speaking and Understanding from Viewpoints. Studies in Perspectivity. In: G. Semin & K. Fiedler (Eds.), *Language, Interaction and Social Cognition* (pp. 237-255). London: Sage.

Graumann, C. F. (i. Dr.). Perspektivität in Kognition und Sprache. *Siegener Periodicum zur Internationalen Empirischen Literaturwissenschaft (SPIEL), 13.*

Graumann, C. F. & Herrmann, Th. (Hrsg.) (1984). *Karl Bühlers Axiomatik*. Frankfurt/M.: Klostermann.

Graumann, C. F. & Sommer, M. (1989). Perspective Structure in Language Production and Comprehension. In C. F. Graumann & Th. Herrmann (Eds.), *Speakers: The Role of the Listener* (pp. 35-54). Clevedon/Philadelphia: Multilingual Matters.

Harweg, R. (1975). Deixis und Sinnesdaten. *Acta Linguistica Academiae Scientiarium Hungaricae, Tomus 25*, 379-401.

Harweg, R. (1976). Formen des Zeigens und ihr Verhältnis zur Deixis. Ein Beitrag zur Pragmatik. *Zeitschrift für Dialektologie und Linguistik*, *43*, 317-337.

Heger, K. (1971). Zur Standortbestimmung der Sprachwissenschaft. *Zeitschrift für romanische Philologie*, *87*, 1-31.

Heger, K. (1984). "Zeigfeld" und "Symbolfeld". In C. F. Graumann & Th. Herrmann (Hrsg.), *Karl Bühlers Axiomatik* (S. 105-116). Frankfurt/M.: Klostermann.

Herrmann, Th. (1990). Das partnerbezogene Lokalisieren von Objekten in der Kommunikation: Ein neues Forschungsthema zwischen Sprachpsychologie und Linguistik. *Zeitschrift für Semiotik*, *12*, 115-131.

Herrmann, Th. (1993). Zur Blickpunktstruktur von mentalen Raumrepräsentationen: Die vergessene dritte Prädikatorstelle. In L. Montada (Hrsg.), *Bericht über den 38. Kongreß der Deutschen Gesellschaft für Psychologie in Trier 1992*. Bd.2 (S. 596-601). Göttingen: Hogrefe.

Hörmann, H. (1976). *Meinen und Verstehen. Grundzüge einer psychologischen Semantik*. Frankfurt/M.: Suhrkamp

Husserl, E. (1913^{2}). *Logische Untersuchungen*. 2. Bd. 1. Teil. Halle: Niemeyer.

Klein, W. (1978). Wo ist hier? Präliminarien zu einer Untersuchung der lokalen Deixis. *Linguistische Berichte*, *58*, 18-40.

Levinson, S. C. (1992). Deixis. In W. Bright (Ed.) *International Encyclopedia of Linguistics*, Vol I (pp. 343-344). New York: Oxford University Press.

Lebsanft, F. (1981). Perspektivische Rededarstellung (erlebte Rede) in Texten des französischen Mittelalters. *Zeitschrift für semantische Philologie*, *97*, 65-85.

Putnam, W. D. (1972). *Die Bedeutung von >Bedeutung<*. Frankfurt/M.: Klostermann.

Rommetveit, R. (1968). *Words, Meanings and Messages*. New York: Academic Press.

Sennholz, K. (1985). *Grundzüge der Deixis*. Bochum: Brockmeyer.

Stempel, W. D. (1972). Perspektivische Rede in der französischen Literatur des Mittelalters. In E. Leube & L. Schrader (Hrsg.), *Interpretation und Vergleich. Festschrift für Walter Pabst* (S. 310-330). Berlin: E. Schmidt.

Kognitive Grundlagen der Sprachverwendung

Kognitive Grundlagen situierter künstlicher Kommunikatoren

Gert Rickheit und Hans Strohner

Situierte künstliche Kommunikatoren sind maschinelle Systeme, die neben ihrer Fähigkeit zum sprachlichen Dialog mit menschlichen Partnern auch mit ihrer nichtsprachlichen Umwelt interagieren. Im vorliegenden Beitrag werden einige kognitive Grundlagen situierter künstlicher Kommunikatoren vorgestellt und diskutiert, wie sie im ACTIO-Modell (Artificial Communication Theory of Instructions and Operations) entwickelt worden sind. Hierzu gehören neben der grundlegenden Eigenschaft der Situiertheit auch die Eigenschaften der Integriertheit, der Robustheit, der Zielorientiertheit und schließlich der Lernfähigkeit. Eine wichtige Frage für die Entwicklung situierter künstlicher Kommunikatoren bezieht sich auf die bei ihrer Erforschung angewandte wissenschaftliche Methodologie. Die bei der Entwicklung des Systems verwendete experimentell-simulative Methode hat im Vergleich zu anderen Vorgehensweisen den Vorteil, die Forschung mit menschlichen Versuchspersonen und mit maschinellen Systemen in komplementärer Weise aufeinander zu beziehen.

1. Einleitung

Welche Fähigkeiten muß ein Roboter besitzen, der sprachliche Anweisungen, wie zum Beispiel "Hol den passenden Schraubenschlüssel aus dem Werkzeugkasten!", auszuführen vermag? An der Beantwortung und technischen Umsetzung dieser technischen Frage arbeiten zur Zeit viele Forscherteams auf der ganzen Welt. Die Lösung des Problems würde den Einsatz von Robotern revolutionieren und die gesamte Mensch-Maschine-Kommunikation in neue Dimensionen vordringen lassen. Eine Lösung ist zwar noch nicht in Sicht, doch sieht es so aus, als würden wir heute eine Ahnung davon entwickeln, in welcher Richtung nach ihr gesucht werden muß. Sicher können wir heute schon sagen, daß wegen der Komplexität des Problems eine oder mehrere Erfindungen oder Entdeckungen nicht ausreichen werden. Wir werden sehr viele davon brauchen, die sich gegenseitig ergänzend aufeinander aufbauen, um schließlich die ganze Lösung zu ergeben.

Eine dieser vielen Bemühungen, Fortschritte im Bereich sprachverarbeitender Roboter zu erreichen, ist die Einrichtung eines Sonderforschungsbereichs "Situierte Künstliche Kommunikatoren" an der Universität Bielefeld. In diesem interdisziplinären Projekt arbeiten vor allem Informatiker, Linguisten und Psychologen zusammen an der Konzeption und an der teilweisen Realisierung eines maschinellen

Systems, das einfache sprachliche Instruktionen in einer realen Arbeitssituation ausführen kann.

Einer der theoretischen Ansätze, die sich unter dem Dach des Sonderforschungsbereichs zusammenfinden, ist das ACTIO-Modell (Artificial Communication Theory of Instructions and Operations). Schwerpunkt dieses Modells im Rahmen linguistischer Robotikforschung ist das Verstehen sprachlicher Instruktionen. Wichtige Verarbeitungsprozesse bei diesem Verstehen sind konzeptuelle Inferenzen, die es ermöglichen, daß die gehörten Wörter auf die vorhandene Situation bezogen werden können (Rickheit & Strohner, 1993a). Genauso wichtig sind jedoch auch Fortschritte bei der Gesamtkonzeption von ACTIO. Diesem Ziel dient der vorliegende Beitrag.

Die Konzeption von ACTIO umfaßt theoretische und methodologische Gesichtspunkte. Zunächst gehen wir in den nachfolgenden fünf Abschnitten dieses Beitrags auf Anforderungen hinsichtlich der theoretischen Konzeption von ACTIO ein. Diese beziehen sich auf die Situiertheit, Integriertheit, Robustheit, Zielorientiertheit sowie Lernfähigkeit künstlicher Kommunikatoren. Anschließend weisen wir auf einige der mit der Entwicklung künstlicher Kommunikatoren zusammenhängenden methodologischen Probleme hin.

2. Situiertheit

Ein maschinelles System, das Handlungen ausführen soll, muß in der Lage sein, die Information seiner Umwelt den Anforderungen der Situation entsprechend sensorisch und motorisch zu verarbeiten. Das System muß die Situation, in der es sich befindet, wahrnehmen, verstehen und auf seine Umwelt einwirken können. Um zum Beispiel einen passenden Schraubenschlüssel zu holen, müssen diverse Diskriminations-, Vergleichs- und Selektionsoperationen in der situativen Umwelt durchgeführt werden. Diese Fähigkeit zu *situiertem Handeln* ist grundlegend für jedes System, das sich in einer komplexen Umwelt zurechtfinden soll (Lobin, 1993).

Die meisten kognitiven Leistungen sind in hohem Maße *situationsabhängig.* Selbst so scheinbar einfache kognitive Leistungen wie die Benennung eines Objektes hängen von Kontextinformationen ab, wie die experimentelle Forschung zum Priming- und Stroop-Effekt zeigen (zum Beispiel Glaser, 1992). Viele Kognitionen sind intentionale Akte. Durch sie wird die Aufmerksamkeit auf bestimmte situationale Gegebenheiten gelenkt und unter Umständen zu bestimmten Handlungen aufgefordert. Die wahrnehmbare Situation fungiert zunächst als 'Zeigfeld', das deiktischen Sprachzeichen ihre aktuelle Bedeutung verleiht (Bühler, 1934). In der Entwicklung wird die sprachliche Kommunikation immer unabhängiger vom aktuellen Handlungszusammenhang, so daß auch Wissen über nicht unmittelbar wahrnehmbare Objekte und Sachverhalte vermittelt werden kann. Dadurch wird die Beziehung vom Sprachzeichen zum 'Zeigfeld' zugunsten der Beziehung von einem sprachlichen Zeichen zum anderen allmählich abgelöst und der syntagmatische Aspekt von Sprache immer wichtiger. Hierdurch gewinnen die sprachlichen Symbole ihre spezifische Bedeutung im Rahmen entsprechender 'Symbolfelder'. Solche kontextuellen Bedeutungen können nicht mehr über einfache Dekodierungen, sondern nur noch mit Hilfe zum Teil äußerst komplexer Inferenzprozesse, die zur pragmatischen Rationalität der Kognition beitragen, erschlossen werden.

Eine wichtige Voraussetzung einer pragmatischen Rationalität menschlicher Kognition ist ihre *Kooperativität* im Sinne der Fähigkeit zur Aushandlung gemeinsamer Realität mit anderen kognitiven Systemen. Erst auf der Basis solcher kognitiv hergestellten Konventionen ist gemeinsames Handeln und damit Zusammenarbeit im Rahmen von Arbeitsteilung möglich. Aus einer individuellen Situation wird somit in vielen Fällen kognitiver Verarbeitung eine gemeinsame Situation.

Die Erforschung der *kognitiven Mechanismen* situierter Sprachbeherrschung und der Prinzipien ihrer Strukturierung ist eine fundamentale Komponente in dem auf künstliche Kommunikatoren ausgerichteten Forschungsprogramm. Dabei werden Fragen folgenden Typs diskutiert: Ist eine einheitliche Repräsentation möglich, oder sind unterschiedliche Mechanismen unterschiedlich zu repräsentieren? Wie erfolgt das Zusammenwirken dieser Mechanismen? Wie sind diese Mechanismen intern ausgestattet? Aus der Ausdifferenzierung solcher übergreifender Fragestellungen ergeben sich vielfältige Bestimmungsstücke für die einschlägige Forschung (Engelkamp & Pechmann, 1993; Schnelle, 1991).

Für die Bewältigung der situativen Anforderungen ist entscheidend, welche mentalen Repräsentationen das System von seiner Umwelt besitzt. Seit Craik (1943) spielt der Begriff des *mentalen Modells* in jenen Wissenschaften, die sich mit dem systemischen Zusammenwirken von Mensch und Maschine befassen, eine nicht unwesentliche Rolle. Als erklärendes Prinzip, aber auch als erklärungsbedürftiger Begriff hat das Konstrukt des mentalen Modells in den letzten Jahren eine besondere Bedeutung für die theoretische Diskussion und die empirische Forschung erlangt.

In der kognitiven Sprachverarbeitungsforschung der letzten Jahre hat sich das von Johnson-Laird (1983) entwickelte Konzept des mentalen Modells als besonders fruchtbar herausgestellt. Unter einem mentalen Modell ist im Gegensatz zu einer propositionalen Repräsentation eine dynamische und weitgehend analoge kognitive Repräsentation eines durch Äußerung mitgeteilten Sachverhalts zu verstehen. Diese Repräsentation baut auf dem bereits vorhandenen Weltwissen des Kommunikators auf und bildet die Voraussetzung für die zur sprachlichen Verständigung notwendigen Inferenzprozesse.

Durch die kognitiven Prozesse beim Aufbau mentaler Modelle werden die Textinformationen mit dem Weltwissen verknüpft. Da der Integrationsprozeß eine gewisse Zeit benötigt, ist es von Belang, wie lange die Aktivierung der einzelnen Komponenten des Modells im *Arbeitsgedächtnis* anhält. Es ist davon auszugehen, daß die Dauer der Aktivierung einer bestimmten Systemkomponente unter anderem das Resultat von direkten und indirekten Aktivierungswiederholungen ist. Diese Reaktivierung durch Wiederholung scheint allerdings auf der Diskursebene sehr viel stärker strategischen Einflüssen ausgesetzt zu sein als auf der Satzebene. So ist das *Thema* während der gesamten Textverarbeitung präsent, während der *Hintergrund* nur dann aktiviert wird, wenn er für den aktuellen *Fokus* der Verarbeitung relevant ist (zum Beispiel Sanford & Garrod, 1981). Dies hat zur Folge, daß die Zeitdauer der Aktivierung von einzelnen Komponenten des mentalen Modells sehr variabel ist.

Da mentale Modelle analoge Repräsentationen ihrer Weltobjekte sind, besitzen sie nicht nur Vorder- und Hintergrund, sondern auch eine *Perspektive*, von der aus sie verarbeitet werden (zum Beispiel Langacker, 1987). Wenn sich ein Text auf die räumliche Anordnung von Objekten bezieht, ist es wichtig zu wissen, von welcher Perspektive aus diese beschrieben wird (Morrow, Bower & Greenspan, 1989). Leser scheinen zum Beispiel einen im Text beschriebenen Weg durch die Wohnung im Geiste nachzuvollziehen und sich zu einem bestimmten Zeitpunkt mental an einer ganz bestimmen Stelle der Wohnung zu befinden, von wo aus sie die Wohnung im Geiste betrachten können.

Für die Analyse von *Handlungsanweisungen* ist die Kategorie der Situiertheit unabdingbar. Um die Anweisung "Hol den passenden Schraubenschlüssel!" zu verstehen, muß klar sein, von welcher Schraube die Rede ist, auf die der Schraubenschlüssel passen soll. Eine solche *Referenzbildung* kann nur dann gelingen, wenn die relevante Information der Situation berücksichtigt wird. Viele der in der Alltagssprache enthaltenen referentiellen Bezüge sind in ähnlicher Weise implizit und müssen mit Hilfe inferentieller Prozesse erschlossen werden. Gelingt es dem Rezipienten nicht, die vom Produzenten gemeinten Referenzen zu erkennen, so fehlen wichtige Voraussetzungen für eine kommunikative Verständigung. Das Referenzproblem ist deshalb eines der zentralen Probleme der sprachlichen Situiertheit. Die große Relevanz der Referenz für situierte Sprachverarbeitung ist in der kognitiven Sprachverarbeitungsforschung schon recht früh erkannt worden. Bereits seit den siebziger Jahren arbeitete Theo Herrmann mit seinen Mitarbeitern an Fragestellungen der Objekt- und Raumreferenz. Schwerpunkte waren Untersuchungen hinsichtlich der sich dabei abspielenden Prozesse sowohl der Sprachproduktion als auch der Sprachrezeption (zum Beispiel Herrmann & Deutsch, 1976; Herrmann, 1985, 1990a,b). Diese Arbeiten wurden im Sonderforschungsbereich "Sprechen und Sprachverstehen im sozialen Kontext" in Mannheim und Heidelberg mit hierfür relevanten Forschungsvorhaben integriert.

Das Referenzproblem fällt in solchen Fällen weniger ins Gewicht, in denen die Kommunikationspartner viel Wissen voneinander besitzen. In einem solchen Fall werden implizite Referenzen deshalb nicht zum Problem, weil auf der einen Seite der Textproduzent die referentiellen Ausdrücke partnerspezifisch auswählt und auf der anderen Seite der Textrezipient diese Ausdrücke partnerspezifisch interpretiert. Neben dem Referenzproblem ist deshalb das Problem der *Partnermodellierung* ein für die Situiertheit der Sprachverarbeitung grundlegendes Forschungsgebiet (zum Beispiel Kobsa & Wahlster, 1989).

In jüngster Zeit wurde der hohe Stellenwert, der dem Thema der Situiertheit inzwischen von verschiedenen Richtungen der kognitiven Wissenschaft zuerkannt wird, durch eine Artikelserie in der Zeitschrift *Cognitive Science* dokumentiert. Speziell geht es dabei um die von Vera & Simon (1993) vertretene These, daß die Prozesse situierter Handlungen auch mit Hilfe symbolischer Formalismen zu modellieren seien. Die konsequenteste Gegenposition unter den Diskutanten wird von Clancey (1993) fundiert, indem er im Rahmen seiner neuropsychologischen Sichtweise Symbole als externe sprachliche Realisierungen von internen Prozessen sieht, die weit komplexer sind und am besten mit Hilfe konnektionistischer Netzwerke beschrieben werden können. Damit sind wir bei der Frage, wie Informationsprozessoren intern aufgebaut sein müssen, um die Forderung nach Situiertheit erfüllen zu können.

3. Integriertheit

Wie muß ein System aufgebaut sein, das die Komplexität der für einen Menschen relevanten Information bewältigen will? Eine wichtige Strategie ist es, Informationen der verschiedensten Art möglichst geschickt miteinander zu verbinden. Dies ist das Problem der *Integriertheit* situierter Systeme. Künstliche Kommunikatoren bestehen aus einer Vielzahl strukturell, funktional und prozedural zu unterscheidender Einheiten, die aber dennoch intensiv miteinander interagieren und so integrierte Ganzheiten ergeben, in denen die Kognition einen zentralen Stellenwert einnimmt.

Kognition und Sprache sind, bedingt durch ihre gemeinsame *Evolution*, eng aufeinander bezogen (Müller, 1990). Auch *ontogenetisch* bestehen vielfältige Zusammenhänge zwischen diesen Faktoren. Die sensomotorische Entwicklung ist eine Vorstufe für die Entstehung von sprachlichen Symbolen. Hierbei spielt die sich entwickelnde Objektpermanenz eine zentrale Rolle. Die kognitive Entwicklung beginnt mit der Sensomotorik, indem das Kind seine Welt über sinnliche Wahrnehmung und motorische Tätigkeit erkennen lernt. Während dieser frühkindlichen Phase der sensomotorischen Entwicklung bildet sich die Objektpermanenz heraus, also das Wissen, daß Objekte auch außerhalb der eigenen Wahrnehmung und Handlung real vorhanden sind. Dieses Loslösen des Objekts aus dem Handlungskontext ist die Voraussetzung für die Entwicklung sprachlicher Symbole, die vorerst auf 'Vorstellungsbildern' basieren und zunehmend konventionelle Bedeutung erhalten (McNamara & Miller, 1989).

Die enge Beziehung von *Konzept* und *Perzept* in der kognitiven Entwicklung wird später immer differenzierter vor allem durch das Hinzutreten abstrakter Konzepte, die oft nur noch über mehrere Stationen vermittelt mit den visuellen Perzepten verbunden sind. Zudem scheinen die Beziehungen zwischen Perzept, konkreten und abstrakten Konzepten von situativen Anforderungen abhängig zu sein (Murphy & Wisniewski, 1989). Bei der Modellierung der kognitiven Prozesse künstlicher Kommunikation spielen die Verarbeitung und Repräsentation visueller und verbaler Informationen eine zentrale Rolle. Dabei geht es vor allem um die Frage, ob mental repräsentierte Informationen modalitätsspezifisch oder in einem von der Modalität des sensorischen Inputs unabhängigen Format repräsentiert werden (Engelkamp, 1990).

Kognitive Operationen dienen in der Regel der *Sinnkonstitution*. Durch sie erhält eine Kognition die für die weitere Verarbeitung notwendige Konsistenz oder Kohärenz. Für die Bezeichnung dieses Sinnfindungsprozesses hat Hörmann den Begriff der 'Sinnkonstanz' eingeführt (Hörmann, 1976). Ähnlich wie wir beim Betrachten ein und desselben Objekts aus verschiedenen Perspektiven und Helligkeitswerten durch eine entsprechende kognitive Verarbeitung von dessen 'Formkonstanz' ausgehen, geht der Hörer einer Äußerung davon aus, daß diese sinnvoll sei. Er versucht deshalb, auch vordergründig disparate Äußerungselemente, beispielsweise Metaphern, kohärent zu machen, ihnen einen zusammenhängenden Sinn zu unterstellen.

Im Rahmen der Cognitive Science werden derzeit zwei theoretische Ansätze der *mentalen Repräsentation* diskutiert: der Symbolverarbeitungsansatz und der konnektionistische Ansatz. Die im Kontext dieser Ansätze entwickelten Modelle unterscheiden sich sowohl hinsichtlich der zugrundeliegenden theoretischen Annahmen über die mentale Repräsentation von Informationen als auch hinsichtlich der verwendeten formalen Beschreibungssysteme zur Wissensmodellierung:

- Die Modelle des Symbolverarbeitungsansatzes haben die Modellierung komplexer kognitiver Phänomene, wie zum Beispiel Textverstehen, Problemlösen, semantische Bildverarbeitung, zum Gegenstand, wobei Wissen in Form von Symbolen repräsentiert wird (Fodor & Pylyshyn, 1988).
- Demgegenüber beziehen sich die konnektionistischen Modelle vor allem auf elementare Wahrnehmungsphänomene, die von subsemantischen kognitiven Operationen gesteuert werden. Die kognitiven Prozesse basieren auf aktivierten elementaren Wahrnehmungsschemata und führen zu wahrnehmungsanalogen Repräsentationen der betreffenden Stimuli (Rumelhart & McClelland, 1986; Smolensky, 1988).

Die bisherigen konnektionistischen Repräsentationsansätze beziehen sich auf subsymbolische Zustände und Prozesse auf einer Ebene der Mikrostruktur kognitiver Informationsverarbeitung. Wissen wird nicht mit einem Symbol-Kalkül wie beim erstgenannten Ansatz repräsentiert, sondern als Muster elementarer Informationseinheiten, wobei dem aktivierten Muster ein bestimmter Informationsgehalt zugeschrieben wird. Für die Modellierung von Wissen müssen beide Ansätze berücksichtigt werden, um so die Vorzüge beider Modellierungen für die Entwicklung einer *hybriden Systemarchitektur* nutzen zu können. Denn neben der Modellierung semantischer Prozesse und Repräsentationen müssen auch subsemantische Prozesse im 'low-level'-Bereich der Mustererkennung im sprachlichen und visuellen Medium untersucht werden.

Die in mentalen Modellen strukturierten Wissenskomponenten beziehen sich oft nicht nur auf externe Situationen oder den Kommunikator selbst, sondern auch auf andere mentale Modelle. Auf diese Weise können komplex verschachtelte Wissensstrukturen entstehen, mit Hilfe derer auch abstrakte Sachverhalte kognitiv verarbeitet werden können. Neben dem Weltwissen wird die menschliche Kognition vor allem durch ihre *Selbstreferentialität* im Sinne einer partiellen Modellierung eigener Zustände zu einer hochgradigen Komplexität befähigt. Selbstreferentialität ist eine notwendige Voraussetzung dafür, daß in der Kognition nicht nur Objekte, sondern auch die Subjekt-Objekt-Relationen adäquat repräsentiert und damit Problemlösungen realisiert werden können.

Situierte künstliche Kommunikatoren müssen, um die ihnen gestellten Aufgaben erfolgreich bewältigen zu können, *Input-Information* und *Wissen* aufeinander beziehen. Damit verbunden ist die Frage nach der *Modularität* der Informationsverarbeitung. Wie ist die Modularität zu realisieren, damit ein effizienter Informationsfluß zwischen Input und Wissen gewährleistet ist? Dies muß in einer Weise geschehen, daß einerseits der Beitrag der einzelnen Informationen nicht untergeht, andererseits aber auch das erst durch das Zusammenwirken der einzelnen Informationen mögliche Wissen nicht zu spät zur Verfügung gestellt wird. Dies heißt, daß die Input-Information so autonom wie möglich, aber auch so interaktiv in bezug auf das bereits vorhandene Wissen wie nötig verarbeitet wird. Von einigen Wissenschaftlern wird eine solche Ausprägung der Modularität in den beiden Phasen der Konstruktion und Integration modelliert (zum Beispiel Kintsch, 1988).

Neben dieser vertikalen Integriertheit zwischen Input und Wissen müssen situierte künstliche Kommunikatoren auch in horizontaler Hinsicht integriert operieren. Wir meinen damit die Integration von *sprachlicher* und *nichtsprachlicher* Information. In vielen Situationen ist die relevante Information sowohl sprachlicher als auch nichtsprachlicher Natur. Ein Beispiel einer solchen Situation haben wir mit dem Ausdruck "passender Schraubenschlüssel" vorliegen. Dieser Ausdruck kann nur dann verstanden werden, wenn die sprachliche und die nichtsprachliche Information in einem situationsspezifischen Konzept verbunden werden. Die Integriertheit sprachverarbeitender Systeme muß deshalb im Zusammenhang mit ihrer Situiertheit konzeptualisiert werden (Rickheit & Strohner, 1993b).

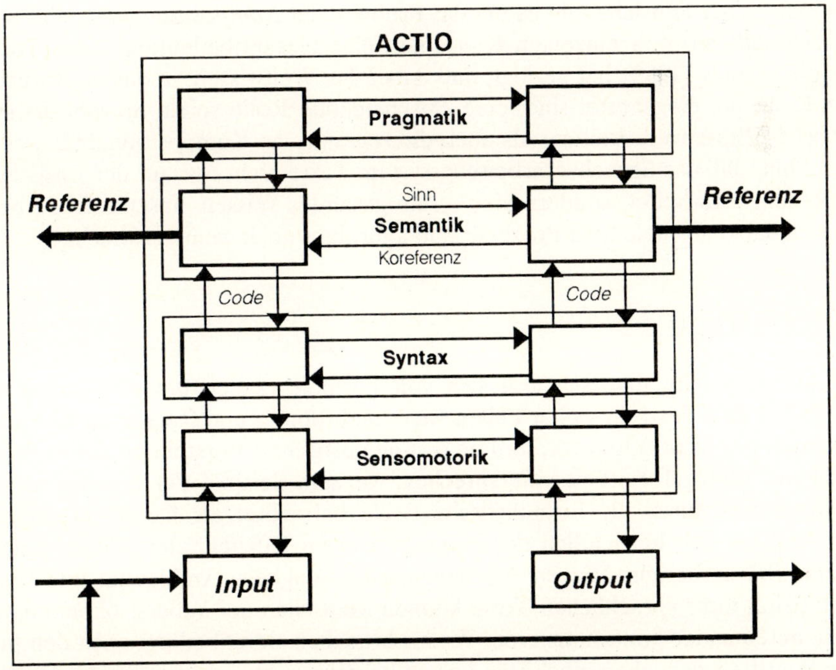

Abb. 1: Der Aufbau eines künstlichen Kommunikators in ACTIO.

Ein weiterer Aspekt von Integriertheit bezieht sich auf die Relation der sprachlichen *Dimensionen* untereinander (s. Abbildung 1). Wie interagieren *Sensomotorik*,

Syntax, *Semantik* und *Pragmatik* eines sprachlichen Textes, um eine Verständigung zwischen den Kommunikationspartnern zu erreichen? Während in vielen linguistischen Ansätzen von einer Dominanz der Syntax bei der Satzverarbeitung ausgegangen wird (zum Beispiel Frazier, 1987), nehmen kognitiv orientierte Forscher differenziertere Standpunkte ein. So ist es zum Beispiel bei syntaktisch mehrdeutigen Satzstrukturen vorteilhaft, die Semantik so schnell wie möglich zu Rate zu ziehen und nicht erst die syntaktisch einfachere Alternative weiterzuverfolgen. Dieser Einsicht folgend haben Just & Carpenter (1980) das *Unmittelbarkeitsprinzip* formuliert, nach dem ein Wort so unmittelbar wie möglich hinsichtlich aller mit ihm zusammenhängenden Wissensbereiche in lexikalischer, syntaktischer, semantischer und pragmatischer Hinsicht verarbeitet wird. Bezugnehmend auf die Modularitätsdiskussion sprechen Altmann & Steedman (1988) von einer sogenannten *schwachen Interaktivität* zwischen Syntax und Semantik, nach der zwar Syntax und Semantik als eigenständige Module des Sprachsystems akzeptiert werden, sie aber dennoch in enger Interaktion miteinander arbeiten.

Ein letzter Aspekt sprachlicher Integrität bezieht sich schließlich auf die *Kohärenz* eines Textes, das heißt auf die Verbindung der sequentiell aufeinander folgenden Wörter und Konzepte eines Textes zu einem Ganzen (Rickheit, 1991). In syntaktischer Hinsicht hat es besonders große Auseinandersetzungen darüber gegeben, wie *elliptische Strukturen* theoretisch zu fassen sind (Günther et al., 1993). In semantischer Hinsicht geht es um das Problem der *Kompositionalität*. Wie ist es möglich, daß aus den einzelnen Konzepten eine Gesamtbedeutung eines Textes entsteht? Lahav (1993) hat gezeigt, daß dabei das Weltwissen, in das die sprachlichen Konzepte eingebettet sind, eine entscheidende Rolle spielt. Sowohl die syntaktische Ellipsenverarbeitung als auch die semantische Kompositionalität weisen darauf hin, daß das Sprachverarbeitungssystem Texte nicht nur auf der Basis einiger Regeln verarbeitet, sondern hierzu sein gesamtes Wissen einsetzt. Die einzelnen sich dabei abspielenden Prozesse sind allerdings noch wenig erforscht.

4. Robustheit

Die Alltagssprache unterscheidet sich von Formalsprachen unter anderem dadurch, daß ihre Texte in vielen Fällen vage, mehrdeutig und fragmentarisch sind. Es kommt gar nicht selten vor, daß sie den linguistischen Vorstellungen von Regularität und Wohlgeformtheit widersprechen, wie zum Beispiel Versprecher zeigen. Während dies durch die formalistische Brille betrachtet als Defizit erscheinen mag, stellt es sich hinsichtlich der kommunikativen Effizienz der Alltagssprache als eine Stärke heraus. Wegen der Irregularität, Vagheit, Ambiguität und Fragmentarizität ihrer sprachlichen Texte können Menschen auf äußerst ökonomische Weise miteinander kommunizieren. Weder brauchen sie unbedingt nach den präzisen Begriffen zu suchen, noch ständig zu überprüfen, ob sie auch alle Ambiguitäten ausgeschaltet haben oder ob im produzierten Text nicht irgendwelche Informationen ausgelassen worden sind. Sie können dies tun, weil sie sich auf die zusätzlichen Informationen und das bereis vorhandene Wissen ihrer Kommunikationspartner verlassen können. Die Alltagssprache funktioniert anders als eine

Formalsprache nicht autonom, sondern eingebettet in Situation und Wissen. Herrmann (1985) hat deshalb der Sprache einen sogenannten *suppletorischen Charakter* zugeschrieben.

Künstliche Kommunikatoren müssen ausreichend robust sein, um mit der Vagheit, Ambiguität und Fragmentarizität der Texte ihrer menschlichen Partner zurechtzukommen. Doch wie kann dieses Ziel erreicht werden? Der Klärungsweg hier wie bei anderen Problemen der Sprachverarbeitung ist die kognitive Modellierung. Durch die Beobachtung menschlicher Strategien zur Erreichung von Robustheit lassen sich Hinweise gewinnen, die auch für die Entwicklung künstlicher Systeme äußerst wertvoll sind. Wir wissen inzwischen, daß Menschen die für die Robustheit notwendigen *Inferenzen* nicht auf der Basis fester Regeln, sondern durch Aktivierung ihres gesamten für den jeweiligen Bereich relevanten Wissens bilden. Inferenzen sind demnach Verteilungen von Aktivierungen in Netzwerken und unterliegen einer Vielzahl von kontextuellen und situativen Einflüssen (Graesser & Bower, 1990; Kintsch, 1993; Rickheit & Strohner, 1985). Wie die kognitive Inferenzforschung zeigt, können Inferenzen dann besonders leicht gebildet werden, wenn sie von der Situation und vom vorhandenen Wissen unterstützt werden. Situiertheit und Integriertheit sind wesentliche Voraussetzungen von Robustheit und damit auch in dieser Hinsicht von grundlegender Bedeutung für die kognitive Informationsverarbeitung.

Die Frage der *semantischen Inferenzbildung* war von Anfang an ein wichtiger Teil der experimentellen Erforschung des sprachlichen Verstehens. Es lag wohl zum Teil auch an den unscharfen Methoden der experimentellen Inferenzforschung der siebziger Jahre, daß sich bald zwei Lager von Theorien gegenüberstanden. In der Textverstehensforschung gab es immer wieder Vermutungen, daß für die Kohärenzbildung notwendige Strukturierung hinaus weiteres Weltwissen sozusagen als Vorrat für nachfolgende Verarbeitungsprozesse aktiviert wird. Dies ist die Frage nach der *Elaboration* beim Diskursverstehen. Hinsichtlich der Häufigkeit und des Ausmaßes solcher Elaborationen lassen sich die miteinander konkurrierenden Ansätze der *Kohärenztheorie* und der *Elaborationstheorie* der Inferenzbildung unterscheiden:

- Die *Kohärenztheorie* geht von der Priorität der konzeptuellen Relationen zwischen den einzelnen Textweltmodellen für die Sinnkonstitution des Textes aus. Erst dann, wenn zwischen zwei Textweltmodellen keine Verbindung hergestellt werden kann, wird zusätzlich Weltwissen bemüht, um weitere Kohärenzverbindungen mittels Inferenzen aufzubauen. Die Kohärenztheorie gehört deshalb zur großen Familie der autonomen Theorien der Textverarbeitung, die in all ihren Teilbereichen vorzufinden sind. Einer der wichtigsten Vertreter der Kohärenztheorie ist Walter Kintsch (Kintsch & van Dijk, 1978; van Dijk & Kintsch, 1983).
- Die *Elaborationstheorie* beschreibt die Sinnbildung als einen Prozeß, bei dem von vornherein das Textweltwissen mit dem übrigen Weltwissen so intensiv interagiert, daß große Bereiche des Weltwissens dadurch aktiviert werden, auch wenn sie nicht unmittelbar zum Auffüllen von Lücken im Textweltwissen benötigt werden. Deshalb kann die Elaborationstheorie zu den in vielfäl-

tiger Form vorkommenden *interaktiven* Theorien der Textverarbeitung gezählt werden. Zu den zahlreichen Vertretern der Elaborationstheorie gehören zum Beispiel Schank & Abelson (1977), Sanford & Garrod (1981) sowie Johnson-Laird (1983).

Experimentelle Studien, die Hinweise auf systematisch auftretende elaborative Prozesse nachgewiesen zu haben meinen, sind häufig mit methodischen Fehlern behaftet, wie dies bei den ersten Experimenten der Diskursverstehensforschung der Fall war. Bei genauer Betrachtung sind einige methodische Schwächen dieser Experimente zu deutlich, so daß die für die Elaborationstheorie kritischen Inferenzen möglicherweise nicht bereits bei der Textrezeption, sondern erst bei der Durchführung der Wiedererkennungsaufgabe gebildet wurden.

Im Gegensatz zur Elaborationstheorie meinen die Anhänger der Kohärenztheorie, daß Inferenzen nicht auf Vorrat gehortet, sondern erst dann gezogen werden, wenn sie für die Kohärenz des Textes notwendig sind. Die Kohärenztheorie steht in der Tradition derjenigen Ansätze, in denen die Textverarbeitung vor allem mit Hilfe autonomer Regelungsprozesse zu erklären versucht wird. In den letzten Jahren ist eine Fülle von Studien veröffentlicht worden, in denen der Nachweis von Kohärenzinferenzen gelang (s. Rickheit & Strohner, 1993b).

Die Überlegenheit der Kohärenztheorie über den elaborativen Ansatz scheint nach der Datenlage eindeutig zu sein. Bei näherem Hinsehen zeigt es sich jedoch, wie bei vielen anderen Fragestellungen der Textverarbeitungsforschung, daß die Antwort so einfach nicht ist. Es gibt nämlich Hinweise darauf, daß unter bestimmten Voraussetzungen sehr wohl Inferenzen aktiviert werden, die für die kognitive Kohärenzbildung nicht unbedingt notwendig sind. Nach neueren empirischen Hinweisen sieht es so aus, als ob die Kohärenztheorie zwar den Normalfall der Inferenzbildung beschreibt, das menschliche Textverarbeitungssystem aber sehr wohl in der Lage ist, bei speziellen zusätzlichen Anforderungen auf Elaborationen umzuschalten.

Diese zusätzlichen Anforderungen scheinen vor allem *pragmatischer* Natur zu sein. Sie spielen für die Erforschung der linguistischen und kognitiven Grundlagen künstlicher Kommunikatoren eine wesentliche Rolle. Zur Zeit gibt es zwei umfassendere Gruppen von theoretischen Ansätzen zu den *pragmatischen Inferenzprozessen*, zum einen die *Relevanztheorie* und zum anderen die *Konventionstheorie*:

- Die *Relevanztheorie* versucht, das pragmatische Sprachverstehen weitgehend ohne die Postulierung eines gemeinsamen Wissensvorrats der Kommunikationspartner zu erklären. Die für die Verständigung notwendige Gemeinsamkeit wird durch die Hinweise des Produzenten, welche Wissensaspekte er für relevant hält, erst im Verlauf der Kommunikation hergestellt. Der Rezipient orientiert sich an diesen Hinweisen und vermag so, ein Wissen aufzubauen, das dem des Produzenten entspricht (Sperber & Wilson, 1986, 1987).
- Die *Konventionstheorie* geht dagegen von einem großen gemeinsamen Vorrat an Kommunikationswissen aus. Auf ihn können beide Kommunikationspartner bei der sprachlichen Verständigung zugreifen. Das gemeinsame Wissen ist so ausdifferenziert, daß sich die in ihm enthaltenen Konventionen in Form kommunikativer Prinzipien explizieren lassen. Eine solche am Konven-

tionsbegriff orientierte Theorie ist von Clark & Schaefer (1989) entwickelt worden.

Weder die Relevanztheorie noch die Konventionstheorie sind so klar formuliert, daß sie bereits als Basis für eine Hypothesenbildung für empirische Studien dienen könnten. In den letzten Jahren sind immer mehr Versuche unternommen worden, auch für den komplexen Gegenstand der Kommunikation experimentelle Methoden einzusetzen. Zu den vielversprechenden Vorschlägen gehört die Prozedur von Clarke (1982), mit der Antizipationen während eines Gesprächs gemessen werden können. Die Versuchspersonen markieren mit Hilfe einer Schiebevorrichtung die von ihnen geschätzte Zeitdistanz bis zum Auftreten eines bestimmten Gesprächsbeitrags. Ein weiterer interessanter Ansatz stammt von Daly et al. (1989), in dem Prozesse des lauten Denkens bei der Kommunikation mit Hilfe von Computern, die jeweils in getrennten Räumen stehen, untersucht werden können.

5. Zielorientiertheit

Ein wichtiges Merkmal menschlicher Handlungen ist ihre Zielorientiertheit. Ohne eine gewisse Intentionalität könnten vor allem komplexe Handlungen nicht in geordneter Weise ausgeführt werden (Searle, 1983). Dies trifft auch auf sprachliche Handlungen zu, und zwar für produktive wie für rezeptive. Während die Zielorientierung bei der Textproduktion unmittelbar evident ist, zum Beispiel beim Schreiben dieses Buchbeitrags, ist dies bei der Textrezeption gewöhnlich nicht der Fall. Die mit Hilfe der Textrezeption angestrebten Ziele sind oft nicht so klar zu fassen wie diejenigen der Textproduktion, dennoch schwingen sie in Form von Einstellungen und Interessen im Hintergrund mit. Bei manchen Textrezeptionshandlungen wird das Ziel sogar bewußt definiert, zum Beispiel beim Nachschlagen eines Stichwortes im Lexikon oder bei der Lektürevorbereitung für eine Prüfung. Bei anderen entsteht die intentionale Orientierung erst im Verlauf der Informationsverarbeitung (Gibbs, 1993).

Kommunikative Handlungen können unterschiedliche Ziele haben. Die unterschiedlichen Sprechakttypen der Aussage, des Befehls und der Frage veranschaulichen dies. In bezug auf die Haltung zum Kommunikationspartner gibt es jedoch noch eine grundlegende Differenzierung. Menschen können mit ihren sprachlichen Kommunikationen eine *verständigungsorientierte* oder eine *erfolgsorientierte Einstellung* verbinden (Habermas, 1981). Bei einer verständigungsorientierten Einstellung wird versucht, mit dem Partner Konsens über ein Ereignis oder eine auszuführende Handlung herbeizuführen. Dieser Konsens beinhaltet unter Umständen gewisse freiwillig übernommene Handlungsverpflichtungen. Bei einer erfolgsorientierten Einstellung dagegen wird dieser Konsens erst gar nicht angestrebt oder nur vorgetäuscht, sondern es wird versucht, beim Kommunikationspartner ein bestimmtes Verhalten auszulösen. Das klassische Beispiel für eine erfolgsorientierte Kommunikation ist die kommerzielle Werbung, die beim Kunden durch vielerlei Tricks unbewußte Kaufwünsche hervorrufen soll.

Komplexere Handlungen können meistens nicht ohne Vorbereitung durchgeführt werden, sondern bedürfen in vielen Fällen der *Planung*. Das Umgehen mit

Plänen, sowohl die produktive Plankonstruktion als auch die rezeptive Planerkennung, ist ein wichtiger erster Bestandteil der Bewältigung komplexer Situationen, in denen ganze Handlungssequenzen erforderlich sind. Maschinelle Systeme, die zu komplexen Handlungen fähig sein sollen, müssen in der Lage sein, Pläne zu entwerfen und sie situationsadäquat umzusetzen. Nicht das sture Abarbeiten der einzelnen Planelemente ist gefragt, sondern situierte Planverarbeitung, wozu auch das Verwerfen einmal gefaßter Pläne gehört, wenn diese sich als nicht mehr realisierbar herausstellen.

Eine verständigungsorientierte kommunikative Handlung ist offen für andere Meinungen des Kommunikationspartners. Bei Verständigungsproblemen, die in der Alltagssprache wegen der zu bewältigenden Komplexität ständig auftreten können, ist diese Offenheit eine wichtige Voraussetzung für die Lösung der Verständigungsprobleme. In Prozessen der *Aushandlung* können beide Partner nach den Ursachen der Probleme suchen und diese beseitigen. Hierbei bieten unter anderem kooperative Frage-Antwort-Interaktionen gute Möglichkeiten, um schnell eine Verständigung zu erreichen.

Das Auftauchen von Problemen ist zwar meistens unangenehm, Probleme bieten jedoch eine Chance, etwas dazuzulernen. Damit sind wir bei der letzten hier zu besprechenden Eigenschaft situierter künstlicher Kommunikatoren, der Lernfähigheit.

6. Lernfähigkeit

Die Fähigkeit maschineller Systeme zur Situationsbewältigung wird enorm gesteigert, wenn die Systeme über eine gewisse Lernfähigkeit verfügen. Auf der Basis der Lernfähigkeit wird es möglich, auch neue Situationen zu meistern. Aber auch bereits bekannte Situationen bleiben nur selten vollständig unverändert, so daß auch hier mit einer gewissen Variabilität gerechnet werden muß.

Da sich die Situationsveränderung auf viele verschiedene Aspekte beziehen kann, ist es sinnvoll, verschiedene Lernprozesse zu unterscheiden. Auf der Grundlage dieser Lernprozesse können neue *Situationsstrukturen* sowie neue *Situations-Verhaltens-Relationen* eingeprägt werden. Beim *Modell-Lernen* können diese neuen Erfahrungen bereits vor ihrer eigentlichen Anwendung gemacht werden, und im Fall des *Instruktionslernens* genügt hierzu sogar schon die sprachliche Übermittlung. Ein maschinelles System, das über die Fähigkeit zur sprachlichen Kommunikation verfügt, kann auf all diese Möglichkeiten des Lernens zurückgreifen. Seine Anpassungsfähigkeit ist deshalb um ein Vielfaches größer als diejenige von Systemen ohne Sprache.

Die konnektionischen Lernmodelle der letzten Jahre haben aufgezeigt, welche neuronalen Prozesse Lernen hervorbringen können (zum Beispiel Hanson & Burr, 1990). Diese Diskussion hat erst begonnen. In den nächsten Jahren sind gerade hier durch stärkere Berücksichtigung der lerntheoretischen Erkenntnisse bei der konnektionistischen Modellierung große Fortschritte zu erwarten.

7. Methodologie

Mit den in den bisherigen Abschnitten dieses Beitrags diskutierten theoretischen Aspekten situierter künstlicher Kommunikatoren ist ein Forschungsprogramm umrissen, dessen Realisierung einer speziellen Methodologie bedarf. Was muß diese Methodologie leisten? Eine der wichtigsten Anforderungen ist die Herstellung einer Verbindung zwischen der empirischen Forschung mit menschlichen Versuchspersonen auf der einen Seite und mit maschinellen Systemen auf der anderen Seite. Die *experimentell-simulative Methode*, die wir in den letzten Jahren im Bereich des Textverstehens erprobt haben (Hildebrandt, Rickheit & Strohner, 1993), hat genau diese Verbindung zum Ziel.

Charakteristisch für die experimentell-simulative Methode ist das komplementäre Verhältnis zwischen Untersuchungen bei menschlichen Versuchspersonen und maschinellen Simulationssystemen. Die experimentell-simulative Methode zeichnet sich dadurch aus, daß auf der Grundlage theoretischer Modelle nicht nur Experimente mit Versuchspersonen, sondern auch mit Simulationssystemen durchgeführt werden. Erbringen die Resultate eine gewisse Übereinstimmung zwischen Mensch und Maschine, können die im Simulationssystem implementierten Strukturen und Prozesse zur Erklärung des bei den Versuchspersonen beobachteten Verhaltens verwendet werden. Eine etwaige Abweichung ist ein Hinweis auf eine noch nicht kognitiv adäquate Modellierung, woraus Schlußfolgerungen auf weitere spezifische Untersuchungen in beiden Bereichen gezogen werden können.

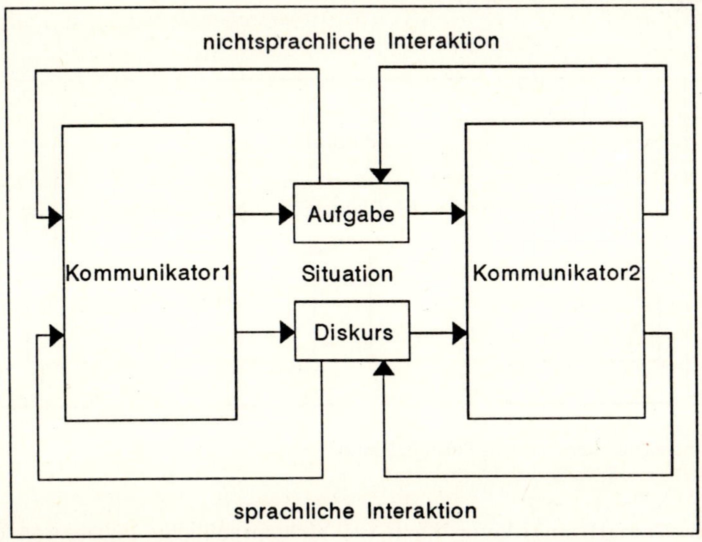

Abb. 2: Das Basis-Szenario.

Bei der empirischen Analyse aufgabenorientierter Dialoge gehen wir davon aus, daß die für eine spezielle Untersuchung zu wählende empirische Methode neben den zur Verfügung stehenden Ressourcen vor allem durch die jeweilige inhaltliche Fragestellung des Vorhabens bestimmt wird. Je nach der bearbeiteten Fragestellung ist es deshalb sinnvoll, den Grad der Beobachtungskontrolle so zu variieren, daß er dem verfolgten theoretischen Interesse entspricht. Damit eröffnet sich für die empirische Fundierung eine Vielzahl methodischer Vorgehensweisen, die von relativ freien Beobachtungen bis zu stark kontrollierten Beobachtungen reicht. Um die ökologische Validität der durch die angeführten Kontrollen notwendigerweise beeinflußten Daten zu gewährleisten, sind experimentelle Versuchsanordnungen und die mit ihnen verbundenen Reduktionen des Untersuchungsbereichs auf das Ausgangsszenario zu beziehen.

Das Basis-Szenario umfaßt einen natürlichen und einen künstlichen Kommunikator, die zur Bewältigung einer gemeinsamen Aufgabe in einer konkreten Situation miteinander agieren und sprachlich kommunizieren. Eine solche Aufgabe, die aus Forschungsgründen zunächst auf einige wenige Komponenten reduziert wird, ist zum Beispiel der kooperative Zusammenbau eines einfachen Flugzeugmodells aus vorgefertigten Bauelementen. Schematisch kann das Basis-Szenario durch zwei aufeinander bezogene Handlungsbereiche, einen sprachlichen und einen nichtsprachlichen, zwischen zwei Kommunikatoren dargestellt werden (s. Abbildung 2).

Bei speziellen Fragestellungen im Bereich der Sprachverarbeitung ist es sinnvoll, den Fokus der Untersuchung in einigen Untersuchungen verstärkt auf denjenigen Ausschnitt des Szenarios zu richten, der sich auf die sprachliche Kommunikation bezieht (s. Abbildung 3).

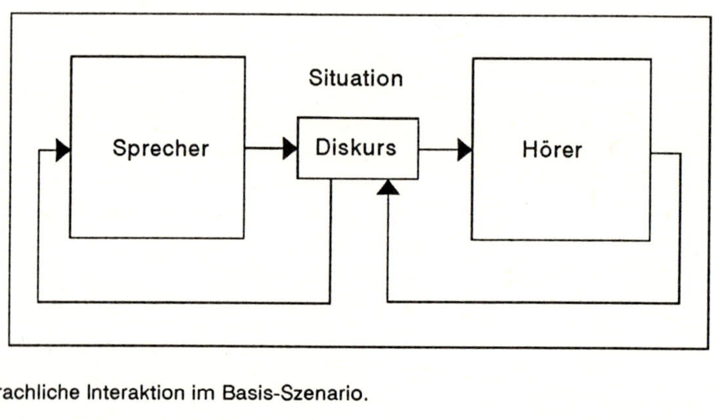

Abb. 3: Sprachliche Interaktion im Basis-Szenario.

Bei dieser Versuchsanordnung kann die nichtsprachliche Interaktion durch die sprachliche oder bildliche Vorgabe eines bis dahin erreichten Kooperationszustandes ins Spiel gebracht und so eine Sprechaktsequenz in Abhängigkeit von der nichtsprachlichen Situation untersucht werden. Hier sind deshalb bereits gewisse kausalanalytische Aussagen möglich.

Richtet sich das Forschungsinteresse vor allem auf die semantisch-pragmatischen Verarbeitungsaspekte der Kommunikation, bietet es sich an, die mit der mündlichen Kommunikation verbundenen methodischen Probleme durch den Wechsel zur schriftlichen Kommunikation zu eliminieren. Die hieraus entstehende Versuchsanordnung umfaßt zum Beispiel zwei in getrennten Räumen stehende Computer, über die zwei laut denkende Versuchspersonen schriftlich miteinander kommunizieren können. Durch Grafiken oder andere Informationen auf den Bildschirmen könnte ein gewisser Zustand der nichtsprachlichen Aufgabe vorgegeben werden und auf dieser Grundlage kausalanalytische Daten bezüglich der Relation zwischen Aufgabenzustand und Kommunikation gewonnen werden.

Ausgehend vom kommunikativen Rahmen kann der Untersuchungsfokus auf die Sprachproduktion oder -rezeption allein gerichtet werden (s. Abbildung 4).

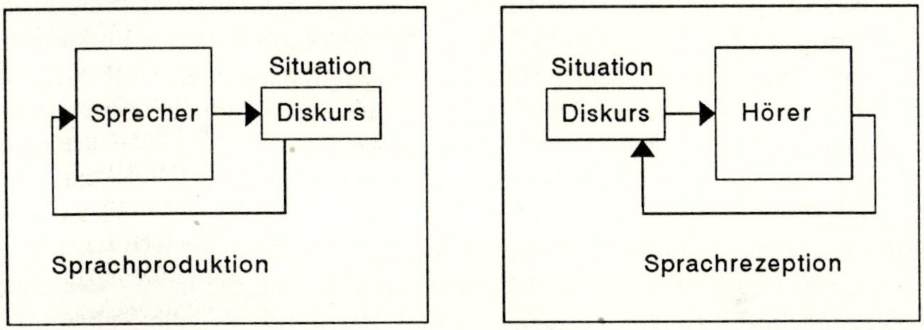

Abb. 4: Sprachproduktion und -rezeption im Basis-Szenario.

Bei diesem Reduktionsgrad ist es möglich, kausalanalytische Untersuchungen der Sprachproduktion oder der Sprachrezeption durchzuführen. Für Untersuchungen der semantisch-pragmatischen Prozesse der Sprachproduktion bieten sich vor allem Versuchsanordnungen an, bei denen die Versuchspersonen mit der Computertastatur schreiben und auf dem Bildschirm die zu beschreibenden Ereignisse wahrnehmen können.

Auf der Informationsbasis der experimentellen Studien können die Simulationsstudien versuchen, die durch die Befunde bei Versuchspersonen nahegelegten Verarbeitungsprozesse weiter zu präzisieren. Die mit den maschinellen Systemen erzielten Ergebnisse bei entsprechenden Aufgaben ergeben das für die experimentell-simulative Methode wesentliche Feedback zwischen menschlicher und maschineller Empirie.

8. Das ACTIO-Modell

Das ACTIO-Modell ist aus der Motivation heraus entstanden, die kognitiven Anforderungen an situierte künstliche Kommunikatoren so in ein maschinelles System umzusetzen, daß sie den vorliegenden Ergebnissen bei der empirischen Untersuchung menschlichen Verhaltens entsprechen. Den Hintergrund für dieses

Vorgehen bildet die eben skizzierte experimentell-simulative Methode. Das Resultat ist das Modell eines kognitiven Systems, das über die Fähigkeit zur situierten und kommunikativen Sprachverarbeitung verfügt. Das kognitive System besitzt einen für seine Anforderungen adäquaten *Aufbau*, eine flexible *Dynamik* und verfügt über eine Vielzahl von *Lernprozessen*.

Der *Aufbau* von ACTIO unterscheidet sich vor allem darin von vielen anderen Modellen der Sprachverarbeitung, daß seine grundlegende Einheit nicht nur ein Informationsprozessor ist, sondern die Verbindung aus Information und Informationsprozessor. Diese Verbindung kann in Analogie zu biologischen Ökosystemen am besten als ein *kognitives Ökosystem* bezeichnet werden. Ökosysteme bilden eine unzertrennliche Einheit aus Lebewesen und ihrer Umwelt, da diese beiden Teile in einem Prozeß der Koevolution miteinander entstanden und in ihrer Existenz aufeinander angewiesen sind. Dies trifft nicht nur auf die biologische Dimension materieller und energetischer Verarbeitung zu, sondern auch auf die kognitive Dimension der Informationsverarbeitung. Welche Informationen und wie diese verarbeitet werden, bestimmt nicht nur der Informationsprozessor selbst, sondern ebenso stark auch seine soziale Umwelt. Besonders offenkundig ist diese gegenseitige Abhängigkeit von Lebewesen und Umwelt im Fall der sprachlichen Kommunikation, da hier die zu verarbeitende Information von anderen Lebewesen produziert worden ist.

Eine Konsequenz aus der ökosystemischen Perspektive ist, daß ACTIO aus den beiden Komponenten *Text* und *Textprozessor* besteht, die in eine sprachliche und nichtsprachliche *Situation* eingebettet sind. Hierdurch wird die *Situiertheit* der Sprachverarbeitung in ACTIO gewährleistet. Der Text ist eine sprachliche Einheit, die funktional durch kommunikative Handlungen der Kommunikationspartner gebildet wird. Wegen dieser funktionalen Ausrichtung kann die Länge von Texten extrem unterschiedlich sein: von einem einzigen Wort, wie zum Beispiel "Herein!", bis zu längeren, in sich reichhaltig strukturierten Informationen wie dem vorliegenden wissenschaftlichen Aufsatz oder gar literarischen Texten. Der Textprozessor produziert oder rezipiert nicht nur den Text allein, sondern den Text in seiner situativen Einbettung, also mit den für die Textverarbeitung relevanten sprachlichen und nichtsprachlichen Informationen der Umwelt.

ACTIO weist eine differenzierte interne Struktur auf, die sensomotorische, syntaktische, semantische und pragmatische Bereiche umfaßt (Rickheit & Strohner, 1993a). Diese sprachlichen Bereiche funktionieren in enger Verbindung mit der nichtsprachlichen Informationsverarbeitung von ACTIO in modularen, aber dennoch hochgradig interaktiven Prozessen. Durch diese interaktive Verarbeitung sprachlicher und nichtsprachlicher Information wird eine alle Verarbeitungsbereiche umfassende *Integriertheit* des Gesamtsystems erreicht.

Eine direkte Auswirkung der integrierten Architektur ist die Fähigkeit des Systems zur *robusten* Sprachverarbeitung. Die in der Alltagssprache häufig vorfindbare Vagheit, Ambiguität und Fragmentarizität wird durch das Heranziehen situativen und bereits vorhandenen Wissens in den meisten Fällen mehr als ausgeglichen. In vielen Fällen wird durch die gemeinsame Verarbeitung aktueller und permanenter Informationen eine schnelle und sichere Interpretation des Textes möglich. Bei extremer Beeinträchtigung des Textes, zum Beispiel durch Störungen im Übertragungskanal, kann die Unsicherheit allerdings doch so groß werden, daß gezielt weitere Informationen eingeholt werden müssen.

In Verbindung mit den Eigenschaften des Aufbaus von ACTIO weist die *Dynamik* von ACTIO ebenfalls eine Reihe von anforderungsgerechten Eigenschaften auf. Eine der wichtigsten dynamischen Anforderungen an situative künstliche Kommunikatoren ist die *Zielorientiertheit* ihrer Informationsverarbeitung und ihres Verhaltens. In ACTIO wird die Zielorientiertheit in der Fähigkeit des Systems zu *Handlungen* realisiert. Handlungen sind komplexe Verarbeitungsprozesse, durch die zunächst ein Ziel gesetzt und dieses dann auf der Grundlage der aktuellen Situation mit Hilfe verschiedener kognitiver und motorischer Operationen zu erreichen gesucht wird. Eine wesentliche Voraussetzung für die Durchführung von Handlungen ist eine gewisse mentale Repräsentation des zu behandelnden Objektes in Relation zum handelnden Subjekt, um zum Beispiel die Entfernung zwischen Objekt und Subjekt in die Planung der Handlung miteinbeziehen zu können. Handlungen umfassen einerseits eine Vielzahl einfacherer Prozesse, wozu vor allem Steuerungs- und Regelungsprozesse gehören, andererseits können sie aber auch Teile umfassenderer Vorgänge sein. Hier sind vor allem die Prozesse der kommunikativen *Aushandlungen* zu nennen, in denen versucht wird, mit Hilfe gegenseitiger kommunikativer Handlungen eine Verständigung mit den Kommunikationspartnern zu erreichen.

In ACTIO wird davon ausgegangen, daß die *Lernfähigkeit* nicht eine von den anderen Verarbeitungsprozessen zu trennende Kapazität des Systems ist, sondern eng mit diesen einhergeht. Lernen ist danach das implizierte Registrieren aller abgelaufenen Prozesse, die alle ihre Spuren hinterlassen und so neues Wissen erzeugen. Wie in vielen konnektionistischen Ansätzen wird dies dadurch erreicht, daß durch Aktivitäten im Netzwerk die Stärke der Verbindungen zwischen aktiven Einheiten verändert wird. Auf diese Weise können neue Informationen mit bereits vorhandenem Wissen verknüpft und in den Wissensbestand integriert werden.

9. Schluß

Wir haben in den vorausgegangenen Abschnitten dafür plädiert, die kognitiven Grundlagen situierter künstlicher Kommunikatoren mit Hilfe wichtiger Charakteristika menschlichen Verhaltens zu beschreiben. Hierzu gehören neben der Situiertheit die Integriertheit, Robustheit, Zielorientiertheit sowie die Lernfähigkeit. Für die Entwicklung maschineller Systeme genügt allerdings eine solche Zuschreibung nicht. Hinzukommen muß in Form der experimentell-simulativen Methode eine Vorgehensweise, in der sich die Erforschung menschlicher und maschineller Kognition gegenseitig ergänzen. Auf der Basis dieser engen Verbindung theoretischer Überlegungen zur situativen Kommunikation und der für sie adäquaten Methodologie besteht die Chance für weiterführende Revisionen auf beiden Seiten.

Im Sonderforschungsbereich 360 in Bielefeld wird eine interdisziplinäre Herangehensweise im Rahmen der Kognitiven Wissenschaft an die Problematik der künstlichen Kommunikatoren realisiert. Wir sind davon überzeugt, daß nur in einer engen Zusammenarbeit zwischen Informatik, Linguistik und Psychologie in den nächsten Jahren signifikante Fortschritte bei der Erforschung situierter künstlicher Kommunikatoren erzielt werden können.

Literatur

Altmann, G. T. M. & Steedman, M. (1988). Interaction with context during human sentence processing. *Cognition*, *30*, 191-238.

Bühler, K. (1934). *Sprachtheorie: Die Darstellungsfunktion der Sprache*. Jena: Fischer.

Clancey, W. J. (1993). Situated action: A neuropsychological interpretation response to Vera and Simon. *Cognitive Science*, *17*, 87-116.

Clark, H. H. & Schaefer, E. F. (1989). Contributing to discourse. *Cognitive Science*, *13*, 259-294.

Clarke, D. C. (1982). The future machine: A study of the span of speaker's anticipations in conversations. *Language & Communication*, *1*, 49-56.

Craik, K. (1943). *The Nature of Explanation*. Cambridge: Cambridge University Press.

Daly, J. A., Weber, D. J., Vangelisti, A. L., Maxwell, M. & Neel, H. (1989). Concurrent cognitions during conversations: Protocol analysis as a means of exploring conversations. *Discourse Processes*, *12*, 227-244.

Engelkamp, J. (1990). *Das menschliche Gedächtnis: Das Erinnern von Sprache, Bildern und Handlungen*. Göttingen: Hogrefe.

Engelkamp, J. & Pechmann, T. (Hrsg.)(1993). *Mentale Repräsentation*. Bern: Huber.

Fodor, J. A. & Pylyshyn, Z. W. (1988). Connectionism and cognitive architecture: A critical analysis. *Cognition*, *28*, 3-71.

Frazier, L. (1987). Sentence processing: A tutorial review. In M. Coltheart (Ed.), *Attention and performance XII: The psychology of reading* (pp. 559-586). Hillsdale, NJ: Erlbaum.

Gibbs, R. W. (1993). The intentionalist controversy and cognitive science. *Philosophical Psychology*, *6*, 181-205.

Glaser, W. R. (1992). Picture naming. *Cognition*, *42*, 61-105.

Graesser, A. C. & Bower, G. H. (Eds.) (1990). *Inferences and text comprehension*. (*The Psychology of Learning and Motivation*, Vol. 25). San Diego, CA: Academic Press.

Günther, U., Kindt, W., Schade, U., Sichelschmidt, L. & Strohner, H. (1993). Elliptische Koordination: Strukturen und Prozesse lokaler Textkohärenz. *Linguistische Berichte*, *146*, 312-342.

Habermas, J. (1981). *Theorie des kommunikativen Handelns*. Frankfurt am Main: Suhrkamp.

Hanson, S. J. & Burr, D. J. (1990). What connectionist models learn: Learning and representation in connectionist networks. *Behavioral and Brain Sciences*, *13*, 471–518.

Herrmann, Th. (1985). *Allgemeine Sprachpsychologie: Grundlagen und Probleme*. München: Urban & Schwarzenberg.

Herrmann, Th. (1990a). Sprechen und Sprachverstehen. In H. Spada (Hrsg.), *Lehrbuch Allgemeine Psychologie* (S. 281–322). Bern: Huber.

Herrmann, Th. (1990b). Vor, hinter, links, rechts: Das 6H-Modell. *Zeitschrift für Literaturwissenschaft und Linguistik*, *78*, 117–140.

Herrmann, Th. & Deutsch, W. (1976). *Psychologie der Objektbenennung*. Bern: Huber.

Hildebrandt, B., Rickheit, G. & Strohner, H. (1993). WORT: Eine Computersimulation kognitiver Textverstehensprozesse. *Kognitionswissenschaft*, *3*, 95–106.

Hörmann, H. (1976). *Meinen und Verstehen*. Frankfurt am Main: Suhrkamp.

Johnson-Laird, P. N. (1983). *Mental models: Towards a cognitive science of language, inference, and consciousness*. Cambridge: Cambridge University Press.

Just, M. A. & Carpenter, P. A. (1980). A theory of reading: From eye fixations to comprehension. *Psychological Review*, *87*, 329–354.

Kintsch, W. (1988). The role of knowledge in discourse comprehension: A construction-integration model. *Psychological Review*, *95*, 163–182.

Kintsch, W. (1993). Information accretion and reduction in text processing: Inferences. *Discourse Processing*, *16*, 193–202.

Kintsch, W. & van Dijk, T. A. (1978). Toward a model of text comprehension and production. *Psychological Review*, *85*, 363–394.

Kobsa, A. & Wahlster, W. (Eds.) (1989). *User models in dialog systems*. Berlin: Springer.

Lahav, R. (1993). The combinatorial – connectionist debate and the pragmatics of adjectives. *Pragmatics and Cognition*, *1*, 71–88.

Langacker, R. W. (1987). *Foundations of cognitive grammar*. Stanford, CA: Stanford University Press.

Lobin, H. (1993). Situiertheit. *KI*, *1993/1*, 61.

McNamara, T. P. & Miller, D. L. (1989). Attributes of theories of meaning. *Psychological Bulletin*, *106*, 355–376.

Morrow, D. G., Bower, G. H. & Greenspan, S. L. (1989). Updating situation models during narrative comprehension. *Journal of Memory and Language*, *28*, 292–312.

Müller, H. M. (1990). *Sprache und Evolution: Grundlagen der Evolution and Ansätze einer evolutionstheoretischen Sprachwissenschaft*. Berlin: de Gruyter.

Murphy, G. L. & Wisniewski, E. J. (1989). Categorizing objects in isolation and in scenes: What a superordinate is good for. *Journal of Experimental Psychology: Learning, Memory, and Cognition*, *15*, 572–586.

Rickheit, G. (Hrsg.) (1991). *Kohärenzprozesse: Modellierung von Sprachverarbeitung in Texten und Diskursen*. Opladen: Westdeutscher Verlag.

Rickheit, G. & Strohner, H. (Eds.) (1985). *Inferences in text processing*. Amsterdam: North-Holland.

Rickheit, G. & Strohner, H. (1993a). Zu einer kognitiven Theorie konzeptueller Inferenzen. In F. Beckmann und G. Heyer (Hrsg.), *Theorie und Praxis des Lexikons* (S. 141-163). Berlin: de Gruyter.

Rickheit, G. & Strohner, H. (1993b). *Grundlagen der kognitiven Sprachverarbeitung: Modelle, Methoden, Ergebnisse*. Tübingen: Francke (UTB).

Rumelhart, D. E. & McClelland, J. L. (Eds.) (1986). *Parallel distributed processing: Explorations in the microstructure of cognition. Vol. 1: Foundations*. Cambridge, MA: MIT Press.

Sanford, A. J. & Garrod, S. C. (1981). *Understanding written language*. Chichester: Wiley.

Schank, R. C. & Abelson, R. P. (1977). *Scripts, plans, goals, and understanding*. Hillsdale, NJ: Erlbaum.

Schnelle, H. (1991). *Die Natur der Sprache. Die Dynamik der Prozesse des Sprechens und Verstehens*. Berlin, New York: Walter de Gruyter.

Searle, J. R. (1983). *Intentionality: An essay in the philosophy of mind*. Cambridge: University Press.

Smolensky, P. (1988). On the proper treatment of connectionism. *Behavioral and Brain Sciences*, *11*, 1-74.

Sperber, D. & Wilson, D. (1986). *Relevance: Communication and cognition*. Cambridge, MA: Harvard University Press.

Sperber, D. & Wilson, D. (1987). Précis of relevance: Communication and cognition. *Behavioral and Brain Sciences*, *10*, 697-754.

van Dijk, T. A. & Kintsch, W. (1983). *Strategies of discourse comprehension*. London: Academic Press.

Vera, A. H. & Simon, H. A. (1993). Situated action: A symbolic interpretation. *Cognitive Science*, *17*, 7-48.

Wie muß man was wissen, um sprechen (und verstehen) zu können?

Klaus Foppa

An Hand weniger Gesprächsausschnitte und einiger Beispiele wird plausibel zu machen versucht, daß Wissensvoraussetzungen für Sprechen und Verstehen zwar notwendig sind, daß aber die Annahmen sowohl propositionaler Repräsentation dieses Wissens als auch geordneter Wissensbestände problematisch sind. Auf diesem Hintergrund wird die Auffassung vertreten, daß Wissensmodelle anders aussähen, wenn bei ihrer Konzeption primär darauf geachtet würde, die Grundlagen der Prozesse des Sprechens und Sprachverstehens optimal abzubilden.

1. Einleitung

Während eines etwas längeren Aufenthaltes in Bern, in dessen Verlauf er einen Gastlehrauftrag wahrnahm, war Theo Herrmann* in einer kleinen, familiären Pension in der Nähe des Instituts untergebracht. Eines Morgens erzählte er mir, er sei noch im Bett gelegen, als das Telephon geläutet und die Wirtin ihn, als er den Hörer abhob, ohne jede weitere Einleitung gefragt habe: "Ein Ei, Herr Professor?" Ihm galt dies als ein beredtes Beispiel dafür, daß Sprecher völlig selbstverständlich auf *gemeinsames Weltwissen* Bezug nehmen oder genauer: dieses voraussetzen. 'Miteinander Sprechen' entzog sich für ihn jeder Erklärung, sofern man nicht die Rolle des 'Wissens' dabei in Rechnung stellte. Denn nur unter der Voraussetzung, daß nicht allein der Sprecher Wissen einsetze, sondern auch der Zuhörer dieses seinerseits problemlos nutzen könne, werde verständlich, weshalb es ihm, Theo Herrmann, keinerlei Mühe bereitet habe, die Frage der Wirtin entspre-

* An die Tatsache, daß mir Theo Herrmann auch mit seinen Geburtstagen unabänderlich vorauseilt, habe ich mich im Laufe der Zeit gewöhnt. Daß ich jedoch gerade aus Anlaß seines 65. Geburtstags nicht umhin kann, mich mit den Wissensvoraussetzungen des Sprechens zu befassen, einem Thema, mit dem er sich ebenso lange beschäftigt hat, wie ich ihm ausgewichen bin, macht freilich deutlich, wie sehr ich ihm auch in anderer Hinsicht hinterherhinke. Ich kann ihm das nicht wirklich übel nehmen, verdanke ich doch unseren chronischen Meinungsverschiedenheiten und seiner geduldigen Bereitschaft, sich auf sie einzulassen, viele Stunden heftiger und anregender Diskussion. Meine guten Wünschen für seine kommenden Jahre sind deshalb auch ein wenig eigennützig: Ich hoffe, daß keiner von uns beiden zu rasch ermüdet, um die Position des anderen zu attackieren und die eigene zu verteidigen. Ich selbst gebe dabei die Hoffnung nicht auf, daß mir einmal zum richtigen Zeitpunkt ein Argument von so kristallener Schärfe einfällt, daß selbst er zugeben muß: "Ich sehe es ein: Ich habe mich geirrt!"

chend zu beantworten. Mir leuchtete dieses Argument nicht ein. Natürlich war nicht zu leugnen, daß jemand, der nichts wußte, auch über nichts reden konnte. Doch zum besseren Verständnis des dialogischen Prozesses schienen mir die individuellen und die gemeinsamen Wissensbestände nichts beizutragen. Ich wertete deshalb die Episode als einen überzeugenden Beleg für die *dialogische Konstitution der Rede*: Nur im Gespräch, so schien es mir, konnte, ganz unabhängig davon, was die Beteiligten wüßten, nahezu alles gefahrlos gesagt werden, weil sich ja – im Falle von Verständnisproblemen – durch Rückfragen, Paraphrasen etc. ohne große Schwierigkeiten herausfinden ließe, was eine sprechende Person tatsächlich gemeint habe. Für den Ablauf des Gespräches und seine Erklärung waren daher in meinen Augen vor allem diese interaktiven Komponenten wichtig und von Interesse.

Inzwischen sind viele Jahre vergangen, in denen ich mich auch mit Aspekten des Verstehens auseinandergesetzt und mich dabei, ohne es selbst zu bemerken, dem Thema der Wissensabhängigkeit des Gespräches angenähert habe (Foppa, 1992, 1993b). Wie Th. Herrmann bin ich inzwischen überzeugt, daß der Versuch, ein konsistentes Modell des Gesprächsablaufs, und das heißt: des Sprechens und Verstehens der Gesprächsteilnehmer, zu formulieren, dann kaum Erfolgsaussichten hat, wenn man die Rolle individueller und kollektiver Wissensbestände außer acht lässt. Deshalb halte ich auch die folgende Feststellung von Herrmann & Hoppe-Graff (1988, S. 287f.) für durchaus plausibel:

> »... Wenn jemand in einer Kommunikationssituation Äusserungen produziert, so geschieht das auf der Grundlage von gespeicherten (deklarativen) Wissensbeständen, die sich auf die 'Welt', die Wirklichkeit beziehen – so wie der Sprachproduzent die Wirklichkeit versteht ... Derart berichtet man über dasjenige, was man erlebt oder erfahren hat; man erzählt so, wie man über die Welt – selbst über eine fiktive Welt – zu denken gelernt hat; man beantwortet Fragen auf der Basis seines Wissens; man fragt sogar so, wie man die Dinge versteht ... Neben diese Art, beim Sprechen und Schreiben 'Weltwissen' zu verwenden, tritt eine andere Art der Wissensnutzung: Wissen über das Funktionieren des menschlichen Zusammenlebens, über die Bewältigung von kommunikativen Aufgaben und Problemen, über soziale Konventionen, über Eigentümlichkeiten von (Klassen von) Partnern und dergleichen bestimmen bereits mit, (a) ob man überhaupt in einer Kommunikationssituation Äusserungen produziert und (b) auf welche *Aspekte oder Komponenten* des genannten Weltwissens man sich dabei bezieht.«

Unter 'Wissen' im allgemeinen versteht Herrmann dabei:

> »geordnete Informationsbestände (Informationsstrukturen), die während des Bestehens eines Systems aufgenommen und gespeichert werden und (per Aktivierung und systeminterne Verarbeitung) der weiteren Nutzung zugänglich sind. – *Deklaratives* Wissen ist 'Wissen, daß' oder, nach üblicher Ausdrucksweise, Weltwissen, Wissen von der Welt oder über das Funktionieren der Welt. ... – Als *prozedurales* Wissen wird hier solche Information verstanden, die wenigstens partiell aus 'Befehlen' bzw. 'Anweisungen' besteht.« (Herrmann, 1985, S. 274, Anmerkung 10.)

Und spezifischer auf die Sprechsituation bezogen:

> »Neben unser deklaratives Welt- bzw. Wirklichkeitswissen, das uns mit dem Was oder Worüber unseres Redens und Schreibens versorgt (Was-Wissen), tritt das für die Sprachproduktion erforderliche, heterogene Wie-Wissen, unser verschiedenartiges Kommunikations-, Diskurs- und Sprachwissen.« (Herrmann & Grabowski, 1992, S. 5.)

Doch allein mit der Entscheidung, Wissen für gesprächsrelevant zu halten, und von zwei Wissens-Arten auszugehen, schienen mir die Probleme, die ich überall gewittert hatte, nicht aus der Welt geschafft zu sein. Schon das Was-Wissen, bei dem es ja relativ leicht zu fallen scheint, sich irgendwelche Vorstellungen davon zu machen, wie es aussehen und beschaffen sein könnte, bereitet mir gewisse Schwierigkeiten (davon wird noch kurz zu reden sein). Sehr viel komplizierter liegen die Verhältnisse jedoch beim Wie-Wissen. Das hat verschiedene Gründe.

Erstens muß man wohl mindestens *zwei Arten* von Wie-Wissen unterscheiden: das 'Wissen', wie man zum Beispiel *Fahrrad fährt*, ist offensichtlich nicht das gleiche wie das 'Wissen', was man tun muß, um die Sprecherrolle übernehmen zu können, oder was beim *Wechsel der Sprecherrolle* im allgemeinen zu beachten ist. Während sich im ersten Fall das richtige Verhalten *aus der Natur der Sache* ergibt (immer dann, wenn ich, auf dem Fahrrad sitzend, falsche Stelloperationen zur Erhaltung des Gleichgewichtes ausführe, falle ich um), betrifft das Wie-Wissen über den Wechsel der Sprecherrolle Verhaltensdeterminanten, die auf sozialen *Konventionen* beruhen. Hier führen 'Verstösse' meistens zu weniger drastischen Konsequenzen. Gelegentlich bleiben Sanktionen sogar überhaupt aus. Macht zum Beispiel jemand in einer Zweitsprache, die er bereits einigermassen beherrscht, regelmässig bestimmte Grammatik- oder Aussprachefehler, wird er mit grosser Wahrscheinlichkeit seine eingeschränkte Kompetenz allein deshalb nicht erweitern können, weil die Korrekturen durch die Gesprächspartner, auf die er angewiesen wäre, ausbleiben.*

Zweitens muss man davon ausgehen, daß man über einen beträchtlichen Teil der Verfahrensregeln, die unter anderem gerade das kommunikative Verhalten bestimmen, *keine Auskunft* geben kann und daß auch gar nicht so ohne weiteres auszumachen ist, wann es sinnvoll ist, die Existenz solcher verhaltenssteuernden Regeln anzunehmen (Foppa, 1990a). Natürlich gibt es 'Regeln', von denen man weiß, und über die man ohne weiteres berichten kann (zum Beispiel wann bestimmte Satzzeichen gesetzt werden müssen oder wann Großschreibung angezeigt ist), aber das scheint eher die Ausnahme zu sein**. Generell gilt offenbar, daß nur jene Regeln berichtbar sind, die im Laufe der Sozialisation ausdrücklich 'gelehrt'

---

* Es läßt sich nicht leugnen, daß der Eindruck, der durch diese Formulierung geweckt wird, irreführend ist: Denn obwohl man mit Recht davon ausgehen kann, daß jemand unter den angegebenen Bedingungen seine Sprachkompetenz, und das heißt natürlich: das für Sprechen und Sprachverstehen nötige Wissen, nicht erweitern wird, ist die damit verknüpfte Vorstellung, man wisse auch weshalb (nämlich wegen der fehlenden 'Verstärkungen'), wenigstens in dem Sinne falsch, daß wir tatsächlich nicht wissen, wie Verstärkungen unter solchen 'natürlichen' Bedingungen funktionieren.

** Häufig, wenn auch nicht immer, liegen berichtbare Regeln auch in schriftlichen Versionen vor. Man denke etwa an gesetzliche Regelungen.

wurden. So weiß ich zwar seit den Vorlesungen von Friedrich Kainz, daß "wenn würde-los" ist (was bedeutet, daß in konditionalen Gliedsätzen, welche durch die Konjunktion "wenn" eingeleitet werden, nicht statt des 2. Konjunktivs die Infinitivform des Verbs + "würde" verwendet werden soll oder darf); ich mußte mich aber erst längere Zeit mit Dialogen befassen, bis mir auffiel, welche Regeln im Smalltalk eine Rolle zu spielen scheinen und nicht 'ungestraft' verletzt werden dürfen. Nicht von ungefähr bereitet deshalb die Identifikation solcher ungeschriebener, nicht bewußter und nicht berichtbarer Regeln des sozialen Verkehrs besondere Schwierigkeiten (siehe dazu die einschlägige ethnomethodologische Literatur; zum Beispiel Heritage, 1984).

Daneben gibt es allem Anschein nach aber auch verhaltenswirksames Wie-Wissen, das sich aus prinzipielleren Gründen als wegen der spezifischen Sozialisationsbedingungen nicht in Worte fassen läßt. So ist es offensichtlich unmöglich, eine Verfahrensvorschrift für das Fahrradfahren zu formulieren, die imstande wäre, jemandem nur auf diesem Instruktionswege die für die Fertigkeit notwendigen Kenntnisse zu vermitteln (wenn man von den Verkehrsregeln einmal absieht). Ähnliche Schwierigkeiten hätte man, wollte man jemandem genaue Anweisungen geben, wann er ein Hörersignal (back-channel) 'setzen' solle, damit weder der Eindruck der Ungeduld noch des Desinteresses entsteht.

Damit stellt sich natürlich die Frage, wie man sich die *Repräsentation solchen Wissens*, über das man keine Auskunft geben kann, vorstellen soll. Herrmann & Hoppe-Graff schlagen beispielsweise (in Anlehnung an Herrmann, 1982) den in Abbildung 1 dargestellten »schematisierten Wissensbestand«, der »einen wesentlichen Teil der *Fokusinformation* des Auffordernden« bildet, vor.

Ohne auf Details dieser Rekonstruktion des 'aktivierbaren Aufforderungswissens' einzugehen, sei nur folgendes angemerkt: Wenn man annimmt, daß es auch unter den Aufforderungshandlungen solche gibt, über deren Struktur und Ablauf die Akteure nicht berichten können, scheint die gewählte Repräsentation nicht angemessen zu sein, und zwar nicht, weil sie zu abstrakt wäre,* sondern weil zweifelhaft ist, daß eine Propositionalisierung des entsprechenden Wissens im gegebenen Fall eine 'passende' Abbildung darstellte. Ließe sich nämlich das 'Aufforderungswissen' tatsächlich in Form von Propositionen repräsentieren, also in Prädikat-Argument-Strukturen auflösen, müßte es prinzipiell auch sprachlich auszudrücken sein.** – Geht man hingegen davon aus, die Regeln aller Aufforderungs-

* Nach Herrmann & Hoppe-Graff (1988, S. 290) besteht ein solches Aufforderungsschema »partiell aus variablen Grössen, die situationsgerecht mit konkreten Werten belegt – instantiiert – werden. Nach demselben Schema würde danach auch ein Kiosk-Verkäufer aufgefordert, den SPIEGEL zu verkaufen; oder der Mitbewohner einer Wohngemeinschaft würde aufgefordert, heute die Suppe zu kochen usf. Stets handelt es sich um fokussierte Information, die einer Klasse von zu produzierenden Äußerungen (Aufforderungen) als kognitive Basis dient«. Die relative Abstraktheit des Schemas ist also lediglich Ausdruck seiner breiten Anwendbarkeit.

** Andernfalls wäre nicht verständlich, was "Prädikat" und "Argument" in der Terminologie von Kintsch & van Dijk (1978) bedeuten sollten. Allerdings könnte man die Unfähigkeit, das Wissen in den erwähnten Fällen zu versprachlichen, prinzipiell auch Defiziten des 'Enkodiermechanismus' anlasten und nicht dem 'Enkodierinput' und damit den Wissensvoraussetzungen. Zu erklären bliebe dann freilich, wie man sich die Genese solcher durchgängiger Inkompatibilitäten zwischen Enkodierinput und Enkodiermechanismus vorzustellen hätte. – Grundsätzlich scheint das erwähnte Problem bei allen Arten symbolischer Repräsentationen aufzutreten: Sie

handlungen wären auch sprachlich zu formulieren, steht man vor dem Problem, plausiblere Modellvorstellungen für die Repräsentation solchen nicht-verbalisierbaren Kommunikations-Wissens zu entwickeln.*

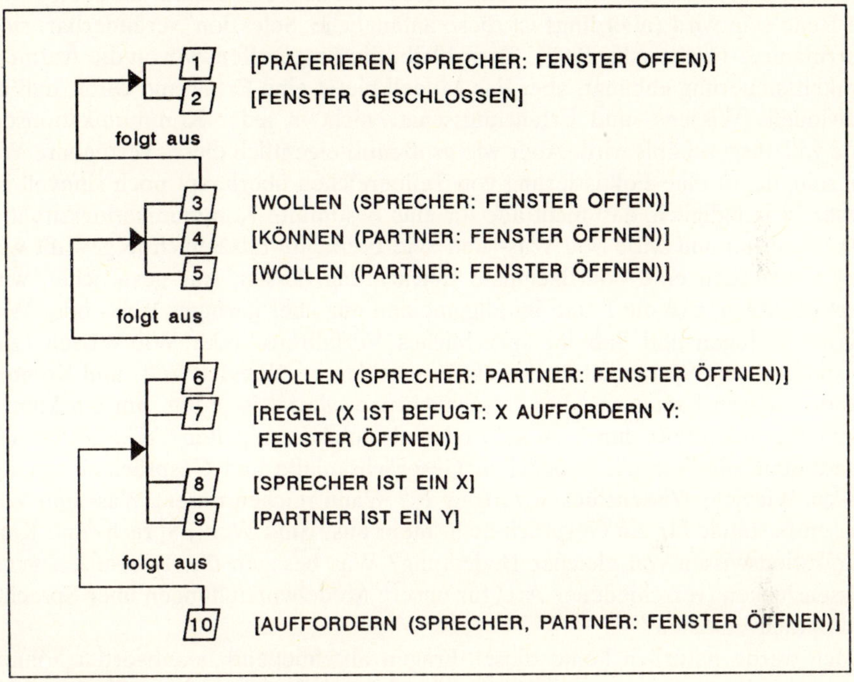

Abb. 1: »Fokusinformation als kognitive Basis für eine Aufforderung zum Fensteröffnen – vereinfachte Darstellung« (Herrmann & Hoppe-Graff, 1988, S. 290).

Aber nicht dieses Thema möchte ich im folgenden erörtern. In die Sprachverwendung des einzelnen Individuums fließt offenbar nicht bei jeder Gelegenheit alles ein, was es insgesamt weiß und was als 'allgemeines Wissen' gilt. Das hat naheliegende Gründe: Erstens 'wählt' man als Gesprächsteilnehmer aus dem an sich verfügbaren eigenen Wissensbestand aus, was einem in einer gegebenen Situation nützlich und nötig erscheint, und zweitens weiß niemand alles, was 'wißbar' wäre. Nach dem Herrmannschen Sprachproduktionsmodell (zum Beispiel 1990) richtet

> »der Sprecher ... seine Aufmerksamkeit auf diejenigen Bewußtseinsinhalte, die die (propositional strukturierte) Basis dessen sind, worüber er

müßten in Sprache übersetzbar sein. Schwierigkeiten bei der Umsetzung in Sprache sollten nur im Bereich analoger 'Abbildungen' zu erwarten sein und vorkommen.

* Die Hauptschwierigkeit scheint mir dabei nicht in der Entwicklung plausibler Modellvorstellungen zu liegen, sondern vielmehr in der Konzeption von Vorstellungen, die mit den übrigen Annahmen von Theorien der Sprechverwendung (Sprachproduktion und -rezeption bei Herrmann, unter anderem 1985; Sprachproduktion zum Beispiel bei Levelt, 1989) kompatibel sind.

reden will. ... So erinnert sich ein Sprecher an den Arztbesuch, über den er erzählen will; ein Sprecher fokussiert den Sachverhalt, daß er von seinem Kommunikationspartner Geld zurückhaben will; darüber will er mit dem Partner sprechen, usw." (Herrmann, 1990, S. 310).

Die Fokussierung bestimmter Inhalte entscheidet also erst einmal darüber, wovon die Rede sein wird (allerdings ist diese anfängliche 'Selektion' veränderbar: siehe Herrmann & Grabowski, 1992). Zwar bleibt die Frage offen, wovon die Aufmerksamkeitssteuerung abhängt, aber das Modell bietet eine Erklärung dafür, daß der individuelle Wissens- und Erfahrungsschatz nicht in jeder Kommunikationsepisode voll ausgeschöpft wird. Aber wie groß muß eigentlich dieses verfügbare Wissen sein, damit eine Fokussierung von Teilbereichen überhaupt noch sinnvoll ist? Sicher ist ja lediglich, daß nicht alle für eine bestimmte Kommunikationssituation wissenswerten und wißbaren Was- und Wie-Elemente tatsächlich je gewußt würden. Und schon eine oberflächliche Betrachtung dessen, was gesprochen wird, macht deutlich, daß die Leute im allgemeinen nur über geringes Welt- oder Was-Wissen verfügen und daß ihr sprachliches Verfahrens- oder Wie-Wissen (zum Beispiel was die Syntax anlangt) recht bescheiden ist. Wieviel Welt- und Kommunikationswissen haben sie aber tatsächlich und wieviel ist nötig, um ein kompetenter Gesprächsteilnehmer zu sein oder als solcher zu gelten? Wie gesagt: niemand kann alles für alle möglichen Gesprächsanläße und Gesprächssituationen wissen. Wieviele Wissenslücken verträgt es? Wann reichen unsere Was- und Wie-Wissensbestände für ein Gespräch nicht mehr aus? Sind Welt-, Sprach- und Kommunikationswissen von gleicher Bedeutung? Was besagen die Toleranzen gegen Wissenslücken (verschiedener Art) für unsere Modellvorstellungen über Sprechen und Sprachverstehen?

Ich werde natürlich keine dieser Fragen abschließend beantworten können. Aber ich will wenigstens zu zeigen versuchen, daß unsere Vorstellungen über Struktur und Organisation des kommunikationsrelevanten Wissens eng mit diesen Fragen zusammenhängen. Vielleicht kann ich sogar plausibel machen, daß Wissensmodelle vermutlich anders aussähen, wenn man sie primär im Hinblick darauf konzipierte, die Wissensnutzung in der sprachlichen Kommunikation verständlich zu machen. Meine 'Belege' werde ich, wie üblich, aus 'natürlichen' Dialogen nehmen. So viel sich dagegen (wegen der fehlenden Kontrolle der relevanten Bedingungen) auch einwenden läßt, ich bin nach wie vor der Auffassung, daß sich aus sorgfältig analysierten Einzelfällen durchaus Schlüsse auf gesuchte Funktionsprinzipien ziehen und für Modellvorstellungen nutzbar machen lassen. Theo Herrmann selbst hat erst kürzlich (1992) ein Lehrstück dieser Art publiziert (seine Analyse »erschwerter Wortfindung«).

2. Welches Welt- (Was-)Wissen haben Gesprächsteilnehmer und wieviel benötigen sie, um kompetent kommunizieren zu können?

Beim Versuch, die erste der beiden Fragen zu beantworten, sieht man sich der Schwierigkeit gegenüber herauszufinden, was ein Sprecher tatsächlich weiß. Denn wie will man beurteilen, was jemand gewußt haben muß, um eine bestimmte Äußerung machen zu können? Am sprachlichen Produkt läßt sich das aus einfachen Gründen nicht ohne weiteres ablesen (siehe beispielsweise Foppa & Käsermann, 1981): Die 'Performanz' gestattet keinen direkten Rückschluß auf die 'Kompetenz'. Gesagtes und Gewußtes sind nur in Ausnahmefällen identisch.

Es gibt allerdings Gesprächsepisoden, die in dieser Hinsicht – wenigstens was das Was-Wissen angeht – unproblematischer sind: Wenn eine Gesprächsteilnehmerin anderen spontan etwas *erklärt*, dann nimmt sie ausdrücklich für sich in Anspruch, etwas Bestimmtes zu wissen (eben das, was sie den anderen erklärt), was den anderen unbekannt ist, oder es jedenfalls besser zu wissen als sie. Bei solchen 'alltäglichen Belehrungen' (Keppler, 1989) wird man also davon ausgehen können, daß die belehrende Person tatsächlich weiß, was sie erläutert, oder mindestens überzeugt davon ist.* Zwar mag es immer noch sein, daß in ihren Ausführungen nicht ihre gesamten einschlägigen Kenntnisse sichtbar werden, die erklärende Äußerung markiert aber wenigstens die *minimale Wissensbasis*, die ihr zugrundegelegen haben muß.

Das folgende Beispiel (1) (nach Keppler & Luckmann, 1991, S. 151f.) soll das verdeutlichen:

(1)

```
1   Otto:  Ja! Un das is am Tschenny Läke
                    (0.5)
3          des sin die Gränd Ti:tens!
4                   (1.0)
5          Die Gränd Ti:tens:
6                   (2.0)
7   Ida:   Da gibts Grizzlybärn und andre Bärn
8   Otto:                                      hh Des
9          is Tschäkson Houl
.
.
.
21  Otto:  Zuerst wohl erforscht von französisch
22         sprechenden Kanadiern und deswegn (-)
23         Gränd Ti:tens
24                  (2.0)
25         Weiß nicht ob du soviel französisch kannst
26         Chris was (-) Töton heißt.
27                  (2.0)
28  Chris: Was heissts? Ich kann jedenfalls nix=
29  Otto:  =Das sin zwei Berge und sie s(t) ehn danebn.
```

* Wollte man einen Unterschied zwischen 'zutreffendem' Wissen und 'vermeintlichem' Wissen machen, wäre für die Entscheidung, ob etwas als Wissen gewertet werden kann, nur dessen Veridikalität massgebend. Das bringt zahlreiche Probleme mit sich, so daß ich einer funktionalen Betrachtung den Vorzug gebe: Als 'Wissen' soll alles gelten, was im psychischen Haushalt der Person dieselbe Funktion hat. Wenn jemand (fälschlicherweise) etwas zu wissen meint und dieses 'Wissen' zur Erklärung bestimmter Phänomene einsetzt und diese dann auch für 'erklärt' hält, dann hat sein Scheinwissen de facto die Funktion echten Wissens übernommen. Nur in Bezug auf Außenkriterien bleibt es natürlich Scheinwissen.

Man erkennt, daß es sich um den transkribierten Ausschnitt aus einer Dia-Vorführung handelt: Otto kommentiert die gezeigten Bilder. Ganz abgesehen davon, ob seine Angaben richtig sind (ob die Berge also tatsächlich "Grand Teton" heißen und ob sie wirklich zuerst von französisch sprechenden Kanadiern erforscht wurden) oder nicht, die entsprechenden Überzeugungen 'unterfüttern' seine Rede so, als handle es sich um veridikales Wissen. Was immer er also zu diesem Thema sonst noch zu sagen gewußt hätte, das effektiv Gesagte muß er im Minimum 'gewußt' haben.

Nun demonstriert seine Rede 'Wissen' auf zwei verschiedene Arten: einmal *positiv*, indem er den Namen des gezeigten Bergmassivs nennt und kurz auf die Entdeckungsgeschichte eingeht; dann aber auch auf eine sozusagen *negative*, eher indirekte Weise. Die Frage "Weiß nicht ob du soviel französisch kannst Chris was (-) Töton heißt" markiert zwar einerseits spezifisches *Nichtwissen* (sie könnte freilich auch als 'Prüfungsfrage' gemeint und ausschließlich zum Zwecke der Kontrolle des Wissens von Chris formuliert sein), andererseits muß der Fragende mindestens gewußt haben, daß "Grand Teton" französisch ist.

Ottos spezifische Kenntnisse sind die triviale Voraussetzung dieser 'Lehrsequenz'. Ohne sie hätte er nichts erläutern oder erklären können. Sehr viel weiter reicht die Kommunikationsrelevanz dieses Was-Wissens jedoch nicht. Otto kann ohne weiteres auch über andere Themen sprechen, und für die zahllosen Personen, die noch nie in ihrem Leben etwas von "Grand Teton" gehört haben, bildet dieses Nichtwissen kein ernsthaftes Kommunikationshindernis. Das "Grand Teton"-Wissen ist offenbar nicht unbedingt sprechrelevant. Man muß also nicht über besondere Ereignisse Bescheid wissen oder über idiosynkratische Erfahrungen, kurz: über spezifische *Wissensbestände*, verfügen, die nur von *wenigen anderen geteilt* werden, um ein Gespräch führen zu können. Gleichzeitig bildet aber solches Wissen häufig den *Anlaß* zu einem Gespräch (man erzählt anderen natürlich gerade jene Dinge, die man für interessant hält und von denen man annimmt, daß sie nicht allgemein bekannt sind). Dieses 'Spezialwissen' ist denn auch die Basis jener Asymmetrien, welche als Voraussetzung nichtinstitutionalisierter Dialoge gelten und diese charakterisieren (Linell & Luckmann, 1991). Damit ist nichts anderes gemeint als die Tatsache, daß zwei Personen, die genau das gleiche wissen (und wissen, daß dies der Fall ist) keinen Grund hätten, miteinander zu reden: sie hätten einander ja nichts mitzuteilen, weil alles, was sie sagen könnten, dem anderen schon bekannt wäre. 'Individual stocks of knowledge' (Linell & Luckmann, 1991, S. 14ff.) sind also, dadurch daß sie asymmetrische Gesprächsvoraussetzungen schaffen, Anlaß und Motor des Dialogs. Das heißt aber *nicht*, daß die Wissensvoraussetzungen der Dialogpartner *in jeder Hinsicht asymmetrisch* sein müßten. Hätten die Gesprächsteilnehmer nämlich keinerlei gemeinsame Wissensbasis, könnten sie auch nicht miteinander kommunizieren. Sie müssen auf einen 'social stock of knowledge' zurückgreifen können,

> »i.e. a *socially* objectified and *socially* distributed reservoir of meanings which is capable of functioning as an *individual* system of orientation for individual action." (Linell & Luckmann, 1991, S. 14.)

Die Annahme liegt nahe, daß diese Bedeutungen vielfach durch Sprache vermittelt sind. Das gemeinsame Wissen, auf dem die Möglichkeit, sich zu verständigen, beruht, ist 'Sprachwissen', also *Wissen über Sprache* und *Wissen durch Sprache*, das heißt Welt- und Wirklichkeitswissen, das sich in der Sprache widerspiegelt. Dieses wird (da die Gesprächspartner es ja teilen) in der Regel selbst nicht Thema eines Gespräches: Gerade weil wir alle wissen, daß Zimmer Fußböden und Decken haben und der durch das Wort "Zimmer" markierte Begriff unter anderem eben genau das beinhaltet, braucht darüber unter normalen Umständen nicht geredet zu werden. Das schließt freilich nicht aus, daß Personen über gleichartiges, ähnliches oder vergleichbares Wissen nicht miteinander reden würden. Aber das geschieht in der Regel eben nur, wenn es sich um Wissen auf der Basis individueller Erfahrungen handelt. Notwendige Voraussetzung des Gesprächs scheinen jedoch weder der geteilte individuelle Erfahrungsschatz noch das individuelle Spezialwissen, sondern lediglich das in der Sprache repräsentierte Weltwissen zu sein.

3. Über welches sprachliches Verfahrens- (Wie-)Wissen verfügen Kommunikationsteilnehmer?

Aber wie steht es mit dem *sprachlichen Verfahrenswissen*? Wieviel Syntax- und Grammatikwissen ist nötig, um mit anderen reden zu können? Ich habe den Verdacht, daß die Antwort auf diese Frage anders ausfiele als beim Was-Wissen. Während es von vorneherein einleuchtet, daß unser inhaltlicher Wissensbestand beschränkt bleiben muß, weil die Anzahl jener Dinge, die gewußt werden könnten, nahezu unbegrenzt ist, gilt das nicht in gleichem Masse für Verfahrensweisen und Regeln. Ihre Zahl ist erheblich kleiner. Im Falle von Syntax und Grammatik erscheint deshalb die Erwartung, jemand könnte über das gesamte einschlägige Wissen verfügen, keineswegs völlig unrealistisch.

Anhand der beiden folgenden Beispiele möchte ich dieser Frage etwas gründlicher nachgehen.

> In Beispiel (2) handelt es sich in um einen Ausschnitt aus einem Tischgespräch, an dem mehrere Personen teilnehmen. Die hier erwähnten C und D sind Studenten; A ist der Vater von D. Für nähere Angaben s. Schütte, 1987, S. 282f.

(2)

```
D:  Du kennst doch Raimund ne diesen . dunkel ja der nat- ..mit dem
C:                                            ja
D:  dunkl en Bart-..
C:  schwarz'
D:  weiß der Teufel also . der nat n ... mit dem bin ich- .. mit
A:                                                (unverständlich)
D:  dem bin ich zu Sabine gefahren' ... ja . hab meinen Wagen da noch
    stehenlassen . an der Uni' und .. der hat (emphatisch) n neues
C:                     m
```

37 D: Auto gehabt ne + fährt (unverst.) Motor- .. ja- ..4000 ne hams
38 C: warn Golf
39 oder sowas . he
40 D: "was is das fürn toller Wagen"
(zum Beispiel? vermuteter Wortlaut)auch .
41 war das wohl n Kadett' .. Coupé ne- (lauter) äh nee dieser k Ka-
42 dett City + nicht Coupé . City, "meine Güte- .. hast aber schwer
43 C: ahja m
44 D: Bafög oder so" ne' "nee überhaupt nichts" ne
45 C: ne .. (lacht)
46 D: so (unverst.) ie Studenten ääi (leiser) (unverst.) kriegt er die dicke
47 Patte von seinen Eltern
48 C: und nen neuen Wagen,
49 D: n neuen Wagen (leise) (unverst.)
50 C: m

Schon ein oberflächlicher Blick auf den Transkriptausschnitt zeigt die bekannte strukturelle Verzerrung freier Redebeiträge. Ob und wie weit sich einzelne Äußerungsteile jedoch vom korrekten Satzmuster entfernen, ist dem Beispiel nicht ohne weiteres anzusehen. (2') zeigt deshalb eine etwas andere Aufbereitung der Redebeiträge: Nach einem von K. Moesch (1987) vorgeschlagenen Verfahren zur Bildung 'prädikatzentrierter Einheiten' werden die Äußerungen in Segmente zerlegt, in denen jeweils die von einem Prädikat abhängigen Redeteile zusammengefaßt sind. Ganz abgesehen davon, daß diese Segmente bis zu einem gewissen Grade auch so etwas wie 'Produktionseinheiten' darzustellen scheinen (also in etwa widerspiegeln dürften, in welchen 'Schritten' der Planungsprozess verläuft; Foppa, 1990b), sind sie die besten verfügbaren Approximationen an Sätze, die man in spontanen Äußerungen finden kann. Um die Abweichungen der Redestrukturen von den entsprechenden korrekten Satzmustern deutlich zu machen, habe ich jeder prädikatzentrierten Einheit jenen Satz gegenübergestellt, den der Sprecher vermutlich formuliert hätte, wenn er den Text zum Beispiel von vorneherein hätte schriftlich verfassen müssen.*

(2')

(I)/Du kennst doch Raimund ne diesen . dunkel ja der nat- ..
mit dem dunklen Bart/
▪ *Du kennst doch Raimund (den) mit dem dunklen Bart*

(II)/weiß der Teufel also . der nat n ... mit dem bin ich- ..
mit dem bin ich zu Sabine gefahren/
▪ *(weiß der Teufel) mit dem bin ich zu Sabine gefahren*

(III)/... ja . hab meinen Wagen da noch stehenlassen . an der Uni/
▪ *Ich habe meinen Wagen (noch) an der Uni stehen(ge)lassen*

---

* Nur die Redebeiträge von D sind aufgeführt. – Die mit ▪ gekennzeichneten und kursiv gesetzten Passagen geben die vermuteten, der tatsächlichen Formulierung entsprechenden korrekten Satzmuster wieder.

(IV)/und .. der hat (emphatisch) n neues Auto gehabt ne/
▪ *und der hat ein neues Auto gehabt*

(V)/+ fährt (unverständlich) Motor- .. ja- .. 4000 ne hams/
▪ *???*

(VI)/"was is das fürn toller Wagen"
▪ *was ist das für ein toller Wagen?*

(VII)/(zum Beispiel? vermuteter Wortlaut)auch . war das wohl n Kadett' .. Coupe ne-/
▪ *???* *war das wohl ein Kadett-Coupe*

(VIII)/(lauter) äh nee dieser k Kadett City + nicht Coupe . City/
▪ *nein, dieser Kadett City, nicht der (Kadett) Coupe, (sondern) der (Kadett) City*

(IX)/"meine Güte- .. hast aber schwer Bafög oder so/
▪ *meine Güte (Du) hast aber schwer Bafög*

(X)/ne' "nee überhaupt nichts"
▪ *nein überhaupt nichts*

(XI)/so (unverständlich) ie Studenten ääi (leiser) (unverständlich) kriegt er die dicke Patte von seinen Eltern n neuen Wagen/
▪ *???*
kriegt er die dicke Patte von seinen Eltern und einen neuen Wagen

Diese detailliertere Darstellung ist aufschlußreicher als der ursprüngliche Transkriptausschnitt. Sie läßt nicht nur Einzelheiten der Abweichungen (dieses Sprechers) von der korrekten Syntax besser erkennen, sondern macht auch deutlich, daß keineswegs immer von diesem Standard abgewichen wird.

Das nächste Beispiel* (3) ist in gewisser Weise noch interessanter (vor allem im Hinblick auf das Problem der nötigen Wissensvoraussetzungen für das Verständnis sprachlicher Äußerungen), weil zu den Syntaxdefekten noch eine spezifische dialektale (österreichische) Verformung der Redebeiträge tritt.

> Es geht im wesentlichen um ein Gespräch zwischen einer Ärztin AF3 und einer Krankenschwester S4. Anwesend sind außerdem die Ärztin AF2, die eine Patientin untersucht. Zum Hintergrund der Episode bemerken Lalouschek & Menz: »AF3 überlegt gerade eine medikamentöse Therapie für eine nicht anwesende Patientin, für deren Durchführung und Kontrolle die Schwester zuständig ist. Daher müssen sie miteinander Art und Zeitpunkt der Kontrolle absprechen.« (1990, S. 21f.)

---

* Aus Platzgründen verzichte ich auf eine ähnliche Segmentierung wie in (2'). Das Prinzip der Einheitenbildung ist jedoch einfach nachzuvollziehen (auch wenn dabei nicht alle jene Spezialfälle berücksichtigt werden, die K. Moesch (1987) bedacht hat): Man faßt jene Teile einer Äußerung zusammen, die von einem Vollverb abhängen.

(3)

```
3  AF3:
   S4 : do draussn sitzt - Na is ma wurscht sogma (...)Der Montag

4  AF3:        Naja Montag (is) - (supa)am Wochenende (.....)
   S4 : Freitag                Ja am Wochenende rufts (mi/nia) net

5  AF3: (.....die Krankn)                  Ja da muass ma sie
   S4 :                 rufts mi net an?
   AF2:            TIEF

6  AF3: halt anrufen
   S4 :                (Na hat ja ka Telefonnummer)Telefon zum anrufn

7  AF3:                Ja - aber - i wass ja jetza net ob des:
   S4 : Is net so anfach

8  AF3: Mein Gott von mir aus - besteIln ma sie am Montag her
   S4 :                                               des is
9  AF3:             Nja - ma dann besteIln ma sie am Montag her
   S 4: gscheiter net?                          Wei wenns

10 AF3:                                                      Hm
   S4 : mir dann net anruaft - hats übers Wochenende gar nix
...
```

Wenn man zum Beispiel die Analyseeinheiten S4/Na is ma wurscht sogma (...)Der Montag Freitag/ oder AF3/Ja - aber - i wass ja jetza net ob des:/ betrachtet, könnte man sich natürlich fragen, ob die Sprecherinnen überhaupt eine Ahnung von richtigem Satzbau haben. Dem stehen aber natürlich auch hier syntaktisch durchaus korrekte Äusserungen gegenüber (auch wenn die Dialektformen das zum Teil verschleiern), so zum Beispiel S4/wei wenns mir dann net anruaft/ /hats übers Wochenende gar nix/ (*weil wenn sie mich dann nicht anruft, hat sie über das Wochenende gar nichts*).

Was besagt das nun aber für die Frage nach dem bei Gesprächsteilnehmern effektiv vorhandenen und dem für die Kommunikation notwendigen Syntaxwissen (als einem Teil des sprachlichen Verfahrenswissens)? Auf noch nachhaltigere Weise werden wir daran erinnert, daß die sprachliche Oberfläche keine bindenden Schlüsse auf zugrundeliegende Determinanten zuläßt: Denn die Vermutung, daß ein Sprecher – wegen seiner Syntaxfehler – keinerlei Syntaxwissen besitze, wird sofort durch die Tatsache widerlegt, daß er auch richtige Sätze bildet. Andererseits ist die syntaktisch korrekte Äusserung kein Beleg für das Vorhandensein entsprechenden prozeduralen Wissens. Schließlich mag es sich ja lediglich um eine feststehende sprachliche Floskel handeln, die aufgehört hat, als strukuriertes Gebilde aus einzelnen sprachlichen Elementen aufgebaut zu werden, sondern als

Einheit, wie ein einzelnes Wort, verwendet wird ("weiß der Teufel"; "is ma wurscht"; oder "wie gehts?"; "wenn sie wissen was ich meine" etc.).*

Dazu kommt noch ein weiteres Moment. Würden die syntaktischen Redefehler tatsächlich darauf schließen lassen, daß die betreffenden Personen über kein Syntaxwissen verfügten, bliebe unerklärlich, wieso die meisten von ihnen die gleichen Inhalte, die sie, was den Satzbau betrifft, mündlich nur in mangelhafter Form versprachlichten, schriftlich durchaus korrekt sprachlich umsetzen können. Würde ihnen jedes Syntaxwissen abgehen, müßten sie ja beim Schreiben die gleichen oder doch wenigstens vergleichbare Syntaxfehler machen wie beim Reden. Das könnte freilich verschiedenes bedeuten: nämlich entweder, daß das Syntaxwissen zu keinem Zeitpunkt der Sprachproduktion genutzt wird (also nicht in den 'Enkodierinput' einfliesst), oder daß es, auf Grund verschiedener Störfaktoren, nicht für die 'verbale Enkodierung' genutzt werden kann. Schließlich könnte es aber auch auf die – nicht ganz unwahrscheinliche – Möglichkeit hindeuten, daß wir über zwei, zwar nicht strikt voneinander getrennte, aber funktional eben doch unterscheidbare Syntax-Wissensbestände verfügen. Ich halte diese Möglichkeit für nicht ganz unwahrscheinlich, weil, erstens, Sprech- und Schreibsyntax ja auch unter ganz verschiedenen Umständen erworben werden: Während die Syntax des Redens überwiegend episodisch und inzidentell gelernt wird, wird die Schreibsyntax explizit und meistens in institutionellen Settings 'gelehrt'. Die Wissensbestände dürften deshalb nicht ohne weiteres auf den jeweils anderen Funktionsbereich zu übertragen sein**, obwohl es natürlich nicht grundsätzlich ausgeschlossen ist: Wenn es darauf ankommt und ich mich sogar noch hinlänglich darauf vorbereiten kann, mag es mir durchaus gelingen, syntaktisch richtig und trotzdem frei zu sprechen.*** Zweitens vermute ich, daß auch andere ähnliche Schwierigkeiten haben wie ich, spontan schriftliche Texte zu produzieren, welche die Struktur freier mündlicher Rede aufweisen.

---

* Marie-Louise Käsermann und ich (Foppa & Käsermann, 1981) haben vor langer Zeit einen Vorschlag zur Lösung dieses Problems formuliert (allerdings im Zusammenhang mit der Frage, was sprechenlernende Kinder über Sprache wissen). Wir haben damit keinerlei Resonanz gefunden, obwohl ich nach wie vor der Meinung bin, daß es sich dabei nicht nur um ein brauchbares Denkmodell, sondern auch um einen vernünftigen Verfahrensvorschlag handelt. Ein einfacher Demonstrationsversuch M. L. Käsermanns verdeutlicht sehr hübsch die Grundidee dieser Überlegungen. Wenn man eine einzelne Zeichnung (zum Beispiel eines zweistöckigen Hauses mit einigen zusätzlichen Merkmalen) betrachtet, von der man lediglich weiß, daß sie mit einer bestimmten 'Auflage' angefertigt wurde ("Zeichnen Sie ein Haus, das die und die Merkmale aufweist!"), ist man nicht imstande zu sagen, welche Elemente die Instruktion enthalten haben könnte. Hat man hingegen mehrere, voneinander abweichende Zeichnungen vor sich, die alle mit derselben Vorgabe erstellt worden waren, fällt es relativ leicht, (zutreffende) Vermutungen darüber anzustellen, welche Details in der Instruktion *im Minimum* verlangt worden sein müssen. – Beim Versuch, sprachliches Verfahrenswissen auf der Grundlage sprachlicher Äußerungen zu rekonstruieren, scheint sich die Situation nicht grundsätzlich von jener dieses Demonstrationsversuches zu unterscheiden.

** Ich kenne zwar keine entsprechenden Untersuchungen, bin aber überzeugt, daß man spontan nicht in der Lage ist, in der gleichen Syntax zu schreiben, in der man üblicherweise spricht. Umgekehrt ist es bekannt, wieviel Mühe Lehrer haben, Kinder dazu zu bringen, ihre Aufsätze nicht in der mündlich gewohnten parataktischen Form zu verfassen.

*** Demgegenüber vertreten Herrmann & Grabowski (1992) eine andere Auffassung zum Problem von Mündlichkeit/Schriftlichkeit, auf die ich hier jedoch nicht näher eingehen kann.

4. Wissensvoraussetzungen des Verstehens

Daß man als Sprecher meistens nicht imstande ist, sich 'druckfertig' (und das meint in erster Linie 'syntaktisch korrekt') auszudrücken, ist allerdings weniger überraschend als die Tatsache, daß man als Zuhörer davon so wenig merkt. Selbst grobe Syntaxverstöße fallen einem kaum auf. Jedenfalls scheinen Abweichungen von Artikulationsstandards sehr viel irritierender zu sein.

(2) und (3) sind gute (obwohl nicht speziell daraufhin ausgewählte) Beispiele dafür. Wenn etwa D in (2)/35ff. sagt: "der hat (emphatisch) n neues Auto gehabt ne + fährt (unverständlich) Motor- .. ja- ..4000 e hams", sollte man eigentlich erwarten, daß C nicht verstanden hat, was D damit hatte sagen wollen. Unter der Annahme, daß C tatsächlich nicht verstanden hat und daß Kommunikation stets auf optimale Verständigung gerichtet ist (Grice, 1975), hätte also C durch Nachfragen herauszufinden versuchen müssen, was gemeint war. Statt dessen antwortet er "warn Golf oder sowas". Entweder war C also – zu Recht oder zu Unrecht – überzeugt, D verstanden und deshalb keine Nachfragen nötig zu haben, oder es war ihm nicht wichtig genug, es genau zu erfahren. Dies würde in etwa dem entsprechen, was Clark das '*grounding criterion*' genannt hat. Es besteht in der Relativierung eines absoluten Verständigungsanspruches:

> »*Grounding criterion*: The speaker and addressees mutually believe that the addressees have understood what the speaker meant to a criterion *sufficient for current purposes*.« (Clark & Schaefer, 1989, S. 124; Kursivierung K. F.)

So mag im vorliegenden Fall für C (aber auch für D) einzig und allein wichtig gewesen sein, daß Raimund ein neues Auto besitzt. Mit anderen Worten: Weder für D war es von besonderer Bedeutung, was er sonst noch sagte, noch für C, was er darüber hinaus hörte. Gerade jene Information, die im schriftlichen Ausdruck durch die Syntax vermittelt wird (zum Beispiel was das psychologische Subjekt eines Satzes ist) wird in der Rede ja häufig durch prosodische Merkmale (etwa Betonung) markiert. Unter dieser Voraussetzung müßte ich als Zuhörer zwar die Bedeutung der Prosodie entschlüsseln können, benötigte aber nicht sehr spezifisches Syntaxwissen.

In gewisser Hinsicht noch erstaunlicher ist jedoch die Tatsache, daß nicht nur die Gesprächsteilnehmer selbst keine Verständnisschwierigkeiten zu haben scheinen, sondern daß man auch als Beobachter (mit einem Minimum an Hintergrundwissen) meistens durchaus eine Chance hat herauszufinden, worum es in einem (aufgezeichneten) Gespräch gegangen ist. Selbst in dem etwas exotisch anmutenden Beispiel (3) gelingt dies, wenigstens dann, wenn man weiß, daß "sogma" für "sagen wir" und "wass" für "weiß" steht.

Damit stellt sich natürlich die Frage, auf Grund wovon die Gesprächsteilnehmer trotz defekter Sprechersyntax *verstehen*, und sei es auch nur »sufficient for current purposes«, was gesagt wurde. Denn daß in (2) Cs Verständnis von Ds 35f. ("n neues (C: m) Auto gehabt ne + fährt (unverst.) Motor- .. ja- ..4000 ne hams") diesen zufriedenzustellen vermochte, geht daraus hervor, daß D Cs Ergänzung ("warn Golf oder sowas") nicht als eine Äußerung zurückweist, die nichts mit dem

Gesprächsthema zu tun hätte. Offensichtlich war also ein wesentlicher Punkt in Ds Erzählung, daß Raimund ein neues Auto besitzt und um welchen Autotyp es sich dabei handelt*.

Versucht man, sich auf dem Hintergrund solcher Überlegungen und der genaueren Betrachtung der Themen, welche im Fortgang des Gespräches tatsächlich eine Rolle gespielt haben, ein Bild davon zu machen, worauf C sein Verständnis im Minimum gestützt haben könnte, so schrumpft der Ausschnitt sehr deutlich zusammen:

```
(2")

28 D: kennst Raimund ..........(mit dem)
..
30    dunklen Bart
..
..
..
..
35    der hat n neues
..
37    Auto
38 C: warn Golf
..
..
41 D: n Kadett
42    hast schwer Bafög
..
44    "nee überhaupt nichts"
..
46    dicke Patte
47    von Eltern
48 C: und neuen Wagen
49 D: n neuen Wagen
```

Es kommt nicht darauf an, ob diese 'Rekonstruktion' im einzelnen stimmt. Wichtig ist lediglich, daß sie einen Eindruck davon vermittelt, wie wenige Inhaltswörter ausreichen, um alle Aspekte einer Geschichte wiederzugeben, die in einem konkreten Gespräch von Belang gewesen sein mögen. Das bedeutet natürlich nicht, daß C nicht in Wirklichkeit sehr viel mehr von Ds Schilderung aufgefaßt und verstanden hätte. Es heißt aber noch viel weniger, daß in Gesprächen grundsätzlich nur so wenige Inhalte (und nur diese) aufgenommen würden. Im Hinblick auf die Frage, was man eigentlich wissen müßte, um in einem Gespräch verstehen zu können, was gesagt wird, ist aber diese Rekonstruktion vielleicht aufschlußreich. Sie

---

* Man darf bei diesen Überlegungen freilich nicht übersehen, daß Dialoge (Gespräche) nicht nur und häufig nicht einmal primär mit dem Ziel geführt werden, bestimmte Bedeutungen so zu übermitteln, daß sie möglichst gut verstanden werden. Auch das im Text erläuterte "grounding" (Clark & Schaefer, 1989) dürfte nur in gewissen Gesprächen eine Rolle spielen. Häufig stehen andere Absichten im Vordergrund (jemanden zu etwas überreden; jemandem imponieren; etc.). Im Zusammenhang mit der Frage der notwendigen Wissensvoraussetzungen ist natürlich vor allem der inhaltliche Aspekt von Interesse.

macht nämlich deutlich, daß es für eine unauffällige Beteiligung am Dialog durchaus ausreichen könnte, bloß die Bedeutung relativ weniger *Inhaltswörter* zu verstehen. Wie gesagt: Ich behaupte weder, daß dies immer der Fall ist, noch, daß dieses Minimum unter allen Umständen ausreichte.* Allein die Möglichkeit, daß mit so geringen Verstehensvoraussetzungen, und das bedeutet natürlich in gewissem Sinne eben auch mit so geringer Wissensbasis, ein Gespräch geführt werden kann, ist hier von Interesse. Denn sie zeigt den Rahmen auf, innerhalb dessen ein Wissensmodell, das ausdrücklich im Hinblick auf die Sprachnutzung konzipiert ist, formuliert werden sollte.

5. Spekulationen über die Organisation und Verfügbarkeit des sprachnotwendigen Wissens

Versucht man sich auf dem Hintergrund dieser Überlegungen konkret vorzustellen, welche Merkmale ein sprechrelevantes Wissensmodell aufweisen müßte, fällt einem verschiedenes ein. Nicht unwesentlich ist dabei die Frage, wie hoch man den Stellenwert inzidenteller Lernprozesse (und damit auch impliziten Wissens, siehe unter anderem Perrig, 1990) ansetzt. Geht man davon aus, daß der wesentliche Teil unseres Sprachwissens in institutionellem Rahmen, und das heißt: im Wege förmlicher Unterrichtung, erworben wurde, liegt es nahe, sich einen geordneten und klar strukturierten Wissensbestand vorzustellen (siehe unter anderem Kintsch, 1989; Kluwe, 1990). Nimmt man hingegen an, daß sprachliches Wissen nicht nur in der Ontogenese (s. unter anderem Weinert, 1991) sondern während unseres gesamten Lebens überwiegend inzidentell, das heißt episodisch, im Verlaufe unserer alltäglichen Aktivitäten nebenher gelernt wird, muß man wohl von anderen Modellvorstellungen ausgehen. So scheint die Annahme nicht länger haltbar, daß bestimmte Inhalte bestimmten Orten 'im Gedächtnis' zugeordnet wären. Gerade das ist aber offensichtlich die Idee, die auch neueren Wissensmodellen zugrundeliegt. So behauptet etwa Kintsch (1989):

> »Modern associative nets, or connectionist systems as they are called, are graphs with weighted nodes and links, and an iterative operation which recomputes the activation level of each node. The links are either excitatory or inhibitory in nature. The activation of a node is a function of its current value and the inputs, excitatory as well as inhibitory, which it receives from the other nodes it is connected with. *Thus, if some node is activated, say because the word iron has been read, excitation from that node spreads to its neighbors, in proportion to the strength to their links with iron.*« (Kintsch, 1989, S. 194f.; Kursivierung K. F.)

---

* Vor allem das Verstehen schriftlicher Texte beruht mit Sicherheit nicht ausschließlich auf dem Verständnis einer kleinen Auswahl von Inhaltswörtern. Dies nicht nur deshalb, weil die Syntax von wesentlich größerer Bedeutung ist, sondern auch wegen der anderen Verständniskriterien, die hier eine Rolle spielen. In vielen Gesprächen genügt es nämlich offenbar, gerade so viel zu verstehen, daß man sich am Dialog beteiligen kann. Deshalb muß man auch den Ausführungen seines Partners durchaus nicht dauernd mit voller Aufmerksamkeit folgen, um dieses Kriterium erfüllen zu können.

Daß solche Vorstellungen schwer mit episodischem Wissenserwerb vereinbar sind, leuchtet wahrscheinlich ein, wenn man sich überlegt, daß die Episoden, an denen sich der Wissenserwerb vollzieht, eben nicht bereits in jener Weise gleichartig sind, die man erwarten müßte (und die das Wort "iron" bei Kintsch nahelegt), wenn sie im weiteren Verlauf 'an' einem bestimmten Ort ('in' einem spezifischen Knoten) repräsentiert werden sollten*. Plausibler scheint die Annahme multipler Lokalisation ('distributed representation', s. unter anderem Schwartz & Reisberg, 1991, S. 440f.). Allerdings muß man sich fragen, ob nicht auch die Annahme, die Knoten selbst seien als Propositionen (s. oben) aufzufassen, revisionsbedürftig ist. Immerhin darf man, gerade auch unter ontogenetischem Aspekt, die Tatsache nicht aus den Augen verlieren, daß die Grundlagen unserer Wissensbestände in Episoden gelegt werden, die nicht sprachlich und deshalb, wenigstens zum Zeitpunkt des Ereignisses, auch nicht propositional repräsentiert sein können, weil das Kind noch nicht sprechen kann. Im übrigen erscheint die Vermutung nicht ganz abwegig, daß auch späterhin nichtsymbolische Repräsentationen möglich und unter Umständen sogar häufig und wichtig sind (s. Foppa, 1993a; Foppa & Groner, 1991; Engelkamp,1990). Wie dem aber auch sei: Mit dem Hinweis auf mögliche andere denn symbolische Repräsentationsmodi ist natürlich das Ordnungsproblem nicht gelöst. Die Frage, wie es mir (meistens) gelingt, dann, wenn dies nötig ist, die entsprechende Eintragungen im Gedächtnis zu finden und zu verstehen, was zu mir gesagt wird, bleibt offen. Manches scheint dafür zu sprechen, daß konnektionistische (und das heißt im Grunde genommen assoziationstheoretische) Modellvorstellungen dem Problem besser angemessen sind als andere Konzeptionen (s. zum Beispiel Ferber, Wettler & Rapp, 1993). Allerdings ist auch die Möglichkeit nicht ganz auszuschließen, daß wir völlig neuer Modellvorstellungen von Wissen und Gedächtnis bedürften, um die Probleme, mit denen wir es zu tun haben, tatsächlich lösen zu können.

6. Schluss

Inhalt und Struktur natürlicher Gespräche legen die Vermutung nahe, daß unser sprachliches (Was- und Wie-)Wissen beschränkt sein kann, ohne daß dies erhebliche Einbußen unserer kommunikativen Kompetenz zur Folge haben müßte. Das scheint gegen ein Wissensmodell zu sprechen, das von der Annahme ausgeht, (a) unser Wissen müßte (mehr oder minder) vollständig, (b) wohlgeordnet und (c) im wesentlichen propositional repräsentiert sein. Sprachrelevantes Wissen ist möglicherweise eine erheblich 'unordentlichere' und unvollständigere Angelegenheit, als man es sich wünschen mag, und gerade Sprechen und Sprachverstehen machen die Unzulänglichkeit moderner Wissensmodelle besonders deutlich. Aber ich gebe gerne zu, daß sich meine Überlegungen nicht auf der Höhe der gegenwärtigen Diskussion bewegen und ich bloß deshalb an falschen Orten Probleme wittere, weil ich (in Sachen Wissen) gerade eben erst zu einem Paulus zu werden begon-

* Nur der Vollständigkeit halber sei angemerkt, daß nach Kintsch die Knoten des assoziativen Netzes Propositionen sind. Diese Propositionen »which are the nodes of the net are predicate-argument structures, as they are used in much current work in this area.« (Kintsch, 1989, S. 200).

nen habe. Vielleicht verstehe ich deshalb vieles noch nicht, was ich sonst schon längst verstanden haben könnte.

7. Danksagung

Für lange Jahre klärender Diskussionen danke ich Marie-Louise Käsermann, für wertvolle Hinweise zu diesem Manuskript meiner Frau Ruth Foppa-Würsten und Salome Burri.

Literatur

Clark, H. H. & Schaefer, E. F. (1989). Collaborating on contributions to conversations. In R. Dietrich & C. F. Graumann (Eds.), *Language processing in social context* (pp. 123–152). Amsterdam: North-Holland.

Engelkamp, H. (1990). *Das menschliche Gedächtnis*. Bern: Huber.

Ferber, R., Wettler, M. & Rapp, R. (1993). *An associative model of word selection in the generation of search queries*. Unveröffentlichtes Manuskript. Paderborn.

Foppa, K. (1990a). Über Regeln der sprachlichen Kommunikation und die Schwierigkeiten, nichtberichtbares Wissen zu erfassen. *Bulletin der Schweizer Psychologen, 11*, 3–11.

Foppa, K. (1990b). Topic progression and intention. In I. Markova & K. Foppa (Eds.), *Dynamics of dialogue* (pp. 178–200). Hemel Hempstead: Harvester Wheatsheaf.

Foppa, K. (1992). On mutual understanding and agreement in dialogues. Unveröffentlichtes Manuskript. Bern.

Foppa, K. (1993a). *Repräsentationstheorie des Lernens*. Unveröffentlichtes Manuskript. Bern.

Foppa, K. (1993b). "Verstehen im Dialog" und "Textverstehen": Zwei Seiten einer Medaille? Überlegungen zu einem vernachlässigten Problem. Unveröffentlichtes Manuskript. Bern.

Foppa, K. & Groner, M. (1991). Wahrnehmen, Erinnern, Lernen: Überlegungen zu einer erweiterten Konzeption des Lernprozesses. In D. Frey (Hrsg.), *Bericht über den 37. Kongress der Deutschen Gesellschaft für Psychologie in Kiel 1990* (S. 188–193). Göttingen: Hogrefe.

Foppa, K. & Käsermann, M. L. (1981). Das kindliche Wissen über Sprache: Überlegungen zu einem ungelösten Problem. In K. Foppa & R. Groner (Hrsg.), *Kognitive Strukturen und ihre Entwicklung* (S. 63–79). Bern: Huber.

Grice, H. P. (1975). Logic and conversation. In P. Cole & J. L. Morgan (Eds.), *Syntax and semantics, vol.3: Speech acts* (pp. 41–58). New York: Academic Press.

Heritage, J. (1984). *Garfinkel and ethnomethodology*. Cambridge: Polity Press.

Herrmann, Th. (1982). *Sprechen und Situation*. Heidelberg: Springer.

Herrmann, Th. (1985). *Allgemeine Sprachpsychologie*. München: Urban & Schwarzenberg.

Herrmann, Th. (1990). Sprechen und Sprachverstehen. In H.Spada (Hrsg.), *Allgemeine Psychologie* (S. 281–322). Bern: Huber.

Herrmann, Th. (1992). Sprachproduktion und erschwerte Wortfindung. *Sprache & Kognition*, *11*, 181–192.

Herrmann, Th. & Grabowski, J. (1992). *Mündlichkeit, Schriftlichkeit und die nicht-terminalen Prozessstufen der Sprachproduktion* (Arbeiten aus dem Sonderforschungsbereich 245 "Sprechen und Situation" Heidelberg/Mannheim, Nr. 38). Mannheim: Universität, Lehrstuhl Psychologie III.

Herrmann, Th. & Hoppe-Graff, S. (1988). Textproduktion. In H. Mandl & H. Spada (Hrsg.), *Wissenspsychologie* (S. 283–298). München: PVU.

Keppler, A. (1989). Schritt für Schritt. Das Verfahren alltäglicher Belehrungen. *Soziale Welt*, *40*, 538–556.

Keppler, A. & Luckmann, T. (1991). 'Teaching': conversational transmission of knowledge. In I. Markova & K. Foppa (Eds.), *Asymmetries in dialogue* (pp. 143–165). Hemel Hempstead: Harvester Wheatsheaf.

Kintsch, W. (1989). The representation of knowledge and the use of knowledge in discourse comprehension. In R. Dietrich & C. F. Graumann (Eds.), *Language processing in social context* (pp. 185–209). Amsterdam: North Holland.

Kintsch, W. & van Dijk, T. A. (1978). Toward a model of text comprehension and production. *Psychological Review*, *85*, 363–394.

Kluwe, R. H. (1990). Gedächtnis und Wissen. In H. Spada (Hrsg.), *Allgemeine Psychologie* (S. 115–187). Bern: Huber.

Lalouschek, J. & Menz, F. (1990). Ambulanzgespräche. In K. Ehlich, A. Koerfer, A. Redder & R. Weingarten (Hrsg.), *Medizinische und therapeutische Kommunikation* (S. 12–26). Opladen: Westdeutscher Verlag.

Levelt, W. J. M. (1989). *Speaking: From intention to articulation*. Cambridge, MA: MIT-Press.

Linell, P. & Luckmann, T. (1991). Asymmetries in dialogue: some conceptual preliminaries. In I. Markova & K. Foppa (Eds.), *Asymmetries in dialogue* (pp. 1–20). Hemel Hempstead: Harvester Wheatsheaf.

Moesch, K. (1987). *Prädikatzentrierte Einheiten als Basissegmente zur Analyse von Diskursen: ein pragmatischer Lösungsversuch*. Bern: Unveröffntlichtes Manuskript.

Perrig, W. (1990). Implizites Wissen: Eine Herausforderung für die Kognitionspsychologie. *Schweizerische Zeitschrift für Psychologie*, *49*, 234–249.

Schütte, W. (1987). Muster und Funktionen von Kommunikationsspielen in latenten Konflikten: Pflaumereien und andere aggressive Spässe. In G. Schank & J. Schwitalla (Hrsg.), *Konflikte in Gesprächen* (S. 239–291). Tübingen: Narr.

Schwartz, B. & Reisberg, D. (1991). *Learning and Memory*. New York, London: Norton.

Weinert, S. (1991). *Spracherwerb und implizites Lernen*. Bern: Huber.

Sprache, Evolution und die funktionale Organisation der menschlichen Erkenntnis

Boris M. Velichkovsky

Der Beitrag stellt ein Plädoyer für die evolutionäre Betrachtungsweise in der Kognitionspsychologie dar. Ausgehend von der Vorstellung mehrerer Ebenen der kognitiven Organisation wird versucht, die Spuren ähnlicher phylogenetischer Stufen auch auf dem Gebiet der sprachlichen Verarbeitung zu finden. Dabei stellt sich heraus, daß diese Mechanismen sowohl in funktionaler als auch in struktureller Hinsicht bis zu drei verschiedene Ebenen der Organisation aufweisen. Die situative Pragmatik spielt offensichtlich eine kritische Rolle in der Entstehung und beim Funktionieren der sprachlichen Kommunikation. Die verbreitete Auffassung der Sprache als ein angeborenes Modul für syntaktische Transformationen wird an Hand dieser Ergebnisse abgelehnt.

1. Einführung

Eine letztendliche Integration des über verschiedene Wissenschaftsdisziplinen und über verschiedene universitäre Fakultäten verstreuten Wissens – das war und bleibt das Kennzeichen einer Hoffnung, die einer meiner Lehrer, Alexander Luria, in seiner Autobiographie »das europäische Ideal der romantischen Wissenschaft« nannte (1979). Die Gründerväter der Psychologie haben mit ihrem breiten Spektrum an Kompetenz und wissenschaftlichen Interessen oft zur Realisierung dieses Ideals beigetragen. Heutzutage ist diese Forschungsorientierung deutlich seltener geworden und steht gar in dem Verdacht, notgedrungen oberflächlich zu bleiben. Eines der wenigen Beispiele für die klassische Tradition findet sich in den Arbeiten von Theo Herrmann; neben seinem Hauptanliegen, der Sprachpsychologie, werden so unterschiedliche Themen wie Persönlichkeit, Gedächtnis, kognitive Raumvorstellungen und seit kurzem auch die Modellierung mit Hilfe von neuronalen Netzwerken behandelt.

Welcher Wert kommt der breitgefächerten Orientierung in der Welt extremer Spezialisierung zu – in der die Fachleute einen modularen Aufbau des Gehirns, der Sprache und der menschlichen Erkenntnis selbst behaupten (vgl. stellvertretend für viele andere Fodor, 1983, 1985)? Ich will im folgenden einige Alternativen zu der geradezu verbohrten Suche nach solchen autonomen Verarbeitungseinheiten innerhalb der Psychologie, der Linguistik und den Neurowissenschaften herausarbeiten. Dies führt zu der vereinheitlichenden Konzeption der *Ebenen der kognitiven Organisation*, die in neuro- und entwicklungspsychologischen Arbeiten bislang sporadisch zum Einsatz kam, die sich aber auch auf Fragen der Allgemeinen Experimentalpsychologie anwenden läßt (Lockhart & Craik, 1991; Velichkovsky, 1990, 1994a).

2. Horizontale vs. vertikale Dimensionen der kognitiven Prozesse

Die Suche nach einem theoretischen Modell, das die Struktur der vielfältigen kognitiven Fähigkeiten umfaßt, gehörte schon immer zu den Hauptaufgaben der Kognitiven Psychologie. Die gegenwärtige Popularität der Modularitätshypothese läßt sich aus den Widersprüchen erklären, die die erste Generation kognitiver Modelle nach sich zog (s. zum Beispiel Velichkovsky, 1988). Diese Modelle bestanden in der Regel aus drei Hauptkomponenten – der sensorischen Verarbeitung, dem Kurzzeitgedächtnis und dem (semantischen) Langzeitgedächtnis – und replizierten damit 'buchstäblich' die Architektur des herkömmlichen Computers. Viele der führenden Vertreter der kognitiven Szene postulierten die Existenz allgemeiner Problemlösemechanismen, die unabhängig vom Wesen des jeweiligen geistigen Inhalts – sei es nun sprachlicher, räumlicher, numerischer etc. Art (zum Beispiel Newell & Simon, 1972) – zur Anwendung kommen. Die empirischen Daten blieben jedoch weit hinter dieser Sichtweise zurück und brachten die Einführung inhaltsabhängiger Unterschiede in den kognitiven Leistungen – beim Wahrnehmen, Erinnern, Verstehen und Problemlösen – mit sich. Wiedererkennungsuntersuchungen zeigten beispielsweise, daß auch nach rein perzeptueller Verarbeitung eine gute 'Langzeitspeicherung' der Verarbeitungsergebnisse möglich ist, sofern es sich um 'ökologisch valides', natürliches Material handelt (Velichkovsky, 1983). Zusammen mit vielen ähnlichen Befunden läßt dies in Bereichen wie beispielsweise der verbalen oder visuell-räumlichen Kognition auf unterschiedliche Verarbeitungstypen schließen.

Seit etwa 15 Jahren sprechen sich einige Kognitionswissenschaftler dafür aus, daß eine modulare Architektur im Vergleich zu den 'Allzweck-Annahmen' am Beginn der kognitiven Aera eine effizientere Lösung bietet. Obwohl dieser Wechsel in den linguistischen Arbeiten von Noam Chomsky (zum Beispiel 1976) schon lange zuvor angelegt war, wurde die modulare Vorstellung von einem seiner Anhänger, Jerry Fodor, in dem Buch "Modularity of mind" (1983) und in weiteren Publikationen in radikalerer Form herausgebildet.

Module sind dadurch gekennzeichnet, daß sie als automatische, reflexartige Vorrichtungen zur Informationsverarbeitung aufgefaßt werden. Diese Vorrichtungen sind weiterhin bereichsspezifisch und im Hinblick auf die zu verarbeitende Information voneinander abgegrenzt; zum Beispiel passen die syntaktische Analyse (das *Parsing*) und der lexikalische Zugriff ausschließlich und in spezifischer Weise auf sprachliche Information zu. Es wird oft behauptet, Module sind angeboren und verweisen auf die enge Verbindung mit spezifischen Teilen der neuronalen Mechanismen, im Falle der Sprache beispielsweise auf das Broca-'Zentrum' und auf das Wernicke-'Zentrum'. Nach Fodor sind diese Merkmale nur für sogenannte Input-Systeme typisch, die die aufbereitete Information der mehr oder weniger willkürlichen Manipulation im Einzugsbereich der zentralen Systeme zur Verfügung stellen; diese letztgenannten operieren als programmierbare symbolische Autocodes (die 'Sprache des Denkens') der Gehirnmechanismen.

Zwischenzeitlich existiert eine Vielzahl von Vorschlägen, die noch weiter gehen und den modularen Ansatz auch auf die zentralen Systeme ausweiten. Beispielsweise wird jeder zustimmen, daß die interpersonale Kognition und die soziale Intelligenz mit zu den 'zentralsten' psychologischen Prozessen zu rechnen sind. Gerade dieser 'Bereich' wurde jüngst für modular, angeboren und in seiner Informationsverarbeitung von anderen psychischen Prozessen abgegrenzt erklärt. So scheinen Experimente mit autistischen Kindern für eine solche radikale Sichtweise zu sprechen, insofern sich die mit dem Autismus einhergehenden Defizite im engeren Bereich der 'Theorie des Geistes' dieser Kinder lokalisieren lassen, also ihrer Repräsentation der psychischen Zustände anderer Menschen: ihr Wissen, ihre Absichten und Emotionen (s. Lesley, 1991). Bei Erwachsenen scheinen einige Untersuchungen von Cosmides & Tooby (1992) nachzuweisen, daß die Quellen unseres logischen Denkens in Situationen des sozialen Austauschs dann hochgradig mobilisiert sind, wenn wir jemandem etwas geben und im Gegenzug etwas Gleichwertiges erwarten. Nach diesen Autoren wird unter derartigen (auch nur imaginierten) Umständen ein wahrscheinlich angeborenes kognitives Programm "Paß auf, daß du nicht betrogen wirst!" aktiviert.

Ich werde auf diese Interpretation wieder zurückkommen. Bis hierhin sollte man anerkennen, daß die Modularitätsannahme sehr praktisch ist: Man kann seinen Forschungshorizont auf einen engen Bereich einschränken und ignorieren, was in Tausenden von angrenzenden Bereichen vor sich geht; und dies mit der Begründung, daß es sich bei einer solchen Bereichsspezifität um ein Universalgesetz der Natur handelt. Langfristig bringt dieser Ansatz jedoch mehr Probleme, als er zu lösen vorgibt. Eine ähnliche Situation hat Nikolaus Copernicus schon vor Jahrhunderten beschrieben: »Als Bildhauer kann man wunderschöne Beine, hübsche Nasen und einen wohlproportionierten Torso erschaffen ... aber nimmt man alles zusammen, erhält man ein Ungeheuer und nicht ein menschliches Wesen.« Die derzeitige Aufteilung von Geist und Gehirn erinnert an phrenologische Spekulationen des frühen neunzehnten Jahrhunderts, wie sie Abbildung 1 zeigt: Nicht nur zufällig wählte Fodor eine solche Abbildung als Umschlagbild für sein Buch über Modularität.

Das Problem besteht natürlich darin, daß man den Modularitätsansatz – trotz aller Annahmen der genetischen oder allgemein biologischen Determination der Module – als offensichtlich anti-biologisch bezeichnen muß: Der Ursprung der Module in der Evolution bleibt rätselhaft, insofern der Ansatz keinerlei Entwicklungsdynamik noch auch nur die adaptive Spezifizierung von Modul-'Parametern' zuläßt. Es entsteht der allgemeine Eindruck, daß eine Version der Computermetapher (mit ein oder zwei Schnittstellen und einem einzigen zentralen Prozessor) durch eine nur leicht veränderte Version (viele parallele Input-Vorrichtungen und ein einziger oder eine begrenzte Anzahl von zentralen Prozessoren) ersetzt wurde. Aus diesem Grund ist der kürzlich 'wiedererwachte' Konnektionismus, der ja gerade durch Lern- und Anpassungsfähigkeit gekennzeichnet ist, in der besseren Position, auch wenn sich seine neurophysiologische Validität bezweifeln läßt und neuere, realistischere Varianten neuronaler Netzwerkarchitekturen derzeit geprüft werden (Ritter, Martinetz & Schulten, 1991). In jüngerer Zeit erfährt die Modularitätshypothese Kritik von ganz verschiedenen Seiten, auch aus dem Bereich der kognitiven Neuropsychologie, wo sie eigentlich am besten eingeführt zu sein schien (vgl. beispielsweise Farah, 1994).

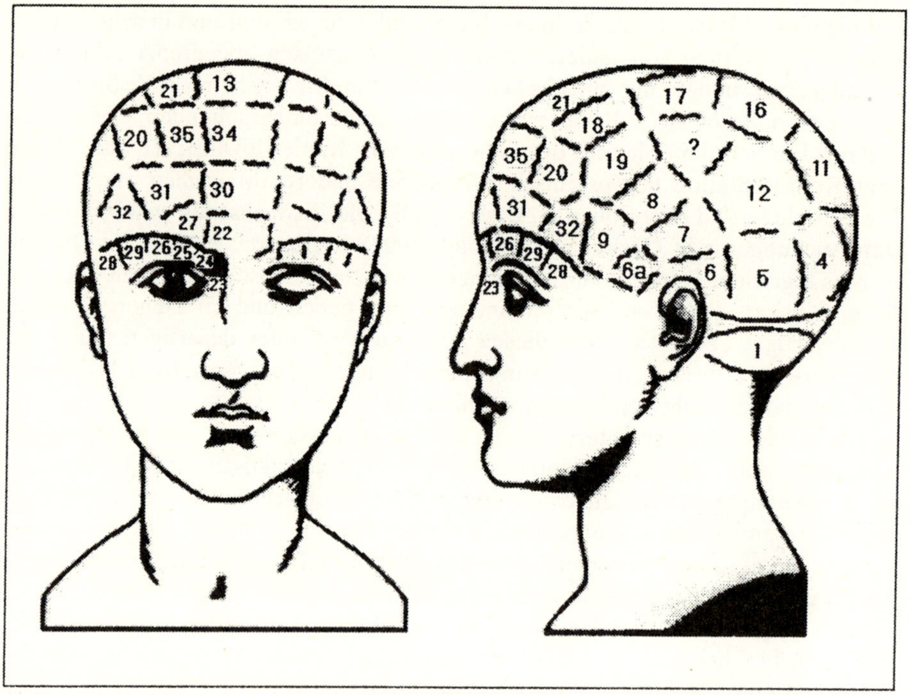

Abb. 1: Der phrenologische Kopf (nach Franz Joseph Gall, 1758–1828). Die Nummern der 'Persönlichkeitsorgane' (= Module?) entsprechen den Nummern in einer langen Liste der 'inneren Sinne'. So wird Region 1 als Substrat von 'Generatal' ('Sinn der Geschlechtsliebe'), Region 4 als 'Amicatal' ('Sinn der Anhänglichkeit'), Region 5 als 'Opposital' ('Kampfsinn') etc. interpretiert.

Viele Annahmen über die Modularität des Geistes sind zumindest fragwürdig; dennoch stelle ich nicht die prinzipielle Möglichkeit relativ autonomer, bereichsspezifischer Formen der kognitiven Verarbeitung in Abrede. Letztlich handelt es sich um eine empirische und nicht um eine ideologische Fragestellung. In der Bereichsspezifität liegt aber nicht das gesamte und nicht einmal das zentrale Problem. Wichtiger als eine qualitative Klassifikation einzelner 'Verarbeitungsbereiche', also der Beschreibung der horizontalen Dimension psychischer Prozesse, wäre die Aufgabe, eine funktionale Interpretation zu leisten, die sich auf die Rollen bezieht, die die phylogenetisch älteren und jüngeren Hirnstrukturen spielen. Eine wie auch immer geartete konsistente Lösung dieser Aufgabe ließe sich als die Rekonstruktion der 'vertikalen Dimension' der geistigen Funktionen bezeichnen (Velichkovsky, 1990).

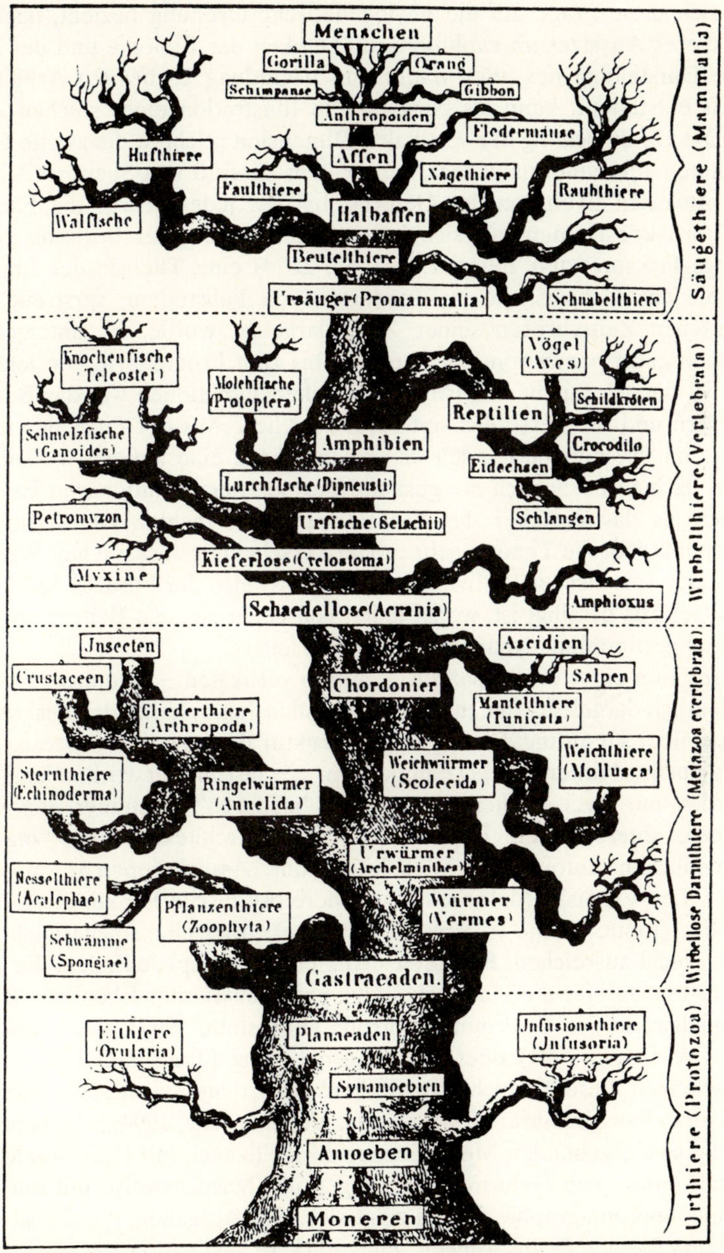

Abb. 2: Haeckels Evolutionsbaum (nach Haeckel, 1874). Die ersten fünf phylogenetischen Stufen (Moneren, Amoeben, Synamoebien, Planaeaden und Gastraeaden) wurden fast ausschließlich auf der Grundlage des 'biogenetischen Grundgesetzes', das heißt, mit Hilfe einer Analyse der Ontogenese der entwickelten Formen, rekonstruiert.

Soweit sich diese Frage auf die phylogenetische Ordnung bezieht, liegt der Ursprung dieses Ansatzes im evolutionären Denken der Biologie und der Psychologie. Die Darstellung des *arbor naturae* in Abbildung 2, die den Arbeiten Ernst Haeckels entstammt, kann als beispielhafte Illustration eines solchen Anliegens gelten. Die Untersuchung der vertikalen Dimension reicht in die zweite Hälfte des neunzehnten Jahrhunderts zurück. Unter dem Einfluß von Spencers Vorstellung zur schrittweisen Evolution des Gehirns, bei der jeder Schritt die Fähigkeit zu neuen Verhaltensformen mit sich brachte, erarbeitete der britische Neurologe Hughlings-Jackson (zum Beispiel Jackson, 1874) eine Theorie der funktionalen Hierarchie des Gehirns, die in Hunderten von Fallstudien, verstreut über die medizinischen Zeitschriften seiner Zeit, dargelegt wurde. Er unterschied drei phylogenetische Ebenen vom Rückenmark bis zum Frontalhirn. Die letzte dieser Ebenen ist danach für die höchsten psychischen Funktionen wie das Bewußtsein, das Denken und die Persönlichkeit verantwortlich. Aus der Sicht der modernen Biologie und Psychologie handelt es sich dabei um eine äußerst wesentliche Erkenntnis, da man tatsächlich die gesamte Periode der evolutionären Existenz des Menschen als das Zeitalter des Frontallappens betrachten kann. Ein weiterer Gesichtspunkt läßt die Theorie sehr modern erscheinen: Jackson legt Wert darauf, daß an einer spezifischen Aktivität wie beispielsweise der Sprache jeder wichtige Teil des Gehirns beteiligt ist, wobei jeder Teil einen eigenen Beitrag zu dem aufeinander abgestimmten, dynamischen Ganzen leistet.
Die Konzeption einer evolutionären – mithin vertikalen – Dimension wurde selten so deutlich dargelegt. In den darauffolgenden Jahrzehnten der Diskussion und Forschung über Ursprung, Funktion und Struktur der geistigen Prozesse stand sie meistens nur im Hintergrund. Dennoch war sie fast immer vorhanden. Traditionell wurden nur zwei solcher Ebenen, die 'niederen' gegenüber den 'höheren' Funktionen, unterschieden. Diese Zwei-Ebenen-Architektur findet man bei so unterschiedlichen Autoren wie Wilhelm Wundt (Assoziationen vs. apperzeptive Synthese), Lev Vygotsky (natürliche vs. höhere psychische Funktionen) und selbst Jerry Fodor (Inputsysteme vs. zentrale Systeme). Aber eine solche Dichotomisierung kann nicht ausreichen. Es lassen sich mehrere Beispiele finden, die auf einer stabilen Grundlage für die Unterscheidung phylogenetischer Ebenen in Bereichen wie beispielsweise der Bewegungskontrolle (Bernstein, 1947), des Gedächtnisses (Lockhart & Craik, 1991) oder der Wahrnehmung (Treisman, 1979) sprechen. Zudem scheinen diese 'bereichsspezifischen' Hierarchien in dieselbe gemeinsame Rahmenvorstellung integrierbar zu sein (s. Velichkovsky, 1994a). In neuerer Zeit werden die sich ergebenden Mehr-Ebenen-Modelle auch mit Hilfe von Methoden zur Visualisierung von Gehirnvorgängen geprüft, beispielsweise mit der Positronen-Emissions-Tomographie. Dabei zeigt sich, daß Aufgaben, die die Ressourcen der höheren Ebenen beanspruchen, eine stärkere Aktivation der phylogenetisch jüngeren Strukturen des Gehirns, insbesondere des präfrontalen Cortex, verursachen (Craik, persönliche Mitteilung, Dezember 1993).

Eine abschließende Bemerkung zu den Mehr-Ebenen-Architekturen betrifft das Problem der Koordination zwischen den Ebenen. Neuere neurophysiologische Daten scheinen die Hypothese zu unterstützen, daß es die Aufmerksamkeit ist, die die Top-down-Beziehungen zwischen den Ebenen zusammenhält. So wurde dieselbe Mehr-Ebenen-Struktur bei den Hirnmechanismen entdeckt, die die zuverlässigste äußere Manifestation der Aufmerksamkeit steuern – die sakkadischen Augenbewegungen (Fischer & Weber, 1993).

3. Ist Sprache ein Modul für syntaktische Transformationen?

Es stellt sich nun die Frage, in welchem Ausmaß die genannten Kontroversen auf den Bereich der Sprache übertragbar sind. Wieweit läßt sich Sprache beispielsweise als ein Modul betrachten, dem alle Eigenschaften der Bereichsspezifität, der Abgeschlossenheit der Information gegenüber anderen Modulen, etc. zukommen? Diese Art der Behandlung folgt unmittelbar aus der Linguistik Chomskyscher Prägung, in der verfügt wurde, der einzig wichtige Aspekt der Sprache sei die Syntax. Darüber hinaus wurde die Syntax – auf der Ebene der Tiefenstruktur – für alle Sprachen in allen Kulturen der Welt als dieselbe angesehen, unabhängig von Bedeutungen, kommunikativen Intentionen und anderen psychischen Prozessen (zum Beispiel Chomsky, 1976). Eine solche Vorrichtung ließe sich in den Gehirnmechanismus tatsächlich nur 'auf einen Schlag' einbauen, durch eine Art 'Super-Mutation' (die sogenannte Zauberkugel-Hypothese). Es liegen Befunde über eine mögliche genetische Kontrolle einiger Gesichtspunkte der Sprachproduktion vor. Diese Ergebnisse sind aber für den Bereich der Erforschung der menschlichen Kommunikation allenfalls peripher (für einen Überblick über die aktuelle Kontroverse in der Verhaltensgenetik s. auch Hogan, 1993). In der vorherrschenden Konzeption bleibt der Ursprung der Sprache ein Rätsel, vor allem aus biologischer Sicht.

Anhand neuerer empirischer Entdeckungen läßt sich das, was zuerst wie eine schlagartige und mysteriöse Erscheinung aussah, mit größerer Genauigkeit und als eine zeitlich erstreckte Entwicklung betrachten. Es mehren sich die Belege gegen die Annahme, bei der Sprache handle es sich um ein angeborenes Modul für grammatische Transformationen. Beispielsweise erscheint die funktionale und neuropsychologische Plastizität in der Sprachentwicklung recht bemerkenswert – zumindest bis zum Ende des kritischen Zeitabschnitts. Übrigens bedarf auch diese Periode hoher Sensitivität für die Ausbildung sprachlicher Strukturen nicht unbedingt einer Erklärung in Form eines genetisch vorgeschriebenen Reifungsprogramms: das Auffüllen eines anfänglich ziemlich leeren neuronalen Netzwerks mit Verbindungsgewichten würde zur Erklärung hinreichen (Marchman, 1993). Ein weiterer Beleg stammt ebenfalls aus neuropsychologischen Untersuchungen. Er betrifft die Verteilung der funktional verschiedenen Regionen über die Oberfläche des Neo-Cortex. Hier handelt es sich weniger um ein zufälliges Mosaik; vielmehr sind neurale Repräsentationen nach der Art von topologischer Gradienten organisiert (Goldberg, 1990). Dies ist ein Indiz für die Entwicklungsdifferenzierung, die von wenigen Kernregionen, etwa den primären akustischen und visuellen Gebieten, ausgeht.

Die funktionale Differenzierung des Cortex verläuft auf unterschiedliche Weise in Abhängigkeit von kulturellen Faktoren – beispielweise vom jeweiligen

Typ des Schriftsystems. Tatsächlich scheint Sprache nicht isoliert von der soziokulturellen Umgebung zu entstehen: weder in den frühen Phasen der 'vorsprachlichen' Entwicklung noch im Hinblick auf die außerordentliche Variabilität der Mittel, mit den die grundlegenden syntaktischen Relationen ausgedrückt werden (man denke an Wittgensteins Vergleich der Syntax mit einem Werkzeugkasten).

Bates & MacWinney (1989) haben kürzlich eine Reihe von Gesichtspunkten dieser Variabilität zusammengefaßt. In einigen Sprachen markieren Sprecher den Agent und den Rezipient einer Handlung durch eine bestimmte Wortfolge, in anderen Sprachen ist die Anordnung der sprachlichen Elemente nicht entscheidend, sie weisen aber spezielle fallunterscheidende Endungen auf; in wieder anderen Sprachen gibt es spezielle lexikalische Symbole (wie beispielsweise einige der Präpositionen im Deutschen), die dieselbe Funktion erfüllen. Was wir lexikalische Symbole nennen könnten, kennzeichnet die Elemente in einer komplexen kognitiven Szenerie, während syntaktische Symbole benötigt werden, um die Struktur dieser Szenerie zu kennzeichnen – die funktionalen Rollen der Elemente im Ereignisrahmen. Mit anderen Worten handelt es sich bei syntaktischen Symbolen lediglich um eine andere Art von Symbolen im kommunikativen Inventar, die zum Zwecke der Kommunikation komplexer Sachverhalte geschaffen sind, an denen regelmäßig wiederkehrende, vorhersagbare Beziehungen zwischen Entitäten in der gemeinsamen sozialen Welt der Sprachbenutzer beteiligt sind.

Auf der Basis dieser Analyse kommt man zu zwei Folgerungen. Erstens müssen nicht nur die räumliche Szene und die zugehörigen Objekte, sondern auch tatsächlich oder potentiell Handelnde in der entstehenden sprachlichen Kommunikation repräsentiert werden. Aus kognitiver Sicht sollte also die voll ausgebildete Sprache durch eine mehr oder weniger ausgearbeitete 'Theorie des Geistes' vermittelt sein: die Repräsentation anderer Menschen mit ihren psychischen Zuständen – ihrer Absicht, ihrem Wissen und ihrem Fühlen (Bakhtin, 1983; Herrmann, 1982). Zweitens sind, im Gegensatz zur traditionellen Vorstellung, Syntax und Semantik vielleicht gar nicht scharf voneinander zu trennen – zumindest am Anfang, vor der Automatisierung der syntaktischen Routinen. Diese anfängliche Einheit von Syntax und Semantik läßt sich recht deutlich in Befunden zur menschlichen Entwicklung nachweisen, darunter auch in neuropsychologischen Befunden (Friederici, 1990; s. auch unten 4.).

Ein anderes atemberaubendes Unternehmen besteht darin, daß in jüngster Zeit das für traditionelle Sichtweisen so entscheidende Verständnis der Sprache als die *differentia specifica* der menschlichen Spezies infrage gestellt wurde (s. zusammenfassend Savage-Rumbaugh et al., 1993). Die Untersuchungen zum Sprachlernen bei Primaten brachten nicht nur den Nachweis, daß sich höhere Primaten der referentielle Semantik bedienen können, sondern auch, daß sie Anfänge zeigen, die enge Definition der Sprache als ein kombinatorisches Grammatiksystem miteinzubeziehen, wie es in der Linguistik Chomskyscher Prägung eingeführt ist und im symbolischen Informationsansatz propagiert wird. Insbesondere die Experimente mit dem Bonobo-Schimpansen (*Pan Paniscus*) Kanzi zeigen, daß seine Lernfähigkeit auch das Verstehen von Phrasen ungeachtet ihrer grammatischen Transformationen umfaßt (Greenfield & Savage-Rumbaugh, 1990). Diese Befunde, die innerhalb der Kognitionswissenschaften oft nicht ausreichend beachtet werden, sprechen dafür, daß die Vorstellung eines angeborenen Moduls für grammatische Transformationen, irgendwo im menschlichen Gehirn lokalisiert, revisionsbedürftig ist. Gleichzeitig erscheinen die entsprechenden Fähigkeiten des Menschen und selbst der intelligentesten Primaten grundlegend verschieden zu sein. Es stellt sich die Frage, worin diese Unterschiede bestehen und worin sie begründet sind.

4. Auch in der Sprache zeigt sich die vertikale Dimension

Die Anhaltspunkte für die Modularität der sprachbezogenen Prozesse sind bestenfalls uneindeutig; lassen sich in diesem Untersuchungsbereich irgendwelche Spuren der Evolutionsdynamik entdecken? Wiederum würde die Hauptrichtung der linguistischen Auffassung der letzten Jahrzehnte dies abstreiten, verstößt die Frage doch gegen die These des unmittelbaren Entstehens von Sprache (vgl. Chomsky, 1976; Fodor, 1985). Wie wir jedoch gerade gesehen haben, widerspricht die Behandlung der Sprache als ein geschlossenes formales System den empirischen Befunden. Ob man es als ein neues Paradigma formuliert oder als den derzeit entstehenden Zeitgeist ansieht, in jedem Fall handelt es sich um einen Perspektivenwechsel: Im Zentrum dieser Untersuchungen stehen gerade diejenigen Wechselwirkungen zwischen biologischen und kulturellen Faktoren, die die Entwicklung der formalen Eigenschaften von Sprache ermöglichen. Aus dieser Perspektive erscheint es möglich, bis zu drei funktional und phylogenetisch unterscheidbare Ebenen der sprachlichen Mechanismen auf dem Wege zum voll ausgebildeten propositionalen Sprechen zu differenzieren.

Zuerst ist eine frühe Stufe des 'nicht-propositionalen Sprechens', wie sie bereits von Hughlings-Jackson (Jackson, 1874) bezeichnet wurde, zu erwähnen. Ihre phylogenetisch älteste Komponente sind gefühlsbezogene Vokalisationen, die mit den subcortikalen und limbischen (das heißt, den paläocorticalen) Strukturen des Gehirns im Zusammenhang stehen. Nach MacLeans Theorie des 'dreieinigen Gehirns' (1990) erscheinen diese Mechanismen in der Evolution mit dem Übergang von den Reptilien zum Paläomammal – noch ein weiter Weg bis zu menschlichen Formen der Kommunikation. Andere, meist cortikale Vorgänge, die diese subsymbolische Ebene der vorsprachlichen Prozesse unterstützen, bestehen im perzeptuellen Kategorisieren und Erkennen; diese Prozesse erlauben die eigentliche 'Begründung' linguistischer Symbole in der Welt der Objekte, der Ereignisse und der absichtsvoll Handelnden. Bei Säugetieren sind diese Prozesse voll entwickelt, mit einem Trend zur relativen Dominanz der visuellen Kognition, die für alle höheren Primaten, den Menschen eingeschlossen, so typisch ist.

Was die 'Sprache an sich' anbelangt, die die Bereiche der symbolischen lexikalischen und syntaktischen Verarbeitung miteinschließt, so belegen ihre neurophysiologischen Mechanismen eine weiter vorne liegende und phylogenetisch neue Region des Neo-Cortex: den berühmten 'sprachlichen Kernbereich' oder die Broca-Wernicke-Region rund um das *planum temporale* der linken Großhirnhemisphäre. Ein Problem mit dieser Hirnregion besteht darin, daß sie schon vorhanden ist, bevor sich jegliche propositionale Sprache zeigt, so daß sich diese

Strukturen im Anfang für einen anderen Zweck als den der verbalen Kommunikation entwickelt haben müssen (Donald, 1991). Neuere Befunde (s. insbesondere Friederici, 1990) zeigen auch, daß sich die Spezialisierung der Teilbereiche dieses Hirnabschnitts im Verlauf der menschlichen Ontogenese während einer vergleichsweise langen Periode der Automatisierung sprachbezogener Prozesse aufbaut; dies hängt besonders mit dem Abtrennen der syntaktischen Komponenten von der lexikalischen Semantik zusammen. Diese Entwicklung dauert bis zur Pubertät an, wo sich die Spuren der usprünglichen Einheit einer 'semantischen Syntax' nurmehr mit experimentellen Mitteln nachweisen lassen.

All diese Mechanismen sind für das Bezugsfeld der sprachlichen Kommunikation jedoch bei weitem nicht erschöpfend. Für das tatsächlichliche Diskursgeschehen ist eine angemessene Situationspragmatik unerläßlich. Eine der großen Leistungen Theo Herrmanns (zum Beispiel 1982) besteht darin, immer wieder zu betonen, wie wichtig der Situationsbezug für das Funktioneren der menschlichen Sprache ist; für die Sprache, wie sie tatsächlich ist, und nicht, wie sie aus Sicht der Transformationsgrammatik sein sollte. Es mehren sich Befunde, die diese Prozesse mit den jüngsten, präfrontalen Regionen überwiegend der rechten Hirnhälfte in Verbindung bringen (Gardner, 1992). Typisch für diese oberste Ebene der Organisation sind die reflexive Intersubjektivität und die kreative Einstellung gegenüber Sprache und Denken (Clark, 1992; Herrmann, 1985): Kreativ bedeutet hier nicht mehr die kombinatorische Kreativität im Sinne der Manipulation grammatischer Regeln. Zu den im engen Sinne sprachlichen Merkmalen könnte man die systematische Verwendung von Konstruktionen der propositionalen Einstellung zählen, die im Entwicklungsverlauf mit dem Leistungsvermögen übereinstimmen, wie es die 'Theorie des Geistes' (Karmiloff-Smith, 1992; Perner, 1991) beschreibt. Diese Ebene ist Kindern erst im Alter von ungefähr vier Jahren verfügbar. Und sie übertrifft bei weitem die Intelligenzleistungen der dem Menschen nächstverwandten Primaten.

Um die Beziehungen zwischen den Ebenen zu untersuchen, kann die folgende Situation einer asymmetrischen Kommunikation von Interesse sein: Zwei Versuchspersonen lösen in Kooperation eine Aufgabe. Eine verfügt, was die Aufgabe betrifft, über Expertenwissen, kann in der Situation aber nicht handeln. Die andere soll tätig werden, verfügt aber nicht über die notwendige Expertise. Der Experte, der Instrukteur, muß dem Konstrukteur seine Expertise mitteilen, um die Lösung der Aufgabe zu erleichtern beziehungsweise zu ermöglichen. Daß Sprache das Situationswissen, beispielsweise den visuellen räumlichen Handlungskontext, sichtbar werden läßt, ist gut dokumentiert und gehört zu den klassischen Leistungen der Psycholinguistik (beginnend mit Vygotsky, 1962/1935). Da es die Aufmerksamkeit ist, die die Ebenen von 'oben' nach 'unten' miteinander verbindet, kann eine Manipulation der Information über das aktuelle Zentrum der partnerseitigen Aufmerksamkeit das Untersuchungsparadigma situierter Kommunikation erweitern. Zu diesem Zwecke zogen wir die zuverlässigste Manifestation der Aufmerksamkeit heran – das Blickverhalten. Dieses Vorgehen führt zu einem experimentellen Design mit drei Hauptbedingungen: (a) ausschließlich verbale Kommunikation; (b) verbale Kommunikation in einer gemeinsamen zeitlich-räumlichen Szenerie; (c) Kommunikation mit dem Wissen, worauf die Aufmerksamkeit des

Partners gerade gerichtet ist; dieses Wissen wird operational durch die Lokalisierung der Blickfixationen dargestellt. Das allgemeine Schema solcher Experimente mit unterschiedlichen Puzzle-Aufgaben, die derzeit durchgeführt werden, zeigt Abbildung 3.

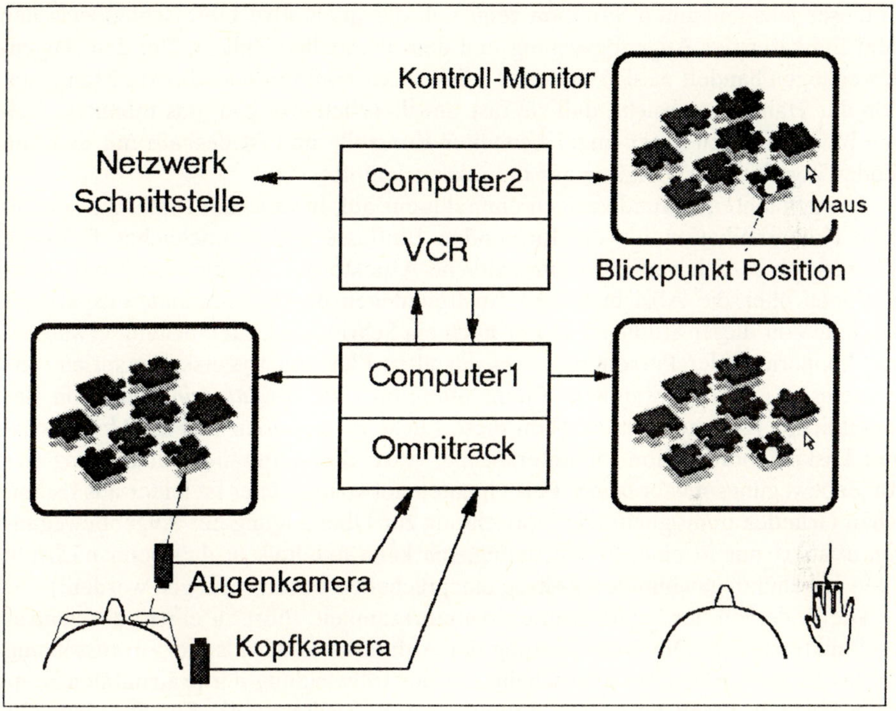

Abb. 3: Die Grundkonstellation des Puzzle-Experiments. Der Versuchsablauf wird mit Hilfe eines multimedialen Systems gespeichert und ausgewertet. Als Versuchsaufgabe können beliebige Bilder oder auch dynamische Computerszenarios verwendet werden.

Die Ergebnisse zeigen, daß tatsächlich offenkundige Unterschiede in der Ausführung der Aufgabe auftreten. Ohne außersprachliche Unterstützung, das heißt, wenn der Instrukteur keinen Zugang zum Arbeitsplatz des Konstrukteurs hat und nur der verbale Kanal zur Verfügung steht, dauert es durchschnittlich zwölf bis fünfzehn Minuten, bis eine Puzzle-Aufgabe vollständig ausgeführt ist. Bei einer gemeinsamen visuellen Szenerie, wenn also beide Teilnehmer den Arbeitsplatz jederzeit einsehen können, reduziert sich die Lösungszeit drastisch auf vier bis fünf Minuten. Dieser Befund war zu erwarten. Besteht außerdem die Möglichkeit, die durch die Augenbewegungen des Experten verfügbare Information zum Arbeitsplatz des Konstrukteurs zu übertragen, verringert sich die Problemlösezeit signifikant auf zwei bis drei Minuten, im Durchschnitt auf etwa 70 Prozent der vorherigen Zeit. Diese Reduktion der Bearbeitungszeit scheint sogar noch ausgeprägter zu sein als die Beschleunigung der Aufgabenbearbeitung, die sich ergibt, wenn die verbale Hilfestellung des Instruktionsexperten statt durch die Blickbewegungsinformation durch das über eine PC-Maus vermittelte manuelle Zeigen ergänzt wird.

Ein signifikanter Ausführungsvorteil ergab sich auch in der umgekehrten Situation: Der Experte versucht, Hilfestellung zu geben, und beobachtet dabei die Augenbewegungen des Konstrukteurs bei seinen Versuchen, die Aufgabe zu lösen. In dieser letztgenannten Situation zeigt sich der qualitative Unterschied zwischen dem Indikator der Augenbewegung und dem manuellen Zeigen: Bei den Augenbewegungen handelt es sich in einem solchen Ausmaß um eine direkte Manifestation der Handlungsabsicht, daß sie fast unwillkürlich erfolgen; das manuelle Zeigen bleibt dagegen unter enger bewußter Kontrolle und ist deshalb mit den laufenden kognitiven Aktivitäten nur indirekt verknüpft.

Die genannten Befunde zeigen einmal mehr auf, in welchem Maße die sprachliche Kommunikation für die formenden Einflüsse außersprachlicher Faktoren offen ist, ob es sich nun um raum-zeitliche Aspekte der Situation oder um Informationen über die Absichten und Anstrengungen des Kommunikationspartners handelt. Von dieser Studie ist es nur noch ein Schritt zur Untersuchung erwachsener, kooperierender Personen, wie es der alten Idee von Vygotsky entspricht: die 'gemeinsame Aufmerksamkeit' ('joint attention') als *conditio sine qua non* der sprachlichen Kommunikation. (Um diese Lücke zu schließen und die Handlungs- und Diskurskoordination zu untersuchen, wäre die simultane Aufzeichung der Augenbewegungsmuster *beider* Partizipanten notwendig. Dies ist leider aus technischen Gründen unmöglich: Die Vorrichtung zur Übertragung der Augenbewegungen existiert nur in einer Ausfertigung. Ich kann nur hoffen, daß beim nächsten Theo Herrmann gewidmeten Beitrag entsprechende Daten vorliegen werden!)

Die Rede von der 'gemeinsamen Aufmerksamkeit' führt zu einem der zentralen Punkte zurück. Die Sozialisierung der Aufmerksamkeit als die Voraussetzung für das Entstehen von Sprache scheint mit der Entwicklung der präfrontalen Kontrolle Hand in Hand zu gehen. Bemerkenswerterweise ist die Fixationsdauer in unserer Untersuchung – der ersten dieser Art – mehr als doppelt so lang wie die Fixationszeit, die in Lesestudien beschrieben wird, und etwa viermal länger als bei den 'Express-Sakkaden', die wahrscheinlich die raumbezogene Aufmerksamkeit unterstützen und die durch die Mechanismen des Mittelhirns vermittelt sind (Fischer & Weber, 1993). Während die Augenbewegungen beim Lesen aller Wahrscheinlichkeit nach von den hinteren neocortikalen Strukturen erzeugt werden, läßt sich die Hypothese formulieren, daß die überaus langen kommunikativen Fixationen, die in unserer Untersuchung zu Tage treten, von den präfrontalen Hirnregionen herbeigeführt werden. Diese präfrontale Beteiligung steht mit neueren Ansätzen im Einklang (Deacon, 1992; Velichkovsky, 1994b), nach denen Ursprung und Funktion der Sprache entscheidend von den Kontrolleinflüssen abhängen können, die von diesen phylogenetisch jüngsten Strukturen ausgeübt werden.

5. Evolution und Involution der kognitiven Organisation

Offensichtlich handelt es sich bei dem Abschnitt der menschlichen Evolution, der zur vollen Entfaltung der Sprache geführt hat, nicht um ein monotones, unidirektionales Fortschreiten. Er weist zahlreiche Wiederholungen, Verstärkungen und die Ko-Evolution seiner heterogenen Komponenten auf. Jede progressive Veränderung führt nicht nur zur anatomischen Erweiterung neuer Areale, sondern auch zu 'stromabwärts' verlaufenden Wellen entlang der gesamten vertikalen Dimension des Gehirns. Die sekundäre Umstrukturierung führt in der Hauptsache zu funktionalen Veränderungen, wobei die Funktionen entweder 'modernisiert' oder völlig verändert werden können. Beispielsweise ist der Teil unseres Gehirns, den wir von den Reptilien haben (Basalganglien und Mittelhirn; MacLean, 1990), an der beidfüßigen Bewegung massiv beteiligt und ist bei der Ausführung der gut eingeübten Koordinationsleistungen beim Klavierspielen im Hintergrund tätig (Bernstein, 1947). In ähnlicher Weise wurden Strukturen, die sich zum Erkennen wahrnehmungsbezogener Kategorien (das zukünftige 'Wernicke-Zentrum') beziehungsweise zur Kontrolle feinmotorischer Koordinationen (das 'Broca-Zentrum') herausgebildet hatten, zum Ort unserer unmittelbaren sprachlichen Fähigkeiten. Wie im Beispiel des beim Klavierspielen beteiligten 'Reptiliengehirns' geschieht dies erst im 'zweiten Durchgang', der im Falle der Sprache vornehmlich durch die präfrontale Erweiterung und deren Korrelate im Sozialverhalten verursacht wurde, das heißt, *nachdem* die Strukturen der obersten, präfrontalen Ebene – im ersten Durchgang – schon entworfen waren.

Mit anderen Worten haben sich in der Phylogenese Strukturen, die metasprachliche und metakognitive Koordinationsleistungen unterstützen, entwickelt, bevor sich die sprachlichen Prozesse selbst ausgebildet haben. Diese neu entwickelten präfrontalen Strukturen können die soziale Kontrolle vermitteln, die zum Sprecherwerb und zu seiner kulturellen Überleitung notwendig sind. Die gewaltige Erweiterung gerade dieser Strukturen (um mehr als 200 Prozent) in der Anthropogenese wird aus Abbildung 4 ersichtlich. Diese Erweiterung ist sogar im Vergleich mit der Dynamik derjenigen Regionen spektakulär, in den die Sprache (genauer: die 'Sprache an sich') lokalisiert ist.

Was läßt sich in dieser Hinsicht über die Ontogenese der Sprache und der kognitiven Organisation sagen? Die globalen Trends im Verlauf der individuellen Entwicklung sind mit den Vorstellungen zur vertikalen Dimension der geistigen Funktionen gut vereinbar, soweit sie von direkten Interaktionen mit der raum-zeitlichen Umgebung und den darin eingebetteten Objekten zu symbolischen Koordinationen und schließlich zur Entwicklung der (intersubjektiven) 'Theorie des Geistes' führen: dem Wissen über Absichten, Wissen und Gefühle anderer Menschen. Neuere Experimentalbefunde zeigen auf, daß die Strategien der situativen, interpersonalen Pragmatik im Zentrum unserer Fähigkeit zum logischen Denken liegen könnten, nicht die wahrscheinlich angeborenen Algorithmen, wie sie in der Theorie des sozialen Austauschs beschrieben sind (s. Politzer & Nguyen-Xuan, 1992). Mit anderen Worten, aus der Perspektive der vertikalen Organisation betrachtet man die Domäne der interpersonalen Kognition nicht als ein isoliertes Modul neben vielen anderen (vgl. Cosmides & Tooby, 1992), sondern als eine hohe, meines Erachtens die höchste Ebene im Aufbau der Verhaltenskontrolle. Die ontogenetischen Daten belegen, daß dies gleichzeitig auch eine Ebene in der Entwicklung der Persönlichkeit, also 'intrapersonale Erkenntnis' sein kann (s. insbesondere Bischof-Köhler, 1989).

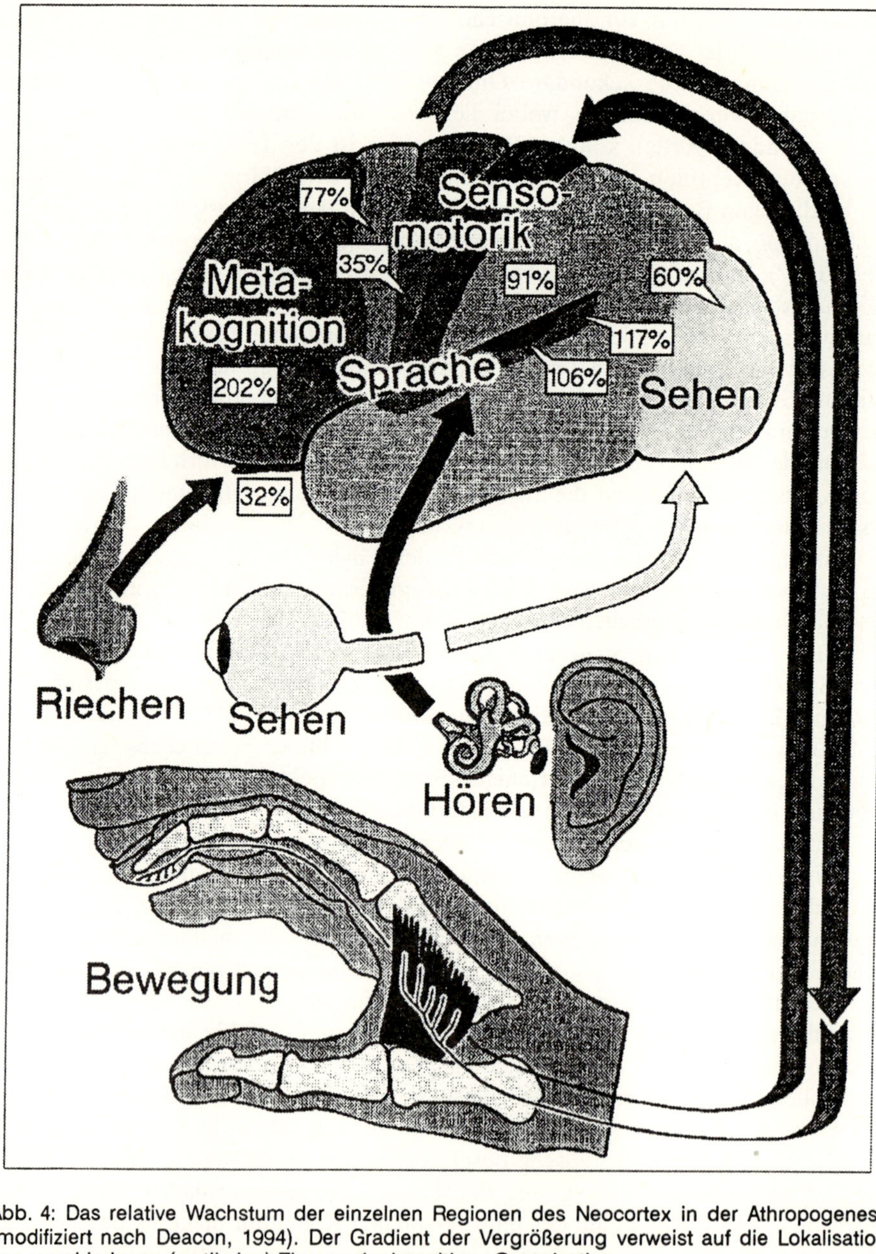

Abb. 4: Das relative Wachstum der einzelnen Regionen des Neocortex in der Athropogenese (modifiziert nach Deacon, 1994). Der Gradient der Vergrößerung verweist auf die Lokalisation von verschiedenen (cortikalen) Ebenen der kognitiven Organisation.

Die Sozialisation der Aufmerksamkeit am Ende des ersten Lebensjahres macht eine Unterstützung und Vermittlung der kognitiven Aktivitäten des Kindes durch Erwachsene möglich. Eine solche Sozialisation ist deshalb die wichtigste Voraussetzung des Spracherwerbs, die erklärt, wie in der Ontogenese Sprache erworben wird, bevor individuelle, das heißt nicht durch die unmittelbare soziale Umgebung unterstützte, metakognitive Koordinationsleistungen möglich sind. Offensichtlich kann diese Stufe, die für die Erfindung der Sprache notwendig ist, von den heutigen Primaten, die anscheinend keine Vorstellung von den psychischen Prozessen ihrer Artgenossen haben, nicht erreicht werden (Cheney & Seyfart, 1991; Tomasello, Kruger & Ratner, 1993). In der menschlichen Ontogenese dürften das Alter, in dem die wesentlichen Veränderungen im Wachstum der präfrontalen Regionen erfolgen, und das Alter, in dem die Theorie des Geistes wie auch das metasprachliche Bewußtsein des Kindes zum ersten Mal systematisch zutage treten, übereinstimmen (s. Perner, 1991; Stuss, 1992).

Das nur sehr selten untersuchte Pendant zu dieser fortschreitenden Entwicklung bildet die natürliche Rückentwicklung der Hirnfunktionen im Alter. Es ist bekannt, daß die regressiven Prozesse in erster Linie durch die Schwäche der präfrontalen Ausführungskontrolle bei älteren Menschen verursacht werden; dies kann auf zahlreiche Weise zum Ausdruck kommen, von kleineren bis zu fortschreitend schwerwiegenden Beeinträchtigungen der metakognitiven Organisation: Schwierigkeiten beim Verstehen und Behalten von Witzen, beim episodischen Erinnerungsvermögen, in der unzureichender Flexibilität in neuartigen sozialen Situationen, die eine reflexive, 'machiavellistische' Intelligenz erfordern, etc. Kann eine Schwäche bei diesen Formen der flexiblen, situationsangepaßten Regulation des Denkens und Handelns durch das Repertoire an Wissens- und Handlungsskripts, das im konzeptuellen (semantischen) Gedächtnis gespeichert ist (s. Craik, 1986), noch völlig kompensiert werden, so führt die Schädigung dieser darunterliegenden Ebene zu wirklich grundlegenden Problemen.

Dies ist offenbar bei der Alzheimerschen Krankheit der Fall, bei der im Gegensatz zum normalen Altern breite assoziative Bereiche des hinteren Cortex in die destruktive Rückbildung einbezogen sind. Es resultiert eine massive Beeinträchtigung der konzeptuellen Verarbeitung, beispielsweise Schwierigkeiten beim Benennen, beim Erinnern alltäglicher Begebenheiten, bei der Verallgemeinerung wie auch bei der genaueren Spezifizierung des Tatsachenwissens. Es besteht der Eindruck, daß nur die sehr robusten, ontogenetisch ältesten Komponenten des semantischen Wissens – die Kategorien der 'Basis-Ebene' (Rosch, 1973) oder vielleicht die 'sensorischen Konzepte' (Hoffman, 1984) – diese destruktive Entwicklung für längere oder kürzere Zeit überleben können. Dabei bleiben die perzeptuelle Verarbeitung, die Voraktivierung und die sensomotorischen Automatismen weitgehend intakt.

Weitere, niedrigere Ebenen geistiger Prozesse können bei Patienten zerstört sein, bei denen die subcortikalen Strukturen geschädigt sind, beispielsweise die Basalganglien im Falle der Huntingtonschen Krankheit. Hier entdeckt man, zusammen mit profunden Störungen der sensomotorischen Koordination, auch Defekte der Wahrnehmungsprozesse. Begriffliche Aufgaben können jedoch im Vergleich zu Kontrollgruppen ohne wesentliche Verschlechterung ausgeführt werden (s. Hodges, Salmon & Butters, 1991). Es läßt sich somit erkennen, daß ganz unterschiedliche Dissoziierungen auch entlang der vertikalen Dimension der geistigen Funktionen möglich sind.

Aber, um noch einmal darauf zurückzukommen: Die Hirnmechanismen allein reichen nicht hin, um die Entwicklung der Sprache zu erklären. Schon von Anfang an dürfte sich Sprache in Interaktion mit der Kultur entwickelt haben, obwohl ihre neurophysiologischen Mechanismen mindestens eine Epoche früher entstanden sind. Die Evolution führt schlußendlich nicht nur zu internen Schleifen 'abwärtsströmender' Veränderungen, wenn alte Strukturen neue Funktionen annehmen, sondern auch zu externen Schleifen der Veränderung in den Umweltbedingungen. Sozio-kulturelle Unterstützung kann die geschädigte, funktional geschwächte oder unterentwickelte präfrontale Kontrolle kompensieren, sei es in frühen Lebensabschnitten (Vygotsky, 1962) oder bei älteren Bevölkerungsgruppen (Craik, 1986). Der metakognitiven Ebene dürfte bei der kognitiven Rehabilitation entscheidende Wichtigkeit zukommen, weil sie die Möglichkeit zur Koordination der sozialen Aktivitäten mehrer Personen und zu ihrem effektiven Einsatz als externe Unterstützung eröffnet (Marcel, 1993).

Die unterstützende Rolle der sozialen Umwelt erklärt demnach einige Paradoxa in der Untersuchungslandschaft, beispielsweise die spektakulären Leistungen des Affen Kanzi im Language Research Center in Atlanta. Diese Leistungen überschreiten die genetischen Unterschiede unserer beiden Spezies – in dem Maße, in dem der Schimpanse Kanzi 'sozio-kulturelle Eingliederung' erfuhr.

6. Fazit

Ich habe in meinem Beitrag aufzuzeigen versucht, daß es zu der bestehenden Mißlage vieler unterschiedlicher 'bereichsspezifischer' Psychologien gangbare Alternativen gibt. Die schon vorliegenden Befunde konnten in die flexiblere Rahmenkonzeption der funktionalen Organisationsebenen integriert werden. Viele, so auch ich, mögen diese Rahmenkonzeption für zu allgemein halten; doch ziehe ich es vor, mit akzeptablen Unschärfen Richtiges zu sagen, statt mit größtmöglicher Präzision auf von Anfang an falsch gestellte Fragen zu antworten. Da die Konzepte in psychologischen Theorien (zum Beispiel Gedächtnis, Aufmerksamkeit, Persönlichkeit, Motivation) ziemlich breit gefaßt sind, läßt sich eine gemeinsame Rahmenvorstellung für interdisziplinäre Forschung nur auf der ebenso breit gefaßten Grundlage der Makroarchitektur des Gehirns, der evolutionären Gesetzmäßigkeiten, der Unterstützung der menschlichen Kognition durch die Umwelt und deren Vermittlung durch kulturelle Artefakte aufbauen.

Dieser synthetische Ansatz erscheint somit, zusammen mit einer angemessenen Gründlichkeit bei der Gestaltung von Experimenten, der Messung und der Anwendung moderner technischer Hilfsmittel, als eine aussichtsreiche Strategie für die psychologische Forschung, auch was die voraussehbare Zukunft anbelangt. Auf jeden Fall ist diese Vorgehensweise produktiver als die noch so populäre Suche nach mutmaßlich isolierten Modulen.

7. Danksagung

Dieser Beitrag wurde mit Unterstützung der Deutschen Forschungsgemeinschaft (Sonderforschungsbereich 360) geschrieben. Ich danke insbesondere Theo Herrmann für seine Inspiration und für fruchtbare Diskussionen. Viele Anregungen verdanke ich Norbert Bischof, Fergus Craik, Gert Rickheit, Helge Ritter, Duane Rumbaugh und anderen Kollegen. Schließlich möchte ich mich bei Eyal Reingold und Dave Stampe (SR Research, Toronto, Kanada) für die schnelle und sorgfältige Entwicklung des Systems zur Analyse von Augenbewegungen OMNITRACK, welches in unseren Experimenten verwendet wurde, bedanken.

Literatur

Bakhtin, M. M. (1983). *The dialogic imagination*. Austin: University of Texas Press.

Bates, E. & MacWinney, B. (1989). Functionalism and the competition model. In B. MacWinney & E. Bates (Eds.), *The crosslinguistic study of sentence processing*. New York: Cambridge University Press.

Bernstein, N. A. (1947). *O postrojenije dvizhenij*. [Über den Aufbau von Bewegungen.] Moskau: Medgiz.

Bischof-Köhler, D. (1989). Spiegelbild und Empathie. Bern: Huber.

Cheney, D. L. & Seyfart, R. M. (1991). Truth and deception in animal communication. In C. A. Ristau (Ed.), *Cognitive ethology: The mind of other animals*. Hillsdale, NJ: Erlbaum.

Chomsky, N. (1976). The formal nature of language. In E. H. Lenneberg (Ed.), *Biolgical foundations of language* (pp. 397–442). New York: Wiley.

Clark, H. H. (1992). *Arenas of laguage use*. Chicago: University of Chicago Press.

Cosmides, L. & Tooby, J. (1992). Cognitive adaption for social exchange. In J. Barkow, L. Cosmides & J. Tooby (Eds.), *The adapted mind: Evolutionary psychology and the generation of culture*. New York: Oxford University Press.

Craik, F. I. M. (1986). A functional account of age differences in memory. In F. Klix & H. Hagendorf (Eds.), *Human memory and cognitive capabilities: mechanisms and performances* (pp. 409–422). Amsterdam: North-Holland.

Deacon, T. (1992). Brain-language coevolution. In J. A. Howkins & M. Gell-Mann (Eds.), *The evolution of human languages*. Redwood, CA: Addison-Wesley.

Deacon, T. (1994, i. pr.). Prefrontal cortex and the high cost of symbolic learning – Why a brain capable of language evolved only once. In B. M. Velichkovsky & D. M. Rumbough (Eds.), *Naturally human: Origins and destiny of language*. Princeton, NJ: Princeton University Press.

Donald, M. (1991). *Origins of the modern mind: Thress stages in the evolution of culture and cognition*. Cambridge, MA: Harvard University press.

Farah, M. J. (1994, i. pr.). Neuropsychological inference with an interactive brain: A critique of the "locality assumption". *Behavioral and Brain Sciences*.

Fischer, B. & Weber, H. (1993). Express saccades and visual attention. *Behavioral and Brain Sciences, 16*, 553–610.

Fodor, J. A. (1983). *The modularity of mind*. Cambridge, MA: The MIT Press.

Fodor, J. A. (1985). Fodor's guide to mental representation: The intelligent auntie's vademecum. *Mind, 94*, 76–100.

Friederici, A. (1990). On properties of cognitive modules. *Psychological Research, 52*, 175–180.

Gardner, H. (1992). *The stories of the right hemisphere*. Paper presented at the Nebraska Symposium on Motivation, October 1992.

Goldberg, E. (1990). Higher cortical functions in human: The gradiental approach. In E. Goldberg (Ed.), *Contemporary neuropsychology and the legacy of Luria*. Hillsdale, NJ: Erlbaum.

Greenfield, P. M. & Savage-Rumbaugh, S. (1990). Grammatical combination in *Pan Paniscus*: Process learning and invention in the evolution and development of language. In S. Taylor-Parker & K. R. Gibson (Eds.), *Language and intelligence in monkeys and apes*. Cambridge, MA: Cambridge University Press.

Haeckel, E. (1874). Anthropologie: Keimes- und Stammes-Geschichte des Menschen. Leipzig: Engelmann.

Herrmann, Th. (1982). *Sprechen und Situation: Eine psychologische Konzeption zur situationsspezifischen Sprachproduktion*. Berlin: Springer.

Herrmann, Th. (1985). *Allgemeine Sprachpsychologie*. München: Urban & Schwarzenberg.

Hodges, J. R., Salmon, D. P. & Butters, N. (1991). The nature of the naming deficit in Alzheimer's and Huntington's disease. *Brain, 114*, 1547–1558.

Hoffmann, J. (1984). *Die Welt der Begriffe*. Berlin: VEB Verlag der Wissenschaften.

Hogan, J. (1993). Eugenics revisited. *Scientific American, 268*, 92–100.

Jackson, H. J. (1874). On affections of speech from disease of brain. *Brain, 1*, 304–330.

Karmiloff-Smith, A. (1992). *Beyond modularity: A developmental perspective on cognitive science*. Cambridge, MA: The MIT Press.

Leslie, A. (1991). *Dissociations in acquiring a "theory of mind"*. Paper presented at the Conference on the mental architecture, November 1991. New Brunswick: Rutgers University, Center for Cognitive Studies.

Lockhart, R. S. & Craik, F. I. M. (1991). Levels of processing: A retrospective commentary on a framework for memory research. *Canadian Journal of Psychology, 44*, 87–112.

Luria, A. R. (1979). *The making of mind*. Cambridge, MA: Harvard University Press.

MacLean, P. (1990). *The triune brain in evolution*. New York: Plenum Press.

Marcel, A. (1993). The personal level in cognitive rehabilitation. In N. von Steinbüchel, E. Pöppel & D. von Cramon (Eds.), *Neuropsychological rehabilitation*. Berlin: Springer.

Marchman, V. A. (1993). Constraints on plasticity in a connectionist model of English past tense. *Jounral of Cognitive Neuroscience*, *5*, 215–234.

Newell, A. & Simon, H. (1972). *Human problem solving*. New York: Prentice Hall.

Perner, J. (1991). *Understanding the representational mind*. Cambridge, MA: The MIT Press.

Politzer, G. & Nguyen-Xuan, A. (1992). Reasoning about conditional promisses and warnings: Darwinian algorithms, mental models, relevance judgements or pragmatic schemas? *The Quarterly Journal of Experimental Psychology*, *44A*, 401–421.

Ritter, H. Martinetz, T. & Schulten, K. (1991). Neural computation and self-organizing maps. Reading, MA: Addison-Wesley.

Rosch, E. (1973). Natural categories. *Cognitive Psychology*, *4*, 328–350.

Savage-Rumbaugh, S., Murphy, J., Sevcick, R. A., Brakke, K. E., Williams, S. L. & Rumbaugh, D. M. (1993). Language comprehension in ape and child. *Monographs of the Society for Research in Child Development*, *58*, 1–256.

Stuss, D. T. (1992). Biological and psychological development of executive functions. *Brain and Cognition*, *20*, 8–23.

Tomasello, M., Kruger, A. & Ratner, H. (1993). Cultural learning. *Behavioral and Brain Sciences*, *16*, 495–552.

Treisman, A. (1979). The psychological reality of levels of processing. In L. S. Cermak & F. I. M. Craik (Eds.), *Levels of processing in human memory* (pp. 301–330). Hilldsdale, NJ: Erlbaum.

Velichkovsky, B. M. (1983). Visual cognition and its spatial-temporal context. In F. Klix et al. (Eds.), *Cognitive research in psychology*. Amsterdam: North-Holland.

Velichkovsky, B. M. (1988). *Wissen und Handeln*. Weinheim: VCH Verlagsgesellschaft.

Velichkovsky, B. M. (1990). The vertical dimension of mental functioning. *Psychological Research*, *52*, 282–297.

Velichkovsky, B. M. (1994a). The levels endeavor in psychology and cognitive science. In P. Bertelson, P. Eelen & G. d'Ydewalle (Eds.), *Current advances in psychological sciences*. Hillsdale, NJ: Erlbaum.

Velichkovsky, B. M. (1994b, i. pr.). Language development on the crossroads of biological and cultural interaction. In B. M. Velichkovsky & D. M. Rumbaugh (Eds.), *Naturally human: Origins and destiny of language*. Princeton, NJ: Princeton University Press.

Vygotsky, L. S. (1962). *Language and thought* (Russische Erstauflage 1935). Cambridge, MA: The MIT Press.

Wissenselemente: Bausteine für Gedächtnis und Sprache

Friedhart Klix

Die Frage der Repräsentation mentaler Strukturen und ihrer Funktion im menschlichen Gedächtnis hat sich zu einem zentralen Thema der gegenwärtigen kognitiven Psychologie entwickelt. Sie ist Kind jener 'kognitiven Wende', die ein weiträumiges Ereignis in der Entwicklung zahlreicher Wissenschaften während der zweiten Hälfte dieses Jahrhunderts ist. Bevor wir uns einigen damit verbundenen Aspekten zuwenden, sei bedacht, weshalb es zu veränderten Akzentsetzungen auch in der Psychologie gekommen ist, wo der Gewinn liegt und wie die Schattenseiten aussehen – und ob es Möglichkeiten gibt, einige der letzteren zu verkleinern.

1. Eine historische Vorbemerkung: wie es zur 'kognitiven Wende' kam und was sie gebracht hat

Eine zeitlang schien es so, als würde die 'kognitive Wende' in der Psychologie nicht nur zu neuem Erkenntnisgewinn, sondern vor allem zu starken Vereinheitlichungen in der psychologischen Theoriebildung führen. Was den Erkenntnisgewinn anlangt, so läßt sich dies schwerlich bezweifeln; was aber die Vereinheitlichung in der Theoriebildung anlangt, so kommt man wohl nicht umhin, von Enttäuschungen zu sprechen. Wir wollen beide Aspekte betrachten und versuchen, an einem Beispiel eine in Zusammenhang mit Arbeiten von Theo Herrmann bestehende Kompromißmöglichkeit aufzeigen. Es scheint dazu nützlich, einen Blick auf die Anfänge dieser Wende zu lenken.

Die Quellpunkte für die kognitiv motivierten Ansätze in der Psychologie lagen vorwiegend in der amerikanischen Wissenschaftsszene während der vierziger und fünfziger Jahre. Sie sind aber vorzugsweise nicht in der Psychologie zu finden. Dort hatten neobehavioristische Ansätze teils zu einem umfassenden Theoriegebäude auf sehr schmaler empirischer Basis geführt (Hull, 1952) oder es, ebenfalls auf der Basis bedingter Reaktionen beruhend, zu mathematisch streng durchgearbeiteten Lerntheorien nach dem Bekräftigungsprinzip gebracht (Bush & Mosteller, 1955; Estes, 1959; Luce, 1959). Der Zugang zu einer alltags- oder praxisrelevanten Psychologie konnte von daher kaum gefunden werden.

Auf der anderen, der motivations- und persönlichkeitspsychologischen Seite, war ebenfalls viel Bedeutsames geschrieben (Allport, 1949; McClelland, 1953), aber paradigmenschaffende Einflüsse waren ausgeblieben. Da fanden die neuen Regungen in Nachbargebieten der Psychologie, nahen wie entfernteren, weit stärkere Beachtung.

Die entstehenden neuen Einsichten, in Zeitrafferform verdichtet, lassen sich etwa so zusammenfassen:

- Der aus Mathematik und Technik stammende Informationsbegriff wurde in seiner Bedeutung für die Biologie, speziell für das Verständnis nervaler Prozesse erkannt (Brillouin, 1957; Quastler, 1953; Wiener, 1948).
- Die Bedeutung des Regelungsprinzips für biologische Vorgänge wurde von Anochin (1935, 1967) entdeckt und von Wiener (1948) sowie von von Holst & Mittelstaedt (1950) als ein Basisprinzip der Funktionsweise des Nervensystems erkannt und mit Prozessen der Informationsverarbeitung in Zusammenhang gebracht. Das hatte auch technische Konsequenzen. Diese Kombination erwies sich als geeignet, einfache Lernprozesse technisch zu simulieren, zum Beispiel im Perzeptron (Rosenblatt, 1958).
- Aus der Mathematik der dreißiger Jahre herstammend (Turing, 1936/37), gewann die Theorie der rekursiven Funktionen weitreichende Bedeutung. Sie wurde zur Basis der Algorithmen- und Automatentheorie (Kleene, 1956). Die Formeltransformationen wurden erweitert zu einer allgemeinen Zeichen- oder Symbolmanipulation. Zeichen- und zugehörige Regelsysteme konnten in ihren wesentlichen Eigenschaften als formale Sprachen ausgewiesen werden, wobei sich tiefliegende Analogien zu natürlichen Sprachen ergaben.
- Aus ökonomischen Analysen über Wettbewerb, Gewinn und Verlust wurde die Spieltheorie entwickelt. Mit ihr konnten die Analysen rationalen und rationellen Entscheidungsverhaltens neue Impulse für eine analytische Behandlung finden (von Neumann & Morgenstern, 1964).*

Unabhängig von der Weite oder Nähe zur herkömmlichen Psychologie, ob in Technik oder Mathematik, Physiologie oder Soziologie, allgemeiner Biologie oder Sprachtheorie liegend, die so aufgebrochenen Themen und Probleme erwiesen sich immer auch von zumeist tiefliegender psychologischer Bedeutung. Wir wollen das an einigen wenigen Beispielen verdeutlichen. Auch Kritiker der kognitiven Psychologie sollten dabei erkennen, daß es fachspezifische Gründe gab, diese 'fachfremden' Entwicklungen zur Kenntnis zu nehmen:

(1) Nachdem einmal der Kodierungsvorgang im Rahmen der Informationstheorie definiert war, konnte gezeigt werden, daß die Erbinformation in einem Aminosäurecode verschlüsselt ist, der im informationstheoretischen Sinne nach Rationalität und Zuverlässigkeit hin optimiert wurde. Die Erkenntnis, daß der Informationsgehalt der Erbsubstanz über die Generationen hinweg transportiert wird und daß diese Erbsubstanz auch die 'Schlüsselworte' für die Konstruktion des Nervensystems enthält, mußte dazu führen, daß die

---

* Die hier oft zitierten Publikationsdaten sind zumeist jüngeren Datums als die Anfänge des Gedankenguts der zitierten Autoren.

molekulare Vererbungslehre mit humanpsychologisch relevanten Störungen in Beziehung gebracht wird (vgl. Singer & Berg, 1992).

(2) Eine analoge Wandlung machte der Begriff des Reizes für die Wahrnehmung durch. Es wurde erkannt, daß Reize als Informationsträger über jene Umgebungseigenschaften fungieren, die an ihrem Ursprungsort vorliegen. Sie muß das Nervensystem dekodieren, um zu einer umgebungsgemäßen Verhaltenssteuerung zu kommen (Gibson, 1950; Kohler, 1951; vgl. dazu auch Geißler, 1991). Es wurde gezeigt, daß dies nach einem evolutiven Selektionsprinzip realisiert ist und daß die Gestaltgesetze eben dies zum Ausdruck bringen.

(3) Lernen, so wurde gezeigt, erzeugt oder korrigiert Gedächtnisbesitz durch informationsverarbeitende Prozesse. Da Lernen ein zentraler Vorgang für das Verständnis der Entstehungsgeschichte vieler psychischer Funktionen ist, gerieten dadurch das Studium von Lernen und Behalten, die Analyse von Wahrnehmen und Wiedererkennen, von Bildvorstellung und Begriffslernen immer wieder ins Zentrum psychologischer Forschungen (vgl. Gleitmann, 1981; Norman & Lindsey 1972). Diese Funktionen wurden als wechselseitig sich bedingende Teilkomplexe erkannt, wenn auch oft nicht so behandelt, wie wir noch sehen werden.

(4) Die Entwicklung der Theorie rekursiver Funktionen zu einer Theorie berechenbarer Funktionen und zur Algorithmentheorie war das Fundament zur Entwicklung von Rechnerprogrammen. Die zugehörige hardware-technische Realisierung war auf anderem Boden gewachsen. Zusammengenommen ermöglichte diese Symbiose die Beherrschung hoher Komplexitätsstufen in informationstragenden Strukturen. Das erlaubte Strukturanalysen von Problemlösungsprozessen, wie sie zuvor nicht möglich waren (Newell, Shaw & Simon, 1963). Generell wurde mit der Entwicklung von Simulationsverfahren der Psychologie eine neue Forschungsmethodik erschlossen, die auf Gebieten des Lernens, Denkens, Entscheidens, der Hypothesenbildung und der Sprachanalyse Fortschritte erbrachte (Dörner, Lutz & Meurer 1967; Goede, 1969).

(5) Die zitierte Theorie der rekursiven Funktionen fand in einem anderen Terrain wissenschaftlicher Bemühungen um die Analyse geistiger Prozesse überraschende Anwendung: bei der Analyse grammatischer Strukturen natürlicher Sprache. Die von Halle und insbesondere von Chomsky (1957) vorgelegte Theorie generativer Grammatiken ist diese Anwendung. Sie hat eine Unzahl nicht nur linguistischer, sondern psycholinguistischer und ureigen psychologischer Fragestellungen ausgelöst (Keil, 1979; Slobin, 1971).

Vor zwei bis drei Jahrzehnten zeichnete sich so vor dem Hintergrund dieser interdisziplinär stimulierten Wechselwirkungen eine weitreichende Vereinheitlichung der bis dahin theoretisch und in den Anwendungen stark zerklüfteten Psychologie ab: Zwischen Wahrnehmen und Erkennen, Lernen, Behalten und Gedächtnisbildung, Denken und Problemlösen, Wahrnehmen und Sprachverstehen, Problemlösen und Sprachproduktion wurden Zusammenhänge gesehen. Sie schienen Wegweiser zu einer allgemeinen Systemtheorie mentaler Prozesse zu werden. Und doch ist es zu solcher Vereinheitlichung dieses vielgliedrigen Zweiges der Psychologie nicht gekommen. Selbst in Teilgebieten nicht; weder in theoretischer noch in praktischer Hinsicht. Die äußerlich und im großen so harmonisch scheinenden Zusammenhänge konnten die innere Zerklüftung und die Unvereinbarkeiten auch in den Hintergründen der Theoriebildung nicht verdecken. Um dies zu verdeutlichen, ist es notwendig, einige Details zu betrachten.

Was die Allgemeine Psychologie anlangt, so ist es neben der Sprachpsychologie wohl doch die Gedächtnisforschung und speziell die Wissensrepräsentation, die die stärkste Differenzierung erfahren haben*. An ihr wollen wir zeigen, wie die Ungereimtheiten und Widersprüche im Detail aussehen, und prüfen, ob sich mit einer Modellvorstellung zur Wissensrepräsentation nicht doch gewisse Vereinheitlichungen begründen lassen.

2. Die Hinwendung zu Wissenselementen

2.1 Begriffliches Wissen – wie ist es niedergelegt im Gedächtnis?

Es besteht weitgehend Einigkeit darüber, daß begriffliches Wissen im Wahrnehmungsprozeß seinen Anfang nimmt und dabei jene Merkmale gewinnt, die klassifizierendes Erkennen oder Wiedererkennen ermöglichen. Dabei sind sensomotorisch hervorgerufene und über Verhaltensentscheidungen gewonnene Klassifizierungen ebenso einbezogen wie die von Handlungen her erzeugten Begriffe. Der Begriff STRICKEN** zum Beispiel ist im Gedächtnis von Wahrnehmungsbildern her mit charakteristischen Merkmalen von Handbewegungen mit Nadeln und Garn gebunden und dadurch in ungezählten Varianten wiedererkennbar. Personen, die das Ergebnis herstellen, haben diesen Vorgang auch als charakteristisches Handlungsprogramm verfügbar, das in spezifischen Varianten mit Unterprogrammen für verschiedene Muster gespeichert ist.

Halten wir fest: Begriffe sind (originär) Klassenbildungen über Objektmengen aufgrund der in ihren Wahrnehmungsbildern enthaltenen und perzeptiv extrahierbaren Invarianzeigenschaften.*** Nach ihrer Fixierung im Gedächtnis bilden sie die Wissensbasis für klassifizierendes Wiedererkennen. Der Aufbau des menschlichen Gedächtnisses ist wesentlich durch die in ihm gespeicherten begrifflichen Wissenskörper bestimmt. Aussagen über das menschliche Gedächtnis im ganzen, so sollte man vermuten, werden also wesentlich von den Kenntnissen und Vorstellungen über die begriffliche Wissensspeicherung bestimmt. Ihr wollen wir uns zunächst zuwenden. Wir werden dann erkennen, daß diese Annahme nicht zutrifft.

---

* Merkwürdigerweise ist es über Jahrzehnte hin zu einer deutlichen Stagnation der kognitiv orientierten Lernforschung gekommen, die sich erst in der Gegenwart ein wenig zu lösen scheint (vgl. Hoffmann & Kintsch, 1994).

** Begriffe schreiben wir in Absetzung von den sie benennenden Wörtern mit Großbuchstaben.

*** Das sind die primären begrifflichen Bildungen, aus denen dann komplexe wie abstrakte ableitbar sind. Auf diese Zusammenhänge gehen wir in diesem Rahmen nicht ein.

2.2 Das Repräsentationsproblem

Obwohl die Psychologie der Allgemeinen Sprachwisssenschaft viel zu verdanken hat, ist doch eine grundlegende Einsicht in Absetzung von linguistischen Positionen von ihr ausgegangen und mittlerweile Allgemeingut:die Tatsache nämlich, daß man große Teile des Wortschatzes einer Sprache als Benennungen für die Begriffsbildungen ansehen muß. Worte fixieren (wenigstens zeitweilig) die Struktur eines Begriffs. Sie wird durch jene invarianten Merkmale bestimmt, die klassifizierendes Wiedererkennen ermöglichen. Den Inhalt eines Begriffs bildet die Menge der Träger dieser Merkmale, und die mit der Struktur im Gedächtnis verbundenen Verhaltensantworten oder -einstellungen bilden die Bedeutung dieses Wissenselements. In den klassischen Begriffsbildungsstudien stand die Struktur eines Klassifikats so stark im Vordergrund, daß man immer nur Merkmalskollektionen klassifizierend sortieren ließ (Hull, 1920, am Beispiel pseudochinesischer Schriftzeichen; Ach, 1921, am Beispiel einer nach Merkmalen unterscheidbaren Bauklötzchenwelt; Bruner, Goodnow & Austin, 1956, mit Merkmalsverteilungen auf Kärtchen). 'Begriffe' wurden als konjunktive oder (bei Bruner et al.) auch als partiell disjunktiv verknüpfte Merkmale definiert, und das Begriffslernen wurde als Wechselspiel zwischen Merkmalshypothese und Rückmeldung des Versuchsleiters (ob richtig zugeordnet oder nicht) analysiert. Anhand geprüfter Beispiele, also vom Begriffsinhalt her, mußte die Struktur erschlossen werden.

Diese Studien begründeten zusammen mit nachfolgenden Untersuchungen die Annahme, daß Begriffe im menschlichen Gedächtnis durch Merkmalslisten repräsentiert sind. Smith, Shoben & Rips (1974) sowie McClosky & Glucksberg (1979) haben diese Annahme durch Experimente gestützt. Es gab Schwierigkeiten bei der Deutung der Ergebnisse. Smith et al. hatten natürlich-sprachliche Begriffe wie zum Beispiel Pflanzen, Tiere oder Mineralien verwendet und die Erkennungszeiten bei Unter-Oberbegriffen gemessen; also zum Beispiel bei MÖHRE-GEMÜSE oder INSEKT-TIER und ähnlichem. Das Modell von Rips et al. funktioniert bei solchen Klasseninklusionen auch in einfachen Fällen nicht verallgemeinernd. Selbst bei typischen Begriffsverbindungen wie bei SPERLING-VOGEL oder nach der Art KARPFEN-FISCH muß man bei solchem Kategorienwechsel immer wieder Neuanpassungen des Modells vornehmen, obwohl doch alles einfache Unter-Oberbegriffsbeziehungen sind. Es ergaben sich auch sehr allgemeine Schwierigkeiten für das Merkmalslistenmodell. Ein Beispiel: KARPFEN ist ja nicht nur ein Fisch mit einer festen, genau dafür relevanten Merkmalsliste. Karpfen ist (auch) ein FRIEDFISCH, ein SÜSSWASSERFISCH, ein SCHUPPENTIER, ein ZUCHTTIER, ein SPEISEFISCH, benannt nach verschiedenen Zubereitungsarten wie Karpfen POLNISCH, CHINESISCH und noch vieles andere. Wie können solche verschiedenen Klassifizierungen bei einer festen Merkmalsliste zustandekommen?

Und es entsteht noch ein weiteres Problem. Bei KARPFEN-FRIEDFISCH und KARPFEN-SÜSSWASSERFISCH kann, wenn auch mit Zusatzannahmen, die semantisch sinnvolle Begriffsbeziehung über die Erkennung gemeinsamer Merkmale, also über Merkmalsvergleichsprozesse zustandekommend, gedacht werden (Wolf, 1984). Aber wie ist das bei Begriffsbeziehungen, in denen bei den zu betrachtenden Begriffen keine gemeinsamen Merkmale vorkommen und die doch als sinnvoll zusammengehörig erkannt werden, wenigstens von allen mit der Sprache und ihren Üblichkeiten Vertrauten? Also zum Beispiel bei BAUM und ERDE oder PFLANZE und SONNE? Diese Schwierigkeit haben Collins & Quillian (1972) schon früh erkannt und das Merkmalslistenmodell verworfen. Nicht die Merkmale eines Begriffs sind es danach, die Bedeutungsverstehen ermöglichen, sondern bedeutungshaltige Beziehungen zwischen den Wörtern. Für das Wort "Pflanze", so führen sie aus, gelten dann Begriffsbeziehungen wie HAT EIN (STIEL) oder IST EIN (ORGANISMUS) oder NIMMT NAHRUNG AUS (ERDE) oder AUS (LUFT) oder AUS (WASSER); und NAME IST (PFLANZE). Und die Merkmalsnotierung? Nun, auf solche Weise kann man auch beliebige Merkmale als HAT EIGENSCHAFT (a, b, c) aufzählen, statt sie in Listenform anzugeben.

Eine besondere Repräsentationsform begrifflicher Eintragungen wurde von E. Rosch (1975) untersucht und ermittelt. Begriffe werden hier aufgefaßt als Durchschnittsbilder über Kollektionen von Wahrnehmungsdingen. Dort, wo die meisten Überschneidungen in den sichtbaren Eigenschaften liegen, befindet sich der typische Vertreter einer Objektklasse. Begriffliche Zugehörigkeiten beruhen danach auf Ähnlichkeitsurteilen mit (internem) Bezug auf den (oder die) typischsten Vertreter einer Objektklasse. So ist, wie Skalierungsexperimente zeigen, die 'Typikalität' des Begriffs ROTKEHLCHEN für die Kategorie VOGEL sehr hoch, während die für HUHN deutlich niedriger und die für PINGUIN ausdrücklich schwach ist.

Eine strengere Modellfassung begrifflicher Repräsentation wurde von Strube (1984a,b) vorgeschlagen. Begriffe werden hier durch Koordinatenwerte auf semantischen Merkmalsdimensionen vorgestellt. Dem liegt die Annahme der Existenz von Wort- oder Begriffsfeldern zugrunde. Auch hier wäre die Ähnlichkeit zwischen Begriffen als mittlere räumliche Distanz ihrer Koordinatenwerte aufzufassen. Es wird ein Filtermechanismus eingeführt, durch den kontextuelle Betonungen oder Streichungen von Merkmalen variiert werden und (für die Simulation) Mengendurchschnitte gebildet werden können.

Wir kommen zurück zu den bedeutungshaltigen begrifflichen Bindungen im menschlichen Gedächtnis, auf Ähnlichkeiten, Verwandtschaft oder andere Zusammenhänge, die nicht auf gleiche oder vergleichbare Merkmale zurückgeführt werden können. Zwischen ANGEL und FISCH, zwischen PFERD und REITEN, GEWEHR und JAGD, PIANIST und KLAVIER oder DIRIGENT und PARTITUR gibt es gewiß große Nähe in bedeutungshaltigen Gedächtnisbindungen. Dem müssen dann aber andere Grundannahmen über Strukturbildungen im Wissensbesitz entsprechen. Begriffe werden hier (nach logischem Vorbild) als Propositionen vorgestellt, als Prädikate mit Argumenten (Kintsch & van Dijk, 1983; Opwis & Lüer, 1993; Tesnière, 1953); also etwa:

$\text{GEWITTER}_{(\text{BLITZ, DONNER, REGEN})}$ oder

$\text{SCHENKEN}_{(\text{HANS, MUTTER, BLUMEN})}$.

Besonders im Rahmen der KI-Forschung konnte man diese Darstellung zur Ableitung von Inferenzen in semantisch belegten Aussagen heranziehen (vgl. Riesbeck, 1975; Wettler, 1980). Allerdings läßt sich auch zeigen, daß diese Prädikat-Argument-Darstellung für die psychologisch relevanten Aspekte semantischer Differenzierungen zu grob ist. Die Beziehungen zwischen (GEWITTER und (BLITZ, DONNER)) sowie zwischen (SCHENKEN und (HANS, BLUMEN)) sind semantisch nicht gleichwertig (vgl. Herrmann, 1985). Einmal liegt eine Ursache-Wirkungsbeziehung und ein andermal eine Objektbeziehung vor. Man hat daher im Anschluß an Fillmore (1968), Tesnière (1953) und andere diese vor allem Ereignisse klassifizierenden Begriffsbeziehungen systematischer untersucht und beschrieben. Wir (das heißt Klix, 1992; Küchler, 1991; Preuß, 1985; Schmiescheck, 1989; van der Meer, 1991; und Wolf, 1984) haben diese Begriffe einer besonderen Klasse von Begriffen, den *Ereignisbegriffen*, zugeordnet und mit Hilfe von Experimenten von den einfachen, dingbezogenen *Objektbegriffen* abgegrenzt. In diesem ereignisbezogenen Wissensbesitz unterscheiden wir einen semantischen Kern (zumeist ein Verb) sowie, von ihm ausgehend, die (semantischen) Rollen des Handlungsträgers (HT), des Rezipienten (REZ), des Objekts (OBJ) eines Geschehens, des Ortes oder der Lokation (LOC) und des Zieles oder der Finalität (FIN) des Handelnden. Wir haben nachweisen können, daß diese semantischen Beziehungen unterschiedliche Funktionen in einem nach Bedeutungen strukturierten menschlichen Gedächtnis erfüllen. Insbesondere ließ sich zeigen, daß diese Relationen explizit gespeichertes Wissen über charakteristische Zusammenhänge bei Ereignissen in Raum und Zeit darstellen. Sie sind wie die Merkmale eines Begriffs eingetragen und bilden relativ stabil vernetzte Wissensstrukturen, wie sie in Abbildung 1 an einem Beispiel wiedergegeben sind.

Relationale Begriffe beziehen sich auf Merkmalsänderungen (wie zum Beispiel VERBRENNEN oder VERGRÖSSERN oder auf Veränderungen von Ereignisrelationen wie bei PFLANZEN (LOC), EINHOLEN (im Raum), ÜBERHOLEN (in Raum und Zeit); vgl. dazu im Detail Klix (1992).

Von Ereignisbegriffen zu unterscheiden sind semantische Bindungen zwischen Begriffen, die Information über Beziehungen zwischen Ereignissen enthalten und also vermitteln können. Dazu gehören die Ursache-Wirkungsbeziehungen (KAUS), die Bedingungsrelation (KOND) und die vom Wissensbesitz als möglich anerkannte, bloße zeitliche Abfolge (TEMP). Bei diesen Relationen handelt es sich, wie van der Meer & Schmidt (1992) gezeigt haben, um eigenständig verfügbare begriffliche Bildungen, die als Bindungsoperatoren zum Aufbau komplexerer Ereignisfolgen herangezogen werden können. Sie bedingen ein gut Teil der narrativen Kompetenz eines Menschen.

Es ist nach diesen (und anderen) Befunden offensichtlich, daß die Vorstellungen von den einfachen Merkmalslisten nicht ausreichen, um das Spektrum begrifflicher Bildungen des menschlichen Gedächtnisses und der Bindungen in ihm beschreibend oder simulierend zu erfassen. Zudem fehlt noch ein wesentliches Element begrifflicher Eigenschaften: ihr möglicher unterschiedlicher Abstraktionsgrad. Zwischen einem Hund BELLO, einem SCHÄFERHUND, einem HUND, einem TIER, einem LEBEWESEN und einem dinglichen OBJEKT läuft es sich wie auf einer Leiter mit zunehmender oder abnehmender Abstraktheit hin und her, wobei jeweils unterschiedlich mächtige Objektmengen umgriffen werden. Hier ist nun wahrscheinlich gemacht worden, daß zu- oder abnehmende Abstraktheit prozessualen Ursprungs ist, das heißt, daß sie durch kognitive Operationen erzeugt wird. Und das ist nur ein Beispiel für die Tatsache, daß Operationen in begrifflichen (und nichtbegrifflichen) Wissensbesitz eingreifen können. Hier, bei den Abstraktionen, sind es vor allem die Aktivierung und die Inhibition, durch die die Merkmalszusammensetzung eines Begriffs variiert werden kann. Sie sind Teil der Dynamik von Wissensbesitz, auf die wir noch zurückkommen (vgl. dazu ausführlich Klix, 1992, 1994b).

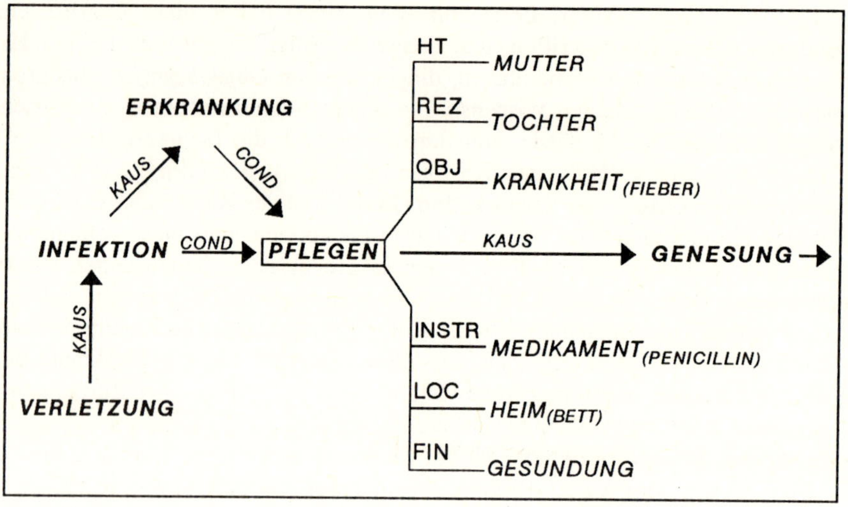

Abb. 1: Einbettung des Ereignisbegriffs PFLEGEN in eine Ereignisfolge. Man erkennt, daß die Begriffsentfaltung zu PFLEGEN auch vom Kontext der Begriffseinbettung abhängt. Er ist hier weitgehend durch die Bestimmung von OBJekt, REZipient und INSTRument bestimmt (sowie in der Vorgeschichte durch die Verursachung KAUS. Wären stattdessen AUTO oder THESAURUS die OBJekte für PFLEGEN, so wären andere begriffliche Bindungen für den semantischen Hintergrund des gleichen Wortes bedeutungsstiftend. Ebenso wie PFLEGEN könnte man auch VERLETZUNG oder INFEKTION als Ereignisbegriffe darstellen.

Damit haben wir in knappen Zügen einige Auffassungen skizziert, wie sie bezüglich der begrifflichen Repräsentation von Wissen im menschlichen Gedächtnis entworfen worden sind. Das müßte nun, so sollte man meinen, auch in den Theorien über den Aufbau des Wissensbesitzes im ganzen wiederzufinden sein, also in dem, was man weithin menschliches Gedächtnis nennt. Das ist aber, wie sich nun herausstellen wird, nicht der Fall. Wir wollen das belegen.

2.3 Begriffsbildung und Gedächtnismodelle: eine unbefriedigende Situation

Im Prinzip also, so unser Ausgangspunkt, müßte es so sein, daß Kohärenz besteht zwischen den Strukturen, die Wissen tragen, und der Organisation dieses selben

Wissens im Aufbau des Gedächtnisses. Auch sollten zwischen den Vorstellungen über elementare Prozesse im Detail und den Behaltens- wie Erinnerungsphänomenen im großen Zusammenhänge ausgewiesen werden. Auch dies wollen wir mit einem Blick auf vorliegende und aktuelle Gedächtnismodelle prüfen.

Wir beginnen mit der einflußreichen Unterscheidung von E. Tulving (1983). Er trennt zwischen einem episodischen Gedächtnis (die persönlichen Erlebnisse im raum-zeitlichen Kontext betreffend) und einem semantischen Gedächtnis, das Wörter und Begriffe umfaßt. Unterschiedliche Behaltenseffekte und Differenzierungsgrade des Erinnerns werden als spezifisch für beide Gedächtnisarten nachgewiesen. Für Schacter (1987) hingegen ist es wesentlich, zwischen einem expliziten und einem impliziten Gedächtnis zu unterscheiden. Diese Zweiteilung ist neuerdings durch Untersuchungen zur nichtbewußten Wissensbildung beziehungsweise zum impliziten Lernen bedeutsam geworden (vgl. dazu Hoffmann, 1993).

Sehr einflußreich in der gedächtnispsychologischen Literatur ist die von Anderson (1983) begründete Unterscheidung zwischen faktischem (oder 'deklarativem') Gedächtnis ("wissen daß") und einem prozeduralen Gedächtnis ("wissen wie").

Von anderer Art ist die Diskussion um die Informationskodierung im Gedächtnis. Pylyshyn (1984) und Kosslyn (1980) diskutierten eingehend die Notwendigkeit einer Trennung zwischen diskret-propositionaler und analog-stetiger Wissensrepräsentation.

Paivio (1986) hat von einem anderen Standpunkt her die Unterscheidbarkeit zwischen anschaulich-bildlichen Gedächtnisanteilen einerseits und abstrakt-kategorialen Anteilen andererseits betont und durch zahlreiche Experimente gestützt. Die anschaulich-bildliche Repräsentation ist dabei feiner und differenzierter in der Granulierung. Die gröberen kategorialen Anteile sind mit Sprache verbunden, die vorzugsweise aufs Begriffliche zielt. Auch gibt es hier andere Invarianzeigenschaften (zum Beispiel die Unabhängigkeit gegenüber Größen-, Form- oder bestimmten Gestalttransformationen; vgl. dazu auch Frost, 1971).

Engelkamp schließlich hat jüngst (1992) in einem umfassenden Werk eine aspektreiche, ebenfalls durch Experimente gestützte, multimodale Gedächtnistheorie entwickelt (vgl. auch Engelkamp & Zimmer, 1983). Im besonderen wird hier modalspezifischer und modalitätsfreier (vorwiegend begrifflicher) Wissensbesitz unterschieden. Besondere Beachtung wird den sensomotorischen Anteilen in der Spurenbildung des Gedächtnisses gewidmet.

Von völlig anderer Art sind jene Gedächtniskonzepte, die weniger die Kodierung der Gedächtnisinhalte als vielmehr einige seiner charakteristischen Funktionen zum Gegenstand haben. Zahlreiche Untersuchungen analysieren unterschiedliche Gedächtniszeitspannen. Wenn wir hier von dem sensorischen Gedächtnispuffer (auch Ultrakurzzeitgedächtnis genannt), absehen, werden vor allem zwei zeitlich verschieden begrenzte Informationsspeicher unterschieden, nämlich Kurzzeit- und Langzeitgedächtnis (Klatzky, 1975; Baddeley, 1986). Unklar ist die Frage nach den Zeitkonstanten dieser beiden 'Gedächtnisse' geblieben. Die meisten Autoren sprechen sich beim Kurzzeitgedächtnis für den Sekundenbereich aus (etwa 25 bis 35 Sekunden). Wickelgren (1979) unterscheidet noch ein intermediäres, im Minutenbereich arbeitendes Gedächtnis. Murdock schließlich (1974) bezweifelt überhaupt nach festen Zeitdistanzen separierbare Gedächtnisfunktionen. Kurzzeitiges Behalten ist danach als operative Zwischenspeicherung bedarfsgeregelt. Hat intermediäres Wissen seine Funktion erfüllt, dann verschwinden die Inhalte wie Kalenderblätter mit verstrichenen Terminen. Für das Langzeitgedächtnis kann eine bis maximal lebenslängliche Behaltensspanne angenommen werden.

Jedes dieser theoretischen Konzepte wird von den jeweiligen Autoren zumeist durch eine große Zahl von Experimenten gestützt. Und es ist auch nachvollziehbar, daß jeder dieser Aspekte in der einen oder der anderen Hinsicht relevant ist für das geordnete Funktionieren eines so komplexen Gebildes, wie es das menschliche Gedächtnis nun einmal ist. Also wird man gut tun, keinen dieser faktengestützten Modellansätze auf dem Wege zu einer allgemeinen Theorie geistiger Leistungsfähigkeit des Menschen zu negieren. Andererseits wird auch kein Modell universelle Gültigkeit für sich alleine beanspruchen können.

Unser Ausgangspunkt hatte in diesem Rahmen eine spezifische Zielstellung: Wir haben an unterschiedliche Vorstellungen über die Repräsentation von Begriffen im menschlichen Gedächtnis erinnert. Sie sind die wesentlichen Träger des Wissens eines Menschen. Begriffe sortieren ihm die Welt der Wahrnehmungen und Erfahrungen. Sie strukturieren sein Wissen, sie formieren sein Gedächtnis.

Nach den Ansichten über die Begriffsspeicherung haben wir uns einigen aktuellen Vorstellungen über den Aufbau des menschlichen Gedächtnisses zugewandt, so wie sie ebenfalls in der psychologischen Literatur zu finden sind. Aufgegeben war zu prüfen, wie die Vorstellungen über begriffliches Wissen auf der einen Seite und die über den Aufbau des menschlichen Gedächtnisses auf der anderen miteinander harmonieren. Und wir fanden, daß beide Klassen von Vorstellungen und ihre Literaturen wenig miteinander zu tun haben. Die Frage ist, ob das so bleiben muß oder ob es nicht ein Mangel ist, wenn die allgemeinen Gedächtnismodelle von den Vorstellungen über ihre konstituierenden Elemente weitgehend absehen. Besonders drastisch kommt das zum Ausdruck, wenn in einem semantischen Netz als Modell des menschlichen Gedächtnisses Begriffe als Punkte, genannt Knoten, und Beziehungen zwischen ihnen, genannt Kanten, dargestellt werden, mit Namen versehen sind und jeweils nur sehr schwache innere Differenzierungen erfahren.

Vor dem Hintergrund dieser zweifelnden Gedanken wollen wir nun eine Art synthetisches Begriffsmodell entwerfen, das unter verschiedenen Aspekten ebenfalls empirisch gestützt ist und von dem sich zeigen läßt, daß es (1) die meisten der referierten Begriffsmodelle als Spezialfälle enthält und daß es (2) auch Zugänge enthält zu Modellvorstellungen, die den Aufbau des menschlichen Gedächtnisses im ganzen betreffen.

3. Begriffe als flexible Wissenskonfigurationen und Komponenten des Gedächtnisses

Wir gehen von einem relativ einfachen Begriff des mitteleuropäischen Alltagswissens aus und konstruieren von ihm her jene komplexeren Wissenskörper, die eine individuelle und sozial geprägte Gedächtnisstruktur aufbauen.

Wir wählen den Begriff ORGANIST und beschreiben ihn zunächst mit seinen allgemeinsten Merkmalen, etwa wie ein 'Durchschnittsbild' dieser so benannten Menschengruppe. Die Merkmale betrachten wir als Variable A, B, C ... . Sie werden als Dimensionen definiert, auf denen die individuellen Ausprägungsgrade fixiert werden können. Diese definieren die Individuen als Angehörige (oder Elemente) einer wohlbestimmten Klasse. Die individuellen Werte drücken wir durch Kleinbuchstaben aus. Diese können stetig variieren oder nicht. Das ist letztlich eine empirische Frage. Für die Darstellung macht das keine Schwierigkeiten.

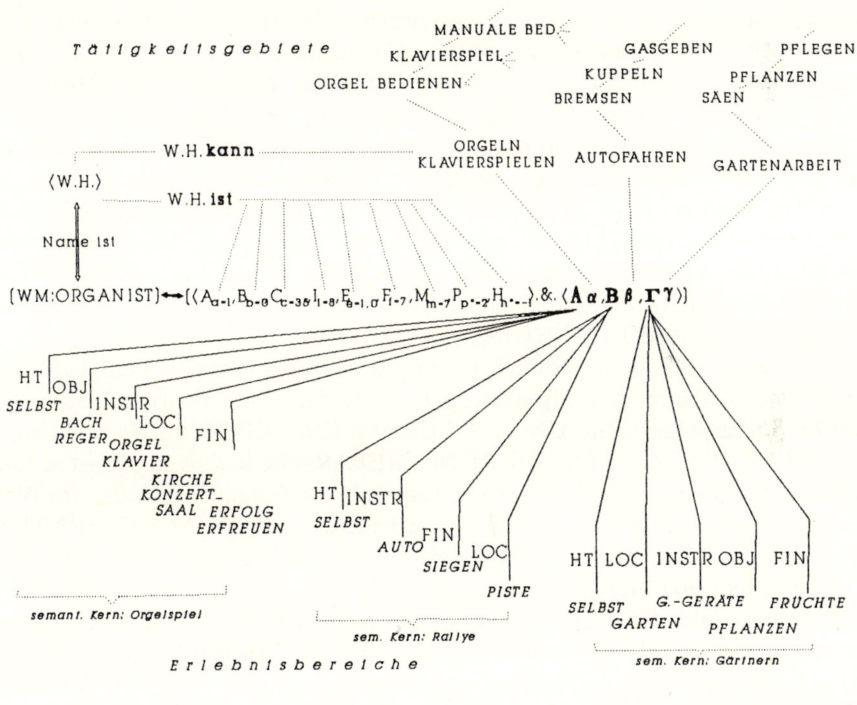

Abb. 2: Entfaltung eines Begriffsknotens und einige seiner Vernetzungen als Modellidee für ein semantisches Wissenselement im menschlichen Gedächtnis. Eine Wortmarke (WM = Organist) bindet den begrifflichen Hintergrund ORGANIST mit wohlbestimmten Merkmalsvariablen A ... M als charakteristische und Pp* sowie Hh* als fakultative Dimensionen. Die Ausprägungsgrade a, b, c ... auf diesen Dimensionen definieren ein individuelles Mitglied dieses Begriffs, den Organisten W. H. Seine spezifischen Tätigkeitsfelder sind rechts mit griechischen Buchstaben bezeichnet. Sie betreffen ORGEL- und KLAVIERSPIEL, seine Kenntnisse und Fertigkeiten als AUTOFAHRER sowie als Hobby-GÄRTNER.

Unterer Teil der Abbildung: Die zugehörigen Wissenskörper mit autobiographisch-episodischem Wissensbesitz und Erfahrungen (SELBST erscheint als Handlungsträger HT im Wissensbesitz).

Oberer Teil: Die Merkmale A ... M beschreiben, wie W. H. ist, und die Tätigkeitsfelder Α ... Γ sagen aus, was W. H. als so klassifizierte Individualität kann.

Eine solche Beschreibung kann nie vollständig sein, da die Merkmals- beziehungsweise Dimensionszahl überabzählbar groß ist. Die Beschreibung ist pragmatisch befriedigend, wenn sie für die Identifizierung eines Individuums als Objekt einer Klasse zureichend ist.

Unser ORGANIST ist A ein Mensch mit Namen W. H. Das ist als a = 1 kodiert auf der zweiwertigen Merkmalsdimension MENSCH vs. NICHTMENSCH (vgl. Abbildung 2). Er sei ein MANN (b = 0) und von mittlerem Alter (c = 35, wobei $20 \leq c \leq 60$ liegen kann und die Dimension "Jahre" hat), er sei von hoher Intelligenz (i = 8)*, verheiratet und kinderlos (e = 1, 0); seine Befähigung im Orgelspiel sei professionell und bemerkenswert (f = 7) wie auch sein Wissen in Musikgeschichte (m = 7). An fakultativen (nicht begriffscharakteristischen) Merkmalen ist vermerkt, daß W. H. grauhaarig ist ($p^* = 2$) und daß er ein wenig hinkt ($h^* = -1$).** Was relevant ist an charakteristischen oder fakultativen Merkmalen ist von der Aspektierung (auf die wir unter 6. eingehen) abhängig und von den Notwendigkeiten einer Erkennung als Mitglied einer wohlbestimmten Klassifizierung bestimmt. Dieser Merkmalssatz verzweigt in W. H.'s Gedächtnis, gleichviel, ob seine Mitmenschen auch davon wissen oder nicht; aber sie können dieses sein Wissen verifizieren: Als Organist verfügt er über ein sehr hohes KÖNNEN. Das ist mit dem Begriff seines SELBST im Gedächtnis verbunden und schließt die Aktivierbarkeit eines sensomotorischen Kodes für Orgel- und Klavierspiel ein. Da sind wir nun bei unseren Ereignisbegriffen (vgl. Abbildung 2): Der (bevorzugte) Ort (LOC) seiner HANDLUNGEN (ORGEL- beziehungsweise KLAVIER-SPIEL) sind KONZERTSAAL und KIRCHE, Instrument seines Tuns sind ORGEL (oder KLAVIER), das bevorzugte OBJekt seines Tuns ist KLAVIER- und ORGELLITERATUR, und sein Ziel ist ERFREUEN seiner Zuhörer, der REZipienten und ANERKENNUNG seines SELBST.

Er ist über dieses sein beruflich orientiertes Wissen hinaus leidenschaftlicher Autofahrer; er nimmt an Rallyes teil und ist von daher mit Begriffen wie VORFAHRT, BESCHLEUNIGUNG, ÜBERHOLEN, EINHOLEN, UNFALL, SCHADENERSATZ, VERSICHERUNG, REPARATUR vertraut. Er ist sodann ein Mann des GÄRTNERNS (ein Ereignisbegriff, für den die Engländer das Wort "gardening" setzen). Er weiß von daher um PFLANZEN, DÜNGEN, ERNTEN; er kennt GEHÖLZE, BLUMENARTEN, weiß um die Zeiten des ERBLÜHENS, des WELKENS und anderer zeitvariabler Vorgänge. Er weiß, was TROCKENHEIT bewirkt oder VERURSACHT (CAUS), wozu SONNE und REGEN sich abwechseln müssen als BEDINGUNG (COND) für Wachstum und Gedeihen. Und er weiß schließlich, daß es eine wechselseitig ursachlose Folge (TEMP) gibt, nach der die einen Früchte FRÜHER reifen als die anderen, diese Pflanzen FRÜHER verblühen als jene. Zu seinem Wissen gehören Anzeichen für das Eintreten von JAHRESZEITEN und den mit ihnen verbundenen Gartenereignissen. Er hat schließlich ein spezifisches Wissen über sich SELBST, über W. H.'s eigene

---

* Man kann, sofern bekannt, einen IQ in die von uns bevorzugte Neunerskale umrechnen. Wir haben hier die vereinbarten Werte als Individuenkonstanten a, b, c ... bei den Begriffsvariablen eingesetzt.

** Natürlich verfügt W. H. über ungezählte weitere Merkmale. Die hier beschriebenen weisen ihn im Rahmen seines Soziotops als identifizierbar aus, und das ist der Zweck einer pragmatisch brauchbaren Klassifizierung. Im übrigen macht unser Modellansatz keinen Gebrauch von der Endlichkeit einer Merkmalsmenge. Was die Lokalität der Speicherung anlangt, so machen wir keine Aussage über Orte. Die Merkmale können distributiv verteilt sein, sie können (noch) modalitätsspezifisch sein oder abstrakteren Charakter tragen (vgl. dazu Herrmann, 1992; sowie Mangold-Allwinn, 1993).

Rollen in den verschiedenen Szenarios seines Daseins: seine Fertigkeiten als Handlungsträger im Konzert und die Chancen eines erfolgreichen Spiels und die Zielsetzungen steten Übens. Auch hier haben wir es mit teilbewußten Dispositionen zu tun. Völlig anders das Rollenerleben in einer Rallye oder bei der Blumenzucht, als Vorstand im Laubengartenverband und vieles andere. Jedenfalls hat W. H. ein Wissen über sich selbst (dessen Spezifik als Begriff in der Gedächtnisforschung weithin versäumt wurde). Wir nehmen an, daß die Handlungserfahrungen dieses SELBST das Bild vom ICH konstituieren, das als invarianter Begriff für egozentrische Entscheidungen in personzentralen Situationen fungiert. (Damit ergibt sich ein Zugang von mikroanalytischen Gedächtnishypothesen aus zur Persönlichkeitspsychologie.) Die Begriffs- und Personbeschreibung ist als Merkmalsvektor in Abbildung 3 eingetragen. Man sieht, wie von jeder Dimension aus weitere Aufspaltungen eines Merkmals möglich sind. Im Prinzip Ähnliches läßt sich auch bei den Merkmalen der Wortbildungen nachweisen. Auch dies ist ein Anliegen, dem sich Herrmann in besonderer Weise gewidmet hat (vgl. Herrmann, 1992; Herrmann & Grabowski, 1994).

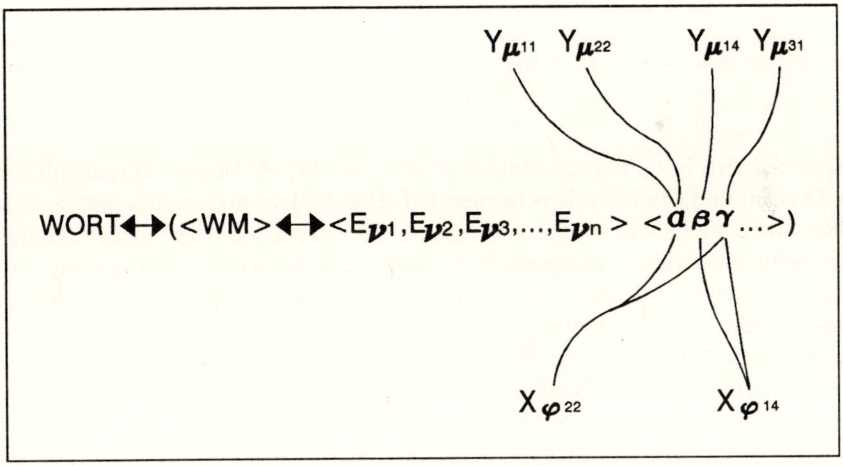

Abb. 3: Allgemeiner Begriffsknoten, verdichtet nach Abbildung 2.
(a)Links die Benennung (Wort) als physikalische (graphemische oder phonemische) Entität. <WM>: Die interne Merkmalscharakteristik des Wortes (ikonisch oder lautlich). Sie aktiviert die klassifizierungsrelevanten Dimensionen E_{ν} sowie Verzweigungen zu Handlungs- oder Tätigkeitsbereichen Y_{μ} sowie zu charakteristischen Erfahrungswerten aus Erlebnisbereichen X_{φ}. Die Zahlen sollen kodierte Adressen mit disloziertem Wissensbesitz kennzeichnen. (b) Der Inhalt beziehungsweise (mengenmäßig betrachtet) der Umfang eines Objektbegriffs ist die Vereinigung der Teilmengen* aller Objekte Oj: $\bigcup_{j=1}^{m} \{O_j\}$, die im Vektorraum $\Phi = \sum_{\nu} (\varepsilon_{\nu} a_{\nu j})$ liegen.

* Bei einem Begriff wie VOGEL würden das verschiedene Vogelarten sein, bei TIER dann verschiedene Tierarten, bei MÖBEL die einzelnen Möbelsorten, usf., also immer Teilmengen des jeweiligen (Objekt-)Begriffs.

Es gilt danach: $\forall\, Oj : Oj \ni \Phi : \subseteq \sum_{v=1}^{m}\sum_{j=1}^{n} g_{jv}(\varepsilon_v a_{vj})$

Dies besagt: Die Objekte beliebiger Teilklassen eines Begriffs sind in der Menge der Linearkombinationen des Vektorraums seiner Merkmalsdimensionen enthalten. Dabei bilden Oj die Menge der korrekt klassifizierten Objekte; ε_ν die Dimensionen (i. e. Merkmalsvariablen A, B ...); $a_{\nu j}$ die Merkmalsausprägung des Objektes Oj auf der Dimension ε_ν; $g_{j\nu}$ das Gewicht des Merkmals a auf der Dimension ε_ν für die Klassenzugehörigkeit. Die Diagonale ε_ν der 2-dimensionalen Matrix bildet den Einheits-Vektorraum, dessen Beachtung bei bestimmten Modelloperationen wesentlich ist.
Entsprechend lassen sich von dieser Darstellung aus neben der Ähnlichkeit zweier (Objekt-) Begriffe auch die Typikalität eines Begriffs im Rahmen seiner Kategorie als Abstand zum idealen Vertreter definieren:

$$\text{Begr.}_{\text{TYPIK.}} = \alpha \sum_{v=1}^{m}\sum_{j=1}^{n} g_{jv}(\varepsilon_v a_{vj}) - \beta \sum_{\phi=1}^{h}\sum_{j=1}^{k} g_{j\phi}(\varepsilon_\phi a_{\phi j}) \quad ,$$

wobei der Parameter g das Gewicht und a die Merkmalsausprägung des j-ten Objekts auf einer Dimension ν bestimmt. ϕ definiert die 'prototypischen' Dimensionen beziehungsweise die des typischsten Exemplars einer Klasse. α und β bezeichnen Gewichtsfaktoren, die sich aus der Ähnlichkeit einer Teilklasse von Kategoriemitgliedern mit dem (idealen) Prototyp ergeben. Neben den Gewichten geht also auch der Übereinstimmungsgrad in den Dimensionen der beiden Begriffe ein. Bei der Ähnlichkeitsdefinition zweier Begriffe werden die idealen Werte der über den Dimensionen ϕ bestimmten Parameter durch die realen Werte der nach Ähnlichkeit zu beurteilenden Kategorie ersetzt. Man kann von diesem Punkt aus versuchen, auch die Ähnlichkeiten komplexerer Begriffe zu definieren, insbesondere die von Ereignis- oder relationalen Begriffen.

So spannen sich in den Gedächtnisstrukturen von W. H. Wissenskörper mit eigenen Zentren und semantischen Kernen auf. Das Bild vom semantischen Netz mit verbundenen, mehr oder weniger komplexen Teilstrukturen behält seine Suggestivität, wenn man diese Strukturen nicht statisch sieht, sondern verbindungs- und vernetzungsfähig zu komplexeren Geweben mit eigenen Verwandtschaften und Ähnlichkeiten. Diese Dynamik in Wissensstrukturen ist es, die die adaptive Erzeugung momentan brauchbaren Wissens ermöglicht. Daß dies im besonderen bei der Formierung sprachlicher Gebilde bedeutsam werden könnte, wird uns noch beschäftigen. Doch vorerst wollen wir prüfen, ob mit unseren Darlegungen die gesuchte Kohärenz zwischen Begriffsspeicherung und Gedächtnishypothesen erreicht werden könnte.

In Abschnitt 2.2 haben wir alternative Vorstellungen über Begriffsspeicherungen im menschlichen Gedächtnis behandelt. Wir können nun prüfen, ob und inwiefern die soeben erläuterten Gedanken über eine begriffliche und zugleich individuelle Informationsspeicherung diese Alternativen umgreifen.

4. Ein Begriffsmodell und seine Aspekte

Mit den Abbildungen 2 und 3 ist implizit kenntlich gemacht, wie die vielseitig entwickelten und begründeten Annahmen über die gedächtnisrelevante Fixierung von Begriffen in den unter Abschnitt 2.3 vorgestellten Modellannahmen enthalten sind. Die Merkmalshypothese mit charakteristischen und fakultativen Merkmalen ist enthalten, gleichviel, ob sie distributiv oder nur funktionell gebunden sind, ob sie durch Filter unterdrückt oder durch Operatoren akzentuiert oder inhibiert werden können. Ferner ist die Dimensionalität eines begrifflichen Merkmalsraumes angegeben, und die individuellen Vektoren ergeben sich aus skalaren Koordinatenwerten im Merkmalsraum: Begriffsfelder und Wortfelder einer individuellen Gedächtnisstruktur können auf diese Weise definiert werden.

Mit Bezug auf ein Durchschnittsbild der Merkmalsausprägungen für eine ganze Kategorie können der Typikalitätsgrad von Beispielfällen sowie die Ähnlichkeit von Begriffen untereinander definiert werden, sogar metrisch (vgl. die Legende zu Abbildung 3). Die stetige Metrisierung bestimmter Merkmale kann als Halbordnung definiert werden und auf diesem Wege die unscharfe Charakteristik begrifflicher Zuordnungen ermöglichen. Das soll an anderer Stelle genauer und tiefergehend gezeigt werden (Klix, 1994a).

Der propositionale Aspekt einer Begriffsspeicherung umfaßt sowohl die Merkmale (als Argumente der Wortmarke) als auch die Bindung individuellen Wissens in handlungsgestalteten oder mitgestalteten Ereignissen. Unsere Ereignisbegriffe geben diese komplexere propositionale Repräsentation wieder (vgl. Abbildung 1). In jenen Fällen, in denen der Handlungsträger des Ereignisbegriffs zugleich das SELBST des Gedächtnisinhabers ist, verzweigt Wissensbesitz genau dort zu sensomotorischen Programmen. Statt den Vorgang des ORGELSPIELs nur vom Anschauungsbilde her erkennen zu können, werden dadurch das Ergebnis und einige seiner Varianten herstellbar. Analoges gilt auch für sprachliche Ausdrucksformen: Man kann erkennen, hier wird gesprochen, ohne zu verstehen, und man kann als Handlungsträger dieser Sprache auch mächtig sein und sie dann erzeugen. Auf die (mentale) Konstruierbarkeit von Ereignisfolgen hatten wir schon hingewiesen: Zeitsequenzen, Bedingungen und die Kenntnis von Ursache-Wirkungsbeziehungen schaffen einen breiten Raum narrativer Kompetenz.

Nachdem wir so gezeigt haben, daß unser Begriffsmodell die erörterten alternativen Modellvorstellungen als Spezialfälle enthält und so auch die dort erarbeiteten Daten in sich aufnehmen kann, wollen wir prüfen, ob sich Analoges auch für die vorgestellten alternativen Gedächtnismodelle zeigen läßt.

5. Versuch zur Überwindung einiger Ungereimtheiten

Die erwähnte Teilung zwischen begrifflich-semantischem und episodischem Gedächtnis hebt sich mit Blick auf den Zusammenhang zwischen Merkmalscharakteristik und der Handlungsbindung in Ereignissen auf (vgl. dazu Klix, 1994a). Beides ist danach nicht nur in einem Gedächtnis präsent, sondern durch die gleichen Wissenselemente gebunden.

Die Trennung zwischen analog-stetiger und diskret-propositionaler Speicherung wird zu einer Frage der Rasterung oder Granulierung auf den Merkmalsdimensionen: Sie können diskret skaliert und auch quasi-kontinuierlich realisiert sein. Womöglich sind bei unterschiedlichen Wissensinhalten beide Möglichkeiten in Betracht zu ziehen. Das würde einmal eine mehr propositionsnahe und zum anderen eine stärker analoge oder ikonisch-bildliche Repräsentationsform mit sich bringen. Da es für beide Repräsentationsformen empirische Evidenz gibt, wird man nach den Bedingungen suchen müssen, unter denen die eine oder die andere Alternative bevorzugt ist.* Analoges gilt auch für die Paivio-Alternative zwischen ganzheitlich-bildlicher und lexikalisch-diskreter Informationsspeicherung. Angewandt auf das hier vorgestellte Modell würde dies bedeuten, daß die Wortmarken auf die Merkmalsskalierung Einfluß ausüben: Betrifft die lexikalische Eintragung einen Eigennamen, dann ist die Rasterung der Variablen im Wissensbesitz feiner gestuft als bei einer Variablenaktivierung im Begrifflichen, wie sie von den Wortmarken her aktiviert würde. Bei einem Modellierungsansatz der Paivio-Experimente würde dies mit einem Skalierungsalgorithmus bei begrifflichen Identifizierungen zu verwirklichen sein. Dies verweist erneut auf den Einfluß von operativen Vorgängen auf (relativ) stationären Wissensbesitz.

Wie laufen diese Vorgänge ab? Was bewirken sie? Wir wollen uns in diesem Zusammenhang auf zwei Phänomene konzentrieren, die auf operative Einflüsse im Wissensbeitz schließen lassen: auf die Prozesse des Abstrahierens und auf Vorgänge, die bei der Ähnlichkeitserkennung eine Rolle spielen.

6. Über Operationen im begrifflichen Wissensbesitz

In der gedächtnispsychologischen Literatur ist die Annahme verbreitet, daß ein allgemeines Arbeitsgedächtnis so etwas wie einen Schweif im Behaltensvorgang bildet, durch den Verbindungen zwischen sequentiell aufgenommener Information und zugehörig aktivierten Gedächtnisinhalten hergestellt werden können (vgl. Klatzky, 1975). Das ist vor allem relevant, wenn Rückgriffe oder Vorgriffe auf sequentiell gegliederte Wissensbestände hergestellt werden müssen, wie beim Verstehen oder bei der Gestaltung sprachlicher Äußerungen. Es ist mehr eine Verbindungs- oder Klammerungsfunktion, die das Arbeitsgedächtnis dann leisten soll. Wir haben an anderer Stelle begründet, daß sehr verschiedene Operationen angenommen werden müssen, um nachweisbare Transformationen im begrifflichen oder ikonischen Wissensbesitz erklären zu können. Sie sind es, die verfügbares Wissen für intendierte Aufgaben erst brauchbar machen. Ein großer Teil der operativen Funktionen verändert verfügbares Wissen immer nur zeitweilig. Wir haben für solche ziel- und aufgabengebundenen mentalen Vorgänge den Begriff des operativen Kompartments gewählt. Wir verstehen darunter Eingriffsfelder operativer Funktionen, durch die Wissensinhalte Prüf- oder transformativen Prozeduren unterzogen sowie verändert werden können. Nach Bereitstellung der erforderlichen Information verlöschen diese Funktionen wieder, etwa so wie aktive Genorte nach Erzeugung eines funktionsfähigen Fermentes ihre Aktivität wieder einstellen. Wir haben an anderer Stelle gezeigt, daß solche Operationen zu programmähnlichen Prozeduren zusammengefügt werden können, die begriffliches Wissen auf Gemeinsamkeiten oder Unterschiede prüfen, Wissenskomplexe verdichten oder entfalten sowie aufeinander abbilden können und die den Aufbau von Inferenzen steuern (vgl. Klix, 1992). Man kann diese Wissensprüfungen oder

---

* Möglicherweise gelangt man bei genauem Hinsehen sogar auf evolutionsgeschichtliche Hintergründe für diese alternativen Formen der Informationsspeicherung im Nervensystem.

dynamischen Wissensveränderungen wie auch die hochautomatisierten Inferenzvorgänge als eine Art latenter Informationsmanipulation betrachten. Man sollte auch den Gedanken erwägen, ob nicht Kopiervorgänge im Gedächtnisbesitz die Datenbasis für zeitweilige Veränderungen von Gedächtnisinhalten bereitstellen könnten.

Im hier vorgegebenen Rahmen wollen wir uns auf zwei Arten operativer Vorgänge beschränken, auf die Aktivierung von Wissenselementen (mit zugehörigem Gegenstück, ihrer Inhibition) und auf einige Aspekte inferentieller Vorgänge, die mit der Bildung von Ähnlichkeitsurteilen zusammenhängen.

6.1 Aktivierung und Inhibition von Wissenselementen

Aufgrund vielfältig gesicherten Datenmaterials (beispielsweise Keil, 1979; Michon, 1972; Tversky & Hemenway, 1984) bilden natürliche Begriffe* keine festen Merkmalslisten, die an das jeweils zugehörige Wort gewissermaßen angeheftet sind. Mit dem Blick auf die zahlreichen Assoziations- oder Definitionsexperimente (zum Beispiel Clark, 1972; Strube, 1984b) zeigen sich die variablen Merkmalsbildungen vor allem in folgenden Hinsichten:

(1) Die als relevant zu erachtenden Merkmale hängen vom Kontext ihrer begrifflichen Einbettung ab (vgl. dazu Klix, 1971). Wir haben das häufig am Beispiel des Begriffs KLAVIER diskutiert. Von diesem Wort aus werden im Zusammenhang mit dem Begriff UMZUG andere Merkmale aktiviert als im Kontext KONZERT. Ein Begriff wie UNKRAUT wird vom Kontext der um den Begriff JÄTEN liegenden Objektbegriffe bestimmt. Je nach der Kultur einer Bepflanzung (als Finalität des Gärtners im Ereignis JÄTEN präsent), kann KAMILLE zu UNKRAUT gehören oder zu den HEILPFLANZEN. Es gibt gröbere Beispiele: KÖPFEN erzeugt einen anderen Argumentekreis von Objektbegriffen und Merkmalen bei FUSSBALL gegenüber dem Ereignisbegriff EXEKUTION.

Von der Phänomenologie wie von der Simulationsmethodik her kann man begründen, daß hier unterschiedliche Aktivationen in den Wissenselementen stattfinden, die andere, potentiell verfügbare Elemente unterdrücken oder eben hemmen.

(2) Wechselnde Aktivierung oder Inhibition von Merkmalen zeigt sich auch in einem Vorgang, den wir multiples Klassifizieren genannt haben (Klix, 1971, 1984). Eine Ente kann vielerlei sein: ein VOGEL, ein TAGTIER, ein FEDERTIER, ein HAUSTIER, ein ZUCHTTIER, ein BRATEN (wiederum mit Unterklassen: CHINESISCH, POLNISCH, MECKLENBURGISCH) und schließlich schlicht ein TIER, mit einer Teilmenge, die FLIEGT und einer, die nur WATSCHELT. Es sind immer andere Klassenbildungen: Der mit dem Wort anvisierte Begriffshintergrund hat niemals den genau gleichen Merkmalssatz, und so sind auch die Inhalte, also die zur jeweiligen Klassifizierung gehörenden Objektmengen, verschieden. Und doch steckt in allen diesen Begriffen eine invariante Merkmals-

---

* Wir meinen damit wohlbestimmte, in einer Sprachgemeinschaft bekannte und benannte Klassifizierungen im Unterschied zu den Kunstbegriffen in Labortests, wie sie zum Beispiel von Bruner et al. (1956) benutzt wurden.

gruppierung. Operative Vorgänge haben jeweils verschiedene Kombinationen von Merkmalen aktiviert, andere inhibiert. Und es können (scheinbar) nach Belieben immer neue Klassifizierungen erzeugt werden: WILDE und ZAHME, WEISSE und BUNTE, ERPEL und ENTE (als die Menge der weiblichen Exemplare), HEISERE oder SONORE Rufe bildende u. vieles andere. Es sind dynamische, das heißt, zeitbedingte Akzentuierungen über potentiell verfügbaren Merkmalen, die zugleich andere zurücktreten lassen und dadurch neue Begriffsinhalte abbilden oder erzeugen.

(3) Wohlbekannt sind die Sachverhalte konkret-abstrakt, weniger gut die Mechanismen des Abstrahierens und damit die kognitiven Wege zu verschieden hohen und – vom Inhaltlichen her gesehen – verschieden weiträumigen begrifflichen Umfängen zu gelangen. Zwischen jener abgesägten Fichte am Wegrand, den Begriffen KARELISCHE FICHTE, FICHTE, NADELBAUM, BAUM, PFLANZE, ORGANISMUS gibt es typische Variantenkombinationen relevanter Merkmale. Vom konkreten Objekt bis zur abstraktesten Klasse liegen Reduktionen klassenspezifizierender Merkmale, die wir auf inhibitorische beziehungsweise aktivierende Operationen gegenüber wohlbestimmten Teilstrings in einem potentiellen begrifflichen Merkmalsensemble zurückführen. Entsprechend sind mit der Aktivierung Merkmalsentfaltungsprozesse zu registrieren, die den Differenzierungs- und damit Konkretheitsgrad eines Begriffes erhöhen. Man kann sich diesen Vorgang auf zweierlei Weise realisiert vorstellen: entweder wie eine Aktivierung von Substrukturen, die selektiv und bedarfsgesteuert abläuft und in einen Kernsatz von Merkmalen injiziert wird, oder als einen Erzeugungsprozeß, durch den spezifizierende Elemente angefügt und andere – wiederum motivgesteuert – latent gehalten (oder inhibiert) werden. In jedem Falle läßt sich durch diese Mechanismen der Abstraktionsgrad variieren und, wie etwa bei einer sprachlichen Formulierung, auf eine wohlbestimmte Ebene einpegeln. Der Effekt, ein intendiertes Abstraktionsniveau einzustellen, wäre in beiden Fällen erreichbar. Es sind Experimente vorstellbar, die diese Frage möglicherweise zu entscheiden gestatten.

Wir gehen hier nicht auf jene Untersuchungen ein, in denen gezeigt ist, wie aus sehr verschiedenen Begriffen stammende Merkmale neu kombiniert und zu neuen, vorher nicht im Gedächtnis vorhandenen Klassenbildungen gruppiert werden können. Barsalou (1987) hat solche Experimente durchgeführt und seine Versuchspersonen zum Beispiel gebeten, alle Objekte zu benennen, die sie beim plötzlichen Verlassen ihres Heims mit sich nehmen wollen, und ähnliche 'ad hoc-Begriffe'. Die Möglichkeit solcher dynamischen Klassifizierungen haben wir an anderer Stelle beschrieben. Sie sind nicht allein auf die Akzentuierung oder Inhibition von Merkmalen zurückzuführen, wenngleich ihnen auch bei diesen Prozessen eine erhebliche Bedeutung zukommen dürfte (vgl. Richards, 1988).

6.2 Zum Problem der Ähnlichkeitsbeurteilung

Die Erkennung von Ähnlichkeiten zwischen begrifflichem Wissen zu erfassen ist wesentlich schwieriger, als dies nach manchen Literaturberichten scheinen mag. Ohne Zweifel sind mit der einflußreichen Arbeit von A. Tversky (1977) bedeutsame Aspekte mentaler Ähnlichkeitserkennung bestimmt worden. Gleichwohl müssen wir zeigen, daß das von Tversky bestimmte Maß an entscheidenden Punkten nicht hinreicht, um andere bedeutsame Aspekte bei Ähnlichkeitsurteilen zu erfassen.

Tversky nimmt die definierenden Merkmale zweier Begriffe (unsere charakteristischen Merkmale nach Abbildung 2) als Datenbasis für deren Ähnlichkeitsbestimmung:

$$\ddot{A}\,(A,B) = \theta f\,(A \cap B)\ \backslash\ \alpha f\,(A \backslash B)\ \backslash\ \beta f\,(B \backslash A)^{*}$$

Von der durch θ gewichteten gemeinsamen Merkmalsmenge der Begriffe A und B werden die mit α gewichteten, nur zu A gehörigen Anteile sowie die mit β gewichteten und nur zu B gehörigen Merkmale subtrahiert. Damit wird die für Ähnlichkeitsurteile bedeutsame Asymmetrie der Ähnlichkeiten erfaßt (also daß eine Schwebfliege einer Hornisse ähnlich ist, wobei das Umgekehrte weit weniger zutrifft).

Mit dem Blick auf unser Begriffsmodell erkennen wir, daß hier nur ein Aspekt begrifflicher Verwandtschaft ins Auge gefaßt ist, nämlich der bei Objektbegriffen. Bei Ereignisbegriffen, relationalen Begriffsbildungen oder Ereignisfolgen spielen noch wesentlich andere Komponenten innerer Verwandtschaft eine Rolle. So sind sich RUGBY und FUSSBALL ähnlicher als RUGBY und SKAT, obwohl beide der Oberbegriff SPIEL vereint; AUFHOLEN und ÜBERHOLEN sind sich (relational-begrifflich) ähnlicher als EINHOLEN und ABHOLEN. Mit dem Blick auf unser Begriffsmodell läßt sich angeben, wo die unterschiedlichen Effekte der Ähnlichkeitsbildung ihren Ursprung haben: Es ist die Anzahl der gleichen vs. der verschiedenen semantischen Relationen und die Menge der gleichen oder verschiedenen Objektbegriffe, die an diese Relationen gebunden sind. Dazu kommt die Merkmalsverwandtschaft nach dem Tversky-Maß. Wir haben diese komplexere Ähnlichkeitsbildung andernorts im Detail diskutiert (Klix, 1994a). Weitergehende Untersuchungen dazu stehen noch aus.

Zu diesem Lösungsvorschlag eines komplexeren Ähnlichkeitsproblems kommen auch hier die Einflüsse kontextabhängiger Aktivierung oder Inhibition von Objektbegriffen mitsamt ihrer Merkmale (was wahrscheinlich unabhängig variieren kann): Die Ereignisbegriffe STEHLEN und ENTWENDEN haben große Ähnlichkeit miteinander, zum Beispiel wenn es sich bei den Objektbegriffen um kleine Mengen von Lebensmitteln handelt. Im Sinne von MUNDRAUB können sie sogar Synonyme sein (vgl Lyons, 1977). Wenn aber im Ereignisbegriff STEHLEN die INSTrumentrelation an den Objektbegriff DIETRICH gebunden ist, wird der Ähnlichkeitsgrad zu ENTWENDEN deutlich gesenkt. Und wenn bei der OBJektrelation zum Beispiel JUWELEN noch dazukommt, dann wird die Ähnlichkeit beider Vorgänge noch einmal vermindert; MUNDRAUB entfällt als Oberbegriff. Wir ersehen daraus, wie bei komplexeren begrifflichen Einheiten andere semantische Eigenschaften als die charakteristischen Merkmale eines Objektbegriffs Einfluß nehmen auf die Ähnlichkeitsbestimmung. Es kommt hinzu, daß das hier traktierte Aktivierungs- und Inhibitionsgeschehen auch von der Motivlage des Gedächtnisinhabers beeinflußt wird.

---

* Das Zeichen \ wird als Minuszeichen für Mengenelemente gesetzt.

Wir wollen diese Seiten einer bedingungsabhängigen und flexiblen Ähnlichkeitsbildung bei komplexen Begriffen in anderem Zusammenhange tiefer ausloten. Es ist hier darauf verwiesen, weil diese Dynamik einer adaptiven Wissensgenerierung auch bei der Erzeugung sprachlich gebundener Mitteilungen relevant sein dürfte. Mit "Topikalisierung" bezeichnet man in der Sprachpsychologie eine Art semantischer Akzentsetzung für Vorder- und Hintergrund in begrifflich-verbalen Bedeutsamkeiten. Ein mentaler Entscheidungsmechanismus steht dahinter, der Aktivierungs- wie Inhibitionsvorgängen verwandt zu sein scheint – oder mit ihnen identisch ist. Jedenfalls setzt auch dieser Vorgang im Begrifflichen an. Es scheint uns so, als ob von kognitiv-psychologischer Seite noch einiges beigebracht werden könnte, um die Gedächtnisarbeit zum Beispiel in ihrer Geschmeidigkeit bei der Anpassung des zu Formulierenden an das Gemeinte zu verstehen. Gemeint ist hier auch die Auswahl jener 'Paßformen', denen in den Herrmann'schen Texten mit Recht so große Bedeutung zuerkannt ist. Die Aktivierung lexikalischer Einheiten und ihre morphologischen Abwandlungen erfolgen jedenfalls mit großer Wahrscheinlichkeit vom Begrifflichen her. Wechselwirkungen mögen stattfinden zwischen der voraktivierten Wortwahl und der Anpassung der Mitteilungselemente an die mutmaßliche Wirkung beim Hörer. Auch diese Vorgänge könnten bei Beachtung der Dynamik in Wissensstrukturen eine gewisse Aufhellung erfahren.

Nicht aus Gründen einer beanspruchten Kompetenz als vielmehr aus Gründen der Dedikation dieses Textes wollen wir einige Implikationen unserer bisherigen Betrachtungen für Vorgänge bei der Sprachproduktion unter einigen ausgewählten Aspekten und in Zusammenhang mit dem Mannheimer Modell der Sprachproduktion betrachten.

7. Elementares und Komplexes in der Sprachproduktion: Kognitive Aspekte des Mannheimer Modells

Das von Herrmann (1985, 1992) sowie von Herrmann & Grabowski (1994) entwickelte 'Mannheimer Modell' (Herrmann) der Sprachproduktion ist ein empirisch fundierter und zugleich phantasievoll ausgestalteter Ansatz zum Eindringen in das wohl schwierigste wie auch zukunftsträchtigste Gebiet der Kognitiven und der Sprachpsychologie in einem.

Besonders schwierig ist dieses Gebiet, weil vielaspektige Elementevernetzungen in Wechselwirkungen mit Prozeduren eine turbulente mentale Dynamik schaffen. Beides, Vernetzungsgrad und Dynamik, sind im Mannheimer Modell beachtet, zunächst im Grundriß, dann aber auch mit ersten Details, was die mentalen Mechanismen betrifft.

Zukunftsrelevant, da erkenntnisträchtig, ist diese Thematik, weil in ihr die Basisprozesse geistiger Leistungsfähigkeit des rezenten Menschen gleichsam in gebündelter Form anzutreffen sind und weil darüber im Detail noch so wenig bekannt ist.

Die Herrmann'sche Grundidee bildet die Vorstellung von einer Kaskade erzeugender, kontrollierender und korrigierender Prozeduren:

Als oberste Instanz ist eine zentrale Kontrollebene angesetzt, von der die Selbstinstruktion zur Mitteilung ausgeht und die den Übergang vom konzeptuell voraktivierten Gedankengefüge zur linearisierten Formulierungssequenz steuert und begleitend kontrolliert. Diese Ebene ist auch als Planungsinstanz gedacht, von der aus über das Was der Mitteilung und, im Prinzip, auch über das Wie bezüglich der Form einer Mitteilung entschieden wird (zum Beispiel ob Standardform oder Dialekt). Die 'Foci' werden als semantische Ankerpunkte in Folge entworfen und als 'Protoinput' zur Informationsverarbeitung der nächsten, zweiten Ebene übergeben. Sie werden dort verarbeitet, strukturiert und in eine seriale Ordnung transformiert.

Diese zweite Ebene ist der für einen kognitiven Psychologen höchst interessante und faszinierende Bereich der 'Hilfssysteme'. Hier sind jene Koppelungsmechanismen angesiedelt, die die Bindungen zwischen vorsprachlich-begrifflichem Gedankengefüge und lexikalischen 'Paßformen' suchen und herstellen. Diese operativ wirksamen Systemfunktionen verdienen als Intermediärregion zwischen nichtsprachlichen begrifflichen Strukturen und 'langue' im Sinne von de Saussure besondere Aufmerksamkeit, weil darin ein ganzer Kosmos mentaler Aktivitäten eingeschlossen liegt. Diese Ebene bereitet die Arbeitsweise der letzten, der peripheren Ebene vor. Diese rekrutiert sich aus den Enkodierungsmechanismen. Es ist die Ebene der 'parole'; wiederum im de Saussure'schen Sinne.

Das interessante Zwischenglied der Hilfssysteme, durch dessen Funktion Text-Kohärenzen hergestellt, über die Wahl von Satzarten entschieden wird, durch dessen Aktivitäten die Tempi oder die Modi einer Aussage festgelegt, Passiv- oder Konjunktivformen generiert werden oder über Anaphoren befunden wird; diese Systemfunktionen konstruieren die Verbindungsglieder zwischen den fokussierten Wissenskomponenten und deren mitteilungsfähiger Gestaltung. Es sind interaktive Verkoppelungen zwischen Elementen aus Wissenskörpern des Gedächtnisses und Formbildungsprozeduren für grammatisch korrekte Sätze. Die Ergebnisse dieser Funktionen verweisen auf die Existenz operativer kognitiver Mechanismen, die eine starke Dynamik in Gedächtnisstrukturen erzeugen können.

Die Ausführungen von Herrmann (1992) sowie von Herrmann & Grabowski (1994) lassen die Vermutung begründet erscheinen, daß diese Hilfssysteme nach außen hin zwar im Sinne eines grammatischen Regelsystems wirken, das sich im Innern jedoch, in seinen mentalen Strukturierungsvorgängen, vom erschöpfenden Regelsystem einer Dudengrammatik wesentlich unterscheidet. Und dies, wenn wir recht sehen, wenigstens in vierfacher Hinsicht:

(1) Die strukturelle Formbildung der Sätze in einem Dialog erscheint zwar im Effekt wie eine Teilauswahl von verfügbaren Regeln aus dem grammatischen Regelsystem der benutzten Sprache, aller Wahrscheinlichkeit nach handelt es sich im Hintergrunde aber um kognitive Operationen, die an den mentalen lexikalischen Formen Verkettungen, kombinatorische Umordnungen, lokale Transformationen oder Detailakzentuierungen (wie zum Beispiel Differenzierungen innerhalb von Fokusbildungen) vornehmen. Ein wesentlicher Unterschied zu den formal definierten grammatischen Regelanwendungen liegt darin, daß die Auswahl der operativen Formbildungen situationsabhängig ist.

(2) Die Auswahl der (dudengrammatisch definierbaren) Transformationen lexikalischen Stammwissens steht zumeist im Dienste der Kommunikation. Der Einsatz kognitiver Operationen bei der Begriffswahl und Aktivierung der Wortwahl sowie ihren Abwandlungen wird damit auf Verständigung (oder Überzeugung) hin ausgelegt.

(3) Die Auswahl von lexikalischen Transformationen erfolgt partiell auch unter pragmatischen Gesichtspunkten: Die aktuelle Informationserzeugung ist von Motivationen getragen, ist (partiell) momentanen Zielen und Zwecken untergeordnet. Ihre Wirkung, sub specie von Zweck und Ziel, wird als Rückmeldung registriert und dient der Gestaltung nachfolgender Formulierungsentwürfe. Es findet eine sehr schnelle interaktive Wechselwirkung zwischen Motivation, Formulierungsentscheidung, Wirkungsregistrierung und Formulierungskorrektur statt.

(4) Als Spezifizierung von (3) ist zu ergänzen, daß Steuerung und Kontrolle der Formulierungen partnerbezogen erfolgen. Das mentale Bild vom (oder von den) Gesprächspartner(n) beeinflußt die operativen Formbildungen im verfügbaren lexikalischen und grammatischen Repertoir.

Im ganzen wird damit ausgesagt, daß die Prozeduren der Spracherzeugung nicht den starren Regelstrukturen einer formalen Grammatik folgen. Diese repräsentieren die Hülle konstruktiver Möglichkeiten. Als Regelsystem sind sie im taxonomischen Wissen eines Linguisten verfügbar, aber wahrscheinlich selbst bei seiner aktiven Sprachbenutzung kaum maßgebend.

Nun gibt es verschiedene Möglichkeiten, dem kognitiven Hintergrund dieser Formbildungsprozesse auf die Spur zu kommen. Wir sehen vor allem zwei:

Die eine besagt, daß vor jeder Entscheidung eine Auswahlmenge von Unterprogrammen zur Verfügung steht; dies also für die Wahl der Tempi, der Modi, für die Skopierung bei Negationen, für Bewertungen nach Partnerbildern und ähnlichem. Die andere Möglichkeit besteht in der Annahme, daß eine Auswahlmenge relativ elementarer, operativer Transformationen zur Verfügung steht, deren Kombinatorik eine situationsangemessene grammatische Oberflächenstruktur adaptiv und flexibel zu konstruieren gestattet.

Im Rahmen des Mannheimer Modells neigt man allem Anscheine dazu, die erste Variante zu favorisieren. Dafür gibt es gute Gründe. Nun besteht aber jedes Programm auch aus elementaren Operationen, deren Anwendungen in einer Datenbasis eben solche Makroeffekte erzeugen können, wie sie einer korrekten grammatischen Regelanwendung zuordenbar sind. In der Tat lassen sich Mechanismen wie Verkettungen bei Bereichsbildungen vielfach nachweisen: in Sätzen zum Beispiel bei Negationen oder mit den Akzentuierungen bei Fokussetzungen oder bei lokalen Permutationen wie bei Affixumstellungen ("er konnte ... zuhören ..." vs. "er hörte ... zu ...") oder auch bei Hilfsverbkombinationen für verschiedene Zeitformen. So kann man die Vermutung äußern, daß elementare kognitive Operationen schließlich auch in der Vielfalt von Spracherzeugungsvorgängen durch ihre Kombinatorik das ausmachen, was in der makroskopischen Ebene der Phänomene als grammatische Regelbenutzung erscheint. Für diese Deutung sprechen auch Vorgänge auf der untersten, der exekutiven Ebene der Lautgenerierung. Bekanntlich kann man durch lautliche Akzentuierungen Bedeutungen transformieren: "Wirst *Du* fahren?" (oder ein anderer?); "Wirst Du *fahren*?" (oder laufen?); "*Wirst* Du fahren?" (oder zu Hause bleiben?). Die unterschiedliche Akzentuierung erzeugt hier bereits bei einer Dreiwortaussage drei verschiedene Bedeutungen. Die Wahl stimmlicher Mittel wie Transformationen im Sprachmelos ermöglichen ein breites Spektrum semantischer Variationen. Das verfügbare Bedeutungsspektrum sprachlicher Formen wird dadurch nuancenreich und flexibel den jeweiligen Gesprächssituationen wie ihren momentanen Veränderungen anpaßbar. Bedingt ist dies durch eine kombinatorische und dadurch adaptive Konstruktion von stimmlichen Wirkungselementen. Sie ermöglicht eine praktisch unbegrenzte prosodische Bedeutungsmodifikation. Dabei sind stückweise geschlossene, lernabhängige Verfestigungen zahlreich bildbar. Sie stehen dann in der Tat wie Programmodule zur Verfügung. Auch für diese Disposition macht die Herrmann'sche Unterscheidung zwischen dekomponierbarem und nicht-dekomponierbarem Können Sinn.

Im übrigen gibt es dazu entwicklungspsychologische wie historische Parallelen: Das vier- bis fünfwöchige Baby verfügt über feste Lautmuster, die geschlossen aktiviert werden und die nicht adaptiv sind. Erst nach einer mehrwöchigen 'Schweigeperiode' werden lautbildende Stimmelemente modular verfügbar. Ihre Kombinierbarkeit ist Voraussetzung für das lernende Nachsprechen. Das neugeborene Kind 'weiß' ja nicht, in welche Sprachregion es hineinwächst. So ist die kombinatorische Nachschöpfung des Gehörten von den stimmlich modifizierbaren Elementen her ein universell, das heißt für den Erwerb aller Sprachen brauchbares und von daher optimales Lernprinzip. Erst mit der lernabhängigen Verfestigung lautlicher Muster erfolgt die Einpassung in die Lautspezifik der Muttersprache.

Und wir begegnen diesem kombinatorischen Lernprinzip auch in historischer Sicht; vermutlich auch in der Entwicklungsgeschichte der Lautsprache. Aber das ist nicht mehr nachweisbar, da die Lautierung mit dem Aussterben der Sprachbenutzer verlorenging. Wir können es jedoch in der Entwicklung der Schrift nachweisen. Die frühesten graphisch gestalteten Mitteilungen sind szenische Bilder (vgl. Klix, 1993). Ihnen folgen in späterer Entwicklungsstufe die Bilder für Begriffe (zum Beispiel Ohr und Tür für Lauschen oder drei Bäume für Wald). Aus solchen Bildern und ihren Verknüpfungen sind die heutigen chinesischen Schriftzeichen hervorgegangen. Eine höhere Stufe waren im weiteren die Bilder für die Lautsymbole. Nach diesem Prinzip ist die ägyptische Rebusschrift aufgebaut (im Beispiel gedacht: die Bilder für Uhr und Laub stehen für Urlaub). Eine höhere Entwicklungsstufe ist mit der Aufspaltung der Lautbilder in sprechbare Silben gegeben. Die sumerische Schrift war von diesem Typ. Diesem Entwicklungstrend folgt dann noch einmal eine weitere Aufspaltung in die Lautsymbole des Alphabets. Aus seinen Zeichen sind sämtliche bedeutungstragenden Phoneme bildbar. Diese Entwicklung vollzog sich im phönikisch-hebräischen und später im griechischen Kulturkreis: Durch die Kombinatorik einiger zwanzig Lautsymbole lassen sich danach alle denkbaren Gedankenverbindungen kombinieren und im Schriftbild abbilden.*

---

* Schadewaldt (1978) hat dargelegt, daß in frühen indogermanischen Schriften, zum Beispiel im Altgriechischen, die Affixe viel mehr Situationskontexte bezeichnen, als das in germanischen Hochsprachen üblich geblieben ist. Erstaunlich ist dabei, daß die Kasusmarkierungen auch semantische Relationen abbilden, wir wir sie hier als charakterische Größen bei Ereignisbegriffen beschrieben haben.

Eine ganz ähnliche Entwicklung finden wir auch bei der Herausbildung von Zeichen für Mengen, Anzahlen und schließlich für unvorstellbar große Zahlen und ganze Zahlsysteme. Auch in den Zahlsystemen herrschen kombinatorische Verknüpfungsoperationen, durch die aus elementaren Symbolen Mengengebilde beliebiger Mächtigkeit konstruiert werden können.

So werden wir gewahr, daß eine möglicherweise universelle kognitive Kombinatorik der Produktion komplizierter mentaler Strukturen und ihren Transformationen zugrunde liegt. Die Erzeugung natürlich-sprachlicher Strukturen wäre dann nur ein, wenn auch ein höchst bedeutsamer, Sonderfall einer mentalen Grammatik, die bei jeder Form geistiger Strukturbildung am Werke ist. Und sie ist, eben ihrer unausschöpflichen Kombinatorik wegen, in ungezählten individuellen Varianten verwirklicht.

Die Herrmann'sche Kaskade der Niveaustufen sprachlicher Konstruktionen könnte gerade wegen der Differenziertheit und des Nuancenreichtums sprachlicher Formgebungen einen weiteren Zugang zu Elementaranalysen kognitiver Operationen erschließen. Diesen Analysen käme dann weit umfänglichere Bedeutung zu als 'bloß' einer Erklärungskompetenz für die Erzeugung wesentlicher Komponenten sprachlicher Gebilde. Es wäre dies wohl auch ein bedeutsamer Schritt hin zu einer größeren Geschlossenheit in der psychologischen Theoriebildung – wenigstens soweit sie kognitive Prozesse und Leistungen betrifft.

Literatur

Ach, N. (1921). *Über die Begriffsbildung*. Bamberg: Buchners.

Allport, G. W. (1949). *Persönlichkeit*. Stuttgart: Klett.

Anderson, J. R. (1983). *The architecture of cognition*. Cambridge, MA: Harvard University Press.

Anochin, P. K. (1967). *Das funktionelle System als Grundlage der physiologischen Architektur des Verhaltensaktes*. Jena: Fischer. (Russische Originalausgabe 1935: Gorki.)

Baddeley, A. D. (1986). *Working memory*. Oxford: Oxford University Press.

Barsalou, L. W. (1986). Concepts: Fixed definitions or context-dependent representations. *Cahiers de Psychologie Cognitive*, *6*, 187–202.

Brillouin, L. (1957). Mathematics, physics, and information. *Information & Control*, *1*, 1–5.

Bruner, J. S., Goodnow, J. J. & Austin, G.A. (1956). *A study of thinking*. New York: Wiley.

Bush, R. R. & Mosteller, F. (1955). Stochastic models for learning. New York: Wiley.

Chomsky, N. (1957). *Syntactic structures*. The Hague: Mouton.

Clark, H. H. (1972). Word associations and linguistic theory. In J. Lyons (Ed.), *New horizons in linguistics* (pp. 271–286). London: Penguin Books.

Collins, A. M. & Quillian, M. R. (1972). Experiments on semantic memory and language comprehension. In L. W. Gregg (Ed.), *Cognition in learning and memory* (pp. 117–138). New York: Wiley.

Dörner, D., Lutz, W. & Meurer, K. (1967). Informationsverarbeitung beim Konzepterwerb. *Zeitschrift für Psychologie*, *174*, 194–230.

Engelkamp, J. (1992). *Das menschliche Gedächtnis* (2. Aufl.). Göttingen: Hogrefe.

Engelkamp, J. & Zimmer, H. D. (1983). Zum Einfluß von Wahrnehmen und Tun auf das Behalten von Verb-Objekt-Phrasen. *Sprache & Kognition*, *2*, 117–127.

Estes, W. K. (1959). The statistical approach to learning theory. In S. Koch (Ed.), *Psychology. A study of a science. Vol. II* (pp. 380–491). New York: Wiley.

Fillmore, C. J. (1968). The case for the case. In E. Bach & R. T. Harms (Eds.), *Universals in linguistic theory* (pp. 1–88). Ney York: Holt, Rinchart & Winston.

Frost, N. A. H. (1971). *Interaction of visual and semantic codes in long term memory*. Ph. D. Dissertation. Oregon: University.

Geißler, H.-G. (1991). Zeitcodekonstanten – ein Bindeglied zwischen Psychologie und Physiologie bei der Erforschung kognitiver Prozesse. *Zeitschrift für Psychologie*, *199*, 121–143.

Gibson, J. J. (1950). *The perception of the visual world*. Boston: Houghton Mifflin.

Gleitmann, H. (1981). *Psychology*. New York: W. W. Norton.

Goede, K. (1969). *Strategien der Begriffsbildung*. Dissertation. Berlin: Humboldt-Universität.

Herrmann, Th. (1985). *Allgemeine Sprachpsychologie*. München: Urban & Schwarzenberg.

Herrmann, Th. (1989). Sprachpsychologische Beiträge zur Partnerbezogenheit des Sprechens. In H. Scherer (Hrsg.), *Sprache in Situation. Eine Zwischenbilanz* (S. 179–204). Bonn: Romanistischer Verlag.

Herrmann, Th. (1992). Sprachproduktion und erschwerte Wortfindung. *Sprache & Kognition*, *11*, 181–192

Herrmann, Th. & Grabowski, J. (1992). *Mündlichkeit, Schriftlichkeit und die nicht-terminalen Prozeßstufen der Sprachproduktion* (Arbeiten aus dem Sonderforschungsbereich 245 "Sprache und Situation" Heidelberg/Mannheim, Bericht Nr. 38). Universität Mannheim: Lehrstuhl Psychologie III.

Herrmann, Th. & Grabowski, J. (1994). *Sprechen – Psychologie der Sprachproduktion*. Heidelberg: Spektrum Akademischer Verlag.

Hoffmann, J. (1993). Unbewußtes Lernen – eine besondere Lernform. *Psychologische Rundschau*, *44*, 75–89.

Hoffmann, J. & Kintsch, W. (Hrsg.) (1994). *Lernen* (Enzyklopädie der Psychologie, Serie C2, Bd. 8). Göttingen: Hogrefe.

Holst, E. von & Mittelstaedt, H. (1950). Das Reafferenzprinzip. *Naturwissenschaften*, *37*, 464–476.

Hull, C. L. (1920). Quantitative aspects of the evolution of concepts. *Psychological Monographs*, *28*.

Hull, C. L. (1952). *A behavior system*. New Haven: Yale University Press.

Keil, F. C. (1979). *Semantic and conceptual development. An ontological perspective.* Cambridge, MA: Harvard University Press.

Kintsch, W. & van Dijk, T. A. (1983). *Strategies of discourse comprehension*. New York: Academic Press.

Klatzky, R. L. (1975). *Human Memory*. San Francisco: W. H. Freeman.

Kleene, S. C. (1956). Representation of events in nerve nets and finite automata. In C. E. Shannon & J. M. McCarthy (Eds.), *Automata Studies* (pp. 3-43). Princeton: University Press.

Klix, F. (1971). *Information und Verhalten*. Berlin: Deutscher Verlag der Wissenschaften.

Klix, F. (Hrsg.) (1984). *Gedächtnis, Wissen, Wissensnutzung*. Berlin: Deutscher Verlag der Wissenschaften.

Klix, F. (1992). *Die Natur des Verstandes*. Göttingen: Hogrefe.

Klix, F. (1993). *Erwachendes Denken*. Heidelberg: Spektrum Akademischer Verlag.

Klix, F. (1994a). Begriffliches Wissen - episodisches Wissen. In F. Klix & H. Spada (Hrsg.), *Wissenspsychologie* (Enzyklopädie der Psychologie, Serie C2, Bd. 6). Göttingen: Hogrefe.

Klix, F. (1994b). Lernen und Denken - Zusammenhänge, Gemeinsamkeiten und Unterschiede. In J. Hoffmann & W. Kintsch (Hrsg.), *Lernen* (Enzyklopädie der Psychologie, Serie C2, Bd. 8). Göttingen: Hogrefe.

Kohler, I. (1951). *Über Aufbau und Wandlungen der Wahrnehmungswelt.* Wien: Rohrer.

Kosslyn, S. M. (1980). *Image and mind*. Cambridge, MA: Harvard University Press.

Küchler, E. (1991). *Semantische Relationen und die Prozesse der Wissensnutzung* (Zeitschrift für Psychologie, Suppl. Band 11). Leipzig: Barth.

Luce, D. R. (1959). *Individual choice behavior*. New York: Wiley.

Lyons, J. (1977). *Semantics*. Cambridge: Cambridge University Press.

Mangold-Allwinn, R. (1993). *Flexible Konzepte*. Frankfurt/M.: P. Lang.

McClosky, M. E. & Glucksberg, S. (1979). Decision processes in verifying category membership statements: Implications for models of semantic memory. *Cognitive Psychology*, *11*, 1-37.

McClelland, D. C. (1953). *The achievement motive*. New York: Irvington Wiley.

Michon, J. H. (1972). Multidimensional and hierarchical analysis of progress in learning. In L. W. Gregg (Ed.), *Cognition in learning and memory* (pp. 89-117). New York: Wiley.

Murdock, B. B. J. (1974). *Human memory - theory and data*. New York: Erlbaum.

Newell, A., Shaw, E. & Simon, H. A. (1963). GPS – a program that simulates human thought. In E. A. Feigenbaum & J. Feldman (Eds.), *Computers and thought* (pp. 279–296). New York: Academic Press.

Norman, D. A. & Lindsey, P. H. (1972). *Human information processing*. New York: Academic Press.

Opwis, K. & Lüer, G. (1993). Modelle der Repräsentation von Wissen. In D. Albert & K. H. Stapf (Hrsg.), *Gedächtnis* (Enzyklopädie der Psychologie, Serie C2, Bd. 4). Göttingen: Hogrefe.

Paivio, A. (1986). *Mental representation. A dual coding approach*. Oxford: Oxford University Press.

Preuß, M. (1985). *Experimente über Relationserkennungen im menschlichen Gedächtnis*. Dissertation. Berlin: Humboldt-Universität.

Pylyshyn, Z. W. (1984). *Computation and cognition*. Cambridge, MA: MIT Press.

Quastler, H. (1953). *Information theory in biology*. Illinois: University of Illinois Press.

Richards, D. D. (1988). Dynamic concepts and functionality . The influence to multiple representations and environmental constraints on categorization. *Human Development*, *31*, 11–19.

Riesbeck, C. K. (1975). Conceptual analysis. In R. C. Schank (Ed.), *Conceptual information processing* (pp. 83–156). Amsterdam: North Holland.

Rosch, E. (1975). Cognitive representation of semantic categories. *Journal of Experimental Psychology*, *104*, 192–233.

Rosenblatt, F. (1958). *The perceptron*. Ithaka, NY: Cornell Aeronaut Laboratory.

Schacter, D. L. (1987). Implicit memory: History and Current Status. *Journal of Experimental Psychology: Learning, Memory, and Cognition*, *13*, 501–518.

Schadewaldt, W. (1978). *Die Anfänge der Philosophie bei den Griechen* (Tübinger Vorlesungen, Bd. 1). Frankfurt/M.: Suhrkamp.

Schmiescheck, M. (1989). *Die Strukturbeschreibung von ereignisbestimmtem Wissensbezug im menschlichen Langzeitgedächtnis*. Dissertation. Berlin: Humboldt-Universität.

Singer, M. & Berg, P. (1992). *Gene und Genome*. Heidelberg: Spektrum Akademischer Verlag.

Slobin, D. I. (1971). *The ontogenesis of grammar*. New York: Academic Press.

Smith, E. E., Shoben, E. J. & Rips, L. J. (1974). Structure and process in semantic memory. *Psychological Review*, *81*, 214–241.

Strube, G. (1984a). *Assoziation. Der Prozeß des Erinnerns und die Struktur des Gedächtnisses*. Berlin: Springer.

Strube, G. (1984b). Techniken der empirischen Wortfeldanalyse. In A. van Eye & W. Marx (Hrsg.), *Semantische Dimensionen* (S. 107–152). Göttingen: Hogrefe.

Tesnière, L. (1953). *Esquisse de syntaxe structurale*. Paris: Klincksieck.

Tulving, E. (1983). *Elements of episodic memory*. Oxford: Oxford University Press.

Turing, A. M. (1936/37). On computable numbers with an application to the Entscheidungsproblem. *Proceedings of the London Mathematical Society*, *42*, 544-546.

Tversky, A. (1977). Features of similarity. *Psychological Review*, *85*, 321-352.

Tversky, A. & Hemenway, K. (1984). Objects, parts and categories. *Journal of Experimental Psychology: General*, *113*, 169-193.

von Neumann, J. & Morgenstern, O. (1964). *Theory of games and economic behavior*. New York: Wiley.

van der Meer, E. (1991). Die dynamische Struktur von Ereigniswissen. In F. Klix, E. van der Meer & E. Roth (Hrsg.), *Kognitive Prozesse und geistige Leistung* (S. 41-64). Berlin: Deutscher Verlag der Wissenschaften.

van der Meer, E. & Schmidt, B. (1992). Finale, kausale und temporale Inferenzen - Analyse ihres kognitiven Hintergrundes. *Zeitschrift für Psychologie*, *200*, 303-320.

Wettler, M. (1980). *Sprache, Gedächtnis, Verstehen*. Berlin: de Gruyter.

Wickelgren, W. A. (1979). *Cognitive Psychology*. Englewood Cliffs, NJ: Wiley.

Wiener, N. (1948). *Cybernetics or control and communication in the animal and the machine*. Cambridge: MIT Press.

Wolf, M. (1984). *Prozedurale Erkennungsmechanismen von Begriffsbeziehungen*. Unveröffentl. Diplomarbeit. Berlin: Humboldt-Universität.

Untersuchungen zur Sprachverwendung in ausgewählten Phänomenbereichen

Keine Känguruhs zur Linken

Über die Variabilität von Raumvorstellungen und ihren Ausdruck in der Sprache

Wolfgang Klein

Sich über Räumliches verständigen zu können, zählt zu den elementarsten Fertigkeiten eines jeden Sprechers. Zur erfolgreichen Raumreferenz genügt es nun aber nicht, daß Sprecher und Hörer die einschlägigen Raumausdrücke ihrer Sprache kennen, sondern sie müssen auch über eine hinlänglich ähnliche Raumvorstellung verfügen. Solche Raumvorstellungen sind sehr variabel – sowohl innerhalb einer Sprache als auch zwischen verschiedenen Sprachen. Anknüpfend an Herrmanns "6H-Modell" der Lokalisierung wird diskutiert, wie man die der Raumreferenz zugrundeliegenden Räume definieren und systematisch aufeinander beziehen kann. Ein wesentliches Moment ist dabei stets die Überformung eines abstrakten Basisraums durch anthropomorphe Eigenschaften, die freilich von Kultur zu Kultur sehr unterschiedlich ausfallen kann.

1. Einleitung

vom vom zum zum
vom zum zum vom
zum zum vom vom
zum vom vom vom

Jandl

Eine gütige Natur hat den Menschen nicht nur mit der Fähigkeit begabt, die Dinge in seiner Umwelt in ihrem räumlichen Verhältnis wahrzunehmen und das Wahrgenommene, mehr oder minder umgestaltet, im Gedächnis zu bewahren. Sie gestattet ihm auch, sich räumliche Anordnungen auszudenken, die weder der Wahrnehmung noch dem Gedächnis entstammen, sondern freie Schöpfungen seines Geistes sind. Schließlich hat sie es ihm auch möglich gemacht, über all dies – das Wahrgenommene, das Erinnerte, das Ausgedachte – zu reden. Wir können sagen "Die Suppe ist im Topf" oder "Hinten im Flur riecht es muffig", weil wir dieses eben so wahrnehmen. Wir können sagen "Der Laster kam von links" oder "Zwischen dem rechten Vorderrad und dem Pfosten war ein Abstand von einem Meter", weil wir uns in dieser Weise an etwas Wahrgenommenes erinnern. Ebenso können wir sagen "Die Türkei liegt hinter Griechenland", "Linz liegt schon auf dem Balkan", "Die Summe der Winkel im Dreieck beträgt zwei Rechte", "Das steht in einem Aufsatz von Bühler" oder "Wir kommen darauf weiter unten noch zurück", weil wir uns die räumlichen Konstellationen, von denen hier die Rede ist, in unserem Geiste so ausgedacht haben – sicher nicht willkürlich und ohne Regel. Aber wir haben sie nicht der Wahrnehmung und den damit gegebenen räumlichen Verhältnissen entnommen.

Die letzte der drei genannten Fähigkeiten, jene nämlich, über räumliche Konstellationen unterschiedlichster Art zu reden, zeichnet uns, wie denn die Gabe der Rede überhaupt, unter allen bekannten Spezies aus. Bemerkenswert ist freilich, daß, wo wir bei anderen Arten eine vergleichsweise entwickelte Kommunikation finden, wie bei den Bienen, diese im wesentlichen zur räumlichen Verständigung dient. Die erstgenannte Fähigkeit haben wir mit allen bekannten Spezies gemeinsam, auch wenn sie im einzelnen sehr unterschiedlich sein mag. Schwierig ist dies mit der mittleren – der Fähigkeit, Wahrnehmung und Gedächnis zu transzendieren und abstraktere Raumvorstellungen zu entwickeln. Ob dem Fuchs eine bestimmte räumliche Konstellation vor Augen steht, wenn er sich auf den Weg in einen unbekannten Hühnerstall macht, können wir nicht sagen. Sicher scheint, daß jene abstrakten Räume, wie sie unser Geist zur Beschreibung der Euklidischen Geometrie oder der Gesetze der Planetenbewegung geschaffen hat, nicht unabhängig von der Sprache sind. Dies heißt aber nicht, daß sie Produkte des Sprachvermögens allein sein müssen. Sie liegen in gewisser Weise der Sprache zugrunde und werden gleichzeitig von ihr geschaffen. Mit diesem eigentümlichen Verhältnis von Raumvorstellungen einerseits und dem sprachlichen Ausdruck des Raums anderseits befaßt sich dieser Aufsatz.

Räumliche Konstellationen können sehr einfach, aber auch außerordentlich komplex sein; dasselbe gilt für ihren sprachlichen Ausdruck. Hier wie sonst in den Wissenschaften empfiehlt es sich, mit sehr elementaren Fällen anzufangen, um zu ermitteln, was die minimalen Bestandteile einer jeglichen *Raumreferenz* – wie ich hier kurz für die unterschiedlichsten Formen von Raumausdrücken sage* – ausmacht. Ein solch elementares Beispiel von Raumreferenz ist die folgende Äußerung, wie man sie sich leicht in einer Zeugenaussage vor Gericht vorstellen kann:

(1) Das Rad lag hinter dem Opel.

Diese Äußerung beschreibt eine elementare räumliche Konstellation: Ein Objekt, das Rad, steht in einer bestimmten räumlichen Relation, hier ausgedrückt durch die Präposition "hinter", zu einem anderem Objekt, dem Opel. Ersteres Objekt, jenes nämlich, das durch die Äußerung lokalisiert wird, will ich das *Thema* nennen, letzteres, jenes also, relativ zu dem es lokalisiert wird, das *Relatum*. Zwischen beiden besteht eine bestimmte *räumliche Relation*. Damit eine solche Äußerung in

* Ein anderer gängiger Ausdruck ist *Lokalisation*. Es ist zu beachten, daß es nicht nur um die räumliche Einordnung von Objekten relativ zu anderen Objekten geht. Sätze wie etwa "Auf den Tonga-Inseln ist das Kricket-Spiel unbekannt" oder "Unter dem Dach ist es ziemlich schwül" lokalisieren kein Objekt, drücken aber dennoch Raumreferenz aus. Für den Sprachwissenschaftler, der Form und Funktion aller Raumausdrücke beschreiben will, stellt dies ein eminentes Problem dar; für das Thema des vorliegenden Aufsatzes ist es aber von untergeordneter Bedeutung. Daher gehe ich hier und im folgenden nicht näher darauf ein.

der Kommunikation funktionieren kann, müssen drei Voraussetzungen erfüllt sein:

1. Sprecher und Hörer müssen die gleiche oder zumindest eine hinlänglich ähnliche Vorstellung vom zugrundeliegenden Referenzbereich, hier dem Raum und den für ihn charakteristischen räumlichen Relationen, haben.
2. Sprecher und Hörer müssen die Bedeutung der verwendeten räumlichen Ausdrücke kennen. Hier ist dies im wesentlichen das deutsche Wort "hinter"; es ist aber leicht zu sehen, daß dies nur ein besonders elementarer Fall ist.
3. Sprecher und Hörer müssen das in der Äußerung selbst Ausgedrückte – die sprachliche Bedeutung im engeren Sinne – in geeigneter Weise durch allerlei Kontextinformationen ergänzen. So ist das rechte Verständnis von "hinter" nicht unabhängig von der (vorgestellten) Blickrichtung des Sprechers oder Hörers. Deutlicher ist dies noch bei 'deiktischen' Raumadverbien wie "hier", "da", "dort", deren Referenz in der konkreten Situation je nach Sprecher oder Hörer wechselt.

Ich bezeichne diese drei Grundgrößen hinfort als *Raumstruktur*, *linguistische Bedeutung* und *Kontextabhängigkeit*. Sie sind in jeder Raumreferenz in irgendeiner Weise präsent und können sehr unterschiedliche Formen annehmen. Insbesondere können sie auch in sehr unterschiedlicher Weise interagieren.

Eine der Schwierigkeiten bei der Erforschung der Raumreferenz liegt nun darin, daß sich diese drei Grundgrößen nicht so ohne weiteres dem Arbeitsfeld einer Disziplin zurechnen lassen. Die Struktur des Wahrnehmungsraumes zu untersuchen – und dieser ist es, um den es in einfachen Sätzen wie (1) geht –, ist eine klassische Aufgabe der Psychologie; allerdings ist diese Raumstruktur nicht die einzige, die der Raumreferenz zugrundeliegt; wir haben dies weiter oben schon angedeutet. Die Untersuchung der linguistischen Bedeutung fällt der Linguistik zu; dies setzt freilich voraus, daß eine gewisse Klarheit über das Auszudrückende, und damit über die Raumstruktur, besteht.

Während es bei Raumstruktur und linguistischer Bedeutung noch eine relativ klare Aufgabenverteilung gibt, kann man das von der dritten Grundgröße, der Kontextabhängigkeit, nicht sagen. Die Grundlage zu ihrer Erforschung hat ein Psychologe gesetzt – Karl Bühler mit seinem Begriff der »Origo« und den möglichen »Versetzungen« (Bühler, 1934, S. 79–148). Bühlers Anregungen kommen aber weniger aus der psychologischen Forschung seiner Zeit, sondern von dem Indogermanisten Karl Brugmann und seinen Untersuchungen zu deiktischen und demonstrativen Ausdrücken in den indoeuropäischen Sprachen: Es war die Notwendigkeit, sich mit zunächst nicht auf der Hand liegenden, aber sehr verbreiteten Eigentümlichkeiten der natürlichen Sprache auseinanderzusetzen und ihnen eine befriedigende Grundlage zu geben, die Bühler zu seinem Origo-Modell veranlaßt hat. Mir scheint, vor eine ganz ähnliche Herausforderung kann die Linguistik die Psychologie auch heute stellen. Es zeigt sich nämlich, daß der sprachliche Ausdruck des Raumes und die Rolle der Kontextabhängigkeit darin wesentlich komplexere Raumvorstellungen verlangen, als sie normalerweise in der psychologischen Forschung untersucht werden. Herrmanns 6H-Modell (Herrmann, 1990) ist einer der wenigen Versuche, sich dieser Herausforderung zu stellen – ein Versuch, der, wie ich glaube, den Verhältnissen etwa im Deutschen im Kern gerecht wird. Es zeigt sich allerdings, daß die Raumreferenz in anderen Sprachen ganz anders organisiert sein kann, und zwar in einer Weise, die auch die zugrundeliegende Raumvorstellung selbst berührt. Wir müssen daher, wenn wir den Ausdruck des Raumes in der menschlichen Sprache überhaupt betrachten wollen, zu einem komplexeren Modell kommen.

Im folgenden Abschnitt werde ich zunächst an einem Beispiel einige der Probleme illustrieren, die man klären muß, wenn man verstehen will, wie Raumstruktur, Kontextabhängigkeit und Bedeutung des einzelsprachlichen Ausdrucks zusammenhängen. In Abschnitt 3 wird zunächst Herrmanns 6H-Modell kurz dargestellt; dann werden Dimension für Dimension einige Komplikationen erläutert. In Abschnitt 4 schließlich gehe ich darauf ein, wie man diesen Schwierigkeiten nach meiner Auffassung gerecht werden kann.

2. Der Raum, wie er der Sprache zugrundeliegt: Probleme

Aus der Heimat hinter den Blitzen rot
Da kommen die Wolken her ...

Eichendorff

Mit der Natur des Raumes haben sich von Aristoteles bis Einstein und Piaget die unterschiedlichsten Gelehrten aus ganz verschiedenen Disziplinen befaßt, und ihre Ergebnisse sind nicht im Einklang: Der Raum der Philosophen ist nicht der Raum der Psychologen, der Raum der Physiker nicht der Raum der Anthropologen, und die Vorstellung selbst, daß es *den* Raum der Physiker gäbe, ist schon eine radikale Vereinfachung. Man mag sich fragen, ob es hinter all diesen Raumkonzepten mehr als eine vage Familienähnlichkeit gibt, so etwas wie einen Basisraum, von dem sich alle anderen ableiten lassen. Selbst wenn dies möglich wäre, so wäre damit immer noch nicht gesagt, daß es dieser Basisraum ist, der dem sprachlichen Ausdruck zugrundeliegt. Der Raum der Physiker* kennt kein "rechts" und "links", kein "vorn" und "hinten"; aber wie soll man einen simplen Fall von Raumreferenz wie (1) ohne diese Unterscheidungen analysieren können?

Der Raum, wie er solchen und ähnlichen Äußerungen zugrundeliegt, ist das, was man als den 'gewöhnlichen Anschauungsraum' bezeichnen könnte – jene Raumvorstellung, auf der unsere alltäglichen Erfahrungen und Handlungen beruhen. Für diesen Raum sind drei Eigenschaften wesentlich:

1. Er besteht aus kleineren Einheiten, die wir als 'Orte' bezeichnen können und für die eine zweifache Struktur definiert ist.

* Vgl. jedoch Gardner (1979), wo einige Befunde diskutiert werden, die diese eherne Regel aufweichen.

2. Dies ist zum einen eine einfache topologische Struktur: ein Ort kann (ganz oder teilweise) in einem anderen Ort oder aber in der Umgebung eines anderen Ortes enthalten sein.
3. Zum andern ist er durch eine dreifache Ordnungsstruktur gekennzeichnet – die drei üblichen orthogonalen Dimensionen, die ich hier als Horizontale, Vertikale und Transversale bezeichnen will.

Es ist leicht zu sehen, daß sich diese beiden Strukturierungen in zahlreichen Raumausdrücken wie "in", "auf", "unter", "vor", "neben", "außerhalb von", "bei" etc. widerspiegeln. Man kann die linguistische Bedeutung einer Präposition wie "auf" in Fällen wie "Die Katze ist auf dem Dach" etwa so beschreiben: "Auf" drückt eine bestimmte räumliche Relation zwischen dem Thema "Katze" und dem Relatum "Dach" aus; diese Relation ist eine Verbindung einer topologischen Eigenschaft, nämlich 'in Kontakt mit', mit einer dimensionalen Eigenschaft, nämlich 'höher als'. Ersteres unterscheidet "auf" von "über" (das keinen Kontakt erfordert), letzteres unterscheidet "auf" von "unter" (in dem die vertikale Relation umgekehrt ist).

Dieses einfache Bild ist nun in dreierlei Hinsicht unzulänglich. Die erste will ich hier nur kurz streifen – die schier unendliche Mehrdeutigkeit solcher Ausdrücke. Man vergleiche:

(2) Die Katze ist auf dem Dach.
(3) Karl wohnt auf dem Land.
(4) Das Preisschild klebt auf dem Ball.
(5) Er hat eine Narbe auf der Fußsohle.
(6) Er lag auf dem Rücken.

In all diesen Fällen drückt "auf" eine etwas unterschiedliche räumliche Konstellation zwischen Thema und Relatum aus. Diese Polysemie zu analysieren, ist das linguistische Kernproblem der Raumreferenz. Da es aber das vorliegende Thema nur indirekt berührt, will ich hier nicht näher darauf eingehen (vgl. hierzu Klein, 1991).

Das zweite Problem betrifft die zugrundeliegende Raumvorstellung selbst. Man kann es an den folgenden Beispielen räumlicher Ausdrücke erläutern:

(7) Der Schlüssel ist im Nähkästchen.
(8) Pontefract liegt in Yorkshire.
(9) Winkel im Halbkreis sind rechte.
(10) Die natürlichen Zahlen sind in den ganzen Zahlen enthalten.
(11) Die Stelle "Hinten, weit in der Türkei" steht im "Osterspaziergang".

In all diesen Fällen ist die durch die Präposition "in" ausgedrückte Relation eine topologische: Das Thema ist im Relatum (vollständig) enthalten. Aber offenkundig handelt es sich nur im ersten Fall um den gewöhnlichen, dreidimensionalen Anschauungsraum. Bei (8) geht es hingegen um so etwas wie den abstrakten geographischen Raum, der sich in unserem Wissen konstitutiert: wir können Yorkshire nicht sehen wie das Nähkästchen. Es ist nicht leicht zu sagen, ob man diesem

Raum zwei oder drei Dimensionen zuweisen soll. Eindeutig zwei Dimensionen hat hingegen der 'mathematische Raum', von dem in (9) die Rede ist. Schwieriger wiederum ist dies bei dem gleichfalls mathematischen Raum in (!) (10): Hat er überhaupt eine Dimension, in jenem Sinne, in dem wir von Vertikaler, Horizontaler oder Transversaler reden? Und vollends rätselhaft ist dies bei dem sehr abstrakten Raum, um den es offenbar in (11) geht. Hier ist der Konnex zum gewöhnlichen Anschauungsraum, wenn wir diesen zum Ausgangspunkt wählen, sehr locker geworden. Dennoch wird die Präposition "in" weiterhin verwendet, um eine Relation des Enthaltenseins zwischen 'null-dimensionalem Thema' und 'null-dimensionalem Relatum' auszudrücken.

Betrachten wir noch drei weitere Beispiele, um die Komplexität des Problems deutlich zu machen:

(12) Ich kann diesen Gedanken nicht aus meinem Kopf kriegen.
(13) Ich kann dieses Mädchen nicht aus meinem Kopf kriegen.
(14) Ich kann dieses Mädchen nicht aus meinem Sinn kriegen.

Die räumliche Relation, im wesentlichen ausgedrückt durch die Präposition "aus", ist hier die umgekehrte: Das Thema ist außerhalb des Relatums (und daß diese Relation besteht, ist wiederum negiert). Ein Kopf ist eine dreidimensionale Entität, ein Gedanke hat – nach allgemeiner Meinung – keine Dimensionen. Welcher Art ist nun der Raum, um den es hier geht: Hat er drei Dimensionen oder überhaupt keine? Bei (13) sind sowohl Thema wie Relatum dreidimensional; aber natürlich ist mit (13) nicht gesagt, daß eine dreidimensionale Entität nicht außerhalb, das heißt innerhalb, einer anderen dreidimensionalen Entität ist. Gemeint ist, daß so etwas wie eine abstrakte (null-dimensionale ?) Repräsentation eines Mädchens nicht außerhalb eines (realen, dreidimensionalen ?) Kopfes ist. Bei (14) schließlich ist das Relatum offenbar null-dimensional; dennoch ist der sprachliche Ausdruck der Relation zwischen Thema und Relatum genau derselbe.

Niemand hat normalerweise Probleme, Äußerungen wie die hier angeführten zu verstehen. Was sie zeigen, ist, daß wir zur Analyse ganz gewöhnlicher Fälle von Raumreferenz nicht mit dem üblichen, dreidimensionalen Anschauungsraum und der für ihn charakteristischen Struktur auskommen. Unsere Sprache erlaubt uns, fast nach Belieben Abschwächungen – möglicherweise auch Verstärkungen* – dieser Struktur vorzunehmen, ohne am sprachlichen Ausdruck selbst etwas zu ändern. Für den Linguisten, der die Regelhaftigkeiten der Raumreferenz beschreiben will, genügt das einfache Konzept des 'gewöhnlichen Anschauungsraumes' ganz und gar nicht.**

Wir haben bis jetzt zwei Probleme für die oben angeführte einfache Analyse von Sätzen wie "Die Katze ist auf dem Dach" genannt – das Problem der Polysemie und das Problem der unterschiedlichen Räume. Wenn wir diese beiden

* Solche Verstärkungen gibt es in der Tat, beispielsweise Metrisierungen, wie sie für Raumausdrücke wie "fünf Meter außerhalb", "leicht links von" etc erforderlich sind. Darauf gehe ich hier nicht weiter ein.

** Es hilft im übrigen nichts zu sagen, einige dieser Verwendungsweisen seien 'metaphorisch'. Das mag richtig sein, auf jeden Fall ist es nichtssagend – es benennt das Problem, daß hier die Bedeutungen in gewisser Weise verschoben sind; aber es löst sie natürlich nicht.

Faktoren nun konstant halten und in der Tat annehmen, daß "auf" bedeutet 'im dreidimensionalen Raum höher als und in Kontakt mit', dann gibt es ein drittes Problem. Wie ist definiert, was 'höher als' ist, allgemeiner gesprochen: Wo ist auf der Vertikalen oben, und wo ist unten? Schließlich machen wir einen Unterschied zwischen den Wörtern "auf" und "unter", die beide Relationen auf der Vertikalen ausdrücken.

Es gibt zwei mögliche Antworten auf diese Frage. Die erste arbeitet mit 'objektiven' Eigenschaften des Raumes, beispielsweise in diesem Falle der Schwerkraft: Unten ist, wo alles hinfällt. Die andere Antwort arbeitet mit 'subjektiven' Eigenschaften, insbesondere mit Position und Blickrichtung des Sprechers: Unten ist, wo die Füße sind, oben ist, wo der Kopf ist. Beide Charakterisierungen spielen für den sprachlichen Ausdruck von Oben und Unten eine Rolle, beide haben ihre Probleme. Es scheint jedoch, daß den 'subjektiven' Eigenschaften eine wesentlich größere Rolle zukommt – nicht zuletzt deshalb, weil es keine der Schwerkraft vergleichbare Eigenschaft gäbe, die uns sagt, was links und rechts, vorn und hinten ist: Wir können zwar vielleicht die Vertikale durch eine solche physikalische Größe ausrichten, nicht aber die Horizontale und die Transversale. Hier können nur irgendwelche andere Asymmetrien weiterhelfen, und normalerweise sind dies die Asymmetrien des menschlichen Körpers: Vorn ist, wo man hinsieht, hinten ist, wo man nicht hinsieht, links ist, wo bei den meisten Menschen die schwache Hand ist (oder wo bei den meisten Menschen das Herz liegt), rechts ist die entgegengesetzte Seite (oder: die Seite, wo bei den meisten Menschen die Leber ist). Es ist denkbar, auch ein anderes Objekt als den menschlichen Körper als 'Asymmetrienspender' zu wählen, wenn es entsprechende Eigenschaften aufweist. Welche Möglichkeit immer gewählt wird – es kommt ein Moment der Kontextabhängigkeit in die Charakterisierung der räumlichen Verhältnisse, so wie sie dem sprachlichen Ausdruck zugrundeliegen. Wir werden dies ausführlicher in den folgenden Abschnitten diskutieren. Zuvor will ich aber noch an einem Beispiel erläutern, wie komplex sich die Verhältnisse gestalten können.*

Nehmen wir an, auf einem Flug von Kairo nach Frankfurt sagt der Pilot:

(15) Wir fliegen jetzt über Griechenland. Die große Insel unter uns, ein wenig unter dem Festland, das ist Kreta, und der kleine weiße Fleck hinter Kreta, den sie gerade noch sehen können, das ist die Insel Karpathos.

Offenbar drücken die beiden Vorkommen des Wortes "unter" im zweiten Satz ganz Verschiedenes aus. Kreta liegt unter dem Flugzeug, gleichzeitig liegt es – in einer bestimmten Perspektive – auch unter dem Festland, und wieder in einer anderen Perspektive liegt Karpathos *hinter* Kreta. Es macht uns im allgemeinen nicht die geringste Mühe, von einem Satz zum nächsten, ja innerhalb eines Satzes die Perspektive und damit die Definition dessen, was unten und oben, vorn und hinten, rechts und links ist, zu wechseln.

Die meisten Untersuchungen über sprachliche und kognitive Aspekte des Raumes konzentrieren sich auf den 'gewöhnlichen Anschauungsraum'. Das ist, wenn wir den Raum, wie er der Sprache zugrundeliegt, beschreiben wollen, aus zumin-

* Dieses Beispiel ist sinngemäß Klein (1990) entnommen.

dest zwei Gründen unzulänglich. Zum einen gibt es ganz andere 'Raumvorstellungen', die eine sicherlich verwandte, aber doch wesentlich schwächere – manchmal vielleicht auch stärkere – Struktur aufweisen. Zum andern muß der Gerichtetheit der Dimensionen irgendwie Rechnung getragen werden: Es genügt nicht, von drei orthogonalen Dimensionen zu reden, es muß irgendwie definiert sein, wo im Raume oben und unten ist, wo rechts und links, wo vorn und hinten. Wie muß ein Raumkonzept aussehen, das geeignet ist, der Raumreferenz in den natürlichen Sprachen als Grundlage zu dienen? Um diese Frage geht es in den beiden folgenden Abschnitten.

3. Der Raum, wie er der Sprache zugrundeliegt: ein realistisches Modell und seine Grenzen

Sempre caro mi fu quest'ermo colle
E questa siepe, che da tanta parte
Dell' ultimo orizzonte il guardo esclude.
Ma sedendo e mirando, interminati
spazi di là da quella ...
Io nel pensier mi fingo.

Leopardi

3.1 Das 6H-Modell

Es ist in der Sprachpsychologie nicht allzu oft versucht worden, ein zur Analyse der Raumreferenz geeignetes Raummodell zu entwickeln. Auch der am weitesten fortgeschrittene Versuch in diese Richtung, Herrmanns 6H-Modell, hat nicht dieses umfassende Ziel. Vielmehr geht es darum, die Verwendung der deutschen präpositionalen Ausdrücke "vor", "hinter", "rechts von", "links von"* zum Ausdruck räumlicher Relationen im gewöhnlichen Anschauungsraum zu beschreiben und dafür die notwendigen sprachpsychologischen Grundlagen bereitzustellen. Das erste der beiden oben genannten Probleme, die Variabilität der Räume, spielt somit erklärtermaßen keine Rolle, und ebenso wird die Vertikale aus der Betrachtung ausgeschlosssen.

Es wird gewöhnlich angenommen, daß die Ausdrücke "vorn", "hinten", "rechts", "links" in zwei Weisen verwendet werden – deiktisch und intrinsisch. Der Unterschied läßt sich an unserem Beispiel (1) ("Das Rad lag hinter dem Opel.") gut erklären. Ein Opel hat, wie jedes Auto, eine Vorderseite und eine Hinterseite, eine rechte Seite und eine linke Seite. Satz (1) könnte auf diese 'intrinsischen Eigenschaften' des Relatums Bezug nehmen. Dann liegt das Thema, hier das Rad, 'bei den Rücklichtern – ganz unabhängig von der Perspektive eines möglichen oder

* Hier und im folgenden wird, wie schon bei Herrmann, gewöhnlich nicht immer zwischen Adverbien wie "vorn", "hinten", Präpositionen wie "vor", "hinter" und Adjektiven wie "vordere", "hintere" getrennt. Dieser Unterschied, so wichtig er für die Grammatik sein mag, ist für die folgenden Überlegungen unerheblich.

realen Betrachters. Es könnte aber auch sein, daß sich der Sprecher selbst hinter dem Wagen befunden hat und deutlich machen wollte, daß er das Rad von dort aus nicht sehen konnte. Dann liegt es 'intrinsisch' auf der Vorderseite des Autos, vom Betrachter aus gesehen aber dahinter. Letztere Verwendung bezeichnet man als die deiktische. In diesem speziellen Fall ist sie wesentlich weniger wahrscheinlich als die intrinsische. In anderen Fällen, insbesondere dann, wenn das Relatum selbst keine intrinsische Orientierung hat, wie etwa ein Telegrafenmast, ist sie die einzig mögliche.

Diese in der linguistischen wie in der sprachpsychologischen Literatur relativ fest etablierte Unterscheidung ist aus einer Reihe von Gründen unzulänglich (vgl. dazu Herrmann 1990, S. 121–124). Herrmann integriert beide Verwendungsweisen daher zu einem einheitlichen Konzept, dessen Grundidee die folgende ist.

Grundsätzlich sind an jeder räumlichen Konstellation, die sich durch "rechts", "links", "oben", "unten" beschreiben läßt, drei Faktoren beteiligt – das zu lokalisierende Objekt (hier Thema genannt), das Relatum, die Origo. Letztere ist der Nullpunkt eines üblichen zweidimensionalen Koordinationssystems mit Abszisse und Ordinate; die Festlegung der Origo und damit des Koordinatensystems ist ins Ermessen des Sprechers gestellt; er kann sich selbst, den Hörer oder aber eine dritte (möglicherweise imaginäre) Person als 'Origo-Instanz' wählen, das heißt als jene Instanz, von der abhängt, wie Abszissse und Ordinate verlaufen. Für die deutschen Wörter "rechts", "links", "vorn", "hinten" gilt dann: a ist rechts von b, wenn a einen höheren Wert auf der Abszisse als b hat, a ist links von b, wenn sein Wert auf der Abszissse niedriger als der von b ist; a ist vor b, wenn a einen höheren Ordinatenwert als b hat, a ist hinter b, wenn a einen niedrigeren Ordinatenwert als b hat.

Der Sprecher kann auch das Relatum mit der Origo-Instanz zusammenfallen lassen, das heißt das Thema relativ zu sich selbst, dem Hörer oder einer dritten Person direkt beschreiben. In diesem Falle spricht Herrmann von 'Zweipunktlokalisation' (wie in "Der Tisch vor dir"; "Die Tür hinter mir"), andernfalls von 'Dreipunktlokalisation' (wie in "Der Stuhl hinter dem Tisch, von dir aus gesehen"; "Der Stuhl hinter dem Tisch, von mir aus gesehen"; "Der Stuhl hinter dem Tisch, von Otto aus gesehen"). In letzterem Fall muß die Angabe des Origo-Gebers nicht immer explizit sein; oft ergibt sie sich einfach aus dem Kontext. Da bei beiden Fällen drei Origo-Instanzen wählbar sind, ergeben sich insgesamt sechs Hauptvarianten räumlicher Konstellationen (daher der Name 6H-Modell).

Herrmanns Analyse ist wesentlich differenzierter als die herkömmliche. So läuft, was traditionell als 'intrinsiche Perspektive' bezeichnet wird, im wesentlichen auf eine dieser sechs Varianten, nämlich die auf einen Dritten bezogene Zweipunktlokalisation hinaus. Sie erlaubt daher auch eine wesentlich akkuratere Analyse dieser zentralen Raumausdrücke im Deutschen – zumindest wenn man die (bei Herrmann nicht thematisierte, aber wohl implizierte) Zusatzannahme macht, daß sich die jeweilige Origo-Instanz, also beispielsweise der Hörer, in 'kanonischer Position' befindet: aufrecht stehend, den Kopf weder geneigt noch zur Seite gedreht. Es gibt jedoch auch zwei Probleme, denen ich mich nun zuwenden will.

Das erste hängt mit der Definition der Gerichtetheit zusammen, jener Frage, die wir in Abschnitt 2 am Beispiel von "oben-unten" erwähnt haben. Betrachten wir einen einfachen Fall wie "Der Stuhl steht links von mir". Dann sind Relatum und Origo-Instanz, hier der Sprecher, gleich, und "links von" ist so definiert, daß der Stuhl (bei mehr oder minder gleichem Ordinatenwert) einen niedrigeren, hier nämlich negativen Abszissenwert als der Sprecher hat, der ja im Nullpunkt steht. Wie aber wird festgelegt, auf welcher Seite die niedrigeren Abszissenwerte stehen? Dies ist konventionell regelbar, aber irgendwie muß es geregelt werden. Herkömmlicherweise geschieht das durch die Festlegung, daß die niedrigen Werte – nun ja, links anzuordnen sind. Sie stehen ja nicht von Natur aus dort, noch aus mathematischen Gründen. Dann läßt sich aber natürlich nicht mehr "links" durch die Abszissenwerte definieren. Es führt, so scheint mir, kein Weg daran vorbei, von den Asymmetrien der jeweiligen Origo-Instanz selbst auszugehen, dem Körper des Sprechers, Hörers, oder eines Dritten. "Vorn" ist nicht, wo die höheren Ordinatenwerte sind, sondern es wird konventionell so festgelegt, daß die Ordinatenwerte vom Sprecher ausgehend ab dem Nullpunkt in Blickrichtung höher werden; ebenso ist "links" dort, wo der Sprecher, Hörer oder der Dritte seine schwache Hand hat (wenn er zur Mehrheit der Rechtshändigen gehört), oder wie immer man diese Körperasymmetrie fassen mag. Man kann dann wiederum konventionell festlegen, daß auf dieser Seite der Origo die Abszissenwerte negativ zunehmen. Die Gerichtetheit des für die Raumreferenz relevanten Raums rührt nicht aus dem Koordinatensystem, sondern aus den Asymmetrien der jeweiligen Origo-Instanz – des menschlichen Körpers. Dies ist im übrigen mit Herrmanns Vorstellungen durchaus vereinbar. Die Körperasymmetrien sind es, die dem dreidimensionalen Anschauungsraum soviel an zusätzlicher Struktur aufprägen, daß dimensionale Ausdrücke wie "rechts", "links", "vorn", "hinten" und ganz analog "oben", "unten" sinnvoll verwendet werden können.

Das zweite Problem betrifft die Verallgemeinerbarkeit: Läßt sich diese in der genannten Weise angereicherte Vorstellung über räumliche Grundkonstellationen, wie sie im Deutschen ausgedrückt werden, auf den Ausdruck dimensionaler Relationen in anderen Sprachen übertragen? Damit gehen wir über Herrmanns eigentliche Ziele hinaus und wenden uns dem allgemeinen Problem des adäquaten Raumbegriffs zu. Ich will dies nun getrennt für die drei Dimensionen Vertikale, Transversale und Horizontale diskutieren.

3.2 Oben – unten

Und über uns war eine Wolke,
Die ich lange sah.
Sie war sehr weiß, und ungeheuer oben,
Und als ich aufsah, war sie nicht mehr da.

Brecht

Was rechts ist und was links, was vorne ist und hinten, wechselt mit der jeweiligen Origo-Instanz, mit der Perspektive des jeweiligen Beobachters. Gilt dies auch für oben und unten? Um diese Frage zu beantworten, müssen wir uns etwas eingehender der Frage zuwenden, wie denn die Gerichtetheit auf Vertikalen definiert ist.

Wie schon in Abschnitt 2 angedeutet, gibt es zwei Möglichkeiten – eine 'objektive' und eine 'subjektive'. Erstere bezieht sich auf von einem Beobachter unabhängige Raumeigenschaften, insbesondere die Schwerkraft, letztere benutzt eine Körperasymmetrie – die zwischen Kopf und Füßen. Normalerweise – nämlich in der kanonischen Position unter normalen Verhältnissen unserer alltäglichen Erfahrung – sind beide im Einklang. Die Füße sind dort, wo auch die Steine hinfallen, und beides definiert 'unten' oder, relational gesehen, 'tiefer als'. Was davon ist nun ausschlaggebend für die Verwendung dieser Wörter, also für die tatsächliche Raumreferenz und damit für die Art, wie wir den Raum und seine Eigenschaften konzeptualisieren?

Es gibt zumindest drei Argumente, die zeigen, daß die 'subjektive Definition' ausschlaggebend ist. Das erste ergibt sich aus Konfliktsituationen: Sind kanonische Körperorientierung und Schwerkraftausrichtung im Widerstreit, so folgen wir in der Regel ersterer. So ist im Bett unten dort, wo normalerweise die Füße liegen, und oben dort, wo normalerweise der Kopf ist; die Schwerkraft spielt für die Benennung keine Rolle. Das zweite ist der Perspektivenwechsel, den wir weiter oben anhand des Kreta-Beispiels (15) diskutiert haben; wenn wir sagen, daß Kreta unterhalb von Griechenland liegt, so spielt die Schwerkraft keine Rolle, sondern eine bestimmte, sich unter Umständen rasch ändernde 'kopforientierte' beziehungsweise 'fußorientierte' Blickweise; unter Griechenland im Sinne der Schwerkraft liegt nur der Hades.

Beide Argumente betreffen vielleicht nicht die allertypischsten Fälle. Dies trifft jedoch auf die folgende Wolkenkratzer-Konstellation zu. Angenommen, Meyer arbeitet im Erdgeschoß eines Wolkenkratzers, Schmidt im zwanzigsten, und im zehnten ist ein Restaurant. Dann kann Meyer sich in folgender Weise mit Schmidt in diesem Restaurant verabreden: "Um zwölf kommst Du ins Restaurant herunter, und ich komme ins Restaurant hinauf." Mit andern Worten, das zu situierende Objekt, das Restaurant, ist relativ zum Betrachter Schmidt unten, und relativ zum Betrachter Meyer oben. Im Sinne Herrmanns ist dies eine doppelte Zweipunktlokalisierung, bei der einmal der Sprecher, einmal der Hörer mit dem Relatum zusammenfällt. Ob das Thema oben oder unten ist, ist keine abstrakte Eigenschaft des Raumes, sondern es hängt von der jeweiligen Perspektive ab – freilich von der kanonischen Perspektive, nicht unbedingt von der aktuellen (auch wenn Schmidt einen Handstand macht, würde man von ihm aus gesehen das Restaurant für unten befindlich ansehen).

Was dies zeigt, ist zum einen, daß auch die Definition von oben und unten perspektivenabhängig ist, und zum andern, daß für die Definition der Gerichtetheit letztlich nicht objektive Eigenschaften des physikalischen Raumes, wie die Schwerkraft, maßgeblich sind, sondern die Struktur, die der menschliche Körper eines Beobachters dem Raum aufprägt.

3.3 Vorn – hinten

Wenn hinten, weit in der Türkei
...
Goethe

Im Gegensatz zur Vertikalen ist für die Ausrichtung der Transversalen schwerlich eine 'absolute' Definition denkbar. Sie wird einfach durch die Blickrichtung bestimmt; in der Regel ist dies die kanonische, doch kann davon unter bestimmten, hier nicht weiter zu erörternden Umständen, abgewichen und die aktuelle Blickrichtung gewählt werden (vgl. wiederum Beispiel (15)). Dennoch ist die Lage wesentlich komplizierter, als es zunächst scheinen mag. Das läßt sich an den beiden folgenden einfachen Konstellationen verdeutlichen. Ein Fahrrad, das etwa einen Meter entfernt in Blickrichtung des jeweiligen Betrachters, sagen wir des Sprechers liegt, liegt vor diesem. Er kann diese Konstellation als "Das Rad liegt vor mir" beschreiben. Nehmen wir nun an, das Rad liegt zwischen dem Betrachter und einem Baum, aber näher zu letzterem. Diese Konstellation ließe sich dann beschreiben als "Das Rad liegt – von mir aus gesehen – vor dem Baum". Eine Reihe von Sprachen würde jedoch diese Konstellation durch (die entsprechende Übersetzung von) "Das Rad liegt hinter dem Baum" beschreiben (vgl. Hill 1982). Dies erscheint uns zunächst verblüffend, aber es ist im Grunde näherliegend. Der Baum selbst weist keine Asymmetrien auf, kann daher nicht selbst als Origo-Instanz funktionieren. Origo-Instanz ist der Betrachter, hier der Sprecher, der seine Perspektive auf den Baum überträgt. Im einfachsten Fall behält er nun seine Blickrichtung; dann ergibt sich aber, daß das Rad nunmehr *hinter* dem Baum liegt (man stelle sich vor, der Sprecher sei einfach einige Schritte vorwärts gegangen und mit dem Baum verschmolzen). Die Beschreibung "Das Rad ist vor dem Baum" ergibt sich erst, wenn der Betrachter zusätzlich im Geiste eine Rotation um 180° vollzieht und sich nunmehr gleichsam selbst entgegenblickt. Das Deutsche befolgt normalerweise diese 'facing strategy', während Sprachen wie das Haussa beispielsweise einer einfacheren 'aligning strategy' folgen, bei der keine mentale Rotation erfolgt. Letztere findet sich im Deutschen nur in Ausnahmefällen (Sichelschmidt 1989). In vielen Fällen hat sich die 'facing strategy' auch stabilisiert, beispielsweise, wenn wir von der 'Vorderseite' eines Schrankes reden. Das ist jene Seite, die ein Beobachter normalerweise anblickt, jene, die der Vorderseite der

Origo-Instanz entspricht, wenn eine Versetzung ins Relatum samt mentaler Rotation erfolgt.

Offenkundig ist diese Art, dem Raum eine Perspektive aufzuerlegen, kognitiv komplexer als einfaches 'aligning'. Fürs Chinesische, das wie das Deutsche eine 'facing strategy' hat, konnte Li Ping (1988) zeigen, daß Kinder bis zum Alter von etwa drei Jahren der einfacheren 'aligning strategy' folgen und erst dann, offenkundig unter dem Eindruck der zu lernenden Sprache, umkippen: Sie lernen, dem Raum in diesem Punkte eine Struktur aufzuprägen, die in ihrer Sprache kodifiziert ist.

Was uns dies zeigt, ist wiederum, daß wir für die Raumreferenz nicht mit einem einfachen durch Wahrnehmung oder absolute Eigenschaften gegebenem Raumkonzept rechnen müssen, das nur noch sprachlich umgesetzt werden muß. Vielmehr ist der Raum, wie er der Sprache zugrundeliegt, seinerseits durch konventionalisierte und in der Sprache kodifizierte Perspektivierungen geprägt.

3.4 Links – rechts

Manche meinen, lechts und rinks

...

Jandl

Der im australischen Hope Valley gesprochenen Sprache Guughu Yimidhirr verdanken wir zweierlei – zum einen das Wort "Känguruh", das in zahllose andere Sprachen übernommen wurde, und zum anderen die Einsicht, daß manche Sprachen die Rechts-Links-Unterscheidung nicht kennen; ebensowenig gibt es im Guughu Yimidhirr eine Vorn-Hinten-Unterscheidung (ob es eine Oben-Unten-Unterscheidung gibt, ist nicht ganz klar). Untersucht wurde dies erstmals von Haviland (1979). Levinson (1993) hat seine Untersuchungen fortgesetzt und gemeinsam mit seinen Mitarbeitern gezeigt, daß es viele andere Sprachen gibt, die zur Raumreferenz keinen oder nur sehr eingeschränkten Gebrauch von deiktischer Information machen.

Im Lande der Guughu Yimidhirr gibt es also Känguruhs, aber nicht zur Linken. Auch zur Rechten gibt es keine Känguruhs, und ebensowenig vorn oder hinten. Wo gibt es sie dann? Die Frage ist so natürlich falsch gestellt. Ein Stamm, der nicht unterscheiden kann, ob das Känguruh oder gar der Feind von links oder von rechts kommt, wäre sicher längst ausgestorben. Gemeint ist, daß die Guughu Yimidhirr den wahrgenommenen Raum nicht nach Körperasymmetrien strukturieren und demnach auch zur Beschreibung räumlicher Konstellationen nicht auf einen solchermaßen stukturierten Raum zurückgreifen. Stattdessen verwenden sie ein 'absolutes System', das im Kern unserer kulturell etablierten Einteilung in Süd, Ost, West, Nord entspricht. Die Position von Sprecher, Hörer oder eines Dritten spielen daher normalerweise bei der Beschreibung räumlicher Konstellationen keine Rolle.

Man könnte daher annehmen, daß diese Besonderheit des Guughu Yimidhirr und anderer, ähnlich organisierter Sprachen nichts mit der zugrundeliegenden Raumvorstellung selbst, sondern lediglich mit ihrem sprachlichen Ausdruck zu tun hat: Auch die Guughu Yimidhirr unterscheiden rechts und links, sie sagen nur nicht so. Dies wäre jedoch zu einfach. In einer Reihe von Experimenten konnten Levinson und seine Mitarbeiter zeigen, daß sich dieser Unterschied auch bei räumlichen Schlußfolgerungen, also in der Kognition selbst, auswirkt. Die – vielfach variierte – Grundidee dieser Experimente ist die folgende. Angenommen, man zeigt dem Informanten einen Tisch mit einer Karte wie in Abbildung 1a. Dann wird er gebeten, sich um 180° herumzudrehen und auf einem nunmehr vor ihm stehenden Tisch mit zwei Karten (Abbildung 1b) auf jene zu zeigen, die wie die eben gesehene aussieht.

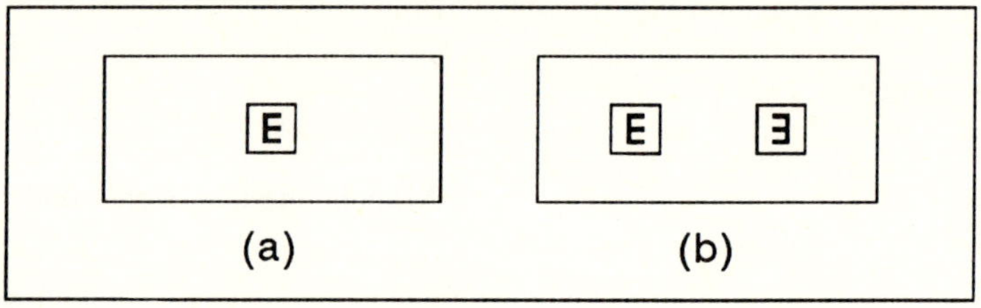

Abb. 1: Welche Karte in der Anordnung (b) entspricht, nach eigener Drehung um 180°, der Karte in Anordnung (a)?

Sprecher des Guughu Yimidhirr zeigen dabei normalerweise auf jene Karte, auf die alle Leser dieses Artikels nicht zeigen würden, nämlich auf die rechte.* Dies scheint uns absonderlich, weil wir hier – im Gegensatz zu den Sprechern des Guughu Yimidhirr – nicht die *absolute Ausrichtung* beibehalten. Man kann sich dies deutlich machen, wenn man die beiden Tische in der Tat gegenüberstellt und die absolute Orientierung angibt, etwa im Sinne einer Nord-Süd-Ausrichtung (vgl. Abbildung 2).

Da der Sprecher sich dreht, schaut er aus seiner Perspektive einmal nach Norden, einmal nach Süden. Der Guughu Yimidhirr korrigiert dies automatisch und behält die absolute Ausrichtung bei, und so gesehen und daher ist die in Abbildung 1b rechte und in Abbildung 2b linke (aus der Perspektive des Lesers !) Karte identisch. Dies heißt aber, daß er im Geiste eine mentale Rotation des visuellen Bildes vollziehen muß – nicht anders als wir bei der 'facing strategy' eine visuelle Rotation bei der Vorn-Hinten-Relation vollziehen. Die merkwürdige Konsequenz aus diesem Befund ist daher, daß gerade die *Wahrung* der absoluten Ausrichtung eine kognitive Operation auf der visuell wahrgenommenen räumlichen Konstellation erfordert. Auch im Guughu Yimidhirr ist der Raum, so wie er dem

* Bei einer niederländischen Kontrollgruppe – niederländische Raumausdrücke funktionieren im wesentlichen wie deutsche – zeigten alle Versuchspersonen ausnahmslos auf die linke Karte (auf die *linke* !).

sprachlichen Ausdruck zugrundeliegt, nicht unabhängig von der subjektiven Überformung durch den Sprecher – nur geschieht dies in anderer Weise als beispielsweise im Deutschen.

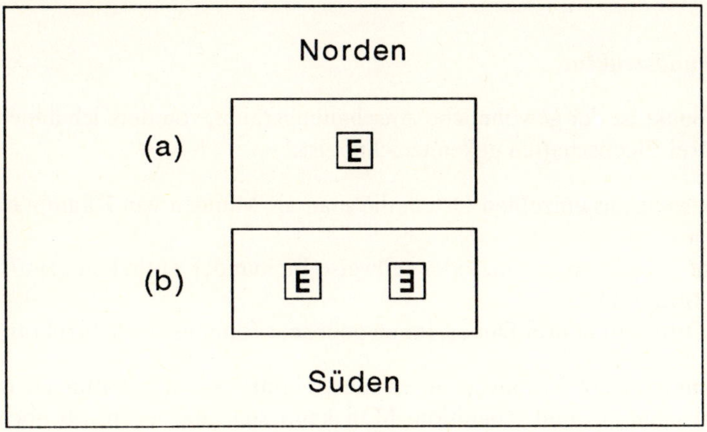

Abb. 2: Die beiden Tische aus Abbildung 1 in einer Nord-Süd-Ausrichtung.

3.5 Ein Fazit

Es wäre merkwürdig, wenn der normale, dreidimensionale Anschauungsraum, so wie er sich unseren Sinnen darbietet und in dem wir unsere Handlungen vollziehen, nicht eine wesentliche Rolle für den Ausdruck des Raums in der Sprache spielen würde. Wir haben aber in diesem Abschnitt und dem vorigen gesehen, daß dies nicht die einzige Grundlage der Raumreferenz sein kann. Der visuelle Anschauungsraum wird in vielfältiger Hinsicht durch subjektive, anthropomorphe Faktoren der unterschiedlichsten Art angereichert oder abgeschwächt. Offenbar haben die Sprachen der Welt hierfür unterschiedliche Möglichkeiten entwickelt. Eine davon ist das "rechts"-"links"-"oben"-"unten"-System, wie es beispielsweise Herrmann analysiert hat. Dies ist aber nicht die einzige Möglichkeit. Welches Spektrum es hier gibt, wissen wir nur in Ansätzen. Im folgenden, letzten Abschnitt will ich andeuten, wie eine Synthese dieser verschiedenen Möglichkeiten aussehen könnte.

4. Der Basisraum und seine Überformungen

Wir müssen die Räume enger machen.

Berti Vogts

4.1 Die Grundstruktur

Ausgangspunkt ist der gewöhnliche Anschauungsraum, von dem ich annehme, daß er durch drei Eigenschaften gekennzeichnet ist:

1. Er besteht aus einzelnen Orten, die man als Mengen von Raumpunkten auffassen kann.
2. Diese Orte können ganz oder teilweise ineinander enthalten sein (topologische Struktur).
3. Die Orte sind in drei Dimensionen geordnet (dimensionale Struktur).

Dieses Raumkonzept ist universell; es rührt einfach aus der Natur der menschlichen Wahrnehmung und Kognition. Man kann sich überlegen, ob noch andere Eigenschaften für diesen Basisraum konstitutiv sind, beispielsweise eine Metrik. Dies ist nicht leicht zu sagen; zweifellos sind im alltäglichen Anschauungsraum gewisse Distanzeinschätzungen möglich; ob sich diese jedoch durch eine einheitliche metrische Struktur modellieren lassen oder ob solche Metrisierungen eher kulturspezifische Überformungen sind, scheint mir offen. Ich will diesen Punkt, der für die vorliegende Diskussion nicht zentral ist, daher nicht weiter verfolgen.

Man kann die drei genannten Eigenschaften in der folgenden Definition etwas genauer fassen:

(16) Basisraum

Der Basisraum ist eine Struktur $\{R, \{O_i\}, IN, D1, D2, D3\}$, sodaß:
– R ist die Menge der reellen Zahlen mit der üblichen Topologie und der üblichen Ordungsrelation 'größer als';
– $\{O_i\}$ ist die Menge der zusammenhängenden Teilmengen von R x R x R, das heißt die Orte des Basisraums;
– IN ist eine Relation auf $\{O_i\}$, so daß O_i IN O_j genau dann, wenn mindestens ein innerer Punkt von O_j in O_i liegt (man beachte, daß mit IN die partielle Inklusion gemeint ist; es genügt aber nicht, daß O_i und O_j einen Randpunkt gemeinsam haben;
– D1, D2, D3 sind Ordnungsrelationen auf der ersten, zweiten, dritten Koordinate von $\{O_i\}$ (man beachte, daß diese Dimensionen noch nicht den Sinn von zum Beispiel oben-unten haben: Es sind einfach voneinander unabhängige Ordnungsrelationen).

Dieser Basisraum kann nun in unterschiedlicher Weise überformt werden; diese Überformungen können sowohl die topologische wie die dimensionale Struktur verstärken oder aber abschwächen. Für den Ausdruck des Raumes in der Sprache ist jeweils ein solcher *überformter Basisraum* maßgeblich. Wie dies im einzelnen geschieht, ist von Sprache zu Sprache unterschiedlich. Im folgenden betrachten wir kurz die wesentlichen Möglichkeiten, soweit sie uns bislang bekannt sind.

4.2 Überformungen der topologischen Struktur

Der Basisraum sieht nur vor, daß ein Ort in einem andern (ganz oder teilweise) enthalten sein kann. Ein wesentliches Moment der Raumreferenz in allen uns bekannten Sprachen ist jedoch die Möglichkeit, den Unterschied zwischen "nah" und "fern" auszudrücken (wir haben dies zu Beginn von Abschnitt 2 kurz angedeutet, aber nicht ausgeführt). Dieser Unterschied ist im allgemeinen nicht metrisch; was nah und fern ist, ist sehr subjektiv. Es hängt zum einen von der Art der Relata ab. Wenn man sagt, Ladenburg liegt bei Mannheim, so ist mit "bei" ein ganz anderer Abstand gemeint als wenn man sagt, die Tasse stand bei den Tellern. Ein zweiter Faktor ist die Art der Entfernungsüberwindung; was mit dem Auto nah ist, mag zu Fuß weit sein. Es ist nicht leicht zu sehen, wie man diesen und möglicherweise anderen 'anthropogenen' Faktoren dieser Art Rechnung tragen kann. Folgt man dem Leitfaden der Raumreferenz, so zeigt sich, daß durchweg der Begriff des subjektiven Umfeldes des Relatums eine Rolle spielt: Jedes Objekt, jede Entität, die als Relatum dienen kann, hat eine charakteristische 'Region' um sich, deren Grenzen subjektiv variabel sind. Was innerhalb dieser Region liegt, ist nahe, was außerhalb davon liegt, ist fern. Eine minimale, aber wesentliche Erweiterung der topologischen Struktur von (16) ist daher die folgende:

(17) Zu jedem Element O_i von $\{O_i\}$ gibt es ein anderes davon verschiedenes Element O_j, das O_i vollständig enthält, die *Region* von O_i; ihre Grenzen sind subjektiv variabel.

Dies ist nicht die einzige Möglichkeit, die topologische Struktur des Raumes, wie er der Raumreferenz zugrundeliegt, zu verfeinern; aber es ist jene, von der offenbar in allen bekannten Sprachen Gebrauch gemacht wird.

4.3 Überformungen der dimensionalen Struktur

Reduktion der Dimensionen: Dies ist jene Möglichkeit, die wir in Abschnitt 2 anhand von Äußerungen wie (7) – (10) erläutert haben. Ein besonders simpler, dort nicht erwähnter Fall sind Landkarten, in denen ein dreidimensionaler Raum in einen zweidimensionalen überführt wird. Dabei ändert sich – zumindest im Deutschen – auch die Verwendung mancher Raumausdrücke in charakteristischer Weise. So sagen wir, daß Ladenburg *in* Baden-Württemberg liegt, aber *auf* einer Landkarte von Baden-Württemberg. Die normalerweise mit dem Wort "auf" verbundene Vorstellung der Vertikalen geht hier verloren – vielleicht weil es diese Vertikale eben nicht mehr gibt. Diese Erklärung wäre freilich zu einfach, denn wir finden einen ähnlichen Wechsel beim Übergang von einer zweidimensionalen zu einer eindimensionalen Repräsentation. Man sagt, ein Punkt liegt *in* einem Kreis, aber *auf* einer Geraden. Die Verhältnisse im einzelnen zu erfassen, ist sehr schwierig, und sie sind von Sprache zu Sprache verschieden. Was aber alle Sprachen wohl kennen, ist die Reduktion von Dimensionen und damit der Übergang zu einfacher strukturierten Räumen – welche Konsequenzen immer dies für die Wahl der Raumausdrücke selbst haben mag.

Die Körperasymmetrien: Gleich, ob die Dimensionen erhalten bleiben oder reduziert werden, in jedem Falle müssen sie in irgendeiner Weise gedeutet werden. Wir haben dies in Abschnitt 3 erörtert. Die einfachste Möglichkeit besteht darin, sich die Asymmetrien des menschlichen Körpers zunutze zu machen. Dies kann irgendein denkbarer Betrachter sein. In einer kommunikativen Situation liegt es nahe, den Sprecher oder den Hörer zu wählen. Ebenso kann es jedoch ein fiktiver Sprecher oder Hörer sein, oder aber eine (reale oder vorgestellte) dritte Person; ein Sonderfall ist der des 'kanonischen Betrachters', beispielsweise eines Fahrers im Auto, der eine typische Position einnimmt und dadurch auch eine bestimmte Perspektive induziert. Es ist diese Perspektive, die dem Auto seine intrinsische Orientierung verleiht: Es hat eine rechte und eine linke Seite, eine Vorderseite und eine Rückeite. Unter Umständen verlangt eine solche Übertragung der kanonischen Perspektive auch eine Rotation um 180°, wie etwa bei Schränken oder Häusern. Die Verhältnisse im einzelnen sind hier wiederum variabel, und wir können hier, da ja die grundsätzlichen Probleme in Abschnitt 3 bereits ausführlich besprochen wurden, nicht näher darauf eingehen.

Absolute Systeme: Nicht alle Sprachen machen, wie wir gesehen haben, Gebrauch von den Körperasymmetrien. Das Guughu Yimidhirr bedient sich eines 'absoluten Systems', wie es etwa unserem System der Windrose entspricht. Absolut ist eine solche Raumkonzeption allerdings nur in dem Sinne, daß in ihr der aktuelle Betrachter keine Rolle spielt. Sie ist aber sehr wohl subjektiv, insofern sie nach bestimmten, mehr oder minder konstanten lebensweltlichen Erfahrungen der Sprecher strukturiert wird: Es gibt eine Richtung, in der (zu einer bestimmten Jahreszeit) die Sonne aufgeht, eine Richtung, aus der bevorzugt der Wind weht, und dergleichen mehr. In einem gewissen Sinne kann man dem hinzufügen: eine Richtung, in die normalerweise eine magnetisierte Nadel zeigt, wobei diese Richtung natürlich bei den Guughu Yimidhirr eine andere ist als bei uns. Wie diese Erfahrungen zu einer mehr oder minder regelmäßigen Aufgliederung des gesamten ausdrückbaren Raumes verdichtet werden, ist unterschiedlich (und auch im Falle des Guughu Yimidhirr, der besterforschten Sprache dieser Art, durchaus nicht völlig klar).

Sowohl das System der Köperasymmetrien wie das 'absolute System' sind subjektive Überformungen des Basisraums – wenn auch unterschiedlicher Art. Sie sind nicht so weit entfernt, wie es zunächst scheinen möchte. Das kann man sich verdeutlichen, wenn man sich das 'absolute System' als jenen Sonderfall des Körperasymmetrie-Systems vorstellt, bei dem *immer* die Perspektive eines kanonischen Beobachters, nie die des aktuellen Beobachters, die Orientierung vorgibt. Maßgeblich ist nicht die *aktuelle* Perspektive des Sprechers oder Hörers zum Zeitpunkt der Kommunikation, sondern die Perspektive eines kanonischen Beobachters, der immer dorthin schaut, wo (zu einer bestimmten Jahreszeit) die Sonne aufgeht. Es leuchtet ein, daß eine solche Raumkonzeption eine wesentlich stabilere Orientierung erlaubt – wie unser System der Windrose –, aber dafür auch nicht die Flexibilität hat, die uns die Ausrichtung am aktuellen Sprecher oder Hörer gestattet.

Volle Körperanalogie: Eine Möglichkeit, den gewöhnlichen Anschauungsraum zu überformen, besteht darin, sich nicht nur die Körperasymmetrien zunutze zu machen, sondern den gesamten Körper als Analogon zu verwenden. Überformt wird dabei jedoch normalerweise nicht der Raum als ganzer, sondern das jeweilige Relatum. Wir finden dies in Andeutungen in den indoeuropäischen Sprachen in Ausdrücken wie "am Fuß von" oder "on top of"; dies sind jedoch Ausnahmen. Systematisch Gebrauch gemacht wird von dieser Möglichkeit in vielen Mayasprachen (vgl. Brown, i. Dr.; de León & Levinson, 1992). Mit erstaunlicher und für uns schwer nachvollziehbarer Konsequenz werden etwa im Tzeltal alle möglichen Relata – Tische, Bäume, Dörfer, was immer – mit Körpereigenschaften wie Hals, Nabel, Gesäß ausgestattet, und die Position eines zu lokalisierenden Objektes wird relativ zu diesen Eigenschaften beschrieben.

Dies ist vielleicht der extremste Fall einer anthropomorphen Überformung des Raums zum Zwecke der Raumreferenz. Es wäre aber verfehlt, dies für etwas grundsätzlich anderes zu halten als das, was wir in den uns vertrauten Sprachen auch vorfinden. Eines ist der gewöhnliche Anschauungsraum und seine Struktur, ein anderes die Struktur des Raumes, mit dessen Hilfe wir Objekte und Ereignisse lokalisieren. Letzterer ist immer eine subjektive Überformung des ersteren – auch wenn die einzelnen Sprachen und Kulturen sich hier unterschiedlicher Möglichkeiten bedienen oder diese Möglichkeiten in unterschiedlicher Gewichtung nutzen.

5. Schluß

Was ich in diesem Aufsatz zeigen wollte, ist bereits im letzten Abschnitt gesagt: Der Raum, wie er in der Sprache ausgedrückt wird, hat eine *universale*, aber auch eine *kulturspezifische* Komponente; ihr Zusammenspiel zu erforschen, ist eine gemeinsame Aufgabe von Linguistik und Psychologie. Vielleicht kann man dem noch eine allgemeinere Lehre hinzufügen. Vor mehr als hundert Jahren hat der bedeutende Sprachwissenschaftler Heymann Steinthal gesagt: »Glückliche Fortschritte in der Sprachwissenschaft setzen eine entwickelte Psychologie voraus.« (Steinthal, 1855). Ich denke, dies ist richtig. Die Psychologie muß gewisse Grundlagen bereitstellen, wenn man denn Struktur und Funktion der menschlichen Sprache verstehen will. Dazu zählen beispielsweise geeignete Raumvorstellungen. Diese wird sie aber nur entwickeln können, wenn sie sich von den Möglichkeiten der natürlichen Sprachen leiten läßt.

Literatur

Brown, P. (i. pr.). The INs and ONs of Tzeltal locative expressions. In J. Haviland & S. Levinson (Eds.), *Space in Mayan Languages*. Special Issue of *Linguistics*.

Bühler, K. (1934). *Sprachtheorie*. Leipzig: Fischer.

Gardner, M. (1979). *The ambidextrous universe*. New York: Scribner's.

Haviland, J. (1979). Guughu Yimidhirr. In R. M. W. Dixon & B. Blake (Eds.), *Handbook of Australian Languages I* (pp. 27–182). Canberra: Australian National University Press.

Herrmann, Th. (1990). Vor, hinter, rechts und links: Das 6H-Modell. Psychologische Studien zum sprachlichen Lokalisieren. *Zeitschrift für Literaturwissenschaft und Linguistik*, *78* (Sonderheft Sprache und Raum), 117–140.

Hill, C. (1982). Up/Down, Front/Back, Left/Right. In J. Weissenborn & W. Klein (Eds.), *Here and there. Cross-linguistic studies in deixis and demonstration* (pp. 13–42). Amsterdam: Benjamin.

Klein, W. (1991). Raumausdrücke. *Linguistische Berichte*, *132*, 77–114.

de León, L. & Levinson, S. C. (Eds.) (1992). *Spatial description in Mesoamerican languages* (Sonderheft der Zeitschrift für Phonetik, Sprachwissenschaft und Kommunikation, 45(1)).

Levinson, S. C. (1993). *Language and cognition: The cognitive consequences of spatial description in Guughu Yimidhirr* (unveröffentlichtes Manuskript). Nijmegen: Forschungsgruppe Kognitive Anthropologie.

Li Ping (1988). The acquisition of spatial reference in Chinese. In P. Jordens & J. Lalleman (Eds.), *Language development* (pp. 83–99). Dordrecht: Foris.

Sichelschmidt, L. (1989). Wo Hier Dort ist. In C. Habel, M. Herweg & W. Rehkämper (Hrsg.), Raumkonzepte in Verstehensprozessen (S. 339–359). Tübingen: Niemeyer.

Steinthal, H. (1855). *Grammatik, Logik und Psychologie, ihre Prinzipien und ihr Verhältnis zueinander*. Berlin: F. Dümmlers Verlag.

Kommunikative Unschärfen

Zur Rezeption und Produktion von Richtungspräpositionen am Beispiel von "vor" und "hinter"

Joachim Grabowski

Die Richtungspräpositionen "vor" und "hinter" bezeichnen je nach dem räumlichen Bezugssystem, in dem sie verwendet werden, unterschiedliche Teilräume. Es werden einige Determinanten der deiktischen oder intrinsischen Verwendungsweise diskutiert. An Hand einer Experimentalserie mit einem einheitlichen Modellszenario wird der Einfluß der sozialen Situation, in der sich Sprecher und Hörer befinden, und der variablen Gerichtetheit des Bezugsobjekts auf die Produktion und Rezeption von Lokalisationsäußerungen, in denen "vor" und "hinter" verwendet werden, untersucht. Der Vergleich der Produktions- und Rezeptionsbefunde läßt erkennen, in welchem (geringen) Ausmaß eine kommunikative Übereinstimmung zwischen den Interaktanten möglich ist; einige Quellen der verbleibenden kommunikativen Unschärfe werden erörtert.

1. Kleines Intro für zwei Präpositionen

Eine alltägliche kommunikative Leistung von Sprechern besteht darin, gegenüber ihrem Partner einen Ort zu bezeichnen, an dem sich ein bestimmtes Objekt befindet, zu einem vergangenen Zeitpunkt befand oder zukünftig befinden soll. Dies erfolgt oft dadurch, daß das zu lokalisierende Objekt zu einem anderen Objekt (einem Gegenstand, einer Person) in eine räumliche Beziehung gesetzt wird. Dieses In-Beziehung-Setzen findet seinen sprachlichen Ausdruck unter anderem in der Verwendung von Raumpräpositionen: "Früher stand *vor* dem Kaufhaus ein Reiterstandbild." "Das beste vietnamesische Restaurant Mannheims befindet sich *gegenüber* dem Nationaltheater." "Stell die Milch doch wieder *in* den Kühlschrank."

Eine Teilklasse solcher Präpositionen gehört zu dem System der *sekundären Raumdeixis* (Ehrich, 1985); mit ihnen erfolgt die Bezeichnung einer Raumrelation entlang der drei Dimensionen des euklidischen Raums: "über" – "unter" (Vertikale), "vor" – "hinter" (1. Horizontale), "rechts von" – "links von" (2. Horizontale). Diese Präpositionen werden auch Richtungspräpositionen oder dimensionale Präpositionen genannt, im Gegensatz zu Präpositionen wie "in", "auf" oder "bei", die topologische Raumrelationen bezeichnen. Im vorliegenden Beitrag werden die sprecherseitige Bezeichnung eines Ortes und die hörerseitige Identifikation dieses Ortes an Hand von verbalisierten Raumrelationen entlang der 1. Horizontalen behandelt; mithin geht es um die Verwendung der Präpositionen "vor" und "hinter".

Klein (in diesem Band) führt drei Voraussetzungen an, die vorliegen müssen, damit die Kommunikation über Raumrelationen funktionieren kann. Die hinreichende Konvergenz der (in unserem Fall euklidischen) *Raumvorstellung* und ihrer charakteristischen Relationen bei Sprecher und Hörer darf bei den Teilhabern unserer abendländischen Kulturgemeinschaft sicherlich angenommen werden. Daß Sprecher und Hörer als Teilhaber einer Sprachgemeinschaft auch darin übereinstimmen, den Raumpräpositionen eine bestimmte *linguistische Bedeutung* zuzuschreiben, sollte sich ebenfalls nicht als Verständigungsproblem erweisen, wobei "vor einem Objekt" beziehungsweise "hinter einem Objekt" nach dem bisherigen Stand der Betrachtung noch nicht mehr 'bedeuten' als "in einem Teilraum, der sich an die Vorderseite ..." beziehungsweise "... an die Rückseite des Objekts anschließt", wobei diese beiden Teilräume und das Bezugsobjekt selbst auf der Horizontalen (die durch die gravitationsverankerte Raumvorstellung gegeben ist) eine lineare Ordnung bilden. Was als Vorderseite und Rückseite eines Objekts gilt, welche Instanz (der Sprecher, der Hörer oder das Bezugsobjekt) den Raum euklidisch überformt, so daß die Auszeichnung einer Raumrichtung als 1. Horizontale – als Voraussetzung dafür, daß "vor" und "hinter" überhaupt etwas bedeuten *können* – erst möglich wird, welche Raumregionen (mit welcher Ausdehnung) als Teilräume in Betracht kommen: dieses Voraussetzungsgefüge, das Klein unter »allerlei Kontextinformationen« faßt, um die Sprecher und Hörer eine raumbezogene Äußerung ergänzen müssen, erfährt im folgenden eine eingehende Betrachtung. Dazu werden zuerst (2.) zwei räumliche Bezugsysteme erörtert, die zu konfligierenden Interpretationen von "vor" und "hinter" führen können. Dann (3.) werden einige Determinanten der Verwendung dieser Präpositionen diskutiert, die bei konfligierenden Interpretationsmöglichkeiten die Verständigung zwischen Sprecher und Hörer sicherstellen oder zumindest befördern könnten. An Hand einer Experimentalserie wird jedoch gezeigt (4.), daß die mit "vor" und "hinter" ausgedrückten Raumrelationen auch bei einem komplexen Zusammenwirken mehrerer Determinanten nicht immer zu eindeutigen Interpretationen führen und daß Sprecher die Raumausdrücke auch gar nicht einheitlich verwenden. Ein Vergleich der Rezeptions- mit den Produktionsbefunden (5.) deutet darauf hin, daß im Kommunikationsalltag 'Unschärfen' durchaus regelmäßig vorkommen, durch nicht-sprachliches Verhalten und Handeln zwar zuweilen Klärung finden, oft aber auch unvermittelt bestehen bleiben – und dies offenbar, ohne die gemeinsame Verhaltenskoordination nachhaltig zu beeinträchtigen.

2. Alternative Interpretationen von "vor" und "hinter"

Es lassen sich mindestens zwei Arten unterscheiden, auf die Richtungspräpositionen verwendet werden können*. (a) Wird die *deiktische* Perspektive gewählt, so macht der Beobachter sich selbst zum Ausgangspunkt (zur *Origo O*) der Raumbeschreibung. Im Bild der euklidischen Überformung des Raumes: Der Beobachter

* Die Einschränkung "mindestens zwei Arten" erfolgt im Hinblick auf die *extrinsische* (Retz-Schmidt, 1988) beziehungsweise auf die raum-zeitliche *weg-deiktische* (Vater, 1991, S. 60) Perspektive, die hier nicht weiter erörtert werden.

bildet den Ursprung eines Koordinatensystems, seine Blickrichtung spannt den positiven Ordinatenabschnitt auf mit y(O) = 0. *A* ist vor *R*, wenn y(A) < y(R); *A* ist hinter *R*, wenn y(A) > y(R)*. Diese Zuordnung von Raumausdrücken zu Teilräumen entspricht, wie Klein (in diesem Band) ausführlich diskutiert, einer 'facing'-Strategie, bei der das Bezugsobjekt *R* den Beobachter sozusagen anblickt und damit seine Vorder- und Rückseite definiert (vgl. Brown & Levinson, 1992; Hill, 1982). (b) Wird die *intrinsische* Perspektive gewählt, so bildet das Bezugsobjekt *R* die Origo mit y(R) = 0: *A* ist vor *R*, wenn y(A) > 0; *A* ist hinter *R*, wenn y(A) < 0; dieses Bezugssystem ist im Gegensatz zum deiktischen unabhängig vom Beobachterstandpunkt. Die Verwendung des intrinsischen Bezugssystems ist ersichtlich nur möglich, wenn dem Bezugsobjekt *R* eine Vorder- und eine Rückseite 'innewohnen' oder zugeschrieben werden, so daß sich eine 1. Horizontale (die Ordinate) definieren läßt. Wie dies geschehen kann, wird im folgenden noch ausgeführt werden.**

Bei der deiktischen Verwendung von Richtungspräpositionen handelt es sich somit um dreistellige Relationen (Wunderlich & Herweg, 1991): "Von O aus ist A vor/hinter R"; die intrinsische Verwendung kann man als zweistellige Relation "A ist vor/hinter R" oder als dreistellige Relation "Von R aus ist A vor/hinter R" konzipieren, in der die Origo und das Bezugsobjekt durch dieselbe Instanz besetzt sind. Die origobildende Instanz wird vom Sprecher in Äußerungen, die Raumrelationen dieser Art ausdrücken, im intrinsischen Fall nie – wer sagt schon: "Vom Auto aus gesehen, liegt der Ball vor dem Auto." –, im deiktischen Fall nur selten ("Von mir aus liegt der Ball vor dem Auto.") expliziert. Der Hörer kann deshalb beispielsweise der Äußerung "Der Ball liegt vor dem Auto." nicht 'ansehen', welches räumliche Bezugssystem der Lokalisation des Balls in Relation zum Auto zugrundeliegt. Je nach der Ausrichtung des Bezugsobjekts im Vergleich zur Ausrichtung des Sprechers (Gleichrichtung vs. Gegenrichtung***) stimmen die deiktische und die intrinsische Interpretation einer Lokalisationsäußerung entweder überein oder führen zur Identifikation jeweils verschiedener Teilräume (für eine vollstän-

---

* Es sei hier außer acht gelassen, wieweit die Bezeichung von Raumrelationen bei Verwendung der Präpositionen "vor" und "hinter" gegenüber 'seitlichen' Abweichungen tolerant ist; wir beschränken uns auf eine eindimensionale Betrachtung entlang der Sprechersagittalen. Auch wird vorausgesetzt, daß alle in Beziehung gesetzten Instanzen im positiven Ordinatenabschnitt (in 'Blickrichtung' der Origo) liegen, also y(A) > 0 und y(R) > 0 gilt.

** Es ist noch wenig darüber bekannt, welche Obergrenzen und auch Untergrenzen im deiktischen Fall für $|y(R)-y(A)|$, im intrinsischen Fall für $|y(A)|$ gelten, so daß eine Lokalisation mit "vor" beziehungsweise "hinter" überhaupt angemessen erscheint. In ersten Untersuchungen konnten wir zeigen (Graf & Grabowski, i. Vorb.), daß die idealtypische Ausdehnung eines VOR-Raums von der absoluten Höhe des Bezugsobjekts, der absoluten Höhe des zu lokalisierenden Objekts, von der relativen Höhe des zu lokalisierenden Objekts zum Bezugsobjekt sowie vom Vorhandensein und der räumlichen Entfernung weiterer Objekte in der räumlichen Umgebung, die nicht Bestandteil der verbalisierten Raumrelation sind, abhängt.

*** Wir beschränken uns auf Ausrichtungen entlang der 1. Horizontalen. Die Sachlage wird um einiges komplizierter, wenn beispielsweise Sprecher und gerichtetes Bezugsobjekt 'über Eck' stehen; Objekte, die sich vom Sprecher aus vor dem Bezugsobjekt befinden, können dann zum Beispiel links oder rechts vom Bezugsobjekt lokalisiert werden. Der Übergang vom Präpositionensystem der 1. Horizontalen zu dem der 2. Horizontalen bei multiplen Lokalisierungsmöglichkeiten erfordert einige Zusatzbetrachtungen (vgl. Egel et al., 1988; Herrmann & Graf, 1990).

dige Permutation der sich ergebenden Möglichkeiten auf der 1. Horizontalen vgl. Ehrich, 1985.)

Bevor wir uns der Frage zuwenden, wie es in den Fällen konfligierender Interpretationsmöglichkeiten gelingt, daß der Hörer den Ort identifiziert, den der Sprecher meint, muß noch erörtert werden, wie es zur Festlegung der Vorder- und Rückseite eines Bezugsobjekts kommen kann, mit der eine intrinsische Lokalisation erst möglich wird. Die unabhängig von der Position eines Betrachters bestehende intrinsische Gerichtetheit eines Objekts ist kein physikalischer, sondern ein psychologischer Sachverhalt; eine Vorderseite wohnt einem Objekt nicht inne, sondern wird ihm von Individuen attribuiert. Partiell unterschiedliche Systematiken dieser Zuweisungsmöglichkeiten haben beispielsweise Miller & Johnson-Laird (1976) und Herrmann (1990) vorgelegt. Danach kann sich die Frontseite eines Objekts aus der Lage der 'Wahrnehmungsapparate' ergeben: beim Menschen, aber auch bei Standbildern ist dies das Gesicht, bei einer Kamera das Objektiv, bei einem Auto die 'augenartigen' Scheinwerfer. Auch die kanonische Bewegungsrichtung eines Objekts induziert der 'zuerst' erscheinenden Seite die Front: beim Auto wiederum die Scheinwerfer-Kühler-Motorhauben-Seite (und nicht der Kofferraum), bei einer Schubkarre die Ladekante. Schließlich führt auch die kanonische Position des Menschen beim Umgang mit einem Objekt zur Zuschreibung einer Frontseite; dies kann zu einer 'tandemartigen' Intrinsik führen, wie es beispielsweise bei Fahrzeugen, Stühlen oder Kleidungsstücken der Fall ist; bei 'Gegenüberobjekten' wie Schränken, Uhren, Schreibtischen oder Fernsehapparaten erhalten die Objekte eine dem Benutzer entgegengerichtete Orientierung. Neben solche zeitstabilen Richtungszuweisungen treten auch momentane, situationsspezifische Festlegungen; beispielsweise kann sich die Vorderseite eines Baumstumpfes daraus ergeben, in welcher Richtung ein Mensch auf ihm sitzt.

Man erkennt, daß es vielfältige Möglichkeiten gibt, Objekten eine intrinsische Ausrichtung zuzuschreiben, so daß die alternative deiktische oder intrinsische Interpretierbarkeit verbalisierter Raumrelationen nicht auf wenige Sonderfälle beschränkt ist.

Herrmann (1990) weist darauf hin, daß die traditionelle Gegenüberstellung des deiktischen und des intrinsischen Bezugssystems, der auch die obige Darstellung folgt, zu kurz greift. Die origobildende Instanz kann nämlich in beiden Fällen durch den Sprecher, den Hörer oder ein (drittes) Objekt besetzt sein, was insgesamt zu sechs unterscheidungsbedürftigen (Haupt-)Varianten des Lokalisierens führt: dem 6H-Modell. Da unsere Erörterung im folgenden keine Transformationen der Origo in eine Partner- oder Dritt-Instanz umfaßt (vgl. Graf, 1994), können wir es hier bei der Deiktisch-Intrinsisch-Dichotomie belassen.

3. Determinanten des deiktischen oder intrinsischen Lokalisierens

Wir beginnen unsere Darstellung mit einem Beispiel aus dem Bereich des Straßenverkehrs, das uns bis in die berichteten Experimente und die Diskussion ihrer Befunde begleiten wird (Abbildung 1): Ein Fahrer und ein Beifahrer (weiblichen oder männlichen Geschlechts) befinden sich in einem Auto auf der rechten Fahrbahn einer Straße. In sichtbarer Entfernung sind am rechten Straßenrand Parkbuchten eingelassen, in deren mittlerer sich ein Objekt (ein geparktes Auto oder ein Baum) befindet. Der Beifahrer fordert den Fahrer auf, das Fahrzeug *vor* beziehungsweise *hinter* diesem Objekt zu plazieren. Es stellt sich die Frage, unter welchen Bedingungen der Fahrer die Parkbucht 1 oder die Parkbucht 3 (beziehungsweise die angrenzenden Teilräume) wählt (vgl. Grabowski, Herrmann & Weiß, 1993; Ruhrberg & Rutz, 1990; Vater, 1991).

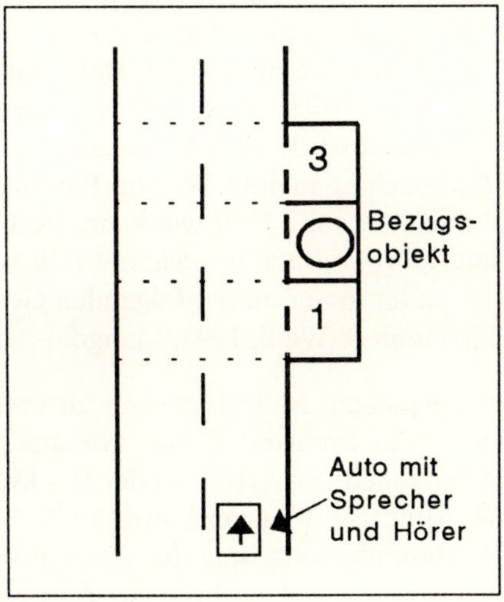

Abb. 1: Beispiel einer Lokalisationsaufgabe.

Für die Lokalisation des Sprecher/Hörer-Fahrzeugs ergeben sich in Abhängigkeit von den Richtungseigenschaften des Bezugsobjekts, das sich zwischen den beiden Parkbuchten befindet, die folgenden Möglichkeiten:

(a) Handelt es sich um ein ungerichtetes Bezugsobjekt – wir werden hier immer einen Baum verwenden –, so kommt auf den ersten Blick nur die Verwendung des deiktischen Bezugssystems in Frage. "Vor dem Baum" bezeichnet somit die Parkbucht 1, "hinter dem Baum" die Parkbucht 3. Wird dem Baum eine Ausrichtung attribuiert, wie dies beispielsweise dadurch erfolgen kann, daß der Baum in dem insgesamt gerichteten Ambiente einer Straße in Fahrtrichtung 'blickt', so gelten die nachfolgenden Betrachtungen zu gerichteten Bezugsobjekten entsprechend.

(b) Als Beispiel für ein gerichtetes Bezugsobjekt wählen wir ein Auto, bei dem alle oben angeführten Aspekte möglicher Ausrichtungsattributionen (Lage wahrnehmungsartiger Objektteile, kanonische Bewegungs- und Benutzerposition) in der Definition einer Vorder- und einer Rückseite konvergieren. Steht das Auto in Fahrtrichtung, so bezeichnet bei intrinsischer Lokalisation "vor dem Auto" die Parkbucht 3, "hinter dem Auto" die Parkbucht 1. Bei deiktischer Verwendung der Raumausdrücke ergeben sich gerade die entgegengesetzten Zuordnungen: "Vor dem Auto" indiziert die Parkbucht 1, "hinter dem Auto" die Parkbucht 3. In diesem Fall liegen also konfligierende Interpretationsmöglichkeiten vor.

(c) Steht das Auto (als Beispiel eines gerichteten Bezugsobjekts) entgegen der Fahrtrichtung, so stimmen die deiktische und die intrinsische Verwendung von "vor" und "hinter" überein.

Daß bei Lokalisationen in einer Raumkonstellation, wie sie unter (b) beschrieben ist, im Hinblick auf das 'Verwendungspotential' der Präpositionen "vor" und "hinter" ein erhebliches Ambiguitätsproblem vorliegt, steht außer Frage (vgl. Levelt, 1986; Retz-Schmidt, 1988; Wunderlich, 1981). Wovon aber hängt es ab, welche Perspektive tatsächlich verwendet wird? Welche Lokalisationsvariante benutzt der Sprecher, wenn er die Parkbucht 1 meint? Welche Parkbucht wählt der Fahrer, wenn er 'vor dem Auto' anhalten soll? Und wie kann die Übereinstimmung zwischen Sprecherabsicht und Hörerauffassung sichergestellt werden? Hierzu lassen sich – vor aller Empirie – unter anderem die folgenden Gesichtspunkte anführen (vgl. auch Grabowski, Herrmann & Weiß, 1993; Mangold-Allwinn, 1993):

- Der Sprecher kann versuchen, Mehrdeutigkeit zu vermeiden, indem er im deiktischen Fall die Origo expliziert ("Von mir aus gesehen ...") oder im intrinsischen Fall Wendungen der Art "... an der Rückseite des Autos ..." produziert (Saile, 1984; Miller & Johnson-Laird, 1976, S. 398). Offenbar sind sich Sprecher im Kommunikationsalltag der alternativen Interpretierbarkeit von Äußerungen der Art "Halte doch bitte vor dem gelben Käfer an!" nicht bewußt (Versuchspersonen sind bei Hinweis auf die möglichen Interpretationsalternativen nach der Teilnahme an unseren Experimenten oft geradezu erstaunt); solche Äußerungen entsprechen dem üblichen Sprachgebrauch, was sich auch in unseren Experimenten zur Produktion von Lokalisationsäußerungen zeigen wird (s. unten 4.). Nur wenn es in unserer Sprachgemeinschaft die Regel wäre (tatsächlich ist es eher selten), daß bei der deiktischen Variante der Origobezug expliziert wird, könnte sich der Hörer darauf verlassen, daß Äußerungen der Art "A vor/hinter R" intrinsisch zu verstehen sind.
- Nach Miller & Johnson-Laird (1976; vgl. auch Abkarian, 1982) dominiert die intrinsische Perspektive generell die deiktische, wann immer ein Relatum als gerichtet wahrgenommen wird. Diese Annahme mag für den Sprecher und für den Hörer jeweils separat zutreffen; im Hinblick auf die Übereinstimmung von Sprecherintention und Hörerinterpretation ist sie schon von ihrer

Konzeption her problematisch, weil die Möglichkeiten zur Attribution einer Ausrichtung kontextuell sehr variabel sind, wie die oben am Beispiel eines Baumstumpfes angeführte momentane, situationsspezifische Richtungszuschreibung deutlich macht. Das Problem der alternativen Verwendung räumlicher Bezugssysteme verlagert sich somit lediglich in den Bereich der übereinstimmenden 'Wahrnehmung' eines Relatums als gerichtet. Und selbst, wenn diese gegeben ist: Carroll (1993) zeigt am Beispiel von Äußerungen der Art "... rechts von der Kirche ..." auf, daß Verwender der deutschen und der englischen Sprache zwar übereinstimmend Kirchen als gerichtete Objekte wahrnehmen, daß im Deutschen die rechte Seite aber tendenziell so bestimmt wird, daß man, vor der Kirche stehend, auf das Hauptportal blickt, während man im Englischen sozusagen aus dem Innnenraum der Kirche durch das Hauptportal hinausschaut und aus dieser Perspektive zu einer (im Vergleich zum Deutschen somit spiegelbildlichen) Unterscheidung von rechts und links kommt. Daß es in unserem Kulturkreis alternative Möglichkeiten der Raumkonzeption gibt, muß als Tatsache hingenommen werden (Klein gibt in seinem Beitrag Beispiele für Kulturen, in denen das Sprechen über Raum grundlegend anders geregelt ist); die Regel "Wenn das Bezugsobjekt gerichtet ist, dann lokalisiere intrinsisch!" könnte aber nur dann die kommunikative Koorientierung befördern, wenn fest vereinbart wäre, welche Objekte (gegebenenfalls in welchem Kontext) gleichsam 'wesenhaft' als gerichtet (und auch: in welcher Weise gerichtet) aufzufassen sind und welche nicht. Empirische Befunde (zum Beispiel Wunderlich, 1981; s. auch unten 4.) tun ein übriges, die Annahme einer in Zweifelsfällen prinzipiell anzunehmenden Dominanz der intrinsischen Perspektive zurückzuweisen.

- Ehrich (1985) weist im Zusammenhang mit Wohnungsbeschreibungen darauf hin, daß die Wahl des Lokalisationssystems – in der Art einer Strategie der Textproduktion (vgl. von Stutterheim, in diesem Band) – auch vom Diskurskontext abhängt. 'One-shot'-Äußerungen wie "Parke vor dem gelben Käfer." sind jedoch in ihrem natürlichen Auftreten nicht in einen Äußerungszusammenhang eingebunden, aus dem sich für den Hörer eine stabile Lokalisationsperspektive erschließen könnte; Fahrer und Beifahrer können sich zuvor über alles mögliche unterhalten haben – oder sie schwiegen.
- In vielen Situationen hat der Sprecher bei dem Versuch, ein Objekt zu lokalisieren oder einen Teilraum zu identifizieren, die Wahl zwischen mehreren möglichen Bezugsobjekten. Liegt die Katze zwischen einem Stuhl und der Stereoanlage, kann man sie in Bezug zum Stuhl, in Bezug zur Stereoanlage, oder – mit Hilfe der Präposition "zwischen" – in Bezug zu Stuhl und Stereoanlage setzen. So könnte der Sprecher nach Möglichkeit ungerichtete Relata bevorzugen, weil diese eben nur deiktische Bezüge zulassen. Aber auch diese Überlegung hilft nicht weiter. Erstens stellt sich sogleich die Frage, warum nicht – auch bei gerichteten Bezugsobjekten – überhaupt nur deiktisch lokalisiert wird. Immerhin hat sich das intrinsische Bezugssystem als Alternative herausgebildet, und es wird auch benutzt. So wirft Levelt (1986, S. 190) die Frage auf, und er kennzeichnet sie in diesem Zusammenhang als »[d]ie schwierigste«, »warum die Evolution der Sprache« – und wir fügen hinzu:

der kognitiven Auffassung der Welt – »zu dieser Duplizität [der Systeme räumlicher Referenz] geführt hat« – um sie sogleich unbeantwortet wieder zu verlassen. Ein Vorteil des intrinsischen Systems dürfte darin liegen, daß es unabhängig von einem Sprecher- oder Beobachterstandpunkt verwendet wird. Dieser Aspekt kann zu dem Kriterium führen, dann deiktisch zu lokalisieren, wenn anzunehmen ist, daß für den Hörer (in der Situation oder in dem Zeitabschnitt, für den die Lokalisation relevant ist) der Beobachterstandpunkt zugänglich oder erschließbar ist – und sonst nicht. Im Falle hörerbezogener Lokalisationen ist dies insbesondere gegeben (vgl. Herrmann & Grabowski, 1994, S. 121ff.). Aber auch bei diesem Kriterium verlagert sich das Problem in Zweifelsfällen auf die Frage, ob der Hörer – der nach wie vor erkennen muß, ob eine Lokalisationsäußerung deiktisch oder intrinsisch 'gemeint' ist – eindeutig bestimmen kann, ob der Sprecher Grund zu der Annahme hat, ihm – dem Hörer – sei die Origo einer bestimmten (und welcher?) Raumperspektive zugänglich (vgl. Grice, 1979). Zweitens aber, um auf die Frage der sprecherseitigen Bevorzugung eines 'geeigneten' Relatums zurückzukommen, würde eine solche reflektierte Auswahl voraussetzen, daß sich der Sprecher der Ambiguitätsproblematik im Prinzip bewußt ist. Dies ist aber, wie erwähnt, nicht der Fall. Und wäre er sich bewußt, so könnte er das Problem an einer anderen Stelle des Kognitions- und Sprachproduktionsprozesses leichter beheben als durch Auswahl eines bestimmten Relatums – beispielsweise durch eindeutige Äußerungen wie "... an der Rückseite ..." oder "Von mir aus gesehen, ...".*

– Levelt (1982) weist auf individuelle Präferenzen beziehungsweise Stile in der Wahl der deiktischen oder intrinsischen Perspektive hin (für Gegenevidenzen s. Bürkle, Nirmaier & Herrmann, 1986). Ein Hörer, der eine mehrdeutige Lokalisationsäußerung interpretieren muß, weiß jedoch in der Regel nicht, ob der Sprecher der Klasse der intrinsischen oder der Klasse der deiktischen Lokalisierer angehört. Es wäre denkbar, daß auch bei der Rezeption von Lokalisationsäußerungen individuelle Präferenzen bestehen, so daß manche Hörer im Zweifel intrinsisch, andere deiktisch interpretieren – dies wohl in Übereinstimmung mit den eigenen Lokalisationsgewohnheiten. Eine gelingende Kooperation zwischen beliebigen Sprechern und Hörern kann durch individuelle Stile weder des Sprechers noch des Hörers sichergestellt werden. Unterstellt man solche persönlichen Strategien, und diese seien in der Population etwa gleichverteilt, so läge maximale kommunikative Unsicherheit vor – nur bei durchschnittlich 25 Prozent aller deiktisch oder intrinsisch faßbaren Lokalisationsäußerungen könnte der Hörer die Sprecherintention erfolgreich nachvollziehen. Sind die Strategien nicht gleichverteilt, so fragt sich, warum die Angehörigen der kleineren Gruppe angesichts ihrer

* Daß bei der im Beispiel gegebenen Konstellation in einer Lokalisationsäußerung das am Straßenrand befindliche Objekt (Baum oder Auto) – und nicht das Sprecher/Hörer-Auto – die Relatumposition einnimmt, bedarf keiner weiteren Erörterung. (Bei vielen Objektpaaren ist diese Frage durchaus zu stellen; vgl. Dittrich & Herrmann, 1990; Herrmann & Grabowski, 1994, S. 117ff.) Niemand sagt: "Parke so, daß der Baum [der grüne Käfer] vor unserem Auto steht." – obwohl durch eine solche Vertauschung von Bezugsobjekt und lokalisiertem Objekt jegliche Ambiguität beseitigt wäre!

überwiegenden kommunikativen Mißerfolge ihre Strategie als Stil kultivieren.

Die genannten Gesichtspunkte, die beispielsweise um eine Diskussion der Verwendung zeitlicher Metaphern bei der Beschreibung von Raumkonstellationen ergänzt werden könnten (Carroll, 1993; Ehrich, 1989; Herrmann & Grabowski, 1994; Ullmer-Ehrich, 1982; Weiß, 1993), bieten im Hinblick auf die Übereinstimmung der sprecherseitigen Wahl und der hörerseitigen Rekonstruktion eines räumlichen Bezugssystems bei Lokalisationsäußerungen in Situationen der in Abbildung 1 illustrierten Art allenfalls die Heuristik, daß intrinsisch nur lokalisiert wird, wenn das Bezugsobjekt als gerichtet angesehen wird, und daß in diesen Fällen die Möglichkeit zum intrinsischen Lokalisieren vielleicht eine gewisse Bevorzugung gegenüber der deiktischen Variante erhält. Die Berücksichtigung weiterer möglicher Determinanten, beispielsweise der in einer Raumkonstellation vorherrschenden Statik vs. Dynamik (Wunderlich, 1981), führt ebenfalls zu keinem einheitlichen kommunikativen Regulationsmechanismus. Um die Sache etwas klarer – oder, je nach Befundlage, auch opaker – zu machen, wenden wir uns der Empirie zu: Wie machen's denn die Hörer? Und wie machen's die Sprecher? (Und in welcher Parkbucht landet das Sprecher/Hörer-Fahrzeug am Ende?)

4. Experimente zur Rezeption und Produktion von "vor" und "hinter"

Wir haben in bislang ca. sechzig Experimenten, die alle an Hand der in Abbildung 1 skizzierten (zum Teil nur unwesentlich modifizierten) Raumsituation mit einem Modellszenario durchgeführt wurden, untersucht, von welchen Faktoren es abhängt, wie Hörer Lokalisationsäußerungen, in denen "vor" oder "hinter" verwendet wird, verstehen und welche Äußerungen Sprecher bei korrespondierenden Lokalisationsaufgaben produzieren. Wir schicken vorweg,

- daß die Befunde in den jeweiligen experimentellen Situationen bei zum Teil mehrfacher 'wörtlicher' Replikation, auch mit wechselnden Versuchsleitern und Stichproben, insgesamt sehr stabil sind;
- daß die Befunde, soweit sie mehrdeutige (deiktische oder intrinsische) Hörerinterpretationen betreffen, auch schon bei drei- bis sechsjährigen Kindern nachgewiesen werden können;
- daß die Interpretationen von Lokalisationsäußerungen immer im Rahmen der in der Verkehrsdomain üblichen und erlaubten Verhaltensweisen bleiben; beispielsweise sind die Versuchspersonen nicht 'bereit', vor oder hinter einem Objekt zu parken, das sich auf der in Fahrtrichtung linken Straßenseite befindet;
- daß die Hörerinterpretationen nicht an die spezifische Perspektive von Autoinsassen gebunden sind; Experimentalanordnungen mit kommunizierenden unmotorisierten Straßenbauarbeitern erbrachten völlig übereinstimmende Ergebnisse.

In den Experimenten, die im folgenden berichtet werden (vgl. Grabowski, Herrmann & Weiß, 1993), wurden zwei unabhängige Variablen berücksichtigt: (a) Die Gerichtetheit vs. Ungerichtetheit des Bezugsobjekts mit den operationalisierten Ausprägungen "gelber VW-Käfer" (gerichtet) und "Baum" (ungerichtet); die Notwendigkeit dieser Variation ergibt sich unmittelbar aus den Ausführungen sub 3. (b) Der soziale Kontext, in dem sich Sprecher (Beifahrer) und Hörer (Fahrer) befinden. Hier wurden die Situationen "eine Bekannte nach Hause fahren" und "Fahrprüfung" (= praktischer Teil der Führerscheinprüfung) einander gegenübergestellt.

Jede der vier Kombinationen, die sich aus diesen Ausprägungen ergeben, wurde als separates Experiment behandelt, in dem bei der Untersuchung der Rezeption der vom Hörer (in der Rolle des Fahrers) gewählte Teilraum (Parkbucht 1 oder 3) in Abhängigkeit von der Verwendung der Präpositionen "vor" und "hinter", bei der Untersuchung der Produktion die vom Sprecher (in der Rolle des Beifahrers beziehungsweise Fahrprüfers) verwendete Präposition in Abhängigkeit von der Vorgabe eines Teilraums bestimmt wurde.

Die verwendete experimentelle Anordnung war wie folgt beschaffen (vgl. wiederum Abbildung 1): Auf einem ca. 60 × 40 cm großen Plan aus Pappkarton sind in Längsrichtung eine Straße, ihr Mittelstreifen sowie die Parkbuchten eingezeichnet. Dieser Plan liegt auf einem etwa 1 m hohen Tisch. Die Versuchsperson steht so an der Stirnseite des Tisches, daß sich die Parkbuchten an dem der Versuchsperson entgegengesetzten Ende der Straße auf der rechten Seite befinden. Die jeweilige Versuchsleiterin steht gleichgerichtet neben der Versuchsperson und gibt mündlich den ersten Teil der Instruktion: "Ich stelle dir jetzt eine Aufgabe, und du sollst sofort reagieren, ohne lange zu überlegen. Stell dir vor, du wärest der Fahrer/die Fahrerin dieses pinkfarbenen Autos." Ein pinkfarbenes Auto steht direkt vor der Versuchsperson in Fahrtrichtung auf dem Straßenplan. Dann folgt die experimentspezifische Instruktion.

Versuchspersonen waren deutschsprachige Studierende der Universitäten Mannheim und Kaiserslautern. Sie wurden bei ihrer Anwerbung mit der Frage angesprochen, ob sie einen Führerschein besitzen; deshalb nahmen alle an, daß es bei der Untersuchung um ein Verkehrsproblem geht. Von keiner Versuchsperson wurde die Hypothese geäußert, es würden Fragen der Lokalisation behandelt. Diese lokalisationsbezogene 'Naivität' der Teilnehmer kann allerdings nur für einen experimentellen Durchgang erhalten werden; deshalb wurde für jede Person nur ein Meßwert (gewählter Teilraum beziehungsweise verwendete Lokalisationsäußerung) erhoben. Eine interpretierbare Befundstruktur (eindeutiges oder arbiträres interindividuelles Verhalten) ergibt sich in jeder Experimentalanordnung allerdings schon bei N = 20; es wurde bereits erwähnt, daß sich die so gewonnenen Befundmuster in Replikationsexperimenten als sehr stabil erwiesen haben.

Wir berichten im folgenden zuerst die Befunde der Rezeptionsexperimente (4.1) und dann die Befunde der Produktionsexperimente (4.2); anschließend (4.3) werden beide Befundmuster aufeinander bezogen.

4.1 Experimente zur Interpretation von "vor" und "hinter"

Experiment R1: 40 Versuchspersonen hatten die Aufgabe, das Sprecher/Hörer-Fahrzeug nach folgender Instruktion zu manövrieren: "Du hast mich freundlicherweise mitgenommen, um mich nach Hause zu fahren. Du weißt aber nicht, wo ich wohne. Ich sage zu Dir: Laß mich doch bitte vor/hinter dem gelben Käfer raus. Wo würdest Du mit dem Auto anhalten? Stell das Auto bitte an die entsprechende Stelle." Die Teilraumwahlen in Abhängigkeit des Vorkommens von "vor" beziehungsweise "hinter" in der Äußerung zeigt Tabelle 1.

Tab. 1: Ergebnis von Experiment R1: Nachhauseweg/Käfer (Fisher-Test: n. s.).

	Teilraum 1	Teilraum 3	Σ
"vor"	13	7	20
"hinter"	13	7	20
Gesamt	26	14	40

Weder nach der Rezeption von "vor" noch nach der Rezeption von "hinter" wird einer der beiden Teilräume übereinstimmend identifiziert; dazu kommt, daß nach "vor" die deiktische, nach "hinter" die intrinsische 'Lesart' dominiert. (Der Fisher-Test gibt im Signifikanzfall die durchgehende Dominanz einer dieser Lesarten an, wonach die Verwendung der Präpositionen "vor" oder "hinter" eine Diskrimination der Teilräume ermöglicht.) Anders formuliert: Welche Präposition der Sprecher auch verwendet, immer ist die Wahrscheinlichkeit größer, daß der Hörer Teilraum 1 interpretiert. (Wir haben durch Variation des Modellszenarios geprüft, daß dieser Befund nicht lediglich darauf zurückzuführen ist, daß man in die Parkbucht 1 'bequemer' einparken kann.)

Experiment R2: Dieses Experiment ist identisch mit Experiment R1 mit der Ausnahme, daß es sich bei dem Bezugsobjekt zwischen den Parkbuchten 1 und 3 nunmehr um einen (ungerichteten) Baum handelt. Das Ergebnis zeigt Tabelle 2.

Sieht man von den beiden Fällen ab, in denen "hinter" als "Teilraum 1" interpretiert wurde (wir haben das Zustandekommen dieser und in den weiteren Experimenten ähnlicher seltener Teilraumwahlen andernorts diskutiert; vgl. Grabowski, Herrmann & Weiß, 1992; Weiß, 1993), wird die Äußerung "Laß mich doch bitte vor/hinter dem Baum raus." durchgängig deiktisch verstanden, wie es angesichts eines ungerichteten Relatums auch zu erwarten war.

Tab. 2: Ergebnis von Experiment R2: Nachhauseweg/Baum (Fisher-Test: p < 0,001).

	Teilraum 1	Teilraum 3	Σ
"vor"	10	0	10
"hinter"	2	8	10
Gesamt	12	8	20

Experiment R3: In diesem Experiment war das Relatum wiederum der (gerichtete) gelbe Käfer; die Instruktion, nach der die Probanden eine Teilraumwahl auf der Basis der durch "vor" oder "hinter" ausgedrückten Raumrelation treffen sollten, lautete: "Stell Dir vor, Du machst Fahrprüfung. Du fährst mit diesem pinkfarbenen Auto diese Straße entlang. Der Fahrprüfer sagt: Parken Sie bitte vor/hinter dem gelben Käfer ein. Wo würdest Du das Auto parken?" Es ergaben sich die in Tabelle 3 dargestellten Häufigkeiten.

Tab. 3: Ergebnis von Experiment R3: Fahrprüfung/Käfer (Fisher-Test: p < 0,001).

	Teilraum 1	Teilraum 3	Σ
"vor"	0	10	10
"hinter"	9	1	10
Gesamt	9	11	20

Im Gegensatz zu den Ergebnissen von Experiment R1 interpretieren die Hörer hier übereinstimmend intrinsisch. Wurde in der Nachhauseweg-Situation "vor" überwiegend als "Teilraum 1" verstanden, kommt diese Verstehensalternative nun überhaupt nicht mehr vor. Sollte die 'offiziellere', vielleicht auch wichtigere Situation einer Fahrprüfung die Hörer – im Gegensatz zum 'informellen', privaten Nachhause-Bringen – erst dazu veranlaßt haben, vor ihrer Reaktion über die gehörte Lokalisationsäußerung 'mal ordentlich nachzudenken' – und dann schon zu wissen, was nur gemeint sein konnte? Dazu betrachten wir das folgende Experiment.

Experiment R4: Die Lokalisationsinstruktionen in der Fahrprüfungs-Situation wurden nun mit dem Baum als Bezugsobjekt vorgegeben. Das Hörerverhalten zeigt Tabelle 4.

Tab. 4: Ergebnis von Experiment R4: Fahrprüfung/Baum (Fisher-Test: n. s.).

	Teilraum 1	Teilraum 3	Σ
"vor"	8	2	10
"hinter"	7	3	10
Gesamt	15	5	20

Waren sich die Versuchspersonen in der Nachhauseweg-Situation über eine durchgängig deiktische Interpretation bei ungerichtetem Relatum sozusagen einig, finden wir jetzt dasselbe diffuse Reaktionsbild, das wir schon aus der Nachhauseweg-Situation – dort allerdings bei gerichtetem Relatum – kennen. Die Fahrprüfungs-Situation allein führt demnach nicht zu einem – wie auch immer begründbaren – 'richtigen' Verständnis von Raumrelationen, die mit Hilfe der Präpositionen "vor" und "hinter" ausgedrückt werden.

Faßt man die berichteten Rezeptionsexperimente zusammen, so zeigt sich, daß das Versuchspersonenverhalten weder aus der Gerichtetheit vs. Ungerichtetheit des Relatums noch aus der Art des sozialen Kontextes, in dem eine Lokalisationsäußerung steht, vorhergesagt werden kann. Vielmehr ergibt sich eine sehr spezifische Wechselwirkung. Man kann die Befunde – allerdings post hoc – so deuten, daß Hörer nur dann zu eindeutigen Interpretationen einer Lokalisationsäußerung gelangen, wenn der soziale Kontext, in dem sie erfolgt, und die Eigenschaften des Relatums sozusagen zusammenpassen. In der Nachhauseweg-Situation 'erwartet' der Hörer offenbar eine Lokalisation mit einem ungerichteten Relatum (und interpretiert diese dann deiktisch), während er in der Fahrprüfungs-Situation ein gerichtetes Relatum 'erwartet', das ihn das intrinsische Bezugssystem wählen läßt. Die hörerseitigen Interpretationsmuster in den genannten vier Experimenten werden in Tabelle 5 zusammengefaßt.

Tab. 5: Interpretation der Lokative "vor" und "hinter" in Abhängigkeit von Relatum und Situation.

Situation	Relatum	
	gerichtet	ungerichtet
Nachhauseweg	mehrdeutig	eindeutig (deiktisch)
Fahrprüfung	eindeutig (intrinsisch)	mehrdeutig

4.2 Experimente zur Produktion von "vor" und "hinter"

Mit Produktionsaufgaben läßt sich bestimmen, welche Präposition ("vor" oder "hinter") Sprecher zur Kennzeichnung einer Raumrelation verwenden, wenn sie einen der beiden Teilräume (Parkbucht 1 oder 3) bezeichnen wollen. Dazu wurden die Experimente R1 bis R4 aus umgekehrter Perspektive durchgeführt (Experimente P1 bis P4): Den Versuchsteilnehmern wurde in dem Modellszenario nach Abbildung 1 eine der beiden Parkbuchten durch eine Markierung vorgegeben; sie befanden sich in der Rolle des Beifahrers beziehungsweise des Fahrprüfers, und ihre Aufgabe lautete bei ansonsten gleicher Instruktion wie in den Rezeptionsexperimenten: "Du willst an der markierten Stelle aussteigen. Was würdest Du sagen?" (Nachhauseweg-Situation) beziehungsweise: "Du willst, daß der Prüfling an der markierten Stelle einparkt. Was würdest Du sagen?" (Fahrprüfungs-Situation). Die Versuchspersonenäußerungen wurden auf Band festgehalten und anschließend transkribiert. Wir haben die Experimentalreihe P1 bis P4 an der Universität Kaiserslautern durchgeführt (vgl. Todtenhöfer, 1993), dort ein Mal und an der Universität Mannheim zum zweiten Mal repliziert.* Die schon erwähnte Stabilität der situationsspezifischen Befunde erlaubt es, die Ergebnisse der jeweils drei identischen Experimente hier zusammengefaßt zu berichten.

Experimente, in denen freie, uneingeschränkte Sprachproduktion evoziert wird, sind durch offene Reaktionsklassen des Versuchspersonenverhaltens gekennzeichnet (vgl. Kornadt, Mangold-Allwinn & Grabowski in diesem Band). Somit leisten die Experimente P1 bis P4 auch einen Beitrag zur Prüfung der Validität der Rezeptionsstudien: Verwenden Sprecher in den gesetzten Situationen überhaupt Äußerungen der Art, wie sie in den Rezeptionsexperimenten vorgegeben wurden? Diese Frage hat insbesondere deshalb ihre Berechtigung, weil es den Hörern in zwei der vier berichteten Rezeptionsexperimente nicht gelungen ist, anhand von Äußerungen, in denen ein Teilraum mit einer der Präpositionen "vor" oder "hinter" zum Bezugsobjekt in Relation gesetzt wird, übereinstimmend einen bestimmten Teilraum zu identifizieren. Es zeigt sich aber, daß Sprecher – natürlich bei einer gewissen morpho-syntaktischen Variabilität – in mehr als der Hälfte der Fälle genau die Arten von Äußerungen verwenden, mit denen die Rezipienten in den Experimenten R1 bis R4 mehr oder weniger eindeutig zurechtkommen mußten. Neben den wenigen Versuchspersonen, denen es nicht gelang, die Modellwelt und die modellierte Welt auseinanderzuhalten (was zu Äußerungen wie: "Laß mich bitte an der markierten Stelle aussteigen." führte), wurden außerdem auch Verbalisierungen zeitlicher Relationen verwendet ("an der *nächsten/ersten/zweiten* Parkbucht", "*nach* dem Baum/Käfer"), oder es wurden Äußerungen produziert, mit denen die Identifikation eines Teilraums auf der 1. Horizontalen gar nicht ("Halt mal rechts an.") oder nur sehr unspezifisch ("[irgendwo] da vorne") intendiert wurde. Der Anteil der Versuchspersonen, die die Produktionsaufgabe mit "vor" oder "hinter" löste, beträgt in den Nachhauseweg-Situationen 71 Prozent, in den Fahrprüfungs-Situationen 57 Prozent; diese Äußerungen sind Gegenstand der folgenden Analysen. (In den Fahrprüfungs-Situationen ist dieser

---

* Für die Durchführung der Mannheimer Replikation und die Erstellung zusammenfassender Analysen danke ich Klaus Keßler.

Anteil geringer, weil in einigen Fällen auch Instruktionen gegeben wurden: "Halten Sie auf der Höhe des gelben Käfers an, schlagen Sie dann rechts ein und parken rückwärts in die Parkbucht ein.")

Experiment P1: Die Verteilung der Präpositionenverwendung in Abhängigkeit des intendierten Teilraums bei gerichtetem Relatum (gelber Käfer) in der Nachhauseweg-Situation zeigt Tabelle 6.

Tab. 6: Ergebnis von Experiment P1: Nachhauseweg/Käfer (Fisher-Test: n. s.).

	"vor"	"hinter"	Σ
Teilraum 1	9	12	21
Teilraum 3	8	23	31
Gesamt	17	35	52

Die sprecherseitige Verwendung des deiktischen oder intrinsischen Bezugssystems ist in dieser Situation genau so arbiträr, wie es die Hörerinterpretationen in Experiment R1 waren.

Experiment P2: Für Lokalisationsäußerungen in Bezug zu einem ungerichteten Relatum (Baum) ergibt sich in der Nachhauseweg-Situation die folgende Verteilung (Tabelle 7).

Tab. 7: Ergebnis von Experiment P2: Nachhauseweg/Baum (Fisher-Test: $p < 0{,}01$).

	"vor"	"hinter"	Σ
Teilraum 1	24	1	25
Teilraum 3	8	14	22
Gesamt	32	15	47

Das Verwendungsmuster der beiden Präpositionen weicht in dieser Situation überzufällig von einem zufälligen Zusammenhang mit dem jeweils intendierten Teilraum ab, und zwar bei Bevorzugung deiktischer Lokalisationen. Gleichwohl kann man die Bezeichnungen insbesondere für Teilraum 3 kaum als übereinstimmend ansehen.

Experiment P3: In der Fahrprüfungssituation wurden die Teilräume in Relation zu einem gerichteten Relatum (gelber Käfer) wie folgt bezeichnet (Tabelle 8).

Tab. 8: Ergebnis von Experiment P3: Fahrprüfung/Käfer (Fisher-Test: $p < 0{,}01$).

	"vor"	"hinter"	Σ
Teilraum 1	3	10	13
Teilraum 3	21	7	28
Gesamt	24	17	41

In dieser Situation lokalisieren die Sprecher also überwiegend intrinsisch, mit einem höheren Grad an Uneinheitlichkeit wiederum bei der Bezeichnung von Teilraum 3.

Experiment P4: Die Bezeichnungen der beiden Parkbuchten in der Fahrprüfungs-Situation gegenüber einem ungerichteten Relatum (Baum) zeigt Tabelle 9.

Tab. 9: Ergebnis von Experiment P4: Fahrprüfung/Baum (deterministische Verteilung).

	"vor"	"hinter"	Σ
Teilraum 1	16	0	16
Teilraum 3	0	20	20
Gesamt	16	20	36

In dieser Situation produzierten alle Sprecher deiktische Lokalisationsäußerungen.

Faßt man die Ergebnisse der Produktionsexperimente zusammen, so ist wiederum eine Wechselwirkung zwischen dem Situations- und dem Gerichtetheits-Faktor zu konstatieren, die allerdings – anders als bei der Rezeption – nur die Nachhauseweg-Situation bei gerichtetem Relatum betrifft. In Relation zu dem ungerichteten Relatum eines Baumes wird weit überwiegend deiktisch lokalisiert; die beobachteten Abweichungen von dieser Strategie (in Experiment P2) betreffen allerdings gerade die Situation, in der die Hörer in einer deiktischen Interpretation übereinstimmten. Die sprecherseitigen Produktionsmuster in den genannten vier Experimenten werden in Tabelle 10 zusammengefaßt.

Tab. 10: Produktion der Lokative "vor" und "hinter" in Abhängigkeit von Relatum und Situation.

Situation	Relatum	
	gerichtet	ungerichtet
Nachhauseweg	beliebig	überwiegend deiktisch
Fahrprüfung	überwiegend intrinsisch	einheitlich deiktisch

4.3 Vergleich der Produktion und Rezeption von "vor" und "hinter"

Die Tatsache, daß Gruppen von Sprechern und Gruppen von Hörern "vor" und "hinter" mehr oder weniger einheitlich verwenden beziehungsweise interpretieren, gibt sicherlich keinen Aufschluß darüber, ob auch die individuellen Prozesse der Produktion und Rezeption in einer Situation durch Eindeutigkeit oder Ambiguität gekennzeichnet sind; es mag durchaus sein, daß sich jeder einzelne über das, was er sagt oder versteht, sehr sicher ist (vgl. Mangold-Allwinn, 1993), und daß ein Individuum in der Hörerrolle in einer Situation Lokalisationsäußerungen auch in der (deiktischen oder intrinsischen) Weise interpretiert, in der es sie als Sprecher produzieren würde. Da Produzent und Rezipient in einer Situation, in der es für den Hörer gilt, das vom Sprecher Gemeinte zu erschließen, als separate Vertreter der Gruppe der Hörer und der Gruppe der Sprecher aufeinandertreffen, bietet die interindividuelle Stabilität beziehungsweise Variabilität des Produktions- und Rezeptionsverhaltens, wie sie in den berichteten Experimenten bestimmt wurde, eine geeignete Basis für die Bestimmung der kommunikativen Übereinstimmung.

Der situationsspezifische Grad dieser Übereinstimmung ist an Hand der paarweisen Verknüpfung der Befundmuster in den Experimenten P1 bis P4 mit den Ergebnissen der Experimente R1 bis R4 quantitativ bestimmbar: Gegeben, Sprecher meinen einen bestimmten Teilraum (Parkbucht 1 oder 3), dann verwenden sie mit einer bestimmten Wahrscheinlichkeit (die sich aus den Ergebnistabellen zur Produktion schätzen läßt) die Präposition "vor" oder die Präposition "hinter". Und gegeben, Hörer vernehmen "vor" oder "hinter", dann interpretieren sie die Äußerung mit einer bestimmten Wahrscheinlichkeit (die sich aus den Ergebnistabellen zur Rezeption schätzen läßt) als "Teilraum 1" oder "Teilraum 3". Die Wahrscheinlichkeit kommunikativer Übereinstimmung ergibt sich aus der Multiplikation der jeweiligen Produktions- mit den Rezeptionswahrscheinlichkeiten; für jeden von Sprechern 'intendierbaren' Teilraum ergeben sich vier Fälle, die wir am Beispiel von Teilraum 1 (T1) erläutern:

(1) S meint T1, sagt "vor", H interpretiert T1;
(2) S meint T1, sagt "vor", H interpretiert T3;

(3) S meint T1, sagt "hinter", H interpretiert T1;
(4) S meint T1, sagt "hinter", H interpretiert T3.

Die Wahrscheinlichkeiten dieser vier Fälle addieren sich für jeden sprecherseitig intendierten Teilraum zu 1. Die Wahrscheinlichkeit der kommunikativen Übereinstimmung ergibt sich durch Addition der beiden jeweils 'günstigen' Fälle, in denen ein Hörer denjenigen Teilraum wählt, den ein Sprecher gemeint hat; im obigen Beispiel sind das die Fälle (1) und (3). Wir nennen den prozentualen Anteil übereinstimmender Kommunikation im folgenden den *Ü-Wert*. Der Komplementwert gibt die Wahrscheinlichkeit für kommunikativen Mißerfolg an. Es sei nochmals darauf hingewiesen, daß es sich nicht um individuelle Produktions- oder Rezeptionswahrscheinlichkeiten handelt, sondern um Übereinstimmungswahrscheinlichkeiten für zufällig kombinierte Sprecher-Hörer-Dyaden. Die Ü-Werte für die vier in unseren Experimenten berücksichtigten Situationen zeigt Tabelle 11.

Tab. 11: Situationsspezifische Wahrscheinlichkeiten dafür, daß ein Hörer den Teilraum wählt, den ein Sprecher gemeint hat (Ü-Werte).

Situation	Relatum	
	gerichtet	ungerichtet
Nachhauseweg	Teilraum 1: 65% Teilraum 3: 35% Gesamt: 50%	Teilraum 1: 96,8% Teilraum 3: 51% Gesamt: 73,9%
Fahrprüfung	Teilraum 1: 69% Teilraum 3: 77,5% Gesamt: 73%	Teilraum 1: 80% Teilraum 3: 30% Gesamt: 55%

Der durchschnittliche Ü-Wert über alle vier Situationen hinweg beträgt 63 Prozent. Das heißt, daß in nur wenig mehr als der Hälfte aller Interaktionen (und 50 Prozent wäre die Zufallserwartung), in denen ein Sprecher einen intendierten Ort durch Verwendung der Präpositionen "vor" oder "hinter" im Relation zu einem Bezugsobjekt bezeichnet, die Kommunikation auch gelingt. Dabei ist erneut darauf hinzuweisen, daß es hier um die 'Gelingenswahrscheinlichkeit' empirisch gewonnener Äußerungen handelt, die Sprecher als – in ihrer Sicht sicherlich zielführende – Lösung der gestellten Kommunikationsaufgabe produzieren. Diese geringe Übereinstimmung läßt sich dadurch begründen, daß – um auf die eingangs angeführten Voraussetzungen des Lokalisierens zurückzukommen – die linguistische Bedeutung der Präpositionen "vor" und "hinter" offenbar nicht mehr fest vorgibt als die Nachbarschaft von Objekten beziehungsweise Teilräumen auf der 1. Horizontalen, und daß andererseits die Kontextvariablen bei der Wahl des intrinsischen oder des deiktischen räumlichen Bezugssystems, das einer (produzierten oder rezipierten) Lokalisationsäußerung zugrunde liegt, sehr spezifisch und in einer Weise interagieren, die nicht in allen Situationen zu einer Konvergenz der Raumauffassung führt.

Was sind in dieser Hinsicht 'leichte' oder 'schwierige' Kontexte? Der durchschnittliche, über die Relatumeigenschaften gemittelte Ü-Wert in der Nachhauseweg-Situation beträgt 62 Prozent, in der Fahrprüfungs-Situation 64 Prozent. Man kann also nicht sagen, daß die Kommunikation in der Fahrprüfungs-Situation, die sich ja vielleicht durch höhere Wichtigkeit oder stärkere Erheblichkeit auszeichnet, in nennenswertem Umfang besser gelingt. Zwar hat man nach den Experimenten P3 und P4 den Eindruck, daß sich Sprecher im Hinblick auf eine bei ungerichtetem Relatum deiktische und bei gerichtetem Relatum intrinsische Lokalisationsweise einig wären, doch scheitert eine hohe Übereinstimmungsrate hier am variablen Interpretationsverhalten der Hörer (vgl. insbesondere Experiment R4). Daß die 'Wichtigkeit' des Richtig-Verstehens die interpretative Eindeutigkeit nicht erhöht, ergibt sich auch aus einer parallelen Experimentalserie, in der Hörer unter der Instruktion, sich ihre Reaktion sehr genau zu überlegen, bevor sie sie ausführen, dieselben, zum Teil intrasituativ völlig uneinheitlichen Interpretationsmuster erkennen ließen wie in den Experimenten R1 bis R4.

Diese Diskussion der Übereinstimmungswerte gilt für die Produktion und Rezeption von Äußerungen, in denen die Präpositionen "vor" und "hinter" die Hörerorientierung leisten müssen. Nun ließe sich einwenden, daß, wie berichtet wurde, bei den Produktionsexperimenten ja nur ein Teil der Versuchspersonen Äußerungen mit "vor" und "hinter" produzierten, und daß diese Anteile in beiden Situationen unterschiedlich hoch waren. Betrachtet man das Insgesamt der Sprecheräußerungen, unterstellt man für die anderweitigen kommunikativen Lösungsversuche (Zeitrelationen, Einpark-Instruktionen) einen – sicherlich zu hoch gegriffenen – Übereinstimmungswert von 1, und nimmt man zur Vereinfachung an, daß sich der Anteil dieser anderweitigen Lösungen auf beide Teilraumintentionen gleich verteilt, so erhöht sich der Übereinstimmungswert in der Nachhauseweg-Situation auf 72 Prozent, in der Fahrprüfungs-Situation auf 80 Prozent. Der Verstehensunterschied zugunsten der Fahrprüfungs-Situation, in der der Prüfling schließlich in eine der beiden Buchten einparken *muß*, erscheint bei dieser Analyse ein wenig konturierter. Insgesamt nehmen aber die mit 28 Prozent beziehungsweise 20 Prozent sicherlich unterschätzten Anteile an kommunikativen Mißverständnissen unserer Diskussion nichts von ihrer Berechtigung, zumal im Zentrum unserer Betrachtung die Kommunikationstauglichkeit der Verwendung der Präpositionen "vor" und "hinter" – und nicht anderer Äußerungsklassen – steht.

Nach der Erörterung der situationsspezifisch gemittelten Ü-Werte wenden wir uns nun dem Vergleich der Bezugsobjekte zu. Der durchschnittliche, über die Situationen gemittelte Ü-Wert bei gerichtetem Relatum beträgt 61,5 Prozent, bei ungerichtetem Relatum 64,5 Prozent. Auch diese annähernde Gleichheit der Übereinstimmungswerte weist wiederum darauf hin, daß weder der Situationsfaktor noch der Gerichtetheitsfaktor allein für die Art der Verwendung der beiden Präpositionen verantwortlich sind. Die höchsten Ü-Werte wurden in den Kombinationen "Nachhauseweg/Baum" und "Fahrprüfung/Auto" erzielt; dies stützt unsere bei der Diskussion der Rezeptionsbefunde angeführte These, daß Situationsklasse und Relatumeigenschaften in gewisser Weise 'zusammenpassen' müssen, um eine zielführende Verwendung der Richtungspräpositionen "vor" und "hinter" zu ermöglichen.

Eine dritte, berechenbare Einflußgröße auf die kommmunikative Übereinstimmung ist, neben Situation und Gerichtetheit, der intendierte Teilraum. Hier ergibt sich, daß der über alle vier Situationen gemittelte Ü-Wert für Teilraum 1 77,7 Prozent, für Teilraum 3 48,4 Prozent beträgt. Der Ü-Wert für Teilraum 1 ist somit höher als alle anderen berichteten Werte; dies besagt, daß Sprecher und Hörer sich mit Hilfe einer Lokalisationsäußerung viel besser über den zwischen ihnen und dem Relatum befindlichen Teilraum verständigen können als über den Teilraum jenseits des Relatums. Es handelt sich bei der variablen Identifizierbarkeit der sich in beide Richtungen auf der 1. Horizontalen anschließenden Teilräume demnach um kein symmetrisches Phänomen. Diesem Umstand, zusammen mit der Vermutung, daß auch die Verwendung beziehungsweise das haltbare Relikt der linguistischen Bedeutung der Raumausdrücke "vor" und "hinter" asymmetrisch sind, können wir im Kontext unseres Beitrags nicht weiter nachgehen; wir werden auf die generelle Bevorzugung von Teilraum 1 durch den Fahrer in der Rolle des Hörers aber im Abschnitt 5 noch einmal zurückkommen.

Nun ist zwar die sprecherseitige und hörerseitige Wahl des deiktischen oder intrinsischen räumlichen Bezugssystems, nicht aber der vom Sprecher intendierte Teilraum disponibel. So kann man Sprechern als kommunikationsfördernde Strategie schlecht anraten, in Situationen der hier behandelten Art immer nur den Teilraum zwischen sich und einem Relatum zu meinen; manchmal liegt die Katze eben auch – vom Sprecher aus – hinter dem Baum! Man kann aber an Hand der empirisch fundierten Berechnungsmatrix für die Ü-Werte Modellrechnungen anstellen, ob Sprecher oder Hörer – nimmt man die situationsspezifischen Befundmuster der Rezeption und Produktion als gegeben – durch das konsequente Einhalten einer deiktischen oder intrinsischen Strategie jeweils ihrerseits, ohne daß der andere 'mitspielen' muß, die kommunikative Übereinstimmung befördern können. (Wenn Sprecher und Hörer ihre Strategie 'absprechen', resultiert trivialerweise maximale Übereinstimmung.) Welchen Beitrag Sprecher oder aber Hörer auf diese Weise leisten können, hängt natürlich davon ab, wie übereinstimmend das Verhalten innerhalb der jeweils anderen Gruppe ist. Aus Raumgründen können wir nur einige Konsequenzen solcher Strategien skizzieren:

- Verfolgen Sprecher über alle Situationen hinweg generell nur die deiktische oder aber nur die intrinsische Lokalisationsstrategie, so verschlechtert sich der Ü-Wert in beiden Fällen auf die Zufallsrate von 50 Prozent. Interpretieren Hörer über alle Situationen hinweg Lokalisationsäußerungen generell deiktisch, so verbessert sich der Ü-Wert auf 65,6 Prozent; bei einer durchgehend intrinsischen Strategie verschlechtert er sich dagegen drastisch (34,4 Prozent). Ungeachtet der Kontext- und Relatumbeschaffenheit können also Hörer, nicht aber Sprecher, die 'Trefferquote' erhöhen, indem sie prinzipiell deiktisch interpretieren.
- Eine teilraumabhängige Strategie können nur Sprecher verfolgen, weil die Hörer den intendierten Teilraum auf dem Wege eines gewählten Bezugs-

systems ja erst erschließen müssen. Hier bleiben jedoch beide Lokalisationsstrategien bei beiden Teilräumen hinter den mit den vorliegenden Befunden schon erreichten Ü-Werten zurück.

- Unterscheidet man die beiden sozialen Situationen "Nachhauseweg" und "Fahrprüfung", ohne die Richtungseigenschaften des Relatums zu berücksichtigen, so können Sprecher, nicht aber Hörer, die Ü-Werte in beiden Fällen auf jeweils 70 Prozent erhöhen, indem sie in der Nachhauseweg-Situation durchgängig deiktisch, in der Fahrprüfungs-Situation durchgängig intrinsisch lokalisieren. Dies setzt aber voraus, daß Sprecher erkennen, zu welcher Klasse von Situationen eine aktuelle Situation gehört. Wir wissen im aktuellen Stand unserer Forschungen noch nicht, entlang welcher Merkmalsdimensionen die beiden Situationsexemplare zu Situationsklassen generalisierbar sind; wir wissen nur, daß die Situationsunterschiede im Rezeptionsverhalten nicht auf der Wichtigkeit einer 'richtigen' Entscheidung und auch nicht auf der 'Verarbeitungstiefe' der gehörten Lokalisationsäußerung beruhen. Die Befunde eines Feldexperiments mit Taxifahrern lassen den Hinweis erkennen, daß die variable Institutionalisiertheit einer Situation eine Rolle spielen könnte.
- Betrachtet man nur die variable Gerichtetheit des Relatums, ohne Berücksichtigung der sozialen Situation, so können wiederum Sprecher den kommunikativen Übereinstimmungsgrad stärker verbessern als Hörer, indem sie bei gerichtetem Relatum durchgängig intrinsisch (Ü = 72%), bei ungerichtetem Relatum deiktisch (Ü = 72%) lokalisieren.
- In den kommunikativ ohnehin erfolgreicheren Situationen "Nachhauseweg/Baum" und "Fahrprüfung/Käfer", in denen Eigenschaften der soziale Situation und des Relatums spezifisch 'zusammenpassen' (und nicht in den beiden anderen Experimentalsituationen) können wiederum Sprecher die Ü-Werte stärker erhöhen als Hörer, indem sie im erstgenannten Fall durchgängig deiktisch (Ü = 90%), im zweitgenannten durchgängig intrinsisch (Ü = 95%) lokalisieren.
- In der Situation "Nachhauseweg/Käfer", die am stärksten durch 'lokative Willkür' gekennzeichnet ist, kann man Sprechern wie Hörern anraten, was man will; der Ü-Wert bleibt immer im Bereich der Zufallswahrscheinlichkeit von 50 Prozent.

Die genannten Strategieüberlegungen setzen allerdings voraus, daß die Beteiligten die relevanten Situationsmerkmale zu erkennen vermögen und sich überhaupt der deiktischen und intrinsischen Lokalisationsalternativen bewußt sind und diese absichtsvoll einsetzen können. Das ist aber offensichtlich nicht der Fall. Und es führt uns zu der eingangs diskutierten möglichen Problemverschiebung zurück, daß Individuen, gäbe es feste Regeln des deiktischen oder intrinsischen Lokalisierens in Abhängigkeit von Kontextmerkmalen, immer noch bewußt darin übereinstimmen müssen, welche Objekte (vielleicht sogar unter welchen Bedingungen) als gerichtet oder ungerichtet anzusehen, welche sozialen Situationen der einen oder der anderen Situationsklasse zuzurechen sind. (Weitere Determinanten der Verwendung von "vor" und "hinter" mögen hinzukommen.) Auch dies ist offensichtlich nicht der Fall. Hätte ein solcher sprach- und kulturgemeinschaftlicher 'Aufklärungsprozeß' an irgendeiner Stelle der am gesamten Kommunikationsprozeß beteiligten Variablen begonnen, dann hätte er – zumal Sprecher in der einen Situation ja auch Hörer in einer anderen sind und umgekehrt – schon längst zu einer normierten Kommunikationsregelung geführt. So aber müssen wir mit einem durchschnittlichen Ü-Wert von 63 Prozent leben, den die Interaktanten auf wohl eher intuitive Weise situationsspezifisch auf bis zu 73,9 Prozent zu steigern vermögen.

5. Was heißt hier noch 'Verständigung'?

Was bedeuten die dargestellten Befunde im Hinblick auf die doch weit verbreitete Annahme, nach der sich Menschen mit Hilfe der Sprache *verständigen*? Immerhin haben wir als (auch) kommunizierende Mitglieder unserer Sprach- und Kulturgemeinschaft ja nicht den Eindruck, unsere Kommunikationsversuche würden überwiegend scheitern und unsere Kommunikationsabsichten fortwährend mißlingen (aber vgl. Dobrick, 1985).

Zuerst bleibt festzuhalten, daß unsere Sprache zwar über Mittel verfügt, die Ambiguität zu vermeiden, die sich durch die Verwendung alternativer räumlicher Bezugssysteme ergibt, daß diese Mittel aber nicht genutzt werden. »Offensichtlich vertrauen Sprachbenutzer in hohem Maße der Intelligenz und Kooperationsbereitschaft ihrer Kommunikationspartner« ist der Schluß, den Levelt (1986, S. 211) daraus zieht. Wir glauben gezeigt zu haben, daß das Gelingen oder Mißlingen der kommunikativen Übereinstimmung in den von uns betrachteten Situationen keine Frage der sprecher- oder hörerseitigen Intelligenz, keine Frage des wie auch immer 'richtigen' Sprecher- oder Hörerverhaltens ist. Den betrachteten Richtungspräpositionen scheint keine Wortbedeutung derart zuzukommen, daß durch ihre enge Beziehung zu einem Begriff (einer semantischen Repräsentationsstruktur) kommunikative Stabilität gewährleistet würde (vgl. Eckes, 1991; Mangold-Allwinn, 1993). Auch hoffen wir, einen kleinen Ausschnitt ganz alltäglicher Phänomene in seiner begrenzten Regelhaftigkeit und seiner Unschärfe dargestellt zu haben. Wir schließen unsere Betrachtungen mit dem Hinweis auf einige Erklärungsmöglichkeiten, warum wir mit den dargestellten kommunikativen Unschärfen letztlich doch ganz gut leben können.

Zuerst ist anzuführen, daß bei der wechselseitigen Verständigung auch andere Kanäle als der verbale (beziehungsweise vokale) zum Einsatz kommen. Äußerungen sind, je nach medialer Kommunikationssituation (vgl. Herrmann & Grabowski, 1994, S. 457ff., sowie Winterhoff-Spurk in diesem Band), von Mimik und Gestik begleitet. Für die behandelten Verkehrssituationen ist jedoch einschränkend anzumerken, daß sich aus einem fahrenden Auto heraus nur schwer eindeutig auf eine der beiden Parkbuchten zeigen läßt; sie unterscheiden sich aus dem Sprecher/Hörer-Blickwinkel nur um wenige Winkelminuten.

Zweitens bedarf es des Hinweises, daß Sprecher auf Anhieb oft nicht 'alles' sagen. Sie sagen irgendetwas in der intendierten Richtung und verlassen sich darauf, daß der – kooperative – Hörer rückfragt und das Gemeinte einer Klärung zuführt. (Man beobachte dazu einmal in einer Bäckerei, wie sich Kunde und Verkäuferin über eine bestimmte Brotsorte einig werden.) Auch hier ist für unsere Situationen einschränkend zu bemerken, daß Sprecher und Hörer kaum Zeit haben, die intendierte Parkbucht 'auszuhandeln'; der Fahrer muß, da sich das Fahrzeug stetig vorwärtsbewegt, schnell zu einer Interpretation kommen. (In unseren Experimenten mit Taxifahrern wurde bei insgesamt 40 nur verbal, das heißt ohne Zeigen, gegebenen Fahrgastinstruktionen nur zwei Mal nachgefragt.)

Drittens schließlich scheinen die vom Hörer situationsspezifisch kalkulierten Kosten einer Mißinterpretation eine Rolle zu spielen (Herrmann, Grabowski & Weiß, 1993; Mangold-Allwinn, 1993). Hierin sehen wir den – letztlich verkehrstechnischen – Grund für die allgemeine hörer- und damit fahrerseitige Bevorzugung von Teilraum 1: Der Fahrer darf annehmen, daß ihn der Produzent einer Lokalisationsanweisung korrigieren wird, wenn er das Fahrzeug nicht im intendierten Teilraum plaziert. Hat der Fahrer das Fahrzeug im Teilraum 1 im Rahmen der notwendigen Vorsichtsmaßnahmen im Straßenverkehr zum Stehen gebracht, so läßt sich die Position des Fahrzeugs gegebenenfalls gefahrlos zum Teilraum 3 hin verändern; der Fahrer fährt eben noch ein Stückchen weiter. Fährt der Fahrer jedoch am Teilraum 1, den der Sprecher gemeint haben könnte, vorbei, so wird der Sprecher vielleicht mit einer Äußerung der Art "Halt, hier schon!" zu korrigieren versuchen und damit unter Umständen eine verkehrsgefährdende Fahrerreaktion provozieren. (Solche Situationen dürfte jeder als Fahrer oder als 'anstiftender' Beifahrer schon erlebt haben.) Die Bevorzugung von Teilraum 1 ist somit verkehrstechnisch die sicherere Alternative – auch wenn damit in Kauf genommen wird, daß der Sprecher, sofern er Teilraum 3 meint, vielleicht öfter, als es von der Interpretationsstrategie her notwendig wäre, mißverstanden wird. (Wir haben durch Modifikationen unserer Experimentalanordnung geprüft, daß die hörerseitige Bevorzugung von Teilraum 1 nicht darauf zurückzuführen ist, daß sich in Parkbucht 1 leichter einparken läßt als in Parkbucht 2, und auch nicht darauf, daß der Fahrer einfach nur bei der erstbesten Gelegenheit anhält, weil dem aussteigenden Beifahrer im Zweifel ein paar Meter zu Fuß leicht zuzumuten wären.) Daß die Kalkulation der Kosten einer Fehlinterpretation in der Verantwortung des Fahrers/Hörers, nicht aber des Sprechers liegt, wird in den Produktionsexperimenten darin deutlich, daß die Sprecher bei der Bezeichnung von Teilraum 1 öfter andere sprachliche Mittel als die Verbalisierung von Raumrelationen mit Hilfe von "vor" und "hinter" verwenden als bei der Bezeichnung von Teilraum 3, obwohl es dort angesichts des deutlich geringeren Ü-Wertes sicherlich nötiger wäre. Bei diesem dritten Diskussionspunkt besteht allerdings wiederum die Einschränkung, daß vom Fahrer zumindest in den Fahrprüfungssituationen ad hoc eine eindeutige Entscheidung getroffen werden muß.

Was jedoch immer bleibt, ist eine 'Grauzone' kommunikativer Unschärfe, wie sie sich besonders in der Situation "Nachhauseweg/gerichtetes Relatum" zeigt. Es gibt im Deutschen mindestens zwei situativ wählbare räumliche Bezugssysteme, die Sprachteilhaber beherrschen die deiktischen oder aber intrinsischen, die sprecher-, partner- oder aber objektbezogenen Lokalisationsvarianten (Herrmann, 1990), ohne sich jedoch darüber bewußt zu sein, daß darin eine Quelle der Mehrdeutigkeit liegt, die zu Mißverständnissen führen kann. Wir haben andernorts gezeigt (Weiß, 1993), daß die spezifischen Präpositionensysteme in verschiedenen Einzelsprachen die Beschaffenheit dieser Quelle modifizieren (vgl. auch Talmy, 1983). In jedem Fall handelt es sich aber um einen Fehlschluß, wenn Sprecher den Grund für derartige kommunikative Mißverständnisse ihrem Partner dispositionell zuzuschreiben, indem sie ihm in einer 'mißglückten' Situation vorwerfen, er habe die Sprecheräußerung nicht adäquat verstanden.

Literatur

Abkarian, G. G. (1982). Comprehension of deictic locatives: The object "behind" it. *Journal of Psycholinguistic Research*, *11*, 229–245.

Brown, P. & Levinson, S. (1992). 'Left' and 'right' in Tenejapa: Investigating a linguistic and conceptual gap. *Zeitschrift für Phonetik, Sprachwissenschaft und Kommunikationsforschung*, *45*, 590-611.

Bürkle, B., Nirmaier, H. & Herrmann, Th. (1986). *"Von dir aus ..." Zur hörerbezogenen lokalen Referenz* (Arbeiten der Forschergruppe "Sprechen und Sprachverstehen im sozialen Kontext" HD/MA, Nr. 10). Mannheim: Universität, Lehrstuhl Psychologie III.

Carroll, M. (1993). Deictic and intrinsic orientation in spatial descriptions: A comparison between English and German. In J. Altarriba (Hrsg.), *Cognition and culture: A cross-cultural approach to cognitive psychology*. Amsterdam: Elsevier.

Dittrich, S. & Herrmann, Th. (1990). *"Der Dom steht hinter dem Fahrrad." – Intendiertes Objekt oder Relatum?* (Arbeiten aus dem Sonderforschungsbereich 245 "Sprechen und Sprachverstehen im sozialen Kontext" HD/MA, Nr. 16). Mannheim: Universität, Lehrstuhl Psychologie III.

Dobrick, M. (1985). *Gegenseitiges (Miß-)Verstehen in der dyadischen Kommunikation*. Münster: Aschendorff.

Eckes, T. (1991). *Psychologie der Begriffe*. Göttingen: Hogrefe.

Egel, H., Herrmann, Th., Hornung, A. & Dittrich, S. (1988). *Rotation und/oder Antonymeninterferenz als Determinanten des kognitiven Aufwands beim hörerbezogenen Lokalisieren* (Arbeiten der Forschergruppe "Sprechen und Sprachverstehen im sozialen Kontext" HD/MA, Nr. 15). Mannheim: Universität, Lehrstuhl Psychologie III.

Ehrich, V. (1985). Zur Linguistik und Psycholinguistik der sekundären Raumdeixis. In H. Schweizer (Hrsg.), *Sprache und Raum* (S. 130–161). Stuttgart: Metzler.

Ehrich, V. (1989). Die temporale Festlegung lokaler Referenz. In Ch. Habel, M. Herweg & K. Rehkämper (Hrsg.), *Raumkonzepte in Verstehensprozessen. Interdisziplinäre Beiträge zu Sprache und Raum* (S. 1–16). Tübingen: Niemeyer.

Grabowski, J., Herrmann, Th. & Weiß, P. (1992). *Wenn "vor" gleich "hinter" ist – zur multiplen Determination des Verstehens von Richtungspräpositionen* (Arbeiten aus dem Sonderforschungsbereich 245 "Sprache und Situation" HD/MA, Nr. 45). Mannheim: Universität, Lehrstuhl Psychologie III.

Grabowski, J., Herrmann, Th. & Weiß, P. (1993). Wenn "vor" gleich "hinter" ist – zur multiplen determination des Verstehens von Richtungspräpositionen. *Kognitionswissenschaft*, *3*, 171–183.

Graf, R. (1994). *Selbstrotation und Raumreferenz. Zur Psychologie partnerbezogenen Lokalisierens*. Unveröffentlichte Dissertation. Mannheim: Universität.

Graf, R. & Grabowski, J. (i. Vorb.). Situative Determinanten der Extension des VOR-Raums.

Grice, H. P. (1979). Logik und Konversation. In G. Meggle (Hrsg.), *Handlung, Kommunikation, Bedeutung* (S. 243–265). Frankfurt: Suhrkamp.

Herrmann, Th. (1990). Vor, hinter, rechts und links: das 6H-Modell. Psychologische Studien zum sprachlichen Lokalisieren. *Zeitschrift für Literaturwissenschaft und Linguistik*, *Heft 78*, 117–140.

Herrmann, Th. & Grabowski, J. (1994). *Sprechen – Psychologie der Sprachproduktion*. Heidelberg: Spektrum Akademischer Verlag.

Herrmann, Th. & Graf, R. (1990). *Zur sekundären Raumreferenz: Gegenüberobjekte bei nicht-kanonischer Betrachterposition* (Arbeiten aus dem Sonderforschungsbereich 245 "Sprache und Situation" HD/MA, Nr. 11). Mannheim: Universität, Lehrstuhl Psychologie III.

Hill, C. (1982). Up/down, front/back, left/right. A contrastive study of Hausa and English. In J. Weissenborn & W. Klein (Hrsg.), *Here and there. Cross-linguistic studies on deixis and demonstration* (S. 13–42). Amsterdam: Benjamins.

Levelt, W. J. M. (1982). Cognitive styles in the use of spatial direction terms. In R.J. Jarvella & W. Klein (Hrsg.), *Speech, place, and action. Studies in deixis and related topics* (S. 251–268). Chichester: Wiley & Sons.

Levelt, W. J. M. (1986). Zur sprachlichen Abbildung des Raumes: Deiktische und intrinsische Perspektive. In H.-G. Bosshardt (Hrsg.), *Perspektiven auf Sprache: Interdisziplinäre Beiträge zum Gedenken an Hans Hörmann* (S. 187–211). Berlin: de Gruyter.

Mangold-Allwinn, R. (1993). Flexible Konzepte von "vor" und "hinter". Ein Kommentar zur Arbeit von Grabowski, Herrmann & Weiß. *Kognitionswissenschaft*, *3*, 184–188.

Miller, G. A. & Johnson-Laird, Ph. N. (1976). *Language and perception*. Cambridge: Cambridge University Press.

Retz-Schmidt, G. (1988). Various views on spatial prepositions. *AI Magazine*, *9(2)*, 95–105.

Ruhrberg, P. & Rutz, H. (1990). Räumliches Wissen und Semantik im Kontext der Generierung von Wegbeschreibungen. In Ch. Freksa & Ch. Habel (Hrsg.), *Repräsentation und Verarbeitung räumlichen Wissens* (S. 235–249). Berlin: Springer.

Saile, G. (1984). *Sprache und Handlung*. Braunschweig: Vieweg.

Talmy, L. (1983). How language structures space. In H. L. Pick Jr. & L. P. Acredolo (Hrsg.), *Spatial orientation. Theory, research, and application* (S. 225–282). New York: Plenum Press.

Todtenhöfer, A. (1993). *Produktion und Rezeption der Präpositionen "vor" und "hinter" in Abhängigkeit von der Gerichtetheit des Relatums und dem sozialen Kontext*. Unveröffentlichte Diplomarbeit. Mannheim: Universität, Lehrstuhl Psychologie III.

Ullmer-Ehrich, V. (1982). The structure of living space descriptions. In R. J. Jarvella & W. Klein (Hrsg.), *Speech, place, and action. Studies in deixis and related topics* (S. 219–249). Chichester: Wiley & Sons.

Vater, H. (1991). *Einführung in die Raum-Linguistik* (KLAGE Kölner Linguistische Arbeiten – Germanistik; 24) 2. Aufl.. Hürth-Efferen: Gabel.

Weiß, P. (1993). *Psychologische und sprachtypologische Determinanten der Rezeption und Interpretation von "vor" und "hinter"*. Unveröffentlichte Diplomarbeit. Mannheim: Universität, Lehrstuhl Psychologie III.

Wunderlich, D. (1981). Linguistic strategies. In F. Coulmas (Hrsg.), *A Festschrift for Native Speaker* (S. 279–296). The Hague: Mouton.

Wunderlich, D. & Herweg, M. (1991). Lokale und Direktionale. In A. von Stechow & D. Wunderlich (Hrsg.), *Semantik/Semantics. Ein internationales Handbuch der zeitgenössischen Forschung* (S. 758–785). Berlin: de Gruyter.

Das Forschungsprogramm "Objektbenennung": Neuere Entwicklungen

Roland Mangold-Allwinn

Zur Benennung desselben Objektes werden von Sprechern häufig von Situation zu Situation unterschiedliche sprachliche Bezeichnungen gewählt. In Experimenten zur Psychologie der Sprachproduktion wird nach den Bedingungen gesucht, denen die Variabilität der Objektbenennung unterworfen ist. Während zunächst im Anschluß an Olson (1970) der Aspekt der Informativität im Vordergrund stand (vgl. den Beitrag von Deutsch in diesem Band), konzentriert sich in neueren Arbeiten die Forschungsaktivität auf soziale und sprachliche Determinanten der Objektreferenz. Hier bietet das Sprachproduktionsmodell von Herrmann (1982, 1985) einen fruchtbaren Ansatz zur theoretischen Integration der gefundenen Zusammenhänge. Es wird zum Abschluß dieses Beitrags auf neuere Entwicklungen bei der Untersuchungsmethodik und der Prozeßmodellierung eingegangen.

1. Unterbrechung und Wiederaufnahme

Im Beitrag zu diesem Band zeichnet Werner Deutsch die Entwicklung der Forschungstätigkeit der Marburger Arbeitsgruppe um Theo Herrmann zur Psychologie der Objektbenennung nach. Der Aufsatz, in dem sich Olson (1970) von der Vorstellung löst, daß jedes Ding seinen festen Namen hat, und (zumindest für das Benennen) den *Einfluß von Kontextfaktoren* auf die Sprachproduktionsvorgänge von Sprechern hervorhebt, war der Anstoß für eine Fülle von Arbeiten, in der sich Projektantragsteller, Forschungsmitarbeiter und Studierende mit der Psychologie der Objektbenennung befaßten. Dabei wurden Fragen folgender Art diskutiert:

- Welche Attribute eines Objektes nehmen Sprecher bei wechselnden Kontexten in ihre Benennung dieses Objektes auf?
- Wie verhalten sich Sprecher, wenn es multiple Möglichkeiten gibt, ein Objekt so zu benennen, daß ein Hörer dieses Objekt eindeutig von seinen Kontextobjekten unterscheiden kann?
- Welche kognitiven Voraussetzungen müssen bei einem Sprecher gegeben sein, damit ein Objekt kontextdiskriminativ benannt wird?
- Wie sehen die kognitiven Vorgänge aus, die der Produktion kontextdiskriminativer Objektbenennungen zugrundeliegen?

Werner Deutsch hat die große Zahl von Arbeiten gewürdigt, die zu diesen Themenkomplexen von der Marburger Arbeitsgruppe hervorgebracht wurden. Im Herbst des Jahres 1977 wechselte Theo Herrmann mit einem Teil der Marburger Mitarbeiter (Manfred Laucht und Peter Winterhoff) an die Universität Mannheim. Hier führte er zusammen mit Siegfried Hoppe-Graff, Herrmann Schöler, Manfred Laucht und Peter Winterhoff in Forschungsprojekten die Untersuchung sprachlicher Äußerungen fort. An die früheren Arbeiten zur Objektbenennung wurde dabei allerdings in Mannheim zunächst nicht angeknüpft. Die Gründe sind vermutlich darin zu suchen, daß man sich in der Übergangsphase komplexeren sprachlichen Outputs wie Aufforderungen, Drohungen, Versprechungen und sogar Berichten zugewandt hatte und daß damit die elementaren Objektbenennungen etwas aus dem Blickfeld gerieten. Dennoch bestand weiterhin Interesse an diesem Thema; so beklagte sich Theo Herrmann in Gesprächen immer wieder, daß viele Fragen zur Objektbenennung offen geblieben seien und erforscht werden müßten und daß es bedauerlicherweise hierfür an der erforderlichen Personalkapazität mangle.

Erst in seiner Dissertation zum Thema "Verstehen überspezifizierter Benennungen" wandte sich Mangold (1986; vgl. auch Mangold, 1987) – angeregt durch die Arbeit von Deutsch (1976) – wieder der Psychologie der Objektbenennung zu und beantragte zusammen mit Theo Herrmann im Rahmen der Heidelberg-Mannheimer Forschergruppe "Sprechen und Sprachverstehen im sozialen Kontext" ein Projekt "Objektbenennung und Partnermodell". Dieses Projekt wurde von der Deutschen Forschungsgemeinschaft bewilligt und konnte zum 1. April 1987 in Angriff genommen werden. (Als Mitarbeiterin wurde Christiane Grosser, als Mitarbeiter Rupert Pobel gewonnen.) In der zweiten Projektphase 1989 bis 1991 wurde das Projekt im Rahmen des Sonderforschungsbereichs 245 "Sprechen und Sprachverstehen im sozialen Kontext" gefördert. Schließlich wurde 1990 ein Nachfolgeprojekt "Dynamik der Objektreferenz" gestartet, das sich gegenwärtig in seiner zweiten Phase befindet und im Dezember 1994 abgeschlossen sein wird. Mitarbeiter in diesem Projekt waren beziehungsweise sind Stefan Barattelli, Hanns-Gerhard Koelbing, Markus Kiefer und Petra Weiß.

Die Situation der Benennungsforschung in Mannheim war im Unterschied zu Marburg dadurch gekennzeichnet, daß alle empirischen Untersuchungen im wesentlichen von Projektmitarbeitern und studentischen Hilfskräften durchgeführt wurden. (Es gab – mit Ausnahme der Diplomarbeit und der Dissertation von Rupert Pobel – keine Zuarbeit von Studierenden im Rahmen von Studien- oder Diplomarbeiten.) Somit fällt die Entwicklung des Forschungsprogramms "Objektbenennung" in der Mannheimer Arbeitsgruppe mit dem Fortgang der Projektarbeiten zusammen. Hier lassen sich im Zeitraum vom Beginn des Projektes 1987 bis heute Veränderungen in den theoretischen Erklärungsansätzen sowie in den gewählten Untersuchungsverfahren aufzeigen. Um diese Entwicklung verständlich machen zu können, ist es erforderlich, in der Zeit zurückzugehen zu den Anfängen der Benennungsforschung, das heißt zu Olson (1970) und zu Herrmann & Deutsch (1976).

2. Zurück zu den Anfängen: Objektbenennung als Nachricht

Wie von Werner Deutsch bereits dargelegt wurde, war die Entwicklung von Ansätzen zur Erklärung der Variabilität von Objektbenennungen im Anschluß an die einflußreiche Arbeit von Olson (1970) von einer *informationstheoretischen Perspektive* dominiert. Danach wurden Objektbenennungen als *Nachrichten* des Sprechers an den Hörer aufgefaßt. Im Sinne der Informationstheorie sind Nachrichten Informationen, die dem Empfänger *Neuigkeiten* vermitteln, um dadurch bei ihm *Ungewißheit* zu reduzieren. Der Informationsgehalt einer Nachricht ist um so größer, je mehr durch die Nachricht die Ungewißheit des Empfängers vermindert werden kann.

Vor dem Hintergrund einer solchen Auffassung wird von Olson (1970) die primäre Funktion der Objektbenennung darin gesehen, dem Hörer die *Identifikation* des benannten Objektes (des *Zielobjektes*) zu ermöglichen. Die Spezifikation eines Attributes oder einer Attributkombination des Zielobjektes reduziert beim Hörer Ungewißheit um so mehr, je mehr Kontextobjekte die in der Objektbenennung spezifizierten Attribute *nicht* aufweisen (= *Diskriminativität* der Benennung). Nur eine vollständig diskriminative Objektbenennung, die auf keines der Kontextobjekte zutrifft, kann dem Hörer eine verwechselungsfreie Objektidentifikation ermöglichen.

Zur Beschreibung der Vorgänge bei der referentiellen Kommunikation bietet sich das *Kommunikationsmodell* von Shannon & Weaver (1949) an. Danach enkodiert ein Sender unter Heranziehung eines für Sender und Empfänger gemeinsamen Zeichenvorrats die zu übermittelnde Information und sorgt für einen Transport der Nachricht beziehungsweise Botschaft über den Kanal zum Empfänger. Dieser dekodiert die Nachricht wiederum unter Rückgriff auf den Zeichenvorrat. Die Übermittlung der Nachricht über den Kanal kann *Störungen* unterworfen sein; so kann beispielsweise Rauschen dazu führen, daß die Nachricht verändert wird und daß der Empfänger sie nur noch eingeschränkt oder gar nicht mehr dekodieren kann. Um die Sicherheit der Nachrichtenübertragung zu erhöhen, ist im Kommunikationsmodell von Shannon & Weaver die Möglichkeit redundanter Informationsübertragung vorgesehen. Im Sinne der Nachrichtentheorie ist Redundanz derjenige Anteil einer Nachricht, der beim Empfänger Ungewißheit nicht reduziert; vielmehr bewirkt Redundanz durch Mehrfachkodierung von Nachrichteninhalten, daß bei Störungen dennoch eine mißverständnisfreie Dekodierung möglich ist.

Objektbenennungen können weniger als die für eine eindeutige Objektidentifikation notwendige Information enthalten (*unterspezifizierte Objektbenennungen*; vgl. auch Pechmann, 1984), sie können genau die für eine eindeutige Objektidentifikation erforderlichen Attributspezifikationen umfassen, aber nicht mehr (*minimal spezifizierte Benennungen*), oder sie können über diese Information hinaus weitere Angaben enthalten (*überspezifizierte Benennungen*). Im Sinne des Kommunikationsmodells von Shannon & Weaver sind unterspezifizierte Benennungen nicht hinreichend informativ und überspezifizierte Benennungen sind redundant. Nach allem haben die – im Vergleich zu minimal spezifizierten Benennungen –

zusätzlichen Angaben bei der Überspezifikation keine Funktion für den Prozeß der Objektidentifikation, sondern sie dienen dazu, die Sicherheit der sprachlichen Kommunikation zu erhöhen. Wenn etwa ein Hörer eine Attributspezifikation aufgrund akustischer Störungen (zum Beispiel bei lauten Geräuschen) nicht dekodieren und verstehen kann, bietet eine überspezifizierte Benennung eine gewisse Chance, daß die fehlende Information durch zusätzliche Attributspezifikationen kompensiert werden kann.

3. Von der Nachricht zur instrumentellen Äußerung

3.1 Probleme der informationstheoretischen Betrachtung von Objektbenennungen

Nur unter der Annahme, daß Objektbenennungen *minimal spezifiziert* sind, kann bei Kenntnis der Beschaffenheit der Kontextobjekte im Referenzbereich die Beschaffenheit der Benennung des Zielobjektes eindeutig vorhergesagt werden. Allerdings steht die Tatsache, daß sich in empirischen Untersuchungen im Durchschnitt *die Hälfte* aller Objektbenennungen als *überspezifiziert* erweist, im Widerspruch zu dieser von Olson (1970) und von Herrmann & Deutsch (1976) postulierten Annahme. (Vergleiche zu diesem Problem auch die Diskussion bei Deutsch in diesem Band. Zu der Beobachtung, daß Objektbenennungen hinsichtlich ihrer 'Redundanzfreiheit' den von Olson formulierten Erwartungen nicht entsprechen, vgl. schon Ford & Olson, 1975.)

Bei der näheren Betrachtung überspezifizierter Benennungen findet man – zumindest im deutschsprachigen Raum – häufig, daß Überspezifikation durch die zusätzliche Nennung der *Objektklasse* bedingt ist, obwohl deren Spezifikation im Hinblick auf eine eindeutige Objektdiskrimination nicht notwendig wäre. Wenn beispielsweise eine grüne Flasche im Kontext weißer und brauner Flaschen benannt werden soll, so beziehen sich Sprecher mit "die grüne Flasche" und nicht mit "das Grüne" auf das Zielobjekt. Weiterhin enthalten überspezifizierte Objektbenennungen häufig Spezifikationen von *Farbattributen*, die – zum Beispiel bei eindeutig diskriminativer Objektklasse – nicht erforderlich wären.

Den hier skizzierten Vorstellungen zufolge bietet sich als mögliche Erklärung für die Überspezifikation von Objektbenennungen die Annahme an, daß Sprecher Redundanz einsetzen, um auch bei Kanalstörungen das eindeutige Verstehen der Benennungen sicherzustellen. Ein solcher Erklärungsansatz ist jedoch aus verschiedenen Gründen wenig plausibel.

Einmal ist es nicht wahrscheinlich, daß die sprachliche Kommunikation in einem so hohen und häufigen Maße gestört wird, wie es die große Zahl überspezifizierter Objektbenennungen nahelegen würde. Und selbst wenn es bei Störungen des Kanals dazu kommt, daß der Hörer das Zielobjekt nicht eindeutig identifizieren kann, stellt es für ihn nur ein geringes Problem dar, durch Rückfragen eine entsprechende Klärung herbeizuführen. Außerdem ist es für Sprecher mit einem höheren kognitiven Aufwand verbunden, minimal spezifizierte statt überspezifizierter Objektbenennungen zu produzieren (Lietz, 1977). Vor dem Hintergrund dieser Überlegungen stellt sich die Frage, ob es vernünftig ist, überspezifizierte Benennungen als *redundant* zu bezeichnen, oder ob nicht der 'redundanten' Information bei der referentiellen Kommunikation andere Funktionen zukommen als die, die Sicherheit der Nachrichtenübertragung zu erhöhen.

Diese Vermutung wird durch empirische Befunde gestützt, die auch bei *ungestörter* referentieller Kommunikation auf einen systematischen Zusammenhang zwischen situativen Bedingungen (zum Beispiel der Diskriminativität des Farbattributes des Zielobjektes) und der Häufigkeit einer Überspezifikation hindeuten. So beobachteten Mangold & Pobel (1988; vgl. auch die Diplomarbeit von Pobel, 1985), daß die Wahrscheinlichkeit einer zusätzlichen Spezifikation des für eine eindeutige Objektidentifikation nicht notwendigen Farbattributes geometrischer Figuren mit der Anzahl der Kontextobjekte ansteigt, die dieses Farbattribut *nicht* aufweisen (Diskriminativität). Dieser Befund fügt sich gut zu anderen Ergebnissen aus Untersuchungen der Identifikation von Zielobjekten bei minimal und überspezifizierten Objektbenennungen (vgl. Deutsch, 1976; Mangold, 1986). Danach kann die Objektidentifikation bei zusätzlicher Spezifikation des Farbattributes um so rascher erfolgen, je diskriminativer die Nennung des Farbattributes ist. Mögliche Gründe für das Zustandekommen überspezifizierter Benennungen könnten nach der Befundlage einmal im *Prozeß der Sprachproduktion* (und hier insbesondere im Zusammenspiel von visuellem Objektvergleich und der Auswahl von Objektattributen für eine sprachliche Verschlüsselung) zu suchen sein (vgl. Deutsch, 1986; sowie den Beitrag in diesem Band). Eine weitere Möglichkeit besteht darin, daß sich die Wahl einer Benennung aus *Instrumentalitätserwägungen* ergibt. Dieser Überlegung soll im nächsten Abschnitt nachgegangen werden.

3.2 Instrumentelle Sprachproduktion

In den Arbeiten zur Sprechakttheorie von Austin (1962) und Searle (1969) wurde Ende der sechziger Jahre *funktionalen Aspekten* der Sprachproduktion besondere Aufmerksamkeit geschenkt. Hier wurden die Bedingungen analysiert, die gegeben sein müssen, damit ein Hörer die sprachliche Äußerung eines Sprechers – zum Beispiel eine Aufforderung – in geeigneter Weise interpretiert (Gelingensbedingungen). In psychologisch orientierten Ansätzen wurden sprachliche Äußerungen als *Sprechhandlungen* betrachtet (vgl. Herrmann, 1980). Danach verfolgen Sprecher mit ihren Sprechhandlungen Ziele, und es müssen bestimmte Bedingungen gegeben sein, damit sie mit den sprachlichen Äußerungen ihre Ziele erreichen. In einer früheren Arbeit wird von Herrmann (1980) die Wahl unterschiedlicher Aufforderungsvarianten im Lichte *handlungstheoretischer Konstrukte* diskutiert. So kann als Aufforderung nicht nur die explizite Form ("Schließe das Fenster!"; "Ich fordere dich auf, das Fenster zu schließen.") vorkommen, sondern es können auch die Bedingungen, die für das Gelingen einer Aufforderung gegeben sein müssen, stellvertretend für die explizite Sprechhandlung ('pars pro toto'; vgl. Herrmann & Laucht, 1977) ausgesprochen werden. Beispielsweise kann ein Sprecher einen Hörer nur dann auffordern, ein Fenster zu schließen, wenn der Hörer dazu in der Lage ist; eine entsprechende Thematisierung "Kannst Du mal das Fenster schließen?" ist als Aufforderung interpretierbar.

In das von Herrmann (1982) vorgestellte Sprachproduktionsmodell sind die genannten Überlegungen zur Funktionalität sprachlicher Äußerungen eingeflossen.

Nach diesem Modell müssen gewisse minimale Bedingungen in der Situation realisiert sein, damit ein Sprecher überhaupt eine sprachliche Äußerung produziert. (Beispielsweise wird ein Sprecher nur dann einen Partner auffordern, ein Fenster zu öffnen, wenn das Fenster nicht bereits geöffnet ist und wenn der Partner das Fenster öffnen kann.) Wenn der Sprecher eine Äußerung produziert, kann die Festlegung der Formulierung als Selektionsvorgang aufgefaßt werden, bei dem aus einer Menge möglicher Varianten eine Alternative ausgewählt wird. (Beispiele für Aufforderungen sind: "Es ist viel zu warm hier.", "Kannst Du mal das Fenster öffnen?", "Du mußt unbedingt das Fenster öffnen." oder "Mach doch mal das Fenster auf!".) Die möglichen Varianten einer sprachlichen Äußerung, mit der ein Ziel verfolgt wird, bilden eine beim Sprecher in propositionalem Format repräsentierte Struktur (die *propositionale Basis PB*), die die Grundlage des Auswahlvorgangs darstellt. Die Elemente der Struktur sind einmal die Vorbedingungen der expliziten Sprechhandlung sowie die explizite Sprechhandlung selbst (vgl. Herrmann, 1982, S. 34ff.).

Welches der möglichen Elemente der Struktur für eine nachfolgende Enkodierung ausgewählt wird, hängt von der Beschaffenheit der situativen Bedingungen ab. Wie erwähnt, müssen spezifische Situationsvariablen eine gewisse *Mindestausprägung* vorweisen, damit eine Sprachproduktion erfolgt. Die Selektion ist jedoch davon abhängig, wie *hoch* die Bedingungsvariablen ausgeprägt sind. Beispielsweise wird nur aufgefordert, wenn ein Partner die intendierte Handlung überhaupt ausführen kann. Mit welcher *Formulierung* aufgefordert wird, hängt davon ab, ob er die Handlung mehr oder weniger einfach ausführen kann, das heißt, wie hoch sein Aufwand ist. Der so ausgewählte *semantische Input* wird zur Eingangsgröße für eine nachfolgende akustisch-phonetische (oder schriftliche) *Enkodierung*.

So wird allgemein ein Zusammenhang zwischen der Ausprägung von Situationsvariablen und der Formulierung sprachlicher Äußerungen unterstellt. Welche Variablen von Bedeutung sind und wie sich ihre Ausprägungen im einzelnen auf bestimmte Aspekte der Formulierung auswirken, muß näher erörtert werden. Beispielsweise konnte in einer Reihe von Arbeiten zur Handlungsaufforderung (vgl. im Überblick Herrmann, 1982) experimentell gezeigt werden, daß sich die Formulierung von Aufforderungen danach richtet, wie *dringlich* das Ziel für den Sprecher ist, ob der Partner *in der Lage* und *bereit* ist, die Handlung auszuführen, und ob der Sprecher über eine *Legitimation* zur Aufforderung des Partners verfügt. Es ist zu vermuten, daß sich für andere Klassen sprachlicher Äußerungen (zum Beispiel Versprechungen, Drohungen oder ähnliches) andere Zusammenhänge ergeben (vgl. Mangold & Herrmann, 1987).

Als allgemeines Prinzip der situationsabhängigen Wahl sprachlicher Äußerungen gilt nach Herrmann (1982) deren *Instrumentalität*: Es werden aus der propositionalen Basis nur solche Elemente für eine nachfolgende Enkodierung ausgewählt, deren Äußerung für das verfolgte Ziel instrumentell ist. Bei einer gegebenen Konstellation von Ausprägungen der Situationsvariablen ist jede Äußerung der propositionalen Basis von einer gewissen Instrumentalität. Beispielsweise sind Aufforderungen, in denen das Ziel des Sprechers thematisiert ist ("Es ist warm hier drin!"), riskant und wenig instrumentell, weil der Partner sie mißverstehen oder zumindest ein Mißverstehen vorgeben kann ("Das finde ich auch."). Hier wird deutlich, daß die Informativität zwar eine notwendige Voraussetzung der Wahl einer sprachlichen Äußerung darstellt – nur ein sprachlicher Output, den der Hörer auch zutreffend interpretiert, kann die vom Sprecher verfolgten Ziele herbeiführen –, jedoch ist Informativität keinesfalls für die Erklärung der Wahl einer Formulierung hinreichend. Zum Beispiel bergen auch Aufforderungen, in denen die Legitimationsbasis des Sprechers angesprochen ist ("Du mußt jetzt mal das Fenster aufmachen.") und die kaum mißverständlich sind, ein Risiko, denn sie können eine reaktante Partnerreaktion ("Mach's doch selbst.") provozieren. Nach allem sind im Standardfall Thematisierungen der Bereitschaft oder des Könnens des Partners ("Könntest Du mal das Fenster aufmachen?") günstig, denn sie sind hinreichend informativ, andererseits aber nicht zu direkt. Eine Thematisierung der Legitimationsbasis kann aber auch von hoher Instrumentalität sein, wenn die Bereitschaft des Partners zur Handlungsausführung zwar gering ist, wenn aber andererseits der Sprecher über eine hohe Legitimation zur Aufforderung verfügt. In einem solchen Fall kann er oder sie unter Verweis auf die bestehende Legitimation eine reaktante Partnerreaktion unterdrücken.

Das von Herrmann (1985) beschriebene "Mannheimer Modell" der Sprachproduktion stellt eine Fortentwicklung des Ansatzes aus dem Jahre 1982 dar. Auch in dieser Modellvariante wird angenommen, daß Sprecher bei der Vorbereitung einer Sprachproduktion eine Wissensstruktur *fokussieren*, aus der nachfolgend Komponenten *selegiert* werden. Wenn – wie zum Beispiel bei Berichten oder bei Erzählungen – mehrere Elemente ausgewählt werden, sind diese in eine Reihenfolge zu bringen; daher umfaßt die zweite Modellstufe hier neben der Selektion auch die *Linearisierung* der ausgewählten Elemente. Wie zuvor wird in der dritten Phase der Enkodierinput akustisch-phonetisch (oder schriftlich) verschlüsselt.

Als bedeutsamer Unterschied ist einmal zu nennen, daß Herrmann in der Modellfassung von 1985 eine etwas andere Einteilung der situativen Bedingungen der Sprachproduktion als in der Fassung von 1982 vornimmt. Als Bedingungsklassen werden bei Herrmann (1985) aufgeführt:

- die *E-Bedingungen* (Ziel des Sprechers),
- die *I-Bedingungen* (Ressourcen des Sprechers),
- die *P-Bedingungen* (partnerseitige Voraussetzungen) und
- die *D-Bedingungen* (deontische Fundierung der Sprachproduktion).

Im Modell von 1985 stellen neben den Vorbedingungen der Sprachproduktion und der expliziten Sprechhandlung auch *aufbereitete Komponenten* der Informationsbasis einen möglichen Enkodierinput dar. Auf diese Weise wird sichergestellt, daß auch Elemente, die nicht Voraussetzungen der Sprechhandlung sind, sprachliche Outputs werden können. (Diese Möglichkeit ist zum Beispiel zur Modellierung der Produktion von Lügen erforderlich.)

Die bedeutsamsten Unterschiede finden sich jedoch in den Annahmen zum *Produktionsprozeß*. In der Fassung von 1982 werden symbolisch-propositionale Strukturen verarbeitet. In der späteren Fassung dagegen vertritt Herrmann (1985) einen *aktivationstheoretischen Ansatz*. So wird angenommen, daß *Marken* – wie unten ausführlicher erläutert wird – unterschiedlich stark aktiviert sein können, und daß Marken zusammentreten, um *Konzepte* zu bilden, die die vorsprachlichen

Grundlagen einer sprachlichen Äußerung darstellen. Die Aktivation der Marken kann sich über Verbindungen zu anderen Marken *ausbreiten*. Weiterhin kann der Aktivationszustand von Marken auch durch *Operatoren* verändert werden, deren Ausführung durch das Vorliegen spezifischer Bedingungen ausgelöst wird.*

3.3 Instrumentelle Objektbenennung

Wie erwähnt, liegt Modellen instrumenteller Sprachproduktion das Ziel zugrunde, die Formulierung sprachlicher Äußerungen beziehungsweise die Beschaffenheit von Diskursen zu erklären. Objektbenennungen als referentielle Nominalphrasen sind in sprachliche Äußerungen beziehungsweise in Diskurse eingebettet und werden nur in seltenen Fällen isoliert produziert. Entsprechend werden mit Objektbenennungen Ziele verfolgt, die aus den mit der Äußerung beziehungsweise mit dem Diskurs verbundenen Zielen abgeleitet sind. Es bleibt zu prüfen, ob sich das Prinzip der Produktion instrumenteller sprachlicher Äußerungen auch zur Erklärung der Formulierung von Objektbenennungen heranziehen läßt.

Die Objektbenennung wird im Modell von Herrmann (1982) wie folgt konzeptualisiert: Das Zielobjekt mit seinen Attributen wird wahrgenommen. Die propositionalen Beschreibungen der Attribute des Zielobjektes bilden die Propositionale Basis der Sprachproduktion (zum Beispiel IST(GRÜN, BALL); IST(GROSS, BALL)). In der zweiten Modellstufe wird diejenige Attributproposition (beziehungsweise diejenigen Kombinationen von Attributpropositionen) gewählt, durch die das Zielobjekt eindeutig von den Kontextobjekten unterscheidbar ist. Informativität als Voraussetzung der Instrumentalität von Objektbenennungen bedeutet, daß nur solche Objektbenennungen instrumentell sind, die eine eindeutige Objektidentifikation ermöglichen. Allerdings werden Objektbenennungen, die mehr als die notwendigen Attributangaben enthalten, für unnötig ausführlich und daher für wenig instrumentell gehalten. Anders ausgedrückt: Minimal spezifizierte Objektbenennungen sind maximal instrumentell, weil sie einerseits hinreichend informativ und andererseits nicht unnötig ausführlich sind.

Als Problem einer solchen Erklärung der Produktion variabler Objektbenennungen muß angeführt werden, daß bei ihr (von der Beschaffenheit der Kontextobjekte abgesehen) kein Bezug auf die von Herrmann (1982) diskutierten Bedingungen der Sprachproduktion genommen wird. Die Frage bleibt offen, ob die Formulierung von Objektbenennungen auch von Faktoren wie dem Ziel des Sprechers, der Bereitschaft des Partners oder ähnlichen (sozialen) Determinanten abhängig ist. Weiterhin ist die Annahme problematisch, daß überspezifizierte Benennungen wegen ihrer geringen Instrumentalität nur selten vorkommen, denn dieser Hypothese steht – wie erwähnt – die Beobachtung eines bedeutsamen Anteils überspezifizierter Objektbenennungen gegenüber. Worin sind aber die Ursachen für die Produktion überspezifizierter Benennungen zu suchen?

---

* In ähnlicher Weise funktioniert das auf einem Produktionssystem basierende ACT*-Modell von Anderson (1983). Auch in diesem Modell haben Knoten im deklarativen Gedächtnis Aktivationszustände, und Aktivation fließt über Verbindungen zwischen Knoten. Produktionsregeln, die etwa Herrmanns (1985) Operatoren entsprechen, feuern in Abhängigkeit der Aktivationszustände im Arbeitsgedächtnis und führen zur Änderung der Aktivationszustände von Knoten.

In der Darstellung von Herrmann (1985) wird die Produktion von Objektbenennungen kaum diskutiert. Jedoch bietet diese Modellvariante Vorstellungen zur Repräsentation von der Sprachproduktion zugrundeliegenden Informationen, die für die Modellierung des Vorgangs der Objektbenennung wesentlich sind und die im folgenden ausführlicher erläutert werden sollen.

Nach Herrmann (1985) findet die Informationsverarbeitung bei der Sprachrezeption wie auch bei der Sprachproduktion im *Umgebungsrepräsentations- und Operatorenauswahl-System* (UOS) statt. Diese Instanz entspricht etwa dem, was andere Autoren (zum Beispiel Anderson, 1983) als *Arbeitsspeicher* ('working memory') bezeichnen.

Im UOS sind Konzepte (zum Beispiel GROSSER GELBER BALL) als Komplexe von Marken repräsentiert. Marken sind *modalitätsspezifisch*; damit trägt Herrmann (1985) Arbeiten wie beispielsweise denen von Hoffmann (1986) oder von Engelkamp (1990) zum modalitätsspezifischen Gedächtnis Rechnung. Als Arten von Marken nennt Herrmann (1985) *imaginal*-sensorische Marken, die zum Beispiel das Aussehen eines Objektes wiedergeben, *abstrakt-semantische* Marken, die zum Beispiel taxonomische Zugehörigkeiten widerspiegeln, sowie *motorische* Marken, die Handlungsausführungen zugrundeliegen. Zudem unterscheidet Herrmann (1985) zwischen *Nicht-Wort-* (*NW-*) und *Wort-* (*W-*) *Marken*. Folgende Marken können zusammentreten, um das Konzept GROSSER GELBER BALL zu bilden:

- imaginativ-sensorische NW-Marke: Aussehen des Balls;
- abstrakt-semantische NW-Marke: BALL als SPIELGERÄT mit ELASTISCH als Eigenschaft;
- motorische NW-Marke: Bewegungsmuster beim Spielen mit einem Ball;
- imaginativ-sensorische W-Marke: Schriftzug beziehungsweise Klang des Wortes "Ball";
- abstrakt-semantische W-Marke: Wort "Ball" als NOMEN, SINGULAR etc.;
- motorische W-Marke: Aussprechen beziehungsweise Schreiben des Wortes "Ball".

Eine weitere wesentliche Änderung ergibt sich beim Modell von Herrmann (1985) hinsichtlich der Annahmen zum Verarbeitungsprozeß. Marken können – wie erwähnt – Aktivationszustände haben, und um ein Konzept zu bilden, treten die Marken der oben genannten Arten mit ihren je unterschiedlichen Aktivationszuständen zusammen. So kann einmal bei einem Ball die imaginativ-sensorische NW-Marke, bei einer anderen Gelegenheit die motorische NW-Marke dominant aktiviert sein. (Es stellt sich die Frage, ob die abstrakt-semantische NW-Marke BALL immer aktiviert sein muß.) Dadurch, daß das Muster der Aktivationsverteilung bei der Repräsentation eines gleichen Gegenstandes (zum Beispiel eines Balls) oder bei der Verarbeitung der Bedeutung eines Wortes (zum Beispiel "Ball") variieren kann, ist (in gewissen Bereichen) die Darstellung der *Flexibilität* eines Konzeptes möglich. Dieser Ansatz ist für eine Modellierung der Kontextabhängigkeit zum Beispiel von Wortbedeutungen geeignet (vgl. Herrmann, 1985; Mangold-Allwinn, 1993).

Damit ein (flexibles) Konzept entsteht, müssen Marken im UOS aktiviert werden. Nach Herrmann (1985) werden Marken einmal aufgrund der *Wahrnehmung* von Gegenständen, Ereignissen etc. mit Aktivation versehen. Wenn beispielsweise eine Person einen gelben Ball sieht, wird den imaginativ-sensorischen NW-Marken wie RUND oder GELB Aktivation zugeführt, und wenn sie das Wort "Ball" hört, nimmt die Aktivation entsprechender imaginativ-sensorischer W-Marken zu. Der Aktivationszustand einer Marke kann sich auch dadurch ändern , daß sie über *Verbindungen* von anderen Marken aktiviert oder inhibiert wird. Beispielsweise sind die abstrakt-semantischen Marken GELB und FRUCHT mit der Marke BANANE verbunden und werden von dieser aktiviert. Eine letzte Möglichkeit der Aktivierung von Marken besteht darin, daß *Operatoren* Marken aktivieren oder deaktivieren.

Das Mannheimer Sprachproduktionsmodell bietet eine Reihe von Möglichkeiten, den Prozeß der Benennung wahrgenommener Objekte nachzuvollziehen. Sensorische Information über das zu benennende Objekt wird von Merkmalsanalysatoren im visuellen System ausgewertet, was zu einer Aktivierung imaginativ-sensorischer Marken im UOS führt. Über Verbindungen zwischen diesen imaginativ-sensorischen Marken und anderen Marken (oder durch ausgeführte Operatoren) werden weitere, beispielsweise abstrakt-semantische Marken aktiviert. (Ob es auch zu einer nennenswerten Aktivierung motorischer NW-Marken kommt, bleibt dahingestellt.) Die zu einem Zeitpunkt im UOS aktivierte Menge von NW-Marken bildet das generierte Objektkonzept, das den Mittler zwischen dem wahrgenommenen Objekt und der nachfolgenden Benennung dieses Objektes – der Objektbezeichnung – darstellt.

Im Vollzug einer Objektbenennung werden auch W-Marken aktiviert und treten somit zum Objektkonzept hinzu. Die Aktivierung von W-Marken kann einmal dadurch erfolgen, daß Aktivation von NW-Marken zu mit ihnen verbundenen W-Marken fließt. Es kann aber auch Operatoren geben, in deren Bedingungsteil die Aktivationszustände von an einem Objektkonzept beteiligten NW-Marken erfaßt sind und die eine Änderung der Aktivationszustände der W-Marken bewirken. An einem Beispiel, das der Dissertation von Rupert Pobel (1991) entnommen ist, läßt sich das Zusammenspiel der automatischen Aktivierung von Standardbenennungen und des kontextgesteuerten Wirkens von Operatoren verdeutlichen. Sprecher beziehen sich auf einen Hund am häufigsten mit der Standardbezeichnung "Hund" (vgl. Brown, 1958; Rosch, 1975). Wenn der Hund jedoch durch unangenehmen Geruch und ungepflegtes Aussehen auffällt, wenn also auch Marken wie STINKT oder SCHMUTZIG im Objektkonzept hoch aktiviert sind, kann dies zu Veränderungen im Aktivationsmuster der W-Marken kommen, wodurch die Bezeichnung "Köter" in den Vordergrund tritt.

Wenn sich die Kontextbedingungen nicht ändern, wird nach dem soeben skizzierten Modell ein Objekt immer gleich benannt. Variationen ergeben sich in der Benennung dadurch, daß sich das Zielobjekt im Kontext anderer Objekte befindet, daß der Sprecher mit der Benennung unterschiedliche Ziele verfolgt, daß es sich um Partner mit zum Beispiel unterschiedlichen kognitiven Entwicklungsständen (beispielsweise Erwachsene vs. Kinder) handelt, usf. Dann führen die durch die bestehenden Bedingungen ausgelösten Operatoren dazu, daß im UOS andere

W-Marken des Zielobjektes dominieren und eine entsprechende Objektbenennung mit sich bringen.

3.4 Empirische Arbeiten zu den Einflußfaktoren auf Objektbenennungen

Wie erwähnt, wurde in dem von 1987 bis 1990 im Rahmen der Heidelberg-Mannheimer Forschergruppe beziehungsweise des Sonderforschungsbereichs "Sprechen und Sprachverstehen im sozialen Kontext" geförderten Projekt mit dem Titel "Objektbenennung und Partnermodell" von den Antragstellern Herrmann und Mangold geprüft, ob sich ein Einfluß der bei Herrmann (1982, 1985) angeführten Bedingungsfaktoren der Sprachproduktion auf die Formulierung von Objektbenennungen finden läßt. Die im Rahmen dieses Projektes durchgeführten Experimente erbrachten unter anderem Hinweise auf folgende Zusammenhänge:

(a) Einflüsse auf die Ausführlichkeit von Objektbenennungen:

- Es wurde untersucht, wie Sprecher bei der Produktion von Objektbenennungen darauf reagieren, daß der Partner nicht über die gleichen visuellen Informationen verfügt wie sie selbst (Pobel, Grosser, Mangold-Allwinn & Herrmann, 1988). So wurden in einer Bedingung die Versuchspersonen darüber informiert, daß dem Hörer nur ein Schwarz-Weiß-Bildschirm für die Objektdarbietung zur Verfügung stehe. In einer zweiten Bedingung gab es keine solche Einschränkung. Trivialerweise kann erwartet werden, daß Sprecher auch die Voraussetzungen des Partners berücksichtigen, indem sie in der ersten Bedingung bedeutend weniger häufig die Farbausprägung von Objekten zusätzlich spezifizieren. Es bestand für die Sprecher jedoch die Möglichkeit, zusätzlich zum diskriminativen Attribut noch Raumpositionen anzugeben. In beiden Bedingungen waren die Benennungen häufig überspezifiziert. In der ersten Bedingung waren die zusätzlichen Angaben Raumpositionen, in der zweiten Farbattribute.
- In weiteren Untersuchungen (Grosser & Mangold-Allwinn, 1989a; 1990) wurde geprüft, wie sich die vom Hörer gebildete Repräsentation der Objekte auf die Sprachproduktion des Sprechers auswirkt. Wenn etwa der Partner im Zuge der Verarbeitung einer bereits erfolgten Referenz spezifische Elemente des Zielobjektes bereits aktiviert hat, kann eine wiederholte Referenz auf das gleiche Objekt kürzer ausfallen. (Ein solches Ergebnis legen Krauss & Weinheimer (1964) für die Bezeichnung uneindeutiger Strichzeichnungen durch Kinder vor.) Diese Hypothese konnte bestätigt werden. Objektreferenzen werden dann bedeutsam verkürzt, wenn zum wiederholten Male auf dasselbe Objekt Bezug genommen wird. Allgemein nimmt bei späteren Benennungen der Anteil überspezifizierter Benennungen ab, während der Anteil unterspezifizierter Benennungen zunimmt. Jedoch sieht dieser Zusammenhang bei Kindern als Partnern etwas anders aus, was darauf hindeutet, daß auch die aktuellen Voraussetzungen des Partners bei der Produktion von Objektreferenzen Berücksichtigung finden. Hier nimmt der Anteil von

Unterspezifikationen bei einer Folgebenennung signifikant weniger zu als bei erwachsenen Partnern.

- In einem anderen Experiment wurden für die Erhebung von Objektbenennungen zum einen Objekte verwendet, bei denen die Farbe nicht in charakteristischer Weise mit der Objektklasse verbunden ist (zum Beispiel bei einem Ball oder einem Auto). Bei einer anderen Objektmenge jedoch waren die Farben typisch für das Objekt (zum Beispiel bei einem Briefkasten, einer Banane, einem Feuerwehrauto oder einer Erdbeere), was durch die Erhebung von Schätzurteilen bestätigt werden konnte. Eine Gruppe von 15 Versuchspersonen sollte insgesamt jeweils neun Objekte der ersten Kategorie benennen, eine andere Gruppe von 15 Teilnehmern sah neun Objekte der zweiten Kategorie. Es zeigt sich, daß Farbe signifikant weniger häufig zusätzlich genannt wird, wenn sie für das Zielobjekt charakteristisch ist. In einer Replikation dieses Experimentes, bei der alle Versuchsteilnehmer beide Arten von Objekten (mit charakteristischer und nicht charakteristischer Farbe) sahen, kam es zwar insgesamt zu weniger Überspezifikationen von Farben, aber auch hier konnte der genannte Effekt beobachtet werden. Da beide Arten von Objekten mit gleichen Farben gezeichnet worden waren, kann die unterschiedliche Häufigkeit einer Überspezifikation nicht allein auf die Auffälligkeit des Farbattributes zurückgeführt werden. Vielmehr sind hier zusätzliche, durch Kommunikationsregeln bedingte Kontrollprozesse zu vermuten.

(b) Einflüsse auf die lexikalische Spezifität der gewählten Objektklassenbezeichnung:

- In einer Untersuchung wurde versucht, den Einfluß von Sprecherzielen und Hörereigenschaften sowohl auf die Elaboriertheit als auch auf die lexikalische Spezifität der produzierten Objektbenennungen zu erfassen (Grosser & Mangold-Allwinn, 1989b). Versuchspersonen sollten vorgegebene Abbildungen von Objekten in einer Bedingung für Kinder, in einer anderen Bedingungen für Erwachsene benennen. Weiterhin war einer Hälfte der Teilnehmer das Ziel vorgegeben, dem Partner eine eindeutige und möglichst verwechslungsfreie Objektidentifikation zu ermöglichen. Die andere Hälfte sollte dagegen dem Partner eine möglichst schnelle Objektidentifikation erlauben. Am besten belegt ist, daß die Wahl von spezifischeren (Exemplar-) Bezeichnungen vs. allgemeineren (Basis-) Bezeichnungen (vgl. Rosch, 1978) mit dem Faktor "Partner" zusammenhängt. Benennungen für Kinder enthalten signifikant häufiger Basisbezeichnungen als solche für Erwachsene. Ein statistisch bedeutsamer Effekt des Faktors "Partner" auf die Elaboriertheit der Benennungen wurde nur knapp [$p = 0{,}054$] verfehlt. (Danach sind Benennungen für Kinder ausführlicher und häufiger überspezifiziert als Benennungen für Erwachsene.) Keinen Einfluß hatte, ob das Ziel darin bestand, dem Partner eine möglichst rasche oder eine möglichst sichere Objektidentifikation zu ermöglichen.
- In einer Experimentalserie (Grosser, Pobel, Mangold-Allwinn & Herrmann, 1989) wurden vier Experimente durchgeführt, bei denen eine eingehendere Beschäftigung mit dem Zusammenhang zwischen Sprecherzielen und Partnermerkmalen einerseits sowie lexikalischer Spezifität der Bezeichnung für

die Objektklasse andererseits im Vordergrund stand. Im ersten Experiment wurden für eine Reihe von Objekten Angaben zur Typikalität sowie zur bevorzugten Ebene der Benennung erhoben. Auf der Grundlage dieser Angaben wurde das Objektmaterial für die nachfolgende Untersuchung zusammengestellt. Im zweiten Experiment wurde der Benennung in einer Situation, bei der dem Sprachoutput keine sozial-kommunikative Funktion zukam (und die in ihrer Beschaffenheit derjenigen gedächtnispsychologischer Untersuchungen nahekam), die Benennung in einer sozialen Situation (für einen Hörer) gegenübergestellt. Benennungen, die für einen Partner bestimmt sind, erweisen sich signifikant spezifischer als Benennungen ohne sozial-kommunikative Funktion. Kein Unterschied ergibt sich jedoch dadurch, ob durch die Benennung dem Hörer die Objektidentifikation ermöglicht werden soll oder ob versucht wird, ihn zu beeindrucken. In einem dritten Experiment wurden die beiden Faktoren "Ziel" (mit den Stufen "Objektidentifikation ermöglichen", "Objektidentifikation erleichtern" und "Partner beeindrucken") und "Partner" (mit den Stufen "Kind", "Student" und "Professor") variiert und ihr Einfluß auf die lexikalische Spezifität der Objektbezeichnungen analysiert. Es zeigt sich, daß Benennungen für Erwachsene in höherem Maße spezifisch sind als Benennungen für Kinder und daß es bei Kindern einen Zusammenhang mit dem Faktor "Ziel" gibt. Hier nehmen die Bezeichnungen in ihrer Spezifität von "Objektidentifikation erleichtern" über "Objektidentifikation ermöglichen" zu "Partner beeindrucken" zu, während es bei Erwachsenen einen solchen Zusammenhang nicht gibt. Im vierten Experiment schließlich konnte demonstriert werden, daß die im dritten Experiment gefundenen Zusammenhänge nicht nur für geschriebene, sondern auch für gesprochene Objektbezeichnungen Gültigkeit haben.

3.5 Fazit

Aus den hier vorgestellten Befunden geht hervor, daß es in Übereinstimmung mit dem Modell der kontextabhängigen Sprachproduktion von Herrmann (1982, 1985) vielfältige Einflußfaktoren auf die Beschaffenheit von Objektbenennungen gibt. Eine solche *multiple Determiniertheit von Objektbenennungen* ist aber nur schwer mit den *einfachen Prinzipien* der Kontextabhängigkeit in Einklang zu bringen, wie sie von Olson (1970) oder von Herrmann & Deutsch (1976; vgl. auch den Beitrag von Deutsch in diesem Band) postuliert wurden. Die Probleme, die die gefundenen Ergebnisse aufwerfen, betreffen dabei zum einen den theoretischen Ansatz, der für die Erklärung der Produktion variabler Objektbenennungen gewählt wird, sowie zum anderen die für die Datenerhebung eingesetzte Experimentiertechnik.

Mit dem theoretischen Ansatz verbundene Probleme: Für die anfänglich überschaubaren Zusammenhänge hat sich zunächst die Darstellung der Informationsverarbeitung bei der Objektbenennung in einem *Flußdiagramm-Modell* angeboten (vgl. Herrmann & Deutsch, 1976). In einem 'Kästchen-und-Pfeile'-Modell, wie Flußdiagramm-Modelle etwa von Quinlan (1991) bezeichnet werden, sind in Abhängigkeit der Ausprägungen situativer Bedingungen unterschiedliche Wege zu durchlaufen, die in unterschiedlichen Benennungen resultieren. Werden im Fortgang der Forschung in Untersuchungen zusätzliche Situationsfaktoren gefunden, die die Formulierung von Objektbenennungen beeinflussen, so müssen diese in das bestehende Modell, das heißt in diesem Falle in das Flußdiagramm, integriert werden. Da Flußdiagramm-Modelle in der Regel eher *serielle* als parallele Verarbeitungsvorgänge repräsentieren, muß der Forscher entscheiden, an welcher Stelle im Ablauf die Abfrage der neu gefundenen Bedingungen erfolgen soll. Da hierzu jedoch selten empirisch gestützte Erkenntnisse vorliegen, kann eine gewisse Willkürlichkeit kaum vermieden werden, die den *empirischen Gehalt* komplexer Flußdiagramm-Modelle in Frage stellt. Zudem sind komplexe Flußdiagramm-Modelle unübersichtlich, und es kann kaum mehr plausibel angenommen werden, daß einem Vorgang, der so schnell abläuft wie eine Objektbenennung, ein wie im Modell dargestellter umfangreicher Verrechnungs- und Entscheidungsalgorithmus zugrundeliegen sollte.

Mit der Experimentiertechnik verbundene Probleme: Auch die zur Untersuchung möglicher Einflußfaktoren gewählte Experimentiertechnik, die sich an den Untersuchungsanordnungen früherer Projekte zur Objektbenennung (vgl. hierzu den Beitrag von Werner Deutsch in diesem Band), aber auch dem von Krauss & Weinheimer (1964) und von Krauss & Glucksberg (1977) entwickelten Experimentalparadigma orientiert, wirft nicht zu unterschätzende Probleme auf. Charakteristischerweise werden danach Benennungsexperimente so durchgeführt, daß den Versuchspersonen nacheinander eine Menge von *Benennungsaufgaben* vorgegeben wird, wobei die Aufgaben darin bestehen, daß der Sprecher beziehungsweise die Sprecherin das vorgegebene Objekt (zumeist im Kontext anderer Objekte) benennen soll. Die Experimentalbedingungen werden per *Instruktion* gesetzt; beispielsweise wurden in unseren Untersuchungen die Teilnehmer darüber informiert, daß ihre Benennungen für einen Studenten oder aber für ein Kind bestimmt sind (Variationen des Faktors "Partner"). Häufig werden die Versuchsteilnehmer explizit dazu aufgefordert, das Zielobjekt jeweils so zu benennen, daß ein Partner es eindeutig identifizieren kann, aber auch andere mit der Benennung zu verfolgende Ziele wurden vorgegeben. Zwischen den einzelnen Benennungsaufgaben besteht im allgemeinen *kein Zusammenhang.*

Auf der einen Seite kann versucht werden, die Entscheidung für die beschriebene Experimentaltechnik durch das Argument zu rechtfertigen, daß nur dadurch eine hinreichend kontrollierte Beobachtung der manipulierten Einflußfaktoren zu gewährleisten ist. Auf der anderen Seite sind mit ihr jedoch einige Nachteile beziehungsweise Einschränkungen verbunden:

- Als Funktion der produzierten Objektbenennungen wird in der Regel die Ermöglichung einer *eindeutigen Objektidentifikation* durch den Partner in den Vordergrund gestellt. Wie erwähnt, wurden die Versuchspersonen häufig sogar explizit angewiesen, kontextdiskriminativ zu benennen. Auf der anderen Seite weist etwa Carroll (1985) darauf hin, daß Sprecher mit ihren Benennungen eine Vielfalt möglicher Ziele verfolgen können und daß die Sicherstellung einer eindeutigen Identifizierbarkeit des Zielobjektes nur ein mögliches Ziel ist. Der genannte Autor findet Hinweise darauf, daß sich mit anderen Zielen auch die Beschaffenheit der produzierten Objektbenennungen ändert.

- Die Versuchspersonen werden vom Versuchsleiter *instruiert*, mit ihren Benennungen *spezifische Ziele* zu verfolgen. Neben dem Ziel der Ermöglichung einer eindeutigen Objektidentifikation wurden auch andere Ziele explizit vorgegeben. Es wurde schon darauf hingewiesen, daß sich die Funktion einer Objektbenennung in der sprachlichen Kommunikation aus den (übergeordneten) Zielen ergibt, die Sprecher mit ihrer Äußerung beziehungsweise mit ihrem Diskurs verfolgen. Wenn demnach ein Sprecher eine Aufforderung wie "Gib mir mal das gelbe Feuerzeug!" äußert, so intendiert er, daß der Partner eine spezifische Handlung ausführt und der Sprecher dadurch das intendierte Objekt erhält. Es ist eine Vorbedingung des Erfolgs dieser Aufforderung, daß der Partner das gewünschte Objekt eindeutig identifizieren kann. Diese Funktion kommt der referentiellen Nominalphrase "das gelbe Feuerzeug" zu. Wenn jedoch der Sprecher dem Partner die Anordnung der Dinge auf seinem Schreibtisch beschreibt, so ist mit der Benennung in der Äußerung "Und neben dem Aschenbecher liegt ein gelbes Feuerzeug" zunächst nicht die Funktion der Objektdiskrimination verbunden; vielmehr handelt es sich hier um eine charakterisierende *Beschreibung* des Objektes.
- Die Benennungsaufgaben werden von den Versuchspersonen *nacheinander* und *ohne Einbettung in einen umfassenden sprachlichen* Kontext (Diskurs) bearbeitet. Benennungen sind aber in der Regel in Sprechhandlungen wie Aufforderungen oder in Diskurse wie Anleitungen oder Beschreibungen eingebettet, wobei den Benennungen, wie schon erläutert, eine *(lokale) Funktion* innerhalb der sprachlichen Gesamtstruktur zukommt. Eine solche Funktion gibt es für isoliert aufeinanderfolgende Benennungen nicht. Es kann nicht ausgeschlossen werden, daß diese lokalen Funktionen im Diskurs des Sprechers eine Auswirkung auf die Beschaffenheit der Benennungen haben. Beispielsweise kann gezeigt werden (vgl. Grosser & Mangold-Allwinn, 1990), daß gleiche Objekte beim *wiederholten Mal weniger ausführlich* benannt werden und daß dann unterspezifizierte Benennungen in einer Häufigkeit beobachtet werden, die mit den Annahmen von Olson (1970) oder von Herrmann & Deutsch (1976) kaum mehr vereinbar sind. Dieser Befund kann allerdings mit der Annahme erklärt werden, daß Sprecher mit ihren Erstbenennungen eines Objektes einen 'common ground' schaffen (vgl. Clark & Wilkes-Gibbs, 1986) und daß sie bei Folgebenennungen davon ausgehen können, daß es nicht mehr der gleichen Ausführlichkeit wie bei der ersten Benennung bedarf, um beim Partner die Repräsentation des Zielobjektes zu fokussieren. Aufgrund der im Diskursgedächtnis aufgebauten Informationsstruktur kann der Partner auch bei unterspezifizierten Benennungen die fehlenden Angaben leicht ergänzen.

Die genannten Probleme mit dem bis zu diesem Zeitpunkt verfolgten theoretischen Erklärungsansatz und mit der verwendeten Untersuchungsanordnung führten dazu, daß versucht wurde, in der Benennungsforschung neue Wege zu beschreiten. Ohne in der vorliegenden Darstellung schon eine abschließende Bewertung geben zu können, sollen diese Entwicklungen im nächsten Abschnitt zumindest skizziert werden.

4. Neue Wege der Benennungsforschung

4.2 Ein alternatives Untersuchungsparadigma

In dem seit 1992 von der Deutschen Forschungsgemeinschaft finanzierten Nachfolgeprojekt "Dynamik der Objektreferenz" wurde für die Untersuchung der Einflußfaktoren auf Objektbenennungen von Stefan Barattelli, Hanns-Gerhard Koelbing und Markus Kiefer in enger Zusammenarbeit mit den Linguistinnen Christiane von Stutterheim und Ute Kohlmann (Teilprojekt A2 des Sonderforschungsbereichs) eine neue Untersuchungsanordnung entwickelt, für die folgende Vorgaben maßgebend waren:

- Die Versuchspersonen sollen im Versuch dazu veranlaßt werden, mehrere Objektbenennungen zu produzieren, die 'sinnvoll' und in gewohnter Weise in einen Diskurs integriert sind.
- Auch wiederholte Benennungen eines gleichen Objektes sollen vorkommen.
- Neben der Funktion, dem Partner eine eindeutige Objektidentifikation zu ermöglichen, sollen Objektreferenzen auch andere Funktionen haben.
- Die (lokale) Funktion einer Objektbenennung soll sich nicht aus der expliziten Instruktion des Versuchsleiters, sondern aus den dem Diskurs zugrundeliegenden Zielen ergeben.
- Die Objekte sollen natürlicher sein als das in Benennungsexperimenten üblicherweise verwendete Versuchsmaterial (geometrische Figuren wie Kreise oder Polygone in verschiedenen Farben und Größen).
- Die Kriterien der Manipulierbarkeit und Kontrollierbarkeit sollen auch für diese neue Experimentalanordnung gelten.

Für die im folgenden ausführlicher beschriebene Untersuchungsanordnung wurde aus zehn Bauteilen eines Holzbaukastens (zwei grüne Würfel, ein gelber Würfel, eine lange Schraube mit grünem Sechskantkopf, eine lange Schraube mit grünem Rundkopf, zwei kurze Schrauben mit rotem Rundkopf, eine holzfarbene und eine violette Unterlegscheibe sowie eine Holzschiene mit drei Bohrungen) das in Abbildung 1 gezeigte Gebilde konstruiert.

Die Versuchspersonen sehen das Gebilde und werden instruiert, einen Diskurs zu produzieren, der sprachliche Referenzen auf die Bauteile, aus denen das Gebilde besteht, enthält. Die Diskurse werden auf Tonband aufgezeichnet, verschriftlicht und mit Hilfe eines hierfür entwickelten Analyseschemas für Objektreferenzen (Barattelli, Koelbing & Kohlmann, 1992) analysiert. Unter anderem wird für jede referentielle Nominalphrase festgehalten, ob das Objekt zum ersten Mal (Neueinführung), fortgesetzt (Erhalt der Referenz) oder nach zwischenzeitlich anderen Referenzen wieder benannt wurde (Wiederaufnahme der Referenz). Weiterhin wird der Determinationsgrad der Artikel festgestellt (indefinit, definit,

Proform), es werden die spezifizierten Attribute (Form, Größe, Farbe, Materialbeschaffenheit) festgehalten, und die lexikalische Spezifität der verwendeten Objektklasse (Holzwürfel, Würfel, Ding) wird ausgewertet. Die für die einzelnen Kategorien ausgezählten Häufigkeiten werden danach auf die Gesamtzahl der im Text vorkommenden Objektreferenzen relativiert. Die relativen Häufigkeiten in den Kategorien des Analyseschemas werden in der Auswertung in Abhängigkeit der experimentellen Bedingungen signifikanzkritisch geprüft.

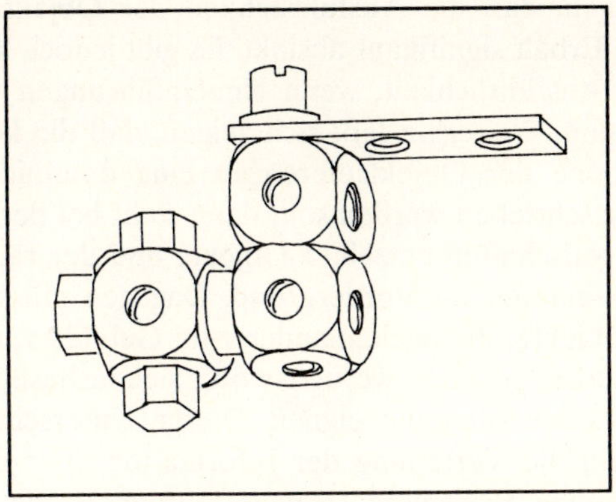

Abb. 1: Gebilde aus Bauteilen des Holzbaukastens.

Als unabhängige Variablen wurden bislang folgende Bedingungen variiert:

- das *Ziel*, das die Versuchsperson mit ihrem Diskurs verfolgt. Beispielsweise kann sie angewiesen sein, als Sprecher den Zusammenbau des Gebildes durch einen Partner anzuleiten oder ihm die Anordnung zu beschreiben;
- die *Vorerfahrung*, über die die Versuchspersonen mit dem Gebilde verfügen. So können sie den Zusammenbau des Gebildes zu Beginn des Experimentes im Rahmen einer zweifachen Videoinstruktion und mit eigenen Nachbauversuchen erlernt und erprobt haben oder nicht;
- die Einordenbarkeit der Objekte in eine *kognitive Struktur* (*Schema*). So wurde das Gebilde entweder als "Gebilde" oder aber als "Teil eines Roboters" (mit der Möglichkeit, Bauteilen Schemaelemente wie "Kopf" oder "Arm" zuzuordnen) eingeführt;
- die *Anwesenheit eines Partners*. Die Diskurse wurden entweder auf ein Tonband gesprochen, oder es war ein Konfident des Versuchsleiters anwesend, der das Gebilde nach Anleitung mitbaute beziehungsweise der Beschreibung zuhörte.

Erste Ergebnisse aus Experimenten, die unter Verwendung der hier beschriebenen Untersuchungsanordnung durchgeführt worden waren, sind bereits publiziert (Mangold-Allwinn et al., 1992). In der dort berichteten Untersuchung sollten Versuchspersonen Diskurse produzieren, die unterschiedlichen *kommunikativen Zielen* dienten. Einmal sollte das Gebilde für einen Hörer möglichst genau beschrieben werden, in einer anderen Bedingung sollte der Partner angewiesen werden, das Gebilde zusammenzubauen. Ein weiterer experimenteller Faktor war, ob das Gebilde als Teil eines Roboters oder neutral eingeführt worden war. Da nicht auszuschließen war, daß das zuvor eingeübte eigene Zusammenbauen einen störenden Einfluß auf die Textproduktionen in der Beschreiben-Bedingung hatten, sollten die Teilnehmer in einer fünften (Kontroll-) Bedingung das Gebilde genau beschreiben, ohne Erfahrung mit dem Zusammenbau gesammelt zu haben.

Die Produktionen von insgesamt 75 Versuchspersonen wurden ausgewertet. Die Ergebnisse zeigen, daß die Ausführlichkeit der Objektreferenzen von der Neueinführung zum Erhalt signifikant absinkt. Es gibt jedoch keinen bedeutsamen Unterschied in der Ausführlichkeit, wenn Neueinführungen und Wiederaufnahmen verglichen werden. Weiterhin läßt sich zeigen, daß die kommunikative Zielsetzung auf der Ebene der Objektreferenzen eine dominierende Rolle spielt. Wenn ein Gebilde beschrieben werden soll, dann steht bei der Referenz das Charakterisieren der Eigenschaften einzelner Objekte und der räumlichen Konstellation der Objekte zueinander im Vordergrund. Dagegen müssen bei der Instruktion die einzelnen Objekte, die nacheinander zum Gebilde zusammengefügt werden sollen, identifizierbar gemacht werden, wofür sich insbesondere diskriminative und perzeptuell auffällige Attribute eignen. Dieser Unterschied ist gerade dann von Bedeutung, wenn die Verteilung der Information über die Objekte auf die Stufen der referentiellen Bewegung (Neueinführung, Erhalt, Wiederaufnahme) betrachtet wird. Diskriminative und auffällige Attribute sollten in der Instruktion insbesondere bei der Neueinführung und bei der Wiederaufnahme spezifiziert werden, da hier Objekte vom Partner identifiziert werden müssen, während es beim Beschreiben weniger darauf ankommt, an welcher Stelle im Diskurs die Information gegeben wird. Diese Vermutung wird durch die gefundenen Ergebnisse bestätigt. Die Neueinführungen von Objekten sind bei Instruktionen elaborierter als bei Beschreibungen, bei diesen wiederum fällt der Erhalt ausführlicher aus als bei Instruktionen. Die unterschiedliche Elaboriertheit kann vor allem auf die Häufigkeit der Spezifikation von Farbe zurückgeführt werden. In Instruktionen werden bei der Neueinführung häufiger, beim Erhalt dagegen seltener Farbnennungen produziert als bei Beschreibungen.

Erste Analysen zeigen darüber hinaus auch einen Effekt des Faktors "Schema" auf die Elaboriertheit der Objektreferenzen und die Häufigkeit von Farbspezifikationen, der sich allerdings zunächst nur bei Wiederaufnahmen manifestiert. Ohne ein Schema ("Gebilde") sind Objektreferenzen bei Beschreibungen und bei Instruktionen gleichermaßen ausführlich und unterscheiden sich auch nicht signifikant hinsichtlich des Anteils von Farbnennungen, während mit einem Schema ("Roboter") Wiederaufnahmen in Beschreibungen signifikant ausführlicher sind und mehr Farbnennungen enthalten als in Instruktionen.

Es ist unser Eindruck, daß durch die Entscheidung für eine veränderte Experimentaltechnik eine Reihe neuer Erkenntnisse erst ermöglicht wurde. (Dennoch sind Kriterien wie die Kontrollierbarkeit und Auswertbarkeit gewährleistet.) Nach allem stellt sich die Frage, wie die gefundenen Zusammenhänge in ein Modell integriert werden können, bei dem spezifische Probleme der zuvor geschilderten Ansätze zu umgehen versucht werden.

4.2 Eine andere Sichtweise: Objektreferenz als Erfüllung lokaler Anforderungen

Objektbenennungen in einer gegebenen kommunikativen Situation und im sprachlichen Kontext der Äußerung beziehungsweise des Diskurses fassen wir als sprachlichen 'Versuch' des Sprechers auf, der Menge der lokalen Anforderungen ('Constraints') möglichst gut zu genügen. Zu diesen Vorgaben zählen beispielsweise:

- Welche Ziele verfolgt der Sprecher, die auch für die Benennung von Objekten relevant sind? Dient die Benennung der Identifikation/Diskrimination des intendierten Objektes oder aber seiner Charakterisierung?
- Mit welchen Objekten im Kontext kann (bei der Notwendigkeit einer Diskrimination) das benannte Objekt verwechselt werden? Welche auffälligen und spezifikationsrelevanten Attribute besitzt das Zielobjekt?
- Über welche Vorerfahrungen mit dem Zielobjekt verfügt der Sprecher bereits? Kommen im Wege der Vorerfahrung zu den wahrnehmbaren Attributen des Objektes auch funktionelle Merkmale hinzu, die nicht gesehen, sondern lediglich gewußt werden können? Teilt der Partner diese Information?
- Muß beim Partner durch die Benennung eine Objektrepräsentation neu aufgebaut werden oder hat dieser möglicherweise bereits Information über das intendierte Objekt (zum Beispiel aufgrund einer bereits erfolgten Referenz) in seinem Arbeitsspeicher verfügbar? Was ist seit der letzten Bezugnahme erfolgt?
- Ist der Partner auf Angaben des Sprechers angewiesen oder kann er bestimmte Informationen selbst erschließen? (Dies ist etwa der Fall, wenn ein Objekt eine charakteristische und mit hoher Wahrscheinlichkeit immer wieder gleiche Farbe aufweist.) Vor dem Hintergrund welcher langzeitstabilen Wissensstrukturen über die Objekte läuft die Benennung ab?
- Welche Merkmale weist der Partner auf? Welche kognitiven und kommunikativen Kompetenzen bringt er mit, die für eine referentielle Kommunikation von Bedeutung sind?
- Wie ist der sprachliche Kontext beschaffen, in dessen Umfeld eine Objektreferenz erzeugt werden soll? Handelt es sich um Erst- oder Folgenennungen? Wie ist der Satzrahmen der referentiellen Nominalphrase beschaffen?

Bedenkt man, daß im optimalen Falle eine Objektreferenz in ihrer Beschaffenheit eine mögliche Antwort auf alle oben gestellten Fragen ist, so muß es als Problem für jedes Modell, das den Vorgang der Produktion anforderungsadäquater Benennungen erklären soll, gesehen werden, daß der Verrechnungsprozeß innerhalb einer kurzen Zeitspanne ablaufen muß. Wie erwähnt, ergibt sich hier eine besondere Schwierigkeit für alle mehr an einer seriellen Verarbeitung ausgerichteten Flußdiagramm-Modelle. Es lohnt sich, an dieser Stelle einen kurzen Ausflug zu neueren Ansätzen im Bereich des Sprachverstehens, genauer: des Verstehens von Sätzen und Texten, zu unternehmen.

Satisfizierungs-Modelle des Textverstehens: Auch das Verstehen eines Textes läßt sich als Situation auffassen, bei der für den Interpretationsvorgang eine Reihe von Vorgaben bestehen; die Interpretation des Textes ist diejenige Repräsentation, die

die Anforderungen am besten erfüllt. Damit bietet sich die Möglichkeit, Modelle des Textverstehens als Optimierungsmodelle (als 'Constraint-Satisfaction'-Modelle; vgl. etwa Kintsch, 1988) zu formulieren, die eine Alternative zu klassischen (sequentiellen) Flußdiagramm-Modellen darstellen. (Vgl. hierzu auch Taraban & McClelland, 1990.) Am einfachen Beispiel der Auflösung einer Pronominalreferenz läßt sich dieser Ansatz veranschaulichen:

> "Der Anwalt und der Richter sprachen über den Fall. *Er* sagte: 'Ich werde den Angeklagten ins Gefängnis schicken.'" (Aus Kintsch, 1988.)

Bei Verstehen des Beispieltextes muß für "er" ein Bezugskonzept gefunden werden, das den Anforderungen, männlich zu sein, vorerwähnt zu sein und Angeklagte ins Gefängnis schicken zu können, genügt. Diese Vorgaben werden vollständig nur vom Konzept RICHTER, nicht aber vom Konzept ANWALT erfüllt. Von Autoren wie Taraban & McClelland (1990) und McClelland & Kawamoto (1986) werden weitere Beispiele erörtert, bei denen nicht nur semantische Vorgaben, sondern gleichzeitig syntaktische und semantische Anforderungen erfüllt werden müssen, um zu einer kontextadäquaten Interpretation zu gelangen.

Optimierungsmodelle des Textverstehens haben den Vorzug, daß auch dann eine (beste) Lösung vorgesehen ist, wenn aufgrund einander widersprechender Vorgaben eine Lösung, die allen Anforderungen entspricht, nicht mehr möglich ist. Die genaue Zahl der Anforderungen ist auch nicht von Bedeutung, denn eine Optimierung kann charakteristischer Weise für eine variable Menge von Constraints durchgeführt werden. Allerdings ist an ein Constraint-Satisfaction-Modell (wie etwa das von Kintsch, 1988) die Forderung zu stellen, daß es ohne allzu großen Berechnungsaufwand zu einer optimierten Lösung, das heißt, zu einer unter den gegebenen Bedingungen guten Abschätzung, kommt. Es müssen demnach Optimierungsmodelle gefunden werden, die mit wenig Aufwand und in kurzer Zeit zu geeigneten Lösungen kommen.

Die Ähnlichkeiten zwischen einem Rezeptionsvorgang, bei dem für einen Text eine den gegebenen Anforderungen entsprechende Interpretation gefunden werden muß, und einem Produktionsvorgang, bei dem eine den vorliegenden Anforderungen möglichst gut entsprechende Objektreferenz gewählt werden muß, scheinen es zu rechtfertigen, eine Übertragung des beim Sprachverstehen erfolgreichen Optimierungsansatzes auf die Forschung zur Sprachproduktion (von Objektreferenzen) zu versuchen. Allerdings muß im Detail gezeigt werden, daß Optimierungsmodelle auch zu Leistungen fähig sind, die den Outputs menschlicher Sprecher entsprechen.

Nach allem sind Modellierungsverfahren gesucht, die bei gegebenen (auch widersprüchlichen) Constraints in ausreichend kurzer Zeit zu einer den empirischen Daten entsprechenden Objektreferenz führen. Optimierungsmodelle des Sprachverstehens werden häufig im Paradigma der konnektionistischen Netzwerke formuliert (vgl. Taraban & McClelland, 1990). Der letzte Abschnitt soll einigen spekulativen Überlegungen gewidmet sein, wie ein konnektionistisches Modell der Produktion anforderungsgerechter Objektreferenzen beschaffen sein könnte.

Möglichkeiten der konnektionistischen Modellierung der Produktion von Objektreferenzen: Ein konnektionistisches Netzwerk besteht aus Knoten, die untereinander unterschiedlich stark verbunden sind. Die Knoten haben Aktivationszustände, und über die Verbindungen hinweg breitet sich die Aktivation eines Knotens zu anderen Knoten aus, wobei der Aktivationsfluß um so stärker ist, je größer das Gewicht der Verbindung ist. Negative Gewichtswerte bedeuten einen hemmenden Einfluß eines Knotens auf einen anderen Knoten, das heißt, je größer der Aktivationszustand des sendenden Knotens ist, um so mehr wirkt er dem Entstehen von Aktivation beim empfangenden Knoten entgegen. Der Prozeß der Aktivationsausbreitung erfolgt in einem Netzwerk solange, bis sich ein stabiler und ausgeglichener Zustand der Aktivationsverteilung einstellt. Wie der stabile Zustand, der nach einiger Zeit gefunden wird, beschaffen ist, hängt (i) von der Art des externen Aktivationszuflusses, (ii) von den Eigenarten der am Netzwerk beteiligten Knoten und (iii) von der Beschaffenheit der Verbindungen zwischen den Knoten ab. Bei gegebener äußerer Anregung und gegebener Knotendynamik wird die Vorgabe anderer Gewichte die gegenseitige Beeinflussung der Knoten so verändern, daß sich auch eine veränderte Aktivationsverteilung ergibt. Kruse, Mangold-Allwinn, Mechler & Penger (1991) zeigen an einer Reihe von Beispielen (Lösung des n-Damen-Problems, Lösung des 'travelling-salesman'-Problems, Lösung des Interpretationsproblems nach Kintsch, 1988), wie die Constraints eines Problems in der Beschaffenheit der Verbindungsstruktur so repräsentiert werden können, daß die sich schon nach kurzer Zeit (!) ergebende Aktivationsverteilung für eine optimierte Abschätzung der besten Problemlösung herangezogen werden kann.

Für ein konnektionistisches Modell der Produktion von Objektreferenzen sind verschiedene Arten von Constraints vorzusehen. Einmal erreichen das Sprechersystem im Wege der Wahrnehmung Informationen über das Zielobjekt (und seine möglicherweise im Referenzbereich vorhandenen Kontextobjekte). Diese Informationen treffen auf langzeitlich stabile Strukturen im Sprechersystem, die zum Beispiel dessen Wissen über Objekte darstellen. Nur auf diesem Wege kann der Sprecher zu taxonomischen Merkmalen des wahrgenommenen Objektes gelangen; hier ist auch Wissen über charakteristische und immer gleiche Merkmale des Objektes gespeichert. Weiterhin verfügt der Sprecher möglicherweise auch über Information zu temporären Merkmalen des Objektes, beispielsweise wenn er an ihm zuvor spezifische Handlungen ausgeführt hat. Weitere Vorgaben ergeben sich durch die Information über den Partner sowie den bis dahin erfolgten Diskurs. Schließlich sind auch kommunikative Regeln wie die, vom Partner auf einfachem Wege erschließbare Informationen nicht zu verbalisieren, als Vorgaben zu betrachten. Im Vollzug der Optimierung, das heißt der Aktivationsausbreitung in einem durch die Constraints definierten Netzwerk, entsteht im Arbeitssspeicher ein Konzept, wobei die Aktivationszustände der an diesem Konzept beteiligten W-Marken die resultierende Objektreferenz determinieren. (Zu einer ausführlicheren Darstellung des Modells vgl. Kiefer, Mangold-Allwinn & Barattelli, i. Vorb.)

5. Fazit

In seinem Beitrag hat Werner Deutsch gezeigt, welche Entwicklung das Forschungsprogramm "Objektbenennung" in der Marburger Arbeitsgruppe vollzogen hat, und er konnte diese Entwicklung auf die in der damaligen Zeit herrschenden Bedingungen zurückführen. Nach einer Pause wurde die Arbeit am Forschungsprogramm "Objektbenennung" in Mannheim fortgeführt; auch hier läßt sich eine Fortentwicklung sowohl in der Art des Experimentierens als auch hinsichtlich des theoretischen Hintergrundes aufweisen. Ende 1994 wird die dann achtjährige Förderung der Forschung zur Objektbenennung in Mannheim durch die Deutsche Forschungsgemeinschaft* beendet sein; es ist nicht geplant, die Forschungsarbeiten zu diesem Thema weiterzuführen. Der Grund liegt nicht darin, daß entweder alle Fragen geklärt wären oder aber daß die Antragsteller angesichts der Komplexität des bearbeiteten Gebietes kapituliert hätten. Vielmehr sind andere Interessen mehr in den Vordergrund getreten. In einem etwas vorgezogenen Rückblick auf die Marburger und die Mannheimer Zeit darf man schon jetzt festhalten, daß die Forschung zur Objektbenennung ein interessantes und aktives Feld darstellt, an dessen Bestellung neben Theo Herrmann mittlerweile eine beachtliche Zahl von Wissenschaftlerinnen und Wissenschaftlern mitgewirkt hat. Möglicherweise finden sich in absehbarer Zeit neue Interessenten, so daß es dann wiederum heißen wird: Die Forschung geht weiter...

Literatur

Anderson, J. R. (1983). *The architecture of cognition*. Cambridge: Harvard University Press.

Austin, J. L. (1962). *How to do things with words*. Oxford: Oxford University Press.

Barattelli, S., Koelbing, H.-G. & Kohlmann U. (1992). *Ein Klassifikationssystem für komplexe Objektreferenzen* (Arbeiten aus dem SFB 245 "Sprache und Situation" Heidelberg/Mannheim, Nr. 46). Mannheim: Universität, Lehrstuhl Psychologie III.

Brown, R. (1958). How shall a thing be called? *Psychological Review*, *65*, 14–21.

Carroll, J. M. (1985). *What's in a name? An essay in the psychology of reference*. New York: Freeman.

Clark, H. H. & Wilkes-Gibbs, D. (1986). Referring as a collaborative process. *Cognition*, *22*, 1–39.

Deutsch, W. (1976). *Sprachliche Redundanz und Objektidentifikation*. Marburg/Lahn: Dissertationsdruck.

Deutsch, W. (1986). Sprechen und Verstehen: Zwei Seiten einer Medaille? In H.-G. Bosshardt (Hrsg.), *Perspektiven auf Sprache. Interdisziplinäre Beiträge zum Gedenken an Hans Hörmann* (S. 232–263). Berlin: Walter de Gruyter.

Engelkamp, J. (1990). *Das menschliche Gedächtnis: Das Erinnern von Sprache, Bildern und Handlungen*. Göttingen: Hogrefe.

* Der Deutschen Forschungsgemeinschaft sei an dieser Stelle für ihre Unterstützung gedankt.

Ford, W. & Olson, D. (1975). The elaboration of the noun phrase in children's description of objects. *Journal of Experimental Child Psychology*, *19*, 371–382.

Grosser, Ch. & Mangold-Allwinn, R. (1989a). *Objektbenennung in Serie: Zur partnerorientierten Ausführlichkeit von Erst- und Folgebenennungen* (Arbeiten aus dem Sonderforschungsbereich Heidelberg/Mannheim, Nr. 12). Mannheim: Universität, Lehrstuhl Psychologie III.

Grosser, Ch. & Mangold-Allwinn, R. (1989b). *Zur Variabilität von Objektbenennungen in Abhängigkeit von Sprecherzielen und kognitiver Kompetenz des Partners* (Arbeiten aus dem Sonderforschungsbereich 245 Heidelberg/Mannheim, Nr. 13). Mannheim: Universität, Lehrstuhl Psychologie III.

Grosser, Ch. & Mangold-Allwinn, R. (1990). "und nochmal die grüne Uhr" – Zum Einfluß des Partners auf die Ausführlichkeit von wiederholten Benennungen. *Archiv für Psychologie*, *142*, 195–209.

Grosser, Ch., Pobel, R., Mangold-Allwinn, R. & Herrmann, Th. (1989). *Determinanten des Allgemeinheitsgrades von Objektbenennungen* (Arbeiten der Forschergruppe "Sprechen und Sprachverstehen im sozialen Kontext" Heidelberg/ Mannheim, Nr. 24). Mannheim: Universität, Lehrstuhl Psychologie III.

Herrmann, Th. (1980). Sprechhandlungspläne als handlungstheoretische Konstrukte. In H. Lenk (Hrsg.), *Handlungstheorien interdisziplinär. Bd. 1* (S. 361–379). München: Fink.

Herrmann, Th. (1982). *Sprechen und Situation*. Berlin: Springer.

Herrmann, Th. (1985). *Allgemeine Sprachpsychologie*. München: Urban & Schwarzenberg.

Herrmann, Th. & Deutsch, W. (1976). *Psychologie der Objektbenennung*. Bern: Huber.

Herrmann, Th. & Laucht, M. (1977). Pars pro toto. Überlegungen zur situationsspezifischen Variation des Sprechens. *Psychologische Rundschau*, *28*, 247–265.

Hoffmann, J. (1986). A simulation approach to conceptual identification. In I. Kurcz, G. W. Shugar & H. Danks (Eds), *Knowledge and language* (pp. 49–68). Amsterdam: Elsevier Science Publishers.

Kiefer, M., Mangold-Allwinn, R. & Barattelli, S. (i. Vorb.). *Lexikalische Spezifität von Objektreferenzen als flexible Konzept-Wort-Aktivation*.

Kintsch, W. (1988). The role of knowledge in discourse comprehension: A construction-integration model. *Psychological Review*, *95*, 163–182.

Krauss, R. M. & Glucksberg, S. (1977). Social and nonsocial speech. *Scientific American*, *236*, 100–105.

Krauss, R. M. & Weinheimer, S. (1964). Changes in reference phrases as a function of frequency of usage in social interaction: a preliminary study. *Psychonomic Science*, *1*, 113–114.

Kruse, H., Mangold-Allwinn, R., Mechler, B. & Penger, O. (1991). *Programmierung Neuronaler Netze. Eine Turbo Pascal Toolbox*. München: Addison-Wesley.

Lietz, J. (1977). *Theoretische und experimentelle Analyse des Benennungsvorganges*. Unveröffentlichte Diplomarbeit. Marburg: Philipps-Universität.

Mangold, R. (1986). *Sensorische Faktoren beim Verstehen überspezifizierter Objektbenennungen*. Bern: Lang.

Mangold, R. (1987). Schweigen kann Gold sein – über förderliche, aber auch nachteilige Effekte von Überspezifikation. *Sprache & Kognition*, *4*, 165–176.

Mangold, R. & Herrmann, Th. (1987). Schemata for requests. In G. Semin & B. Krahe (Eds.), *Perspectives on contemporary German social psychology* (pp. 203–217). London: Sage.

Mangold, R. & Pobel, R. (1988). Informativeness and instrumentality in referential communication. *Journal of Language and Social Psychology*, *7*, 181–191.

Mangold-Allwinn, R. (1993). *Flexible Konzepte: Experimente, Modelle, Simulationen*. Frankfurt: Lang.

Mangold-Allwinn, R., von Stutterheim, Ch., Barattelli, S., Kohlmann, U. & Koelbing, H.-G. (1992). Objektbenennung im Diskurs: Eine interdisziplinäre Untersuchung. *Kognitionswissenschaft*, *3*, 1–11.

McClelland, J. L. & Kawamoto, A. H. (1986). Mechanisms of sentence processing: Assigning roles to constituents. In J. McClelland & D. E. Rumelhart (Eds.), *Parallel distributed processing. Explorations in the microstructure of cognition. Vol. 2* (pp. 272–325). Cambridge: MIT Press.

Olson, D. R. (1970). Language and thought: Aspects of a cognitive theory of semantics. *Psychological Review*, *77*, 257–273.

Pechmann, Th. (1984). *Überspezifizierung und Betonung in referentieller Kommunikation*. Unveröffentlichte Dissertation. Mannheim: Universität.

Pobel, R. (1985). *Bedingungen der Produktion überspezifizierter Objektbenennungen*. Unveröffentlichte Diplomarbeit. Mannheim: Universität.

Pobel, R. (1991). *Objektrepräsentation und Objektbenennung. Situative Einflüsse auf die Wortwahl beim Benennen von Gegenständen.* Regensburg: Roderer.

Pobel, R., Grosser, Ch., Mangold, R. & Herrmann, Th. (1988). *Zum Einfluß hörerseitiger Wahrnehmungsbedingungen auf die Überspezifikation von Objektbenennungen* (Arbeiten der Forschergruppe "Sprechen und Sprachverstehen im sozialen Kontext" Heidelberg/Mannheim, Nr. 17). Mannheim: Universität, Lehrstuhl Psychologie III.

Quinlan, Ph. (1991). *Connectionism and psychology. A psychological perspective on new connectionist research*. Chicago: The University of Chicago Press.

Rosch, E. (1975). Cognitive representations of semantic categories. *Journal of Experimental Psychology: General*, *3*, 192–233.

Rosch, E. (1978). Principles of categorization. In E. Rosch & B. Lloyd (Eds.), *Cognition and categorization* (pp. 27–48). Hillsdale: Erlbaum.

Searle, J. R. (1969). *Speech acts*. Cambridge: Cambridge University Press.

Shannon, C. E. & Weaver, W. (1949). *The mathematical theory of communication*. Urbana: The University of Illinois Press.

Taraban, R. & McClelland, J. L. (1990). Parsing and comprehension: A multiple-constraint view. In D. A. Balota, G. B. Flores d'Arcais & K. Rayner (Eds.), *Comprehension processes in reading* (pp. 231–263). Hillsdale: Erlbaum.

"Mein Hund hat mich bestorben"

Sprachlicher Ausdruck von Gefühlen im deutsch-japanischen Vergleich

Hans-Joachim Kornadt und Gisela Trommsdorff,
unter Mitarbeit von Ryozo B. Kobayashi

Bei der Auswertung des Emotionsgehaltes von Antworten japanischer Probanden ergaben sich Differenzen zwischen deutschen und japanischen Auswertern. Es zeigte sich, daß die deutschen Auswerter für die (hier an Beispielen erläuterten) subtilen Formen der Japaner, Emotionen zum Ausdruck zu bringen, nicht sensibel waren. Ausgehend von diesem Befund werden Besonderheiten der japanischen Sprache beschrieben, mit denen in vielfältiger Weise Emotionen, die seltener als im Deutschen ausgedrückt oder unmittelbar benannt werden, umschrieben oder angedeutet werden. Es wird dann die Frage erörtert, ob diese Besonderheiten der Sprache Rückschlüsse auf erlebte und/oder kognizierte Emotionen erlauben. Zum Schluß wird aus entwicklungspsychologischen Überlegungen vorsichtig die Hypothese abgeleitet, daß unter dem Einfluß unterschiedlicher, unter anderem kulturbedingter Erfahrungen, zu denen die Sprache gehört, sich auch qualitativ verschiedene Emotionen entwickelt haben können.

1. Vorbemerkung

Die Sprachpsychologie hat sich nach unserem Eindruck bisher in erster Linie mit den psychischen Prozessen des Sprachverstehens und der Sprachproduktion (Rickheit & Strohner, 1993; Herrmann & Grabowski, 1994) und der Art der dabei in Funktion tretenden Beziehungen der sprachlichen Phänomene zu den 'dahinterliegenden' mentalen Repräsentationen befaßt (zum Beispiel Engelkamp & Pechmann, 1993; Engelkamp & Zimmer, 1983). Ein besonders wichtiges Thema ist dabei offenbar die Frage, welche Einzelprozesse beteiligt sind, um einen Gedanken (eine 'Information') so in eine sprachliche Form zu bringen, daß – unter anderem auch unter Berücksichtigung vielfältiger situativer Gegebenheiten und sonstiger Randbedingungen – ein Hörer versteht (oder verstehen/dekodieren kann), was gemeint ist. Besonders deutliche Beispiele sind unseres Erachtens die Studien über das Auffordern und über das Lokalisieren (zum Beispiel Herrmann, 1982, 1990; Klein, 1991). Die empirischen Befunde beziehen sich dabei meist auf den sprachlichen Ausdruck von (vor-) gegebenen Kognitionen und auf uns geläufige Sprachen (deutsch; englisch). Phänomene aus außereuropäischen Sprachen werden nur noch selten berücksichtigt, und die 'umgekehrte' Fragestellung, wie weit die der Sprache zugrunde liegenden und mit ihr zu verwendenden Kategorien und

Konzepte ihrerseits die Kognitionen mitbeeinflussen, wird nach der 'Überwindung' des Kulturrelativismus (Sapir, 1921; Whorf, 1956) durch die inzwischen weithin akzeptierte oder adaptierte Position Chomskys (zum Beispiel 1965, 1981) in der Regel nicht mehr ernsthaft gestellt.

Wir sind jedoch der Meinung, daß auf diese Weise wahrscheinlich interessante Sachverhalte unbeachtet bleiben, die gerade durch die Analyse von Besonderheiten in anderen Sprachen erkannt werden könnten. Eine solche Analyse kann Aufschlüsse erbringen nicht nur über einen anderen sprachlichen Umgang mit bestimmten Inhalten im Sinne von sozialen Sprachregelungen (Verwendungsregeln), sondern unter Umständen auch über andere mentale Repräsentationen als sie uns geläufig sind (vgl. Klein, in diesem Band, hinsichtlich der psychischen Raumstruktur), und vielleicht auch in Bezug auf andere Beziehungen zwischen mentalen Repräsentationen und sprachlichem Ausdruck.* Auf diese Weise könnte man vorschnellen Verallgemeinerungen aus einem ethnozentrisch begrenzten Erfahrungsschatz entgehen. Dabei ist freilich unsere Grundannahme, daß bestimmte Prozesse und Faktoren universell gültig sind und nicht etwa ein absoluter Relativismus anzunehmen ist, wie er zum Beispiel neuerdings wieder von Lakoff (1987) vertreten wird und dem wir, wie bereits andernorts ausgeführt (Kornadt, 1993, S. 207–209; Trommsdorff, 1993b, S. 126–127), nicht folgen können.

2. Ausgangsfrage

Anhand eigener Daten aus kulturvergleichenden Untersuchungen sind wir ebenfalls auf diesen Umstand gestoßen, und zwar im Bereich des *Emotionsausdrucks*. Diesen Hinweisen nachzugehen dürfte auch für die Sprachpsychologie interessant sein, darüber hinaus aber auch für die Emotions- und Entwicklungspsychologie. Daher wollen wir hier darauf eingehen. Wir tun das jedoch aus der Perspektive der *kulturvergleichenden Emotions- und Entwicklungspsychologie* und wollen damit keine besondere sprachpsychologische Kompetenz beanspruchen.

In einer größeren kulturvergleichenden Untersuchung sind wir dem Zusammenhang von Sozialisation und Persönlichkeitsentwicklung nachgegangen. Dabei haben wir unter anderem Verfahren verwendet, in denen alltägliche Situationen dargestellt wurden, an die sich die Probanden erinnern oder in die sie sich hineinversetzen sollten, um dann die in einem solchen Fall auftretenden eigenen Reaktionen, Deutungen, Verhaltensweisen usw. zu beschreiben. Es handelte sich dabei einmal um typische erziehungsrelevante Situationen für Mütter von vier- bis sechs-

---

* Wir setzen mit diesem Beitrag eine Diskussion mit Theo Herrmann und Hikaru Tsuji fort, die schon vor zehn Jahren auf dem Hieji-san in Japan begonnen hat. Im Rahmen von deutsch-japanischen Colloquien, die von der Werner-Reimers-Stifung unterstützt worden waren, haben wir erstmals auch eingehend Besonderheiten der japanischen Sprache erörtert. Dies veranlaßte uns, aus entwicklungspsychologischer Sicht die Frage nach möglichen Wirkungen solcher Besonderheiten in der Sozialisation zu stellen. Diese Frage wurde von Theo Herrmann aufgegriffen und von ihm im sprachpsychologischen Bezugssystem behandelt. Dadurch haben wir es auch ihm zu verdanken, daß uns Sichtweisen der Sprachpsychologie nahegebracht und unser Interesse daran geweckt wurde. Die Diskussion, die sich daraus ergab, hat seitdem fortgewirkt und auch gelegentlich einen Niederschlag in der Literatur gefunden (Herrmann, 1988, 1989; Kornadt, 1991b; Kornadt & Trommsdorff, 1993a,b).

jährigen Kindern (*So-Sit*), zum anderen um potentiell aggressionsrelevante Situationen für Jugendliche (*A-Sit*) (Kornadt et al., 1992). Eine der Fragen, die die Probanden beantworten sollten, war die nach der gefühlsmäßigen Reaktion in einer solchen Situation. Die Auswertung erfolgte durch Einordnung der Antworten in ein sehr differenziertes, theoriebezogenes Kategoriensystem. Um dabei Verzerrungen durch mangelnde Kulturkenntnis zu vermeiden, war die Auswertung jeweils von Kulturangehörigen durchgeführt worden: Die deutschen Daten wurden von deutschen Auswertern, die japanischen von Japanern, die indonesischen von Indonesiern ausgewertet, die jeweils eingehend geschult worden waren.

Bei einer Kontrollauswertung der japanischen Antworten durch die deutschen Auswerter anhand von Übersetzungen ergaben sich Diskrepanzen bei den Emotionsäußerungen: Die deutschen Auswerter kamen zu deutlich weniger und zum Teil anderen Ergebnissen hinsichtlich kodierter Emotionen als die japanischen Auswerter. Eine Übersetzungskontrolle durch andere bilinguale Übersetzer zeigte, daß die naheliegende Fehlerquelle einer fehlerhaften Übersetzung auszuschließen ist. Zusätzlich bestätigten zwölf eigens hierzu befragte Japaner noch einmal die Auswertung, die die japanischen Auswerter vorgenommen hatten. Die Ursache für die unterschiedlichen Ergebnisse der deutschen und japanischen Auswerter beruhte, wie sich dann herausstellte, vielmehr darauf, daß Emotionen in den japanischen Äußerungen nach Meinung der Japaner auf eine Art zum Ausdruck gebracht worden waren, die die deutschen Auswerter nicht erkannten.

Eine der Erziehungssituationen bestand zum Beispiel darin, daß eine Mutter mit ihrem Kind auf dem Spielplatz ist und zum Kind sagt: "Komm, du mußt jetzt aufhören, wir müssen nach Hause gehen", das Kind aber weiterspielt. Häufige und typische Antworten der deutschen Mütter waren beispielsweise:

"Ich bin enttäuscht."
"Ich bin traurig."
"Ich ärgere mich über das Kind."
"Ich bin sauer."

Japanische Mütter hatten dagegen häufig Antworten gegeben wie:

"Eigentlich möchte ich schon nach Hause, aber es ist nichts zu machen."
"Ich frage mich, warum kann er nicht gleich ja sagen."
"Er folgt mir nicht gehorsam."
"Ich fühle, meine Erziehung zur Disziplin ist noch nicht durchgedrungen."
"Warum kann sie nicht aufhören."
"Warum kann er nicht auf mich hören."
"Mein Kind ist wirklich eigensinnig."

Während also die deutschen Mütter häufig Gefühle unmittelbar ausdrücken und benennen, bestehen die entsprechenden Äußerungen der Japaner häufig in einer Beschreibung der Situation des Kindes oder in einer Frage. Obwohl dies doch eigentlich neutrale sachliche Äußerungen sind, war von den japanischen Auswertern vieles davon als Emotionsäußerung kodiert worden.

In den Antworten der Jugendlichen zum A-Sit hatte sich ein entsprechendes Bild ergeben. Eine der Situationen bestand zum Beispiel darin, daß jemand über das ausgestreckte Bein eines anderen gestolpert und hingefallen ist, wobei unklar war, ob der andere sein Bein absichtlich ausgestreckt oder der Gestolperte nicht aufgepaßt hatte. Deutsche Probanden äußern hierzu häufig, daß sie sich ärgern, daß sie auf den anderen wütend sind ("Schweinerei", "Gemeinheit", "bin wütend", "bin sauer") oder ein Bedürfnis nach Vergeltung haben. Japaner geben dagegen entweder ebenfalls Situationsbeschreibungen ab oder aber – wenn sie Gefühle berichten – dann viel eher solche der Scham, der eigenen Schuld, der Peinlichkeit oder des Bedauerns über den Vorfall:

"Es tut weh."
"Wie dumm ich bin."
"Ich schäme mich."
"Warum tust du sowas?"

Wir beobachten also zwei emotionsrelevante Unterschiede zwischen den japanischen und den deutschen Äußerungen. Neben der Äußerung qualitativ unterschiedlicher Emotionen bei den Japanern, auf die wir zu einem späteren Zeitpunkt eingehen werden, finden sich scheinbar 'neutrale' Äußerungen, die aber von Japanern doch als emotional gefärbt aufgefaßt werden.

In dem hier relevanten Zusammenhang interessiert vor allem das zweite Phänomen: Worin besteht in den 'neutralen' Ausdrücken der Emotionsgehalt? Sind es im Japanischen sprachliche Mittel, die einer 'neutralen' Beschreibung eine emotionale Färbung geben, oder 'weiß man' als Japaner allein aus dem Kontext, daß eine Äußerung dieser Art in einer solchen Situation in der Regel schon einen bestimmten emotionalen Bezug hat, zum Beispiel, daß sie mit bestimmter Intonation gesprochen wird? Die in der realen Kommunikation gegebenen Möglichkeiten des nonverbalen Emotionsausdrucks (Intonation, Mimik, Gestik) fallen bei den schriftlichen Antworten ja weg.

3. Besonderheiten des Emotionsausdrucks in der japanischen Sprache

Eine genauere Überprüfung ergab nun, daß es in der Tat in der japanischen sprachlichen Kommunikation eine ganze Reihe von subtilen Möglichkeiten gibt, Emotionen anklingen zu lassen, ohne sie direkt aussprechen zu müssen oder sie durch unmittelbare Benennungen zu bezeichnen. Es sind Redeweisen und in der Sprache gegebene grammatische und semantische Mittel, die uns fremd oder nicht geläufig sind und daher in Gefahr stehen, entweder nur vergröbert wiedergegeben zu werden oder verloren zu gehen. Wir erläutern im folgenden einige dieser Möglichkeiten.

(a) Indirekte *Andeutungen*, zum Beispiel durch die Verwendung von Metaphern oder ähnlichem, werden von Kulturangehörigen/-kennern sozusagen als verschlüsselte Informationen verstanden.

(b) Japaner verwenden Ausdrücke, die durch die *Zusammensetzung mit "ki"* eine emotionsbezogene Bedeutung erhalten. "Ki" bedeutet wörtlich so etwas wie *Atmosphäre* (unpersönlich) und/oder ungefähr entsprechend dem griechischen "Pneuma" *Atem und Seele*. Mit diesem Wort werden sehr viele Zusammensetzungen und zusammengesetzte Ausdrücke gebildet:

Ki ga chiisai (*sein Ki ist klein*): ängstlich, zu gewissenhaft.
Ki ga hareru (*Ki klärt sich auf*): heiter werden.
Ki ga hikeru (*Ki bleibt zurück*): ein schlechtes Gewissen haben, sich klein fühlen.
Ki ga kujikeru (*Ki wird verstaucht*): den Mut verlieren.
Ki ga tatteiru (*Ki ist aufgestanden*): Er ist aufgeregt.
Ki ga togameru (*Ki wirft es mir vor*): Ich habe ein schlechtes Gewissen.
Ki wo warukusuru (*Ki verderben*): jemandem die Stimmung verderben, sich ärgern.
Ki wo otosu (*Ki fallen lassen*): den Mut sinken lassen.
Kisei wo ageru (*Ki-Energie erheben*): in Hochstimmung sein.
Kiyasui (*Ki ist leicht*): umgänglich, ausgeglichen.
Kiganesuru (*gleichzeitig zwei Ki übernehmen*): sich gezwungen fühlen.
Kigaruni (*mit leichtem Ki*): ungeniert, leichtsinnig.
Kigokoro no shireta (*sein Ki-Herz ist bekannt*): gut befreundet, vertraut.
Kinodokuna (*Ki ist vergiftet*): bemitleidenswert, arm, traurig.
Ki no nai (*Ki-abwesend*): gleichgültig.

Im Grunde scheint es sich bei diesen Beschreibungen von Zuständen oder Wirkungen 'des Ki' um die bildhafte Beschreibung von subjektiven Empfindungen (leicht; heben; schwer; fallen; schwach) oder von Objektzuständen oder -beziehungen (zurückbleiben; eine bestimmte Eigenschaft – beispielsweise schnell, lang, schwer oder ähnliches – haben; zusammentreffen) zu handeln, denen durch die Verbindung mit "ki" ein deutlicher Emotionsgehalt gegeben wird. Dabei ist das "ki" selbst neutral hinsichtlich der spezifischen emotionalen Qualität (Trauer, Ärger, Freude etc.). Diese ergibt sich erst aus dem Verständnis der bildhaften Beschreibung. Es liegt dabei nahe, aus den Sachmerkmalen der mit "ki" verbundenen oder 'dem Ki' zugeschriebenen Zustände oder Abläufe auf die 'eigentliche' Bedeutung oder Qualität der ausgedrückten Emotion zu schließen.

Freilich muß man sich hüten, zu schnell aus der Wortentstehung, der Zusammensetzung mit "ki", in diese Ausdrücke etwas hineinzugeheimnissen, was im alltäglichen Gebrauch möglicherweise verloren gegangen ist. Daher könnte man auch vermuten, daß diese Ausdrücke eigentlich die gleiche Bedeutung und Funktion haben wie unsere Emotionswörter. Dem steht freilich die Tatsache entgegen, daß die japanische Sprache auch über direkte Emotionsbezeichnungen verfügt (zum Beispiel "ikari" für Ärger; "okoru" für sich ärgern), daß diese aber im Alltag als Ausdruck eigener eher Emotionen vermieden werden.

Wir vermuten also hier eine spezifische Form des indirekten, eher umschreibenden Emotionsausdrucks, sehen allerdings auch hier eine noch zu erfüllende Forschungsaufgabe, diese Vermutung zu prüfen.

(c) Einem neutral beschreibenden Satz kann am Ende durch Anfügen bestimmter *Partikel* ("yo", "ne", "noni", "na", "ze", "sa") schließlich doch noch eine emotionale Qualität verliehen werden. Die einzelnen Partikel lassen dabei unterschiedliche emotionale Qualitäten anklingen. Zum Beispiel dem Ausdruck

"kein liebes Kind"
"kawaiku nai ko da"

kann der Sprecher durch die verschiedenen Endpartikel etwa folgende emotionale Tönungen geben:

kawaiku nai ko da *na* – gekränkt sein;
kawaiku nai ko da *ne* – Abneigung empfinden;
kawaiku nai ko da *wa* – beklagen;
kawaiku nai ko da *no* – wehmütig sein;
kawaiku nai ko da *yo* – vorworfsvoll sein.

Allerdings sind dies nicht etwa Übersetzungen der Partikel. Die genaue Bedeutung der Endpartikel ist einerseits vom Kontext abhängig, und zum anderen können die deutschen Begriffe ohnehin nur sehr ungenau die spezifische emotionale Qualität wiedergeben, die im Japanischen empfunden und ausgedrückt wird: Es gibt im Deutschen offenbar keine Wörter (vielleicht auch keine Begriffe), die diese Qualität wirklich treffen. Wir führen einige Beispiele an:

- Mit "yo" macht der Sprecher den Hörer auf das ausgesagte Faktum besonders aufmerksam. Dies hat eine starke emotionale Zuwendung des Sprechers zur Folge:

  "Watashi wa kinou anata ni nando mo denwa wo shitandesu *yo*."
  "Ich habe Sie gestern *doch* mehrmals angerufen."

- "Noni" heißt wörtlich "obwohl" oder "trotzdem". Die Partikel fungiert als emotionsbezogener Hinweis auf eine Diskrepanz zwischen einem erwünschten und dem tatsächlichen Verhalten des anderen oder der generellen Umgebung. Damit wird eine Emotion angedeutet, die einen Vorwurf und zugleich eine Klage impliziert.

  "Sekkaku kare no tame ni konna ni kuro shita *noni*."
  "Ich habe mir seinetwegen solche Mühe gegeben."

  Mit dem Wort "trotzdem" wird sozusagen ein Nachsatz impliziert wie "Trotzdem ist er mir gar nicht dankbar.", der aber nicht ausgedrückt wird. Es genügt offensichtlich, die emotionsbezogene Andeutung mit "noni".

  "Tetsudatte kuretatte waruku nai *noni*."
  "Es wäre doch nicht schlecht, wenn Du mir helfen würdest."

  Hier wird mit "noni" der nicht ausgesprochene Satz impliziert: "Aber du willst mir gar nicht helfen."

- Mit "na" wird ein Sachverhalt beim Hörer bekräftigt (eventuell – siehe oben – auch eine Kränkung impliziert). Ebenfalls wird hier dem Hörer wieder eine emotionale Beteiligung des Sprechers erkennbar gemacht.

  "Kyou no gogo ni au yakusoku datta *na*."
  "Wir hatten verabredet, uns heute nachmittag zu treffen."

(d) Es gibt weiterhin im Japanischen eine uns unbekannte grammatische Form, das '*Opfer-Passiv*'. Dies ist eine Form, emotionale Betroffenheit zum Ausdruck zu bringen, die jemandem zugefügt wurde oder widerfahren ist: Aus dem neutralen Satz "Mein Hund ist gestorben" kann so etwas werden wie (in möglichst wörtlicher deutscher Übersetzung): "Mein Hund hat mich *be*-storben" oder vielleicht auch: "Ich bin von meinem Hund bestorben worden", im Sinne von "er hat mir das angetan". Ähnlich klingt auch eine gewisse Leidens- oder Klagenote mit in dem Ausdruck eines Gastgebers bei den Essensvorbereitungen für die Gäste:

"Okyaku ni haraita wo *okosaretaku* nai."
"Ich will nicht von unseren Gästen be-bauchschmerzt werden."

Dabei ist übrigens der Gastgeber, nicht etwa der Gast derjenige, dem Beklagenswertes zugefügt wird!

Ein weiteres, bezeichnendes Beispiel findet sich bei Doi (1973): Der Sachverhalt "Auf dem Kinderspielplatz wurde ein Haus gebaut" lautet im Japanischen:

"Asobiba ni ie wo *taterarete* shimatta."

In wörtlicher deutscher Fassung heißt das:

"Die Kinder wurden auf ihrem Spielplatz mit einem Haus bebaut."

Das heißt, das den Kindern zugefügte Leid findet in der grammatischen Form seinen Ausdruck.

(e) Schließlich gibt es noch eine besondere *Perfekt-Form*, mit der nicht eine bestimmte Zeit eines Geschehens ausgedrückt, sondern ein bestimmter Aspekt betont wird. Gleich ob sich die betreffende Tat in der Vergangenheit, Gegenwart oder Zukunft befindet, drückt man damit aus, daß etwas schon passiert oder vollendet ist. Damit bekommt die Aussage einen emotionalen Unterton: Eine Klage darüber, daß etwas Unerwünschtes schon passiert (nicht mehr zu verhindern) ist, oder ein 'wehmütiges' Verlustgefühl, daß etwas vorbei, schon vergangen ist:

"Kare wa mou itte *shimatta*."
"Er ist schon weggegangen."

Dies impliziert den Hinweis auf eine spezifische Situation, in der 'er' zu einem bestimmten Zeitpunkt hier war, und daß diese Situation für immer verloren gegangen ist:

"Kare wa mou kite *shimatta*."
"Er ist schon gekommen."

Das sagt zum Beispiel die Gastgeberin, die sich auf eine Party vorbereitet, wenn der Gast vorzeitig erscheint, bevor die Vorbereitung abgeschlossen ist. Mit der Perfektform "shimatta" wird eine bestimmte negative emotionale Nuance zum Ausdruck gebracht.

Als Fazit darf man wohl vorsichtig daraus folgende Schlüsse ziehen:

- Das direkte Ausdrücken und Beschreiben von Emotionen ist auch im Japanischen durchaus möglich, wird aber in der direkten Mitteilung vermieden.
- Es gibt eine Vielzahl von Formen in der Sprachverwendung wie in den grammatischen und semantischen Möglichkeiten in der japanischen Sprache, Emotionen indirekt und sehr subtil zum Ausdruck zu bringen oder anklingen zu lassen.
- Auf diese Weise verfügt das Japanische über eine große Palette sehr fein abgestimmter Ausdrucksmöglichkeiten für Emotionen. Sie richtig anzuwenden oder zu dekodieren, erfordert sehr genaue Kultur-, Sprach- und Sprachverwendungskenntnisse. Eine wirklich adäquate Übersetzung ist daher oft sehr schwer.*

4. Sprachliche Ausdrucksformen als Indikator für psychische Faktoren?

Nun wirft diese Feststellung natürlich die Frage auf: Wie weit kann man denn dann aus derartigen sprachlichen Äußerungen auf 'dahinterliegende' psychische Sachverhalte, zum Beispiel auf Häufigkeit, Art und Intensität von Gefühlen schließen? Handelt es sich lediglich um kulturell verschiedene Redeweisen für gleiche Erlebnisse oder 'gehen die Differenzen tiefer'? Wir kommen damit zu dem alten Problem der Beziehung von Sprache zu Kognition oder vielleicht allgemeiner zu mentaler Repräsentation oder, wie in unserem Fall, zu Emotion.

Dabei ist für uns nicht allein die allgemeine Form der Beziehung, wie sie in der Sprachpsychologie üblicherweise diskutiert wird, relevant, sondern die ursprüngliche Whorf-Chomsky-Kontroverse wird wieder berührt, wenn wir die Frage aufwerfen, ob nicht die Sprach- und Sprecheigentümlichkeiten auch mit Erlebnisweisen in Zusammenhang stehen, ja sie möglicherweise sogar beeinflussen. Dabei mag diese Frage sogar besonders ungewöhnlich erscheinen, wenn wir nicht nur

---

* Für unser eigenes Forschungsprojekt ist dieses Problem weniger relevant als es auf den ersten Blick den Anschein hat, da wir die So-Sit-, A-Sit- und sonstigen sprachlichen Äußerungen unserer Versuchspersonen jeweils von Angehörigen derselben Kultur haben auswerten lassen, deren Aufgabe es war, die in den Äußerungen erkennbaren Indikatoren für bestimmte theoretisch definierte Sachverhalte (zum Beispiel bestimmte emotionale Reaktionen) zu erfassen. Wir dürfen daher – zumindest in erster Annäherung – annehmen, daß die Kulturdifferenzen in den Äußerungsformen nicht mehr in die Ergebnisse eingehen, denn wir haben keinen Grund anzunehmen, daß die Auswerter die erforderliche kulturtypische Sensibilität für die Bedeutung der indirekten Ausdrucksformen etwa nicht gehabt hätten.

nach dem Bezug zwischen Sprache und den mit ihr verbundenen Konzepten fragen, sondern nach Emotionen, da man diese unter Umständen als weniger plastisch ansehen kann, etwa weil sie physiologisch fundiert sind. Allerdings gibt es bereits in der Literatur eine Reihe von Berichten über Versuche, Aufschluß über dieses Problem zu gewinnen. So war aufgefallen, daß sich Sprachen unter anderem darin unterscheiden, wie differenziert ihr emotionsbezogenes Vokabular ist.

Ein systematischer Zugang hierzu ist durch lexikographische Studien versucht worden. Dabei hat sich zum Beispiel ergeben, daß die chinesische Sprache (Mandarin, Taiwan) 750 Wörter enthält, mit denen verschiedene emotionale Zustände beschrieben werden, während das Malaysische nur über 230 emotionsbezogene Wörter verfügt (Boucher, 1979). Dabei bleibt natürlich offen, ob all diesen Wörtern tatsächlich ebensoviele unterschiedliche emotionale Qualitäten entsprechen. Die Sammlung der Wörter allein kann hierzu keinen Aufschluß geben. Zumindest müßte sorgfältig auch die Verwendung der Wörter studiert werden, um Bedeutungsunterschiede und -gemeinsamkeiten erkennen zu können.

Im Grunde sind das natürlich nur erst vorläufige, tastende Versuche. Ihr Aussagewert ist insbesondere dann gering, wenn schlicht von englischen Wörtern ausgegangen wird und nicht von Emotionswörterlisten, die primär von den Kulturangehörigen selbst erstellt wurden (*native taxanomy approach*), wie es von den Anthropologen bevorzugt wird.

Einen Schritt weiter gehen Studien, die eine Hierarchie in den Emotionswörtern feststellen wollen oder die nach emotionalen Grunddimensionen suchen, die universell sind. Ekman (1984) nimmt aufgrund umfassender Untersuchungen sechs derartige universelle Grunddimensionen für Emotionen an. Boucher (1979) kommt in einer Analyse von acht asiatischen, europäischen und pazifischen Sprachen zu dem Ergebnis, daß es in jeder Sprache semantische Gruppierungen gibt, die den Grunddimensionen entsprechen, die Ekman für den mimischen Ausdruck von Emotionen nachweisen konnte.

Es sieht also so aus, als ob auf jeden Fall ein begrenzter Satz von (vermutlich sechs) 'Grund-Emotionen' universell erlebt, ihr Ausdruck universell verstanden und diese Emotionen auch sprachlich bezeichnet würden. Aus biologisch-phylogenetischen Überlegungen und vor allem auch aufgrund neurophysiologischer und zum Teil auch genetischer Befunde ist das im Prinzip auch hoch plausibel (Bischof, 1989). Offen ist damit jedoch die Bedeutung der vielen Emotionswörter, die sich nicht auf eine dieser Grundemotionen beziehen. Insbesondere muß man fragen, ob ihnen wenigstens zum Teil bestimmte (und dann auch zum Teil kulturspezifische) Emotionen entsprechen.

Es ist natürlich unwahrscheinlich, daß die Angehörigen einer Kultur doppelt so viel verschiedene Emotionen erleben als die einer anderen. Aber man kann doch annehmen, daß Emotionen oder ihr Ausdruck in beiden Kulturen eine unterschiedliche Rolle spielt und verschieden gewertet wird. Wo der Emotionsausdruck als natürlich empfunden wird oder gar als Zeichen von Temperament, von Lebhaftigkeit oder ähnlichem, wird wahrscheinlich eine größere Vielfalt und und ein differenzierterer Ausdruck ermutigt. In einer anderen Kultur, in der 'Beherrschung' und Nüchternheit höher geschätzt sind, verhält es sich dagegen umgekehrt. Zum Beispiel hat Ochs (1986) gezeigt, daß in Samoa kaum über Emotionen als Ursache des Verhaltens gesprochen wird.

Daß so etwas jedenfalls für einzelne emotionale Qualitäten tatsächlich existiert, wissen wir zum Beispiel für Ärger aus unseren eigenen Untersuchungen. In einigen Kulturen wird der Ausdruck von Ärger abgelehnt, als unreif, als gefährlich angesehen. Darunter ist auch die der Ifaluk, bei denen angeblich überhaupt kein Ausdruck für Ärger besteht. Hier drängt sich natürlich erst recht die Frage auf, wie es mit der Ärger-Emotion selbst ist. Gibt es etwa bei den Ifaluk auch keine Ärger-Erlebnisse, oder ist nur deren Ausdruck tabu? Man ärgert sich zwar, aber redet nicht darüber. Oder versucht man nicht vielleicht in dieser Kultur unter diesen Umständen auch, das Aufkommen von Ärger selbst zu vermeiden? Und hat das dann nicht doch auch einen Einfluß auf die erlebte Emotionsqualität?

Die Frage scheint nun allerdings bereits weitgehend negativ beantwortet zu sein. Durch die Whorf-Chomsky-Kontroverse sind einige Untersuchungen angeregt worden, die jedoch keine überzeugende Beziehung zwischen (eingeschränktem) Vokabular oder Wortgebrauch und begrifflicher Differenziertheit gefunden haben, wie sie von Whorf postuliert wurde. Rosch (1973) fand bei den Dani aus Irian-Yaya (Indonesisch-Neuguinea), deren Sprache nur zwei Farbausdrücke kennt, nämlich "mili" für dunkle und "mola" für helle Farbtöne, daß sie unter einer Vielzahl von Farbschattierungen Namen für 'fokale' Farben leichter lernen als für nicht-fokale und sich darin nicht von Sprechern des Englischen unterscheiden, die bereits durch die Farbnamen ihrer Sprache die fokalen Farben hervorheben.

Allerdings kann unseres Erachtens mit derartigen Studien die Frage wohl doch nicht endgültig negativ beantwortet werden. Bei der Farbwahrnehmung und -benennung handelt es sich doch um einen psychischen Sachverhalt, der schon primär recht eindeutig und differenziert durch die neurophysiologischen Mechanismen der Farbwahrnehmung determiniert ist. Das heißt, die Wahrnehmung von Farbdifferenzen bedarf nicht noch einer extern vermittelten Konzeptbildung und sicher nicht deren sprachlichen Vermittlung. Es ist nicht schwer vorstellbar, daß bei wahrgenommener Farbvielfalt für die Kommunikation nur wenige Wörter, vielleicht auch nur wenige, grob kategorisierende Begriffe ausreichen, ohne daß deswegen auch die Fähigkeit der bewußten Unterscheidung entgegen der primären Wahrnehmung entsprechend vereinfacht werden müßte. Insofern dürfte gerade die Farbwahrnehmung ein Gebiet sein, in dem es eher unwahrscheinlich ist, daß mögliche Einflüsse unterschiedlicher sprachlicher Differenzierung nachgewiesen werden können.*

Bei psychischen Sachverhalten, die nicht schon durch physiologische Mechanismen so eindeutig determiniert sind, könnte dagegen ein sprachlicher Einfluß viel eher wirksam sein, und Emotionen könnten zu diesen Sachverhalten gehören. Wir

---

* Abgesehen von dem grundsätzlichen Einwand, daß Untersuchungen zur Farbwahrnehmung und -benennung eher ungeeignet sind, Einflüsse sprachlicher Differenzierungsunterschiede nachzuweisen, haben wir Zweifel, ob die von Rosch verwandte Untersuchungsmethode überhaupt geeignet wäre, die Whorfsche Hypothese zu prüfen. Wenn Whorf behauptet, daß eine größere Differenzierung in der Sprache auch die Bildung entsprechend differenzierter Konzepte bewirkt und umgekehrt, dann müßte man doch wohl genau diese Differenzierungsfähigkeit prüfen und nicht das Hervorheben von Fokalfarben, die ohnehin schon vom Wahrnehmungsapparat her bevorzugt sein dürften.

werden später darauf noch einmal zurückkommen. Die Ergebnisse anderer Untersuchungen (Carroll & Casagrande, 1958), bei denen die Bedeutung der Notwendigkeit, in der Sprache zwischen biegsam vs. nicht biegsam beziehungsweise rund vs. lang zu unterscheiden, für die Klassenbildung von Objekten untersucht wurde, lassen tatsächlich auch die Annahme eines gewissen Einflusses der Sprache zu, auch wenn sie noch keine eindeutigen Ergebnisse erbracht haben.

Ein weiteres Ergebnis unserer kulturvergleichenden Untersuchung läßt unseres Erachtens die Frage nach andersartigem Emotionserleben zusätzlich berechtigt erscheinen: Wir haben aus verschiedenen Quellen zu ermitteln versucht, ob sich die von uns theoretisch postulierte Sequenz innerer Prozesse, die von einer 'Frustration' zu einer Aggressionshandlung führen (Kornadt, 1982), als universell nachweisen läßt. Das war zwar der Fall, aber wir sind dabei zugleich auf ein interessantes Phänomen gestoßen. Bei Japanern trat Ärger als emotionale Reaktion auf eine interpersonale Beeinträchtigung (Frustration) nicht wesentlich seltener auf als bei deutschen und Schweizer Probanden. Mit dem Ärger zugleich trat bei ihnen jedoch häufig eine Reihe anderer, einer ärgerbasierten Aggression entgegenwirkender Emotionen auf: Bekümmertheit, Schuld, Scham, und als weitere Reaktionstendenzen Reflexion auf ein eigenes Versagen sowie eine 'innere Abwendung' von dem Konflikt, ein 'nicht weiter Beachten'.

Wir haben daher den Eindruck, daß Ärger, da er hinsichtlich der ihn begleitenden Emotionen, der Folgen und vermutlich auch der Antezedenzien häufig in einem anderen Wirkungszusammenhang steht, vielleicht auch selbst schon eine andere Qualität haben kann. Hierzu wären allerdings genauere Emotionsuntersuchungen nötig. Jedenfalls legen auch diese Ergebnisse, zusammen mit den vielen Formen des indirekten, andeutungsweisen Ausdrucks von (besonders negativen) Emotionen in Japan, und wegen der andersartigen funktionellen Einbettung der Emotionen die Vermutung einer anderen Erlebnisqualität nahe.

Wir wollen uns somit zum Schluß der Frage zuwenden, ob es denn möglich erscheint, daß emotionale Qualitäten in verschiedenen Kulturen unterschiedlich sind, daß sich diese Unterschiede in der Sprache widerspiegeln, und daß vielleicht sogar umgekehrt die kulturellen Besonderheiten der Sprache auf ihr Zustandekommen einen Einfluß ausgeübt haben.

5. Sind Unterschiede in Emotionsqualitäten denkbar?

Die folgenden Überlegungen können in dem begrenzten Rahmen dieses Beitrags nur skizziert, nicht aber im einzelnen ausführlich dargelegt werden.

Einen angemessenen Zugang zu den angeschnittenen Fragen können wir uns, und das müssen wir betonen, nur aus einer entwicklungspsychologischen Perspektive vorstellen. Nur im ontogenetischen Prozeß des Aufbaus von Konzepten, Kategorien usw. ist vorstellbar, daß bestimmte Erfahrungsfaktoren auf die später erlebte Qualität und/oder Bedeutung von Emotionen und auf deren Handlungswirkung Einfluß gewinnen. Schon in der späteren Kindheit dürften derartige Reaktionsmuster relativ überdauernd ausgebildet sein und dann jeweils auch als spezifischer Komplex ansprechen.

Wir wollen zunächst einen Blick auf die 'Natur' der Emotionswahrnehmung und dann auf deren Genese werfen. Entsprechend den Ergebnissen der neueren Emotionsforschung haben wir zunächst festzuhalten, daß wir uns die Wahrnehmung einer Emotion beim Erwachsenen als mehrgliedrigen Prozeß vorzustellen haben (Arnold, 1960; Zajonc, 1980). Er beginnt mit der Aktivierung einer Emotion aufgrund situativer Bedingungen. Mit 'Emotion' ist ein komplexes und spezifisches emotionales Reaktionsmuster gemeint; komplex ist es, weil es vielfältige physiologische Reaktionen umfaßt, die sehr wahrscheinlich ein emotions*spezifisches* Muster bilden, ferner im mimischen und gestischen Ausdruck, in Einflüssen auf Wahrnehmungs-, Denk- und Gedächtnisprozesse und schließlich auch in Verhaltenstendenzen besteht. Dies alles können jedoch trotz ihrer Wirkung zunächst nicht bewußte Vorgänge sein. Sie können dann auch als mehr oder weniger diffuse, wenn auch nicht unspezifische Befindlichkeit bewußt und schließlich kognitiv eingeordnet werden ("Ich fühle mich ... beschwingt ... bedrückt ...usw." oder "Ich fühle mich wie in einem tiefen Loch ... wie im Himmel"). Letzteres umfaßt vermutlich die kognitive Verknüpfung mit den situativen Aktivierungsbedingungen, mit den Wirkungen und ihren Folgen, das heißt also auch eine Bedeutung, sowie eine mehr oder weniger klare Akzentuierung ihrer Spezifität im Vergleich zu anderen. Schließlich wird all dies dann benannt, wobei unseres Erachtens mit den Namen auch eine bestimmte inhaltliche Akzentuierung und Abgrenzung gegenüber solchen Erlebnissen verbunden ist, für die andere Bezeichnungen verwendet werden. Um Mißverständnisse zu vermeiden sei betont, daß sich der subjektive Erlebniskomplex in seiner kognitiven Struktur und Bedeutung von dem, was in der Sprache mit einem zugehörigen Namen gemeint ist, auch mehr oder weniger unterscheiden kann, aber keineswegs unterscheiden muß. Als zusätzlichen Prozeß muß man unseres Erachtens auch noch emotionale Rückwirkungen kognitiver Prozesse annehmen (Lazarus, 1984), die in der Abschwächung oder Verstärkung der primären Emotion oder der Aktivierung weiterer Emotionen bestehen und unter Umständen mehrschrittige Wechselwirkungen auslösen können.

6. Entwicklung emotionaler Qualitäten und Spracheinfluß

Im Rahmen dieses Beitrags ist nun die Frage relevant, ob man sich überhaupt vorstellen kann, daß bestimmte, auch universell scheinende Emotionen wie Ärger, Trauer oder dergleichen (individuell oder kulturell) doch als verschiedenartige Qualitäten erlebt und/oder kogniziert und/oder benannt werden können und wie das zustande kommen könnte.

Das Zustandekommen der kognitiven Einordnung des erlebten spezifischen emotionalen Zustandes wird man sich so vorstellen müssen, daß jeweils

1. die situativen Bedingungen, unter denen die betreffende emotionale Qualität öfter erlebt wird (Bedrohung, Liebkosen, Verlust), nach und nach zu einem emotionstypischen Schema verarbeitet werden,

2. die inneren und äußeren Folgen der Emotion (zum Beispiel Vorstellungen; Zittern, Lachen; Zuwendung, Strafe usw.) und

3. die subjektiven und externen Bewertungen der Emotion beziehungsweise ihres Ausdrucks (es war schön so; nicht noch einmal; Du sollst nicht!) kognitiv verknüpft werden,

und daß all dies zusammen mit der erlebten emotionalen Qualität allmählich zu einem generalisierten Konzept wird.

Bei der Mannigfaltigkeit der situativen Merkmale, unter denen bestimmte Emotionen erlebt werden können, ferner ebenso der Folgen und möglichen Bewertungen und vielleicht auch der Ambivalenz oder Multivalenz der primär aktivierten emotionalen Qualität(en) wird man für diese Verknüpfungen keine eindeutige und universell immer in Einzelheiten gleiche Konzeptbildung erwarten können. Nicht eindeutig: es wird einen gewissen Spielraum geben, welche der öfter – vielleicht auch in wechselnder Kombination – auftauchenden emotionalen und kognitiven Merkmale in die generalisierte Konzeptbildung letztlich eingehen; und nicht universell: auch mit den primären biogenen Emotionen werden in verschiedenen kulturellen Kontexten innerhalb eines gewissen Rahmens verschiedene Situations- und Folgemerkmale bevorzugt auftreten und schließlich verknüpft werden.

Schon auf diese Weise wird 'Ärger' in Deutschland in einen etwas anderen Erfahrungskontext eingebettet werden als zum Beispiel in Japan.

Warum sollte man nun nicht auch annehmen, daß auch die Benennung und die explizite (verbaliserte oder in Handlungen zum Ausdruck kommende) soziale Bewertung auf diese Konzeptbildung einen Einfluß haben? Aufgrund von Beobachtungen in experimentellen Situationen haben wir zum Beispiel den Eindruck, daß ungefähr zweijährige Kinder in Japan und Deutschland sich wenig im Ärgeranlaß und -ausdruck unterscheiden – mit fünf Jahren jedoch deutlich (Trommsdorf, 1991, 1993b). Wir wissen ferner, daß japanische Mütter auf Ärger sowohl verbal als auch im Verhalten deutlich anders reagieren als deutsche Mütter: Zeigt ein etwa zweijähriges Kind Ärger durch seine Mimik und durch wütendes Schreien, Strampeln, Schlagen usw, so neigen japanische Mütter lange dazu, gelassen zu bleiben, dieses Verhalten als harmlos, natürlich, verzeihlich zu deuten und mit dem Bemühen zu reagieren, den Anlaß der Aufregung zu beseitigen; sie gehen nicht selten lachend darüber hinweg, so daß der Ärgerausbruch schnell abebbt. Sie vermeiden auch ausdrücklich, den emotionalen Zustand des Kindes als "Ärger" zu bezeichnen. Wenn der ohnehin selten gebrauchte Ausdruck fällt, ist er mit deutlicher Ablehnung verbunden (Azuma et al., 1981).

Deutsche Mütter dagegen sind durch Ärgerausbruch schnell irritiert, sie deuten den Ärger häufig als absichtlich und böswillig und daher auch für sie als frustrierend, ja bedrohlich; sie reagieren ihrerseits mit Ärger, sagen das auch und tragen so nicht zu einer Besänftigung, sondern zu einer Steigerung des kindlichen Affekts und zu einer Eskalation des Mutter-Kind-Konfliktes bei (Kornadt, 1991a; Kornadt et al., 1992; Trommsdorff, 1993a,b).*

---

* Dies ist eine stark vereinfachte zusammenfassende Beschreibung, die sich aus eigenen Daten und der Literatur ergibt. Auf einige wichtige Aspekte und Differenzierungen wird hier verzichtet, da sie im vorliegenden Zusammenhang nicht unbedingt erforderlich sind.

Sind nicht bei diesen Erfahrungsunterschieden außer dem Ansprechen unterschiedlicher Emotionen (Kobayashi & Trommsdorff, 1993) auch deutliche Unterschiede im Erleben, in der Bildung von relativ überdauernden Erlebniskomplexen und darin, wie diese zusammen mit den Randbedingungen kogniziert werden, und schließlich in der emotionsbezogenen Konzeptbildung zu erwarten? Die zunächst diffuse und instabile Kombination von Emotionen und anderen Merkmalen muß vom Kind erst zu einem Komplex zusammengeschlossen und als solcher kogniziert werden. Muß dabei nicht die sprachliche Vermittlung eines Konzepts zu einer bestimmten Akzentuierung, zur Prägnanz einer bestimmten Kombination, zur Abgrenzung dieser von anderen und zur Verknüpfung mit bestimmten Wertungen beitragen?

Auf der Basis dieser Überlegungen scheint es uns eine nicht unbegründete Hypothese zu sein, daß die erlebte und kognizierte emotionale Qualität verschieden sein kann, besonders wenn auch der oben angedeutete Wechselwirkungsprozeß ins Spiel kommt, oder bei weniger klar biologisch determinierten Emotionen (vgl. Roos, 1988, für Peinlichkeit).

Wir betrachten in dieser Hinsicht die durch die Sprache vermittelten Erfahrungen als einen Teil der allgemeinen Erfahrungen, mit denen sich das Kind auseinanderzusetzen hat. Dabei kommt der Sprache jedoch die besondere Bedeutung zu, daß sie mit den Wörtern in der Regel auch Konzepte vermittelt, die das Kind zu verstehen sich bemühen muß. Diese Konzepte schließen auch eine bestimmte Akzentuierung von Merkmalskombinationen aus der Mannigfaltigkeit möglicher Kombinationen und zugleich eine Kategorisierung mit ein. Es erscheint höchst unwahrscheinlich, daß dies im Prozeß der Bildung von Konzepten beim Kind nicht ebenso wie die Wahrnehmung anderer Merkmale einen gewissen Einfluß hat. Freilich wollen wir damit keineswegs behaupten, daß die Sprache diese Konzeptbildung vollständig determinierte; wir nehmen vielmehr ausdrücklich an, daß die Sprache nur *ein* Einflußfaktor sein kann, der zusammen mit oder neben anderen wirksam wird. Damit ist auch noch nichts gesagt über die relative Bedeutung der Sprache im Vergleich zu anderen Einflußfaktoren und dazu, daß diese Relation wahrscheinlich in verschiedenen Bereichen unterschiedlich ist. Dies sind unseres Erachtens Fragen für die empirische Forschung. Wir sind aber auch nicht der Meinung, daß der Spracherwerb nur dann eine nachweisbare Wirkung auf die Entwicklung individueller Merkmale hat, wenn er dafür »eine *notwendige* Bedingung ist« (Herrmann, 1988, S. 314). Warum sollte man nicht annehmen, daß mehrere Bedingungen zugleich einen Einfluß zum Beispiel auf die Konzeptbildung haben können, von denen einige vielleicht nicht notwendig sind, weil sie beispielsweise notfalls kompensiert werden können, die aber dennoch (zum Beispiel im Sinne von Moderatorvariablen) sehr wirksam sein können.

7. Schlußbemerkung

Zum Abschluß dieser Analysen kommen wir zu dem Ergebnis, daß kulturvergleichende Sprachstudien ein ergiebiges Forschungsfeld für die Psychologie sind, dem mehr Aufmerksamkeit gewidmet werden sollte, vor allem, wenn Aussagen mit universellem Gültigkeitsanspruch gemacht werden sollen.

Im speziellen Fall der japanischen Sprache kommen wir zu der Überzeugung, daß es sich bei den beschriebenen Besonderheiten nicht um ein bloßes Sprach-'Spiel', um nur oberflächliche Sprachverwendungskonventionen handelt, sondern daß sie – wenn auch mit Bedacht – als Indikatoren für kognizierte und vielleicht auch primär empfundene Gefühle betrachtet werden können. Somit scheint uns nicht unwahrscheinlich, daß zum Beispiel 'hinter' dem indirekten, andeutungsweisen und subtilen sprachlichen Emotionsausdruck auch differenzierte emotionale Erlebnisse vermutet werden können, daß eine besondere Einstellung besteht, anderen nicht mit einer platten, direkten Konfrontation mit eigenen Gefühlen, besonders negativen, zu nahe zu treten.

Für diese Annahmen gibt es übrigens weit mehr Anhaltspunkte, als wir sie hier aufführen konnten – in der Sprache selbst (vgl. Kornadt, 1991b), in der Mutter-Kind-Interaktion, in sozialen Regeln, Normen, in Wertschätzungen, usw. (Azuma, 1984; Kornadt & Trommsdorff, 1990; Lebra, 1976; Trommsdorff, 1993a). Dazu gehören sicher auch vielerlei Wechselwirkungen, wie zum Beispiel die, daß die Sprache mit der Möglichkeit, durch die Endpartikel erst am Ende eines Satzes eine emotionale Tönung zum Ausdruck zu bringen, dem Sprecher ein vorsichtiges 'Abtasten' des Hörers erlaubt, ob und wieweit er in der betreffenden Situation überhaupt seine Emotion ausdrücken darf.

Die von uns beschriebenen sprachlichen Besonderheiten sind in einem Kulturkreis gewiß nicht zufällig entstanden; sie müssen doch auf in der Kultur verbreiteten Erlebnis-, Deutungs- und Verhaltensweisen beruhen. Diese werden dann sicher auch in vielfältigen anderen sozialen Regeln, Verhaltensformen und vielleicht auch Institutionen einen Niederschlag gefunden haben.

Gerade weil dies alles, wie erwähnt, auch schon früh im Prozeß der Ontogenese wirksam wird, scheint uns die Vermutung begründet zu sein, daß sich im japanischen Kulturkreis auch qualitativ besondere Erlebnisformen ausgebildet haben können, daß bestimmte emotionale Qualitäten anders erlebt werden, oder daß sich spezifische Emotionen (und auf sie gründende Motive) wie zum Beispiel *amae* oder *ittaikan* ausbilden, die in unserer Kultur entweder in dieser Form unbekannt sind oder jedenfalls nicht thematisiert und konzipiert wurden und sich daher auch nicht in einem sprachlichen Ausdruck wiederfinden. Zu ihnen gehört vielleicht auch eine charakteristische Leidensqualität, eine Mischung aus subtilem Vorwurf und deutlichem Selbstvorwurf, die in der japanischen Kultur auch eine positive ästhetische Note enthält und somit eine positive Wertung erfährt. Sie findet ihren Ausdruck unter anderem auch in vielen Entschuldigungsformen oder in der Beileidsform "Ich bereue mit Ihnen". Anscheinend ist dies auch in einem qualitativ anderen Selbstkonzept verankert (Markus & Kitayama, 1991).

Schließlich halten wir daher auch die Annahme für begründet, daß zusammen mit einer Reihe anderer Bedingungen der Erfahrungswelt auch die Sprache ihrerseits sozusagen umgekehrt einen Einfluß auf die Ausbildung derartiger kulturspezifischer Erlebnis-, Denk- und Deutungsweisen in der Ontogenese hat. Das heißt, wenn hier überhaupt Zusammenhänge bestehen, daß dann Wechselwirkungen angenommen werden müssen, sowohl zwischen den verschiedenen Faktoren innerhalb einer Kultur (Sprache, Lebensweise, Werte, soziale Regeln usw.) wie auch zwischen Kultur, Persönlichkeitsmerkmalen und dem Prozeß ihrer Ausbildung in der Ontogenese. Wir sind überzeugt, daß dabei auch der Sprache eine wichtige Rolle zukommt, wenn auch natürlich nicht isoliert.

Es darf natürlich nicht bei dieser allgemeinen Vermutung bleiben. Es müssen, wie Theo Herrmann (1988) mit Recht fordert, weitere, präzisere Einzelhypothesen abgeleitet und kulturvergleichend empirisch überprüft werden. In diesem Sinne war es Zweck vorliegender Darlegungen, Hypothesen, die uns begründet erscheinen, zu entwickeln und zu ihrer Prüfung anzuregen. Im ganzen stellen diese Forschungsfragen ohne Zweifel keine leichte Aufgabe dar, die im Handumdrehen bewältigt werden könnte. Aber Umfang und Schwierigkeit eines ergiebigen Forschungsfeldes sind in unseren Augen kein Grund dafür, es zu übergehen und etwa nicht frühzeitig das Augenmerk auf seine Bedeutung zu lenken.

Literatur

Arnold, M. B. (1960). *Emotion and personality* (2 vols.). New York: Columbia University Press.

Azuma, H. (1984). Secondary control as a heterogeneous category. *American Psychologist*, *39*, 970–971.

Azuma, H., Kashiwagi, K. & Hess, R. D. (1981). *Child's cognitive development and mother's attitude and behavior. A Japan-U.S. comparison*. Tokyo: University of Tokyo Press.

Bischof, N. (1989). Emotionale Verwirrungen. oder: Von den Schwierigkeiten im Umgang mit der Biologie. *Psychologische Rundschau*, *40*, 188–205.

Boucher, J. D. (1979). Culture and emotion. In A. J. Marseiia, R. Tharp & T. Ciborowski (Eds.), *Perspectives on cross-cultural psychology* (pp. 159–178). New York: Academic Press.

Carroll, J. B. & Casagrande, J. B. (1958). The function of language classifications in behavior. In E. E. Macoby, T. M. Newcomb & E. L. Hartley (Eds.), *Readings in social psychology*. New York: Holt, Rinehart & Winston.

Chomsky, N. (1965). *Aspects of a theory of syntax*. Cambridge, MA: MIT Press.

Chomsky, N. (1981). *Lectures on government and binding*. Dordrecht: Foris.

Doi, K. (1973). *The anatomy of dependence*. Tokyo: Kodansha International.

Ekman, P. (1984). Expressions and the nature of emotion. In K. R. Scherer & P. Ekman (Eds.), *Approaches to emotion* (pp. 319–344). Hillsdale, NJ: Erlbaum.

Engelkamp, J. & Pechmann, T. (Hrsg.) (1993). *Mentale Repräsentation*. Bern: Huber.

Engelkamp, J. & Zimmer, H. D. (1983). *Dynamic aspects of language processing*. Berlin: Springer.

Geertz, H. (1959). The vocabulary of emotion: A study of Javanese socialization processes. *Psychiatry*, *22*, 225–236.

Herrmann, Th. (1982). *Sprechen und Situation*. Heidelberg: Springer.

Herrmann, Th. (1985). Allgemeine Sprachpsychologie. München: Urban & Schwarzenberg.

Herrmann, Th. (1988). Spracherwerb als Sozialisationsfaktor. *Psychologische Beiträge*, *30*, 308-321.

Herrmann, Th. (1989). Gefühle und soziale Konventionen. In E. Roth (Hrsg.), *Denken und Fühlen* (S. 67-80). Heidelberg: Springer.

Herrmann, Th. (1990). Vor, hinter, rechts und links: das 6H-Modell. Psychologische Studien zum sprachlichen Lokalisieren. *Zeitschrift für Literaturwissenschaft und Linguistik*, *Heft 78*, 117-140.

Herrmann, Th. & Grabowski, J. (1994). *Sprechen - Psychologie der Sprachproduktion*. Heidelberg: Spektrum Akademischer Verlag.

Klein, W. (1991). Raumausdrücke. *Linguistische Berichte*, *132*, 77-114.

Kobayashi, R. & Trommsdorff, G. (1993). Emotional responses and prosocial behavior of German and Japanese children. In G. Rudinger, C. Rietz, U. Kleinemas & T. Meiser (Eds.), *Developmental psyschology in a changing Europe. Abstracts of the VI. European Conference on Developmental Psychology* (p. 142).

Kornadt, H.-J. (1982). *Aggressionsmotiv und Aggressionshemmung* (2. Bde.). Bern: Huber.

Kornadt, H.-J. (1991a). Aggression motive and its developmental conditions in Eastern and Western cultures. In N. Bleichrodt & P. J. D. Drenth (Eds.), *Contemporary issues in cross-cultural psychology* (pp. 155-167). Amsterdam: Swets & Zeitlinger.

Kornadt, H.-J. (1991b). Theoriedefizite: Folgerungen aus kulturvergleichender und Volitionsforschung. In K. Grawe, R. Hänni, N. Semmer & F. Tschan (Hrsg.), *Über die richtige Art, Psychologie zu betreiben* (S. 137-150). Göttingen: Hogrefe.

Kornadt, H.-J. (1993). Kulturvergleichende Motivationsforschung. In A. Thomas (Hrsg.), *Kulturvergleichende Psychologie* (S. 181-216). Göttingen: Hogrefe.

Kornadt, H.-J., Hayashi, T., Tachibana, Y., Trommsdorff, G. & Yamauchi, H. (1992). Aggressiveness and its developmental conditions in five cultures. In S. Iwawaki, Y. Kashima & K. Leung (Eds.), *Innovations in cross-cultural psychology* (pp. 250-268). Amsterdam: Swets & Zeitlinger.

Kornadt, H.-J. & Trommsdorff, G. (1990). Naive Erziehungstheorien japanischer Mütter - deutsch-japanischer Kulturvergleich. *Zeitschrift für Sozialisationsforschung und Erziehungssoziologie*, *2*, 357-376.

Kornadt, H.-J. & Trommsdorff, G. (1993a) (Hrsg.). *Deutsch-japanische Begegnungen in den Sozialwissenschaften. Wiederbeginn wissenschaftlicher Kooperation in gesellschaftsbezogener Forschung*. Konstanz: Universitätsverlag Konstanz.

Kornadt, H.-J. & Trommsdorff, G. (1993b). Perspektiven der Japanforschung. In H.-J. Kornadt & G. Trommsdorff (Hrsg.), *Deutsch-japanische Begegnungen in den Sozialwissenschaften* (S. 9-21). Konstanz: Universitätsverlag Konstanz.

Lakoff, G. (1987). *Women, fire, and dangerous things*. Chicago: University of Chicago Press.

Lazarus, R. S. (1984). On the primacy of cognition. *American Psychologist*, *39*, 124-129.

Lebra, T. S. (1976). *Japanese patterns of behavior.* Honolulu: University of Hawaii Press.

Lutz, T. & White, G. M. (1986). The anthropology of emotions. *Annual Review of Anthropology, 15,* 405-436.

Markus, H. R. & Kitayama, S. (1991). Culture and the self: Implications for cognition, emotion, and motivation. *Psychological Review, 98,* 224-253.

Ochs, E. (1986). From feeling to grammar: A Samoan case study. In Schieffelin, B. & Ochs, E. (Eds.), *Language and socialization across cultures.* Cambridge: Cambridge University Press.

Rickheit, G. & Strohner, H. (1993). *Grundlagen der kognitiven Sprachverarbeitung: Modelle, Methoden, Ergebnisse.* Tübingen: Francke.

Roos, J. (1988). *Die Entwicklung der Zuschreibung komplexer Emotionen am Beispiel der Emotion 'Peinlichkeit'.* Frankfurt: Lang.

Rosaldo, M. Z. (1984). Toward an anthropology of self and feeling. In R. A. Shweder & R. A. LeVine (Eds.), *Culture theory: Essays on mind, self, and emotion* (pp. 137-157). Cambridge: Cambridge University Press.

Rosch, E. (1977). Human categorization. In N. Warren (Ed.), *Advances in cross-cultural psychology* (pp. 1-49). San Diego: Academic Press.

Sapir, E. (1921). *Language.* New York: Harcourt Brace.

Scherer, K. R. & Ekman, P. (Eds.) (1984). *Approaches to emotion.* Hillsdale, NJ: Erlbaum.

Scherer, K. R. (1990). Theorien und aktuelle Probleme der Emotionspsychologie. In K. R. Scherer (Hrsg.), *Psychologie der Emotionen* (Enzyklopädie der Psychologie C, VI, 3) (S. 1-38). Göttingen: Hogrefe.

Sokolowski, K. (1993). *Emotion und Volition.* Göttingen: Hogrefe.

Trommsdorff, G. (1991). Entwicklung von Emotionen im Kulturvergleich. In U. Schmidt-Denter (Hrsg.), *Abstraktband der 10. Fachgruppentagung für Entwicklungspsychologie, 23.-25. 9. 1991, Universität zu Köln* (S. 276). Köln: Universität Köln.

Trommsdorff, G. (1993a). Besonderheiten sozialen Handelns in Japan: Fragen an die sozialwissenschaftliche Forschung. In H.-J. Kornadt & G. Trommsdorff (Hrsg.), *Deutsch-japanische Begegnungen in den Sozialwissenschaften* (S. 227-255). Konstanz: Universitätsverlag Konstanz.

Trommsdorff, G. (1993b). Entwicklung im Kulturvergleich. In A. Thomas (Hrsg.), *Einführung in die kulturvergleichende Psychologie* (S. 103-143). Göttingen: Hogrefe.

Trommsdorff, G. (1994, i. pr.). Empathy and prosocial action in cultural environments: A cross-cultural analysis. In T. Kindermann & J. Valsiner (Eds.), *Development of person-context relations.* Hillsdale, NJ: Erlbaum.

Whorf, B. L. (1956). *Language, thought, and reality.* New York: Wiley.

Zajonc, R. B. (1980). Feeling and thinking: Preferences need no inferences. *American Psychologist, 35,* 151-175.

Quaestio und Textaufbau

Christiane von Stutterheim

Textproduktion ist ein prinzipiengesteuerter, in hohem Maße kontrollierter Prozeß. In dem Beitrag wird in einem ersten Teil ein Ansatz vorgestellt, der die in der Textproduktion wirksamen Steuerungsfaktoren für Informationsselektion, -strukturierung und -ausdruck in einen übergreifenden Rahmen stellt. Hier stehen globale Steuerungsgrößen im Vordergrund der Betrachtungen. Im zweiten Teil werden dann Befunde empirischer Analysen berichtet, die deutlich machen, daß Textproduktion nicht als schematisch ablaufender Prozeß zu verstehen ist. Für drei Aspekte – Informationsselektion, Linearisierung und sprachliche Darstellung – wird gezeigt, daß Sprecher die im Verlauf der Textproduktion sich jeweils aktuell verändernden Bedingungsfaktoren in ihre Planung einbeziehen und zu lokalen 'Problemlösungen' kommen.

> »Bekannt sein muß zunächst der Weg, den die Rede nehmen soll; denn die Fahrt kann nicht glücken, ehe wir nicht wissen, wohin sie gehen und wie sie vor sich gehen soll ... man muß auch genau wissen, was in jedem Abschnitt zuerst, was an zweiter Stelle und was danach kommen soll; diese Dinge sind ja ihrer Natur gemäß so verbunden, daß sie sich ohne Verwirrung nicht vertauschen oder auseinanderreißen lassen.«
>
> Quintilian, Bd. 1, S. 531.

1. Einführung

Fragt man ein vierjähriges Kind, wie man einen Papierflieger bastelt, so bekommt man vielleicht als Antwort "so und so und so" – und dazu eine reichhaltige Gestik. Oder man fragt es, was im Kindergarten passiert ist und die Antwort lautet: "der hat SO laut geschrien, und da hat die den gehaut". Die Kinder, die auf dieser Altersstufe das sprachliche System im Sinne der 'langue' schon recht gut meistern und auch das Wissen besitzen, wie man zum Beispiel einen Papierflieger bastelt oder was in einer bestimmten Situation geschehen ist, machen uns deutlich, wieviel darüber hinaus erworben werden muß, bis man als kompetente Sprecherin in der Lage ist, kommunikative Aufgaben der genannten Art angemessen zu erfüllen. Die hier zitierten vierjährigen Kinder müssen beispielsweise noch lernen, das entsprechende, ihnen zur Verfügung stehende Wissen heranzuziehen und in einem strukturierten Geflecht inhaltlicher Bausteine zu organisieren; des weiteren müssen sie einzuschätzen lernen, welche Informationen dem Hörer bereits bekannt sind, das heißt, welche Teile einer Informationsstruktur sprachlich dargestellt werden müssen; letztendlich stellt auch die Wahl der angemessenen Ausdrucksformen in Abhängigkeit von den vielfältigen pragmatischen Bedingungen eine Schwierigkeit dar, die Kinder erst zehn Jahre nach dem Erwerb des Handwerkszeuges, des sprachlichen Systems, bewältigen (vgl. Berman & Slobin, 1994). Diese sehr allgemeinen Beobachtungen aus dem Erstspracherwerb zeigen, daß es sich beim sprachlichen Handeln um die Lösung sehr komplexer Aufgaben handelt.

Führen wir uns zunächst einige Aspekte des vielschichtigen Textproduktionsprozesses vor Augen (vgl. hierzu Herrmann, 1985; Levelt, 1989). Sprecher, die zum Beispiel einen Bericht über beobachtetes Geschehen, eine Handlungsanleitung, eine Wegauskunft oder eine Wohnungsbeschreibung geben, müssen eine Reihe von 'Teilaufgaben' lösen, deren Ergebnisse im Sprachproduktionsprozeß zu koordinieren und zu synthetisieren sind. Sie müssen Wissen über den jeweiligen Sachverhalt der Aufgabe entsprechend selektiv aktivieren und strukturieren, müssen die Komponenten dieser Wissensstruktur in eine lineare Abfolge bringen und dann entscheiden, welche Teile sprachlich explizit dargestellt werden sollen und welche implizit bleiben können. In diesen Selektions- und Strukturierungsprozeß gehen eine Vielzahl von determinierenden Faktoren ein, wie die *Perspektive*, die auf verschiedenen Ebenen der Informationsstruktur ansetzen kann*, die *Kontexteinbindung*, zu der neben dem Hörer in seinen spezifischen Eigenschaften der situative und sprachliche Rahmen zu zählen ist, oder *Konventionen* kommunikativen Verhaltens, die in einer Sprechergemeinschaft gelten.

Sprecher lösen die komplexe Aufgabe der Textproduktion in der Regel problemlos und dies noch dazu in einer enorm hohen Geschwindigkeit. Die Frage, die sich die psycholinguistische Forschung deshalb immer wieder gestellt hat, ist, wie es möglich ist, daß derartig komplexe Prozesse, die nicht nur lokale Verknüpfungen von Wissenselementen zum Resultat haben, sondern globalen Organisationsprinzipien folgen, überhaupt zielorientiert und mehr noch, zielsicher ablaufen können.

In der Beantwortung dieser Frage lassen sich zwei Richtungen einschlagen. Die eine sieht den Textproduktionsprozeß als eine Art ballistischen Ablauf, bei dem die Weichen zu Beginn gestellt werden und alle weiteren Schritte sich im wesentlichen auf der Basis schematisierter Muster (Routinen) ergeben. In der anderen Richtung finden sich Ansätze, die die Sprachproduktion als ein Beispiel problemlösenden Verhaltens ansehen, bei dem die Sprecher im Prinzip zu jedem Zeitpunkt Entscheidungen bezüglich des Verlaufs treffen können und müssen.

Wir wollen im folgenden in Anlehnung an die Weg-Metapher bei Quintilian einen Ansatz vorschlagen, der zwischen diesen beiden Polen anzusiedeln ist. Er

---

* Es kann sich um räumliche Perspektive im engsten Sinne handeln, indem der Sprecher eine Origo wählt, von der aus er einen räumlich strukturierten Sachverhalt darstellt, es kann eine Erzählperspektive sein, unter der ein Geschehen in besonderer Weise konturiert wird – all diesen Formen der Perspektivität ist gemeinsam, daß der Aufbau einer konzeptuellen Struktur, die in einem Text zum Ausdruck gebracht werden soll, durch sie im Hinblick auf die Auswahl, die Anordnung und die Gewichtung der Informationsteile mitgeformt wird (vgl. Canisius, 1987; Graumann, 1989).

folgt einer Betrachtungsweise, die Textproduktion nicht als Abarbeitung schematischer Muster sieht, sondern als vorgaben-gesteuertes Vorgehen, wobei globale* Organisationsprinzipien angenommen werden, von denen jedoch jederzeit abgewichen werden kann. Die Abweichungen unterliegen ihrerseits Prinzipien, die den global wirksamen hierarchisch untergeordnet sind. Greifen wir noch einmal das Bild des Weges auf, so gibt er uns Ausgangspunkt und Ziel und damit eine gerichtete Verbindungslinie vor, ob wir uns aber schnell bewegen oder immer wieder rasten, ob wir einen Umweg wählen oder den direkten Weg, das bleibt dem Wanderer überlassen.

Wir werden im nächsten Abschnitt den Ansatz zunächst allgemein skizzieren und dann in einem zweiten Schritt Ergebnisse empirischer Untersuchungen berichten, die verdeutlichen sollen, daß Sprachproduktion kein automatisch ablaufender 'Reflex' ist, sondern ein kreativer, vom Sprecher jederzeit kontrollierter Prozeß.

2. Quaestio und globale Vorgaben

2.1 Zur Rolle der Quaestio

Ein Sprecher, der aufgefordert ist oder beabsichtigt**, sein Wissen über einen bestimmten Sachverhalt einem Hörer sprachlich zu vermitteln, muß zu Beginn der Rede bereits Anhaltspunkte dafür haben, wie der Text als ganzer aufgebaut sein wird. Anderenfalls wäre es ihm nicht möglich, den Anforderungen im Hinblick auf thematischen Aufbau und Kohärenz zu genügen, die an einen verständlichen Text gestellt werden. (Wir beziehen uns im folgenden mit dem Begriff "Text" ausschließlich auf mündlich produzierte Rede.)

Am Anfang des Textplanungsprozesses müssen also Vorgaben für den Textaufbau gesetzt sein, die gleichzeitig mit ihrer Wirksamkeit auf der Äußerungsebene*** eine übergreifende inhaltliche Struktur des Gesamttextes gewährleisten. Das einzige, was nun zu Beginn eines Textes festgelegt ist, ist die *kommunikative Aufgabe*, die dem Sprecher gestellt wurde. Aus ihr müssen sich daher bereits die entscheidenden Vorgaben darüber ergeben, wie der 'Lösungstext' auszusehen hat (vgl. hierzu ausführlich Klein & von Stutterheim, 1992; von Stutterheim & Klein, 1989).

Wir können, was diese Zusammenhänge angeht, auf ein sehr altes Konzept zurückgreifen. Die klassische Rhetorik beschäftigte sich mit dem, was wir als kommunikative Aufgabe bezeichnet haben, unter dem Begriff der "quaestio". So erge-

---

* Wenn wir im folgenden von 'globalen' und 'lokalen' Prinzipien und daraus resultierenden Eigenschaften sprechen, so meinen wir damit solche, die für den Gesamttext gelten und solche, die entweder zwischen zwei Äußerungen oder in einem begrenzten Textausschnitt auftreten.

** Wir werden im folgenden keinen Unterschied machen zwischen einer selbstgewählten kommunikativen Aufgabe, die man auch als Redeintention bezeichnen könnte (vgl. Herrmann, 1985; Levelt, 1989), und einer von außen gestellten kommunikativen Aufgabe. Aus methodischen Gründen werden wir uns im empirischen Teil der Arbeit auf letzteren Fall beschränken.

*** Unter "Äußerung" verstehen wir eine minimale propositionale Einheit als Bestandteil der komplexeren Einheit "Text".

ben sich nach Quintilian aus der redeeinleitenden Quaestio Kriterien, die die »Einteilung«, die »Gliederung«, die »Anordnung« und die »Anlage des Ganzen« betreffen (vgl. Quintilian, Bd. 2, S. 5ff.)*. Wir erweitern im folgenden den klassischen Begriff der Quaestio, der sich im wesentlichen auf Streitfragen bezieht, wenn wir an den Ausgangspunkt unserer Überlegungen die Annahme stellen, daß jeder kohärente Text als Antwort auf eine einleitende Frage, eine Quaestio, zu verstehen ist. Mit der jeweiligen Quaestio sind Vorgaben für den Textaufbau verbunden, die genauer zu betrachten, Ziel des folgenden Abschnittes ist (vgl. hierzu den Begriff und die Funktion des Sprecherzieles bei Herrmann, 1985).

2.2 Vorgaben für den Textaufbau

Satzfrage – Textfrage: Betrachten wir zunächst als Sonderfall den einfachsten Text, der als Antwort auf eine Frage nur aus einer Äußerung besteht.

F: "Wen habt ihr gestern im Schwimmbad gesehen?"
A: "Wir haben die Alicia gesehen" oder "die Alicia"

Bei einem einfachen Frage-/Antwortpaar wird unmittelbar deutlich, daß die Frage Vorgaben für die Antwortäußerung setzt. So ist mit der Frage ein bestimmter Sachverhalt angesprochen, der durch eine Personenreferenz "ihr", eine Raumreferenz "im Schwimmbad", eine Zeitreferenz "gestern + *Tempus*" und ein Prädikat "sehen" und einen Geltungsstatus "*faktisch*" durch den Modus gekennzeichnet ist. Zu spezifizieren ist in der Antwort eine Komponente dieses Sachverhaltes: eine weitere Personenreferenz in der Rolle des Patiens. Durch die Frage ist ein Referenzrahmen vorgegeben, der allerdings 'Lücken' enthält, die dann mit der Antwort zu füllen sind. Neben diesen *inhaltlichen Vorgaben* setzt die Frage auch *strukturelle Vorgaben*. Sie legt für die Antwort eine Topik- Fokusstruktur fest, indem den einzelnen inhaltlichen Komponenten der Äußerung unterschiedlicher Informationsstatus zugewiesen wird. Diejenige Komponente, die zu spezifizieren ist, bildet das Fokuselement der Antwort (es können auch mehrere Komponenten sein); diejenigen Komponenten, die die Menge dessen, was es zu spezifizieren gilt, eingrenzen, bilden die Topik der Antwort (vgl. zur Semantik der Topik-/Fokusgliederung Klein & v. Stechow, 1982).

Die inhaltlichen und strukturellen Vorgaben liefern dem Sprecher Kriterien für die *Wahl der sprachlichen Formen* zum Ausdruck der erfragten Information. So müssen in unserem Beispiel die zu spezifizierende Komponente die Form einer Nominalphrase haben und die Wortstellung der Topik-/Fokusverteilung entsprechen (vgl. Dietrich, 1993).

---

* Mit dem Begriff der Frage oder des Fraglichen wurde auch in der jüngeren textlinguistischen Forschung gearbeitet, wenn zum Beispiel Wiegand sagt: »Mit Hellwig (1984, S. 15 und 1984, S. 64ff.) verstehe ich unter Themen von Texten (die zu einer bestimmten Gruppe gehören) etwas, das fraglich ist. Zu diesem Fraglichen, zu dem, was über den Gegenstand in Frage steht (...), wird im Text etwas mitgeteilt.« (1988, S. 31).

Den Ausgangspunkt unserer Überlegungen bildet der soweit nur sehr allgemein ausgeführte inhaltliche und strukturelle Zusammenhang zwischen Frage und Antwort.

Wir übertragen nun diese Annahmen auf die Textebene, indem wir analog annehmen, daß die Quaestio inhaltliche und strukturelle Vorgaben für den Textaufbau setzt. Anders als bei dem einfachen Antwortsatz beziehen sich hier die Vorgaben nicht nur auf den referentiellen Aufbau und Struktur der einzelnen Äußerung, sondern darüberhinaus auf Prinzipien der Verknüpfung zwischen den Äußerungen, die in sequentieller Darstellung den Antworttext bilden. Wir bezeichnen im folgenden die Entfaltung der Information von Äußerung zu Äußerung als *referentielle Bewegung.*

Inhaltliche Vorgaben: Mit inhaltlichen Vorgaben ist gemeint, daß die Quaestio einen bestimmten Sachverhalt, festgelegt durch einen spezifischen referentiellen Rahmen, einführt, damit verbunden mehr oder weniger spezifisches Wissen zu diesem Sachverhalt beziehungsweise seinen konzeptuellen Komponenten aufruft und dieses Wissen unter einem bestimmten Blickwinkel thematisiert. So wird beispielsweise durch die Frage

"Wie sah deine alte Wohnung aus?"

ein Referenzrahmen eingeführt, der eine zeitliche, eine räumliche und eine modale Festlegung enthält. Die Zeitreferenz umfaßt ein Intervall, das vor der Sprechzeit liegt, die Raumreferenz ist implizit gegeben als der Ort, an dem sich die Wohnung befindet (so kann ich zum Beispiel sagen: "Meinst du die Wohnung in der Kaiserstraße?"), und die Modalität ist faktisch. Besetzungen einzelner konzeptueller Domänen sind damit festgelegt und bleiben für den gesamten Antworttext erhalten. Das bedeutet, daß sie in jeder einzelnen Äußerung des Textes erhalten bleiben müssen (vgl. jedoch unten zur Unterscheidung in Hauptstruktur und Nebenstruktur).

Festgelegt ist mit der Quaestio auch das Objekt, in diesem Fall 'die Wohnung', das in diesen Referenzrahmen eingeordnet ist und dessen Eigenschaften zu spezifizieren Aufgabe des Textes ist. "Deine Wohnung" ruft beim Sprecher sowohl Wissen über ein spezifisches Exemplar der Gattung "Wohnung" mit all seinen akzidentellen Eigenschaften auf als auch Wissen über den Standardtyp "Wohnung" mit charakteristischen Eigenschaften. Letzteres kann – bei gemeinsamem kulturellen Hintergrund – als geteiltes Wissen zwischen Sprecher und Hörer gelten (vgl. hierzu Clark & Marshall, 1981; Clark & Murphy, 1982; Linde & Labov, 1975). In welchem Ausmaß zwischen Sprecher und Hörer geteiltes Wissen in den Textproduktionsprozeß eingeht, haben Untersuchungen in der Psychologie und in der Psycholinguistik gezeigt. Mit den Begriffen "frame" (Minsky, 1977), "script" (Schank & Abelson, 1977), "mental model" (Johnson-Laird, 1983), "Schema" (Bartlett, 1932) werden unterschiedliche Arten standardisierter Kenntnisse über Gegenstände, Ereignisverläufe, gesellschaftliche Konventionen, kurz über Sachverhalte bezeichnet, die in gewisser Weise als 'unmarkierter Rahmen' für Kommunikation gelten (vgl. Hoppe-Graff, 1984; Schwarz, 1992, S. 87ff.)*. Das Ausmaß, in dem ein Sprecher gemeinsames Wissen als impliziten Anteil seiner Rede miteinbeziehen kann, variiert natürlich von Situation zu Situation. Uns geht es hier jedoch nicht darum, im einzelnen zu betrachten, welche Arten von gemeinsamem Wissen zu unterscheiden sind. Hier soll zunächst festgehalten werden, daß mit der Quaestio ein bestimmter Wissensausschnitt aufgerufen wird, dessen strukturelle Eigenschaften für die sprachliche Darstellung von Bedeutung sind**. Folgende Aspekte der Textplanung können davon betroffen sein:

- Die Selektion von Information, die sprachlich dargestellt werden soll, und damit das Verhältnis expliziter und impliziter Bedeutungsanteile in einem Text. Linde & Labov (1975) haben dies in ihren Analysen von Wohnungsbeschreibungen gefunden. So muß beispielsweise nicht gesagt werden, daß die Wohnung eine Küche besitzt, vielmehr kann sofort die entsprechende akzidentelle Eigenschaft dargestellt werden, zum Beispiel, wo sich die Küche befindet.
- Die Wahl des Detaillierungsgrades, der für die oberste Darstellungsebene im Text gewählt wird. Die in hohem Maße konventionalisierte Aufgliederung in der Konzeptualisierung von Sachverhalten, seien es Objekte oder Ereignisse, in kleinere Einheiten bildet die Voraussetzung dafür, daß den jeweiligen Differenzierungsebenen unterschiedlicher Status im Hinblick auf Sprachplanungsprozesse zukommen kann.
- Die Serialisierung der Teilinformationen. Mit der Einführung eines bestimmten Sachverhaltes als Gegenstand der Rede liefert dessen Beschaffenheit Vorgaben für die Abfolge, in der die einzelnen Informationssegmente präsentiert werden. Zu betonen ist, daß mit den Eigenschaften des Sachverhaltes selbst nicht die Festlegung auf einen Serialisierungsprinzip verbunden ist, sie schränken die Möglichkeiten, die prinzipiell gegeben sind, lediglich ein.

Soweit haben wir allgemein betrachtet, welche Implikationen sich für die Textplanung aus dem mit der Quaestio aufgerufenen Sachverhalt ergeben (vgl. hierzu den Begriff der Fokusinformation in der Sprachpsychologie; Herrmann, 1985, S. 205ff.).

Eine Quaestio führt nun einen Sachverhalt nie in neutraler Weise ein. Es tritt grundsätzlich eine *Perspektive* hinzu, unter der der jeweilige Sachverhalt zum Thema gemacht wird. (vgl. die Begriffe "mental eye", "viewing point" bei Talmy, 1988, S. 194; "conceptual perspective point" bei Brown & Yule, 1983, S. 147f.).

---

* Es ist hier anzumerken, daß diese Konzepte im wesentlichen in Verstehensstudien entwickelt und überprüft wurden. Wie Sprecher in ihrem Textplanungsprozeß darauf Bezug nehmen, ist im Vergleich sehr viel seltener untersucht worden (vgl. Kohlmann, Scharnhorst, Speck & von Stutterheim, 1989).

** Hier sollen keine Annahmen über das Format von Wissensstrukturen gemacht werden. Wir können uns jedoch auf kognitionspsychologische Arbeiten stützen (vgl. Galambos, Abelson & Black, 1986; Mandl & Spada, 1988) und auch aus den linguistischen Befunden auf bestimmte notwendige Eigenschaften des sprachlich umgesetzten Wissens schließen.

Bezogen auf Sprachproduktion bedeutet dies, daß der Aufbau einer komplexen konzeptuellen Struktur, die einem Text zugrunde liegt, unter einer bestimmten Perspektive erfolgt, die einen Entscheidungsfaktor für Auswahl, Anordnung und Gewichtung der Informationen darstellt.

In einer komplexen Informationsstruktur, wie sie beispielsweise eine Erzählung oder eine Wohnungsbeschreibung bildet, können die Effekte perspektivisch gebundener Konzeptualisierung auf unterschiedlichen Ebenen der inhaltlichen Struktur zur Wirkung kommen. Auf globaler Ebene ergibt sich für den Sprecher eine "strategy of presentation" – wie Brown & Yule (1983, S. 148) es nennen –, die Kriterien für Selektion und Verknüpfung von Informationen liefert. Auf dieser Ebene sind Entscheidungen angesiedelt, ob man einen Sachverhalt beispielsweise unter erzählender oder unter beschreibender Perspektive betrachtet. In dem einen Fall werden Ereignisse thematisiert, im anderen Fall vielleicht Endzustände dieser Ereignisse. Diese globalen Perspektiven unterscheiden sich wiederum danach, ob aus der Sicht von Person A, B oder C erzählt wird oder ob zum Beispiel Sprecher oder Hörer als räumliche Origo einer beschreibenden Perspektive angenommen werden (vgl. den Begriff des 'Wie'-Schemas in Herrmann et al., 1992).

Die Entscheidung für eine spezifische globale Perspektive hat Konsequenzen für die Wahl der einzelnen Informationsbausteine auf Äußerungsebene. So wird im Falle der Erzählung ein Agens bestimmt sein, damit verbunden ein bestimmter Verbtyp und eine spezifische Zeitreferenz. Eine beschreibende Perspektive wird in diesen Bereichen zu einer unterschiedlichen Informationsstruktur führen.

Es ist kennzeichnend für einen kohärenten Text, daß die globale Struktur von einer *konstanten Perspektive* aus geplant ist. Dies bedeutet nicht, daß innerhalb des Textes die Perspektive nicht gewechselt werden kann, aber – und dies ist ein Grundprinzip der Textplanung, das wir immer wieder finden – ein Wechsel der Perspektive erfolgt dann vor dem Hintergrund der global etablierten Perspektive. In der sprachlichen Umsetzung zeigt sich dies darin, daß Perspektiven*wechsel* in besonderer Weise zum Ausdruck gebracht werden muß, während andererseits die Rückkehr zur 'top-level'-Perspektive unmarkiert erfolgen kann (vgl. Carroll, 1993a,b; Canisius, 1987).

Zusammenfassend ist festzuhalten, daß mit der Quaestio ein 'conceptual perspective point' auf den darzustellenden Sachverhalt festgelegt wird, der in seiner Reichweite unterschiedlich spezifiziert sein kann. Die durch die Quaestio eingeführte Perspektive gilt global und bildet in gewisser Weise den 'default'-Wert für sprachliche Umsetzung, in der Weise, daß Perspektivenwechsel explizit markiert werden müssen.

Strukturelle Vorgaben: Auf der Grundlage der inhaltlichen Vorgaben ergeben sich aus einer Quaestio strukturelle Vorgaben für den Aufbau eines Textes, die sich, global wirksam, auf den Informationsaufbau der einzelnen Äußerung auswirken. Unter strukturellen Vorgaben der Quaestio verstehen wir solche, die sich auf Eigenschaften des Informationsaufbaus auf der Ebene der 'Diskursrepräsentation' beziehen (vgl. hierzu die Begriffe "Enkodierinput" (Herrmann, 1985) oder "preverbal message" (Levelt, 1989)).

Der Implikationszusammenhang, der ausgehend von der globalen Ebene Eigenschaften der Informationsstruktur auf lokaler Ebene bestimmt, sei besonders betont, da textlinguistische (van Dijk, 1980) und auch psycholinguistische Modelle (vgl. Levelt, 1989) des Textaufbaus mit dem Begriffspaar "Makrostruktur" und "Mikrostruktur" zum Teil nahelegen, es handele sich hier um zwei getrennte Ebenen, auf denen unterschiedliche 'Aufgaben' zu lösen seien.

> »The process of generating messages was then analyzed as a two step process, with macroplanning followed by microplanning. Macroplanning consists of elaborating the communicative intention in a sequence of goals and subgoals and, for each subgoal, selecting information whose expression will be a realization of the subgoal. Microplanning finalizes each speech act for expression by providing the message with an information structure that will guide the addressee in inferring the communicative intention.« (Levelt, 1989, S. 158).

Obwohl in Levelts Ausführungen zu den einzelnen Aspekten dieser Planungsschritte deutlich wird, daß die Mikroplanung, das heißt die Planung einer einzelnen Äußerung in hohem Maße abhängig von den auf der Makroebene getroffenen Entscheidungen ist, wird diesem Zusammenhang wenig Aufmerksamkeit gewidmet. Im Unterschied dazu wird ihm in unseren Überlegungen großes Gewicht beigemessen, da er unseres Erachtens die Voraussetzung dafür bildet, daß Sprecher komplexe Informationsstrukturen aufbauen und in kohärente, möglicherweise sehr lange Texte umsetzen können.

(a) Hauptstruktur–Nebenstruktur: Betrachten wir noch einmal die Quaestio "Wie sah deine alte Wohnung aus" und einen möglichen Antworttext:

(1) "Sie hatte 4 Zimmer und eine relativ große Küche.
(2) Die Räume waren sehr hoch und hell
(3) zwei gingen zur Straße und drei auf einen grünen Hof
(4) dort haben die Kinder immer gespielt
(5) so etwas fehlt uns jetzt..."

Es fällt nicht schwer, in diesem kurzen Text die Äußerungen nach ihren Funktionalität für die Beantwortung der Frage zu unterscheiden. Während die ersten vier Äußerungen direkte Informationen 'zum Punkt' geben, führen die beiden letzten Äußerungen in unterschiedlicher Weise über den gesetzten Rahmen hinaus. In Äußerung (4) wird auf Ereignisse Bezug genommen, die über die Raumreferenz mit dem thematisierten Objekt verbunden sind, und nicht – wie in der Quaestio gefordert – auf Eigenschaften des Objektes "Wohnung". Äußerung (5) verläßt den Raum-/Zeitrahmen ganz und gar und führt einen Vergleich mit Zuständen der Gegenwart ein. Diese Äußerungen sind also nicht als Antworten auf die Frage "Wie sah deine alte Wohnung aus?" anzusehen. Sie wirken aber dennoch in keiner Weise deplaziert, da sie durch Komponenten der Referenzstruktur mit den anderen Äußerungen verknüpft sind.

Wir schließen aus dieser Beobachtung, daß mit der Quaestio eine strukturelle Vorgabe verbunden ist, die den Antworttext in zwei Ebenen gliedert: diejenige, zu der Äußerungen gehören, die als Antwort auf die Quaestio anzusehen sind, und diejenige, die alle übrigen Äußerungen umfaßt. Wir sprechen im folgenden von der *Hauptstruktur* und einer heterogenen Gruppe von *Nebenstrukturen**.

Es stellt sich nun die Aufgabe, die Kriterien zu formulieren, nach denen Äußerungen eines Textes eindeutig den beiden Ebenen zugeordnet werden können. Wechseln wir die Perspektive von der Betrachtung des Produktes auf die Betrachtung des Prozesses, so liefern die Kriterien für die Bestimmung der Hauptstruktur dem Sprecher die Vorgaben für die übergreifende Planung eines kohärenten Textes.

Eine Bemerkung sei den folgenden Überlegungen noch vorangestellt. Wenn wir hier über 'Vorgaben' und 'Grundmuster inhaltlicher Organisation' in Abhängigkeit von einer Quaestio sprechen, so ist damit nie ein deterministisches Verhältnis gemeint. Sprecher können jederzeit aus solchen Mustern aussteigen oder sie modifizieren. Aber – und hierin liegt der entscheidende Punkt – Ausstieg oder Modifikation werden dann als solche erkennbar sein.

Mit der Quaestio sind Festlegungen verbunden, die sich als *Kohärenzmuster* beschreiben lassen**. Zwei Typen der Kohärenzbildung sind hier zu unterscheiden, denen unterschiedliche Funktion bei der Selektion und Sequenzierung der Informationen zukommt:

- die statische,
- die dynamische.

'Statische Kohärenz' bezieht sich auf diejenigen Komponenten eines aufgerufenen Sachverhaltes, die beim Aufbau einer entsprechenden Informationsstruktur konstant bleiben, die den *Referenzrahmen* für eine Menge von Einzelinformationen bilden. Kommen wir noch einmal auf unser Beispiel "Wohnungsbeschreibung" zurück. Für den Antworttext auf die Frage "Wie sah deine alte Wohnung aus?" ist eine konstante Zeitreferenz eingeführt (ein Intervall vor t_0), die Modalität (faktisch) und ein lokaler Rahmen (der Ort der Wohnung) sind festgelegt. Diese referentiellen Besetzungen der Domänen Zeit, Ort und Modalität gelten für den gesamten Text und sind als Kriterien für die Zuordnung einer Teilinformation zur Hauptstruktur anzusehen. Im Text bleiben diese Angaben in allen Äußerungen der Hauptsstuktur erhalten. Dies muß nicht unbedingt explizit erfolgen. Es ist viel eher der Fall, daß die konstanten Bestandteile einer Informationsstruktur, die in gewisser Weise die Rahmenelemente der gesamten Struktur bilden, implizit bleiben.

Der dynamische Aspekt der Kohärenzbildung deckt sich mit dem, was in der psychologischen Forschung als 'Linearisierungsprinzip' beschrieben wird. Der

---

* In der textlinguistischen Literatur findet sich in diesem Zusammenhang das Begriffspaar "Vordergrund/Hintergrund" (vgl. Brown & Yule, 1983). Wir schließen uns dieser Terminologie nicht an, da die Kriterien für die Unterscheidung Haupt-/Nebenstruktur auf einer anderen Ebene definiert sind und weil sie allgemein für jeden Texttyp gelten sollen und nicht – wie im Falle der Kategorien Vordergrund/Hintergrund – nur für Erzählungen (vgl. zur Diskussion der Beschreibungskategorien Klein & von Stutterheim 1992).

** Es gibt umfangreiche textlinguistische Literatur zu Themenbereichen wie Kohärenz, Makrostruktur, thematische Progression, in der vieles, was im folgenden gesagt wird, bereits angesprochen ist, allerdings in der Regel unter anderen Blickwinkeln (vgl. zur Übersicht Brown & Yule, 1983; Vater, 1992).

lineare Charakter der Sprache erfordert den sequentiell organisierten Zugriff auf das zu verbalisierende Wissen. Nach Levelt (1981) bildet das Linearisierungsprinzip das Prinzip, nach dem aus einer komplexen Wissensstruktur Teile aufgerufen werden, um in eine lineare Folge von Äußerungen umgesetzt werden zu können. Für die Planung eines kohärenten Textes gilt, daß der Sprecher einen 'roten Faden' entwickeln muß, eben den eingangs genannten Weg. Kohärente Texte sind dadurch gekennzeichnet, daß sie einem *einheitlichen Linearisierungskriterium* folgen. In Erzählungen ist dies beispielsweise die zeitliche Struktur der dargestellten Ereignisse. Das Kriterium, nach dem die Teile einer Wissensstruktur aufgerufen werden, lautet: "Was geschah dann ... und dann ... und dann ...?"

Das in der Zeitdomäne verankerte Linearisierungsprinzip scheint in gewisser Weise für den Textaufbau optimal zu sein, denn es wird auch für Sachverhalte gewählt, die selbst keine temporale Struktur aufweisen. So kann beispielsweise auf eine statische räumliche Struktur eine temporale Struktur projiziert werden, indem ein imaginärer Wanderer sie durchläuft. Die Folge dieser Bewegungsereignisse erscheint dann als Linearisierungskriterium eines beschreibenden Textes (vgl. den Begriff der imaginären Wanderung bei Carroll, 1993c; Carroll & von Stutterheim, 1993; Ehrich & Koster, 1983; Linde & Labov, 1975).

Nicht jede räumliche Konfiguration läßt jedoch die Projektion einer temporalen Struktur zu. So werden in Beschreibungen auch räumliche Eigenschaften eines Sachverhaltes zur Grundlage für die Linearisierung der Informationen im Text (vgl. Carroll, 1993a; Levelt, 1982). Ein Grundtyp raumbasierter Sequenzierung ließe sich mit folgender Fragesequenz paraphrasieren: "Was ist am Ort x, was ist daneben/darüber/darunter..., was wiederum daneben/darüber/darunter..." Im Unterschied zum Prinzip der chronologischen Abfolge gibt es bei raumbasierter Linearisierung eine Reihe von Alternativen. Dies liegt an den logischen Eigenschaften der Konzeptdomänen Raum und Zeit. Wir wollen hier nicht im einzelnen darauf eingehen, sondern zunächst allgemein festhalten, daß globale Linearisierungsstrategien für Texte in unterschiedlichen konzeptuellen Domänen verankert sein können, allerdings, und dies ist zu betonen, innerhalb eines Textes einheitlich sein müssen. Diese Aussage stellt allerdings eine Vereinfachung dar, insofern es die Möglichkeit gibt, unterschiedliche Linearisierungsmuster im Rahmen eines Textes zu kombinieren (s. unten 3.2). Sie läßt sich jedoch in dem Sinne aufrecht erhalten, daß auf oberster Ebene ein Kohärenzmuster etabliert wird, Abweichungen von diesen Strukturen sind hierarchisch zugeordnet.

Fassen wir die Vorgaben, die sich auf die Kohärenz eines Textes beziehen, noch einmal zusammen. Aus einer Quaestio lassen sich Vorgaben darüber ableiten, welche inhaltlichen Komponenten in den Hauptstrukturäußerungen *erhalten* bleiben, welche der *Anbindung* dienen und damit auch, in welchen Bereichen *neue* Information gegeben werden muß. Diese strukturierte Informationsentfaltung im Text beschreiben wir als Muster der *referentiellen Bewegung*.

Das Verhältnis zwischen einer Quaestio und den mit ihr aufgerufenen Kohärenzmustern ist sicherlich nicht in der Weise deterministisch, daß universell eine bestimmte Frage ein bestimmtes Textaufbaumuster zur Folge hat. Die Vorgaben, die wir beschreiben und deren Wirksamkeit wir in den Texten finden, sehen wir als Konventionen an. Es ist nicht auszuschließen, sogar sehr wahrscheinlich, daß eine Reihe der Prinzipien sprach- bzw. kulturspezifisch sind (vgl. Berman & Slobin, 1994; Carroll, 1993a,b).

(b) Topik-Fokus-Struktur: Einen weiteren Bestandteil der strukturellen Vorgaben bilden Prinzipien der Topik-Fokus-Verteilung. Wir gehen in einem eigenen Abschnitt darauf ein, da die Begriffe Topik und Fokus in der Literatur in vielfältigster Bedeutung verwendet werden und gerade auch Psychologie und Sprachwissenschaft in der Terminologie stark voneinander abweichen.

Wie wir oben bereits kurz eingeführt haben, definieren wir Topik und Fokus anhand eines Frage/Antwortpaares. Die Topik wird durch diejenigen Elemente gebildet, die eine Menge von Alternativen festlegt, aus der eine zu spezifizieren ist. Diese bildet den Fokus des Antwortsatzes.*

Vergleichen wir nun die Frage, die mit einer einzelnen Äußerung beantwortet wird, mit der, die einen gesamten Text hervorruft. Im Prinzip unterscheiden sie sich nicht in ihren Funktionen für die Informationsstrukturierung. Ein Unterschied besteht allerdings darin, daß im ersten Fall lediglich einzelne Referenten (zum Beispiel eine Ortsangabe, Zeitangabe oder Personenangabe) zu spezifizieren sind, während im Fall einer Textfrage eine referentielle Struktur erfragt ist, die über mehrere Äußerungen hinweg zu entwickeln ist. Die Quaestio legt also *Topikbedingungen* und *Fokusbedingungen* für den Antworttext fest.

Greifen wir noch einmal die Situation des Sprechers auf, der einen komplexen Sachverhalt sprachlich darstellen muß. Die inhaltlichen Vorgaben liefern ihm Kriterien für die Selektion und Anordnung der Information, die strukturellen Vorgaben für den Aufbau der Hauptstruktur beziehen sich auf Kohärenzmuster oder – wie wir es nennen wollen – auf Bedingungen der referentiellen Bewegung von einer Äußerung zur nächsten. Die globalen Topik/Fokus-Vorgaben liefern Kriterien für die Informationsverteilung auf der Ebene der Einzeläußerung und damit Voraussetzungen für die Entscheidung im Hinblick auf bestimmte sprachliche Darstellungsmittel wie Wortstellung, Determinationsgrad, Intonation und andere.

2.4 Modifizierende Faktoren

Drei Vorbemerkungen: Bisher haben wir die Quaestio als eine sehr mächtige Instanz dargestellt, die dem Sprecher nur wenig Spielraum für den globalen Aufbau seines Textes läßt. Dabei zeigt doch ein Blick in die Empirie, wie vielfältig Antworten auf Fragen ausfallen können. Wie passen die Annahmen über den Einfluß der Quaestio und die Beobachtungen, die man in der Wirklichkeit machen kann, zusammen?

Hierzu ist dreierlei zu sagen. Zum einen ist die Variation, die man als 'naiver' Sprecher erwartet, gar nicht in dem Umfang gegeben. Stellt man einer Gruppe von Sprechern eine einheitliche kommunikative Aufgabe und hält dabei weitere Einflußgrößen möglichst konstant, so ergeben sich Texte, die in ihrer Struktur erstaunlich homogen sind.

---

* Topik entspricht in dieser Verwendungsweise daher eher dem, was in der Psychologie als 'focus of attention' verstanden wird (vgl. Engelkamp & Zimmer, 1983; Herrmann, 1985).

Das bedeutet nicht, daß es nicht auch immer wieder Situationen gibt, in denen Sprecher eine Quaestio mit einem unangemessenen Text beantworten. Sprecher können im Verlauf ihrer Rede 'das Thema wechseln' und damit implizit neue Vorgaben setzen. Sie können auch Texte 'ohne roten Faden' produzieren oder im Verlauf der Rede vom Wege abkommen, was in der Regel dann zu Verständnisschwierigkeiten führen wird.

> »So muß auch die Rede, der dieser Vorzug [der Ordnung] fehlt, unvermeidlich ins Gedränge kommen, ohne Lenkung dahinströmen und ohne inneren Zusammenhang vieles wiederholen, vieles übergehen, als irrte sie bei Nacht in unbekanntem Gelände« (Quintilian, Bd. 2, S. 3).

Die Tatsache, daß Texte dieser Art als in der einen oder anderen Weise gegen die Fragestellung verstoßend beurteilt werden, verweist jedoch wiederum auf den 'unmarkierten Fall', die angemessene Bearbeitung einer kommunikativen Aufgabe, um die es uns in unseren generellen Überlegungen ging.

Als dritter Punkt ist festzuhalten, daß es natürlich auch systematische Variation gibt, die allerdings – so wollen wir in dieser Arbeit argumentieren – *im Rahmen* der globalen Quaestio-Vorgaben verläuft. Wir wollen im folgenden, auf Ergebnisse der empirischen Untersuchungen aufbauend, einige der Faktoren nennen und kurz beschreiben, die Einfluß auf den globalen Textaufbau nehmen und damit zu Modifikationen der durch die Quaestio vorgegebenen Strukturmuster führen können.

Kognitionsphase: Wir übernehmen diesen Terminus von Herrmann et al. (1989), die damit den der Textproduktion notwendig vorausgesetzten Vorgang der Wissensaufnahme bezeichnen. Es ist die Phase, in der ein (zukünftiger) Sprecher einen externen Sachverhalt wahrnimmt und Wissen darüber selektiv und perspektivisch gedeutet in seinem Gedächtnis speichert. Das Ergebnis einer Kognitionsphase beschreiben Herrmann et al. (S. 9) so:

> »Das am Ende der Kognitionsphase vorliegende kognitive Repräsentat R eines (konstanten) objektiven Sachverhaltes S ist abhängig von S und vom aktivierten Was-Schema A (A1, A2 ... An). Die Aktivierung eines Was-Schemas A in der Kognitionsphase ist multipel determiniert (vgl. Art des objektiven Sachverhaltes S, Vorwissen, Attitüde etc.).«

Herrmann et al. zeigen in erster Linie für die Informationsauswahl, daß die Kognitionsphase Einfluß auf die sprachliche Darstellung eines Sachverhaltes hat.

Wir nehmen daher an, daß sich die Modalität der Wissensaufnahme bei der Wissenswiedergabe geltend machen kann, sobald dieses Wissen durch eine Quaestio aufgerufen wird. Kommt es dabei zu einer 'Konfliktsituation', indem zum Beispiel die globale Perspektive, die in der Kognitionsphase eingenommen wurde, durch die Quaestio-Vorgaben für den Aufbau einer Informationstruktur ausgeschlossen wird, so kann es zu Schwierigkeiten bei der Einhaltung einer einheitlichen Perspektive im Verlauf der Textproduktion kommen. Die Perspektive, unter der Wissen aufgenommen und gespeichert wurde, kann eine Komponente der

Quaestio-Vorgaben auf globaler Ebene überlagern (vgl. von Stutterheim & Speck, 1993).

Wissenseinbettung: Eine weitere Einflußgröße, die sich auf den Aufbau eines Textes in seinen globalen Strukturmerkmalen auswirken kann, sind Eigenschaften der jeweiligen Wissensstruktur, die in Sprache umgesetzt werden soll. Auch hier kommen wir auf das Gebiet der Psychologie, auf deren Arbeiten zu Prinzipien der Wissensorganisation wir uns stützen können (vgl. Galambos, Abelson & Black, 1986; Mandl & Spada, 1988).

Wir greifen zwei Beispiele heraus, um die Zusammenhänge zu verdeutlichen. Wissen über einen bestimmten Sachverhalt kann – wie oben bereits dargestellt – schematische oder standardisierte Anteile mit akzidentellen, individuellen verbinden.

Wenn der Sprecher eine konzeptuelle Struktur aufbaut, indem er Informationen selegiert und anordnet, so ist eine maßgebliche Größe für seinen Plan die beim Hörer hierzu bereits vorhandene Wissensbasis. Standardwissen oder schematisches Wissen kann als geteiltes Wissen in einer Sprachgemeinschaft gelten.

Als zweiten Bereich möchten wir die interne Wissensorganisation nennen. Wissen über Sachverhalte hat eine interne Struktur, darüber sind sich die Kognitionspsychologen einig. Nicht einig sind sie sich darin, wie diese Wissenstrukturen zu modellieren sind (vgl. Tack, 1987). Feststeht jedoch, daß Wissen in vielen Bereichen *hierarchisch* organisiert ist. Für den Textproduktionsprozeß kann es nun von Bedeutung sein, welche Eigenschaften eine Wissensstruktur im Hinblick auf das Merkmal "hierarchisch" besitzt. So kann beispielsweise ein Wechsel in der Hierarchieebene im Verlauf der Textproduktion dazu führen, daß das global angelegte Linearisierungskriterium aufgegeben und durch ein anderes vorübergehend ersetzt wird – ohne daß dadurch die Hauptstruktur des Textes verlassen würde (vgl. Carroll, 1993a). Modifikationen der Globalstruktur dieser Art finden sich in den Texten, und man muß psychologische Konzepte heranziehen, um sie angemessen beschreiben zu können.

2.5. Konzeptualisierung und sprachliche Form

In unseren bisherigen Überlegungen haben wir den Einfluß der Vorgaben auf den der sprachlichen Darstellung notwendig vorausgehenden Konzeptualisierungsvorgang bezogen. Sie wirken sich auf die Selektion und Anordnung von Informationen aus, die in Sprache umgesetzt werden sollen. Darüber vermittelt nehmen sie Einfluß auf den letzten Schritt im Textproduktionsprozeß, die sprachliche Darstellung. Der Sprecher muß sich letztlich Wort für Wort entscheiden, wie er die selegierten Inhalte sprachlich 'verpackt', und dabei stehen ihm für ein und denselben propositionalen Gehalt 'Verpackungsalternativen' (vgl. Foley & van Valin, 1985) zur Verfügung. So muß er sich im Deutschen für eine bestimmte Wortfolge entscheiden, er kann eine aktivische oder passivische Darstellungsform wählen, er muß sich im Hinblick auf den Determinationsgrad einer Nominalphrase (zwischen Ellipse und voller NP) entscheiden – um nur einige Beispiele für Verpackungsvarianten zu nennen.

Für einige Bereiche des sprachlichen Systems haben wir gezeigt, wie globale Vorgaben die Entscheidung des Sprechers im Hinblick auf die sprachliche 'Verpackung' steuern. So konnte nachgewiesen werden, daß die Wahl des Artikels (definit/indefinit) von globalen Bedingungen abhängt (vgl. Mangold et al., 1992; von Stutterheim et al., 1993; Kohlmann, 1993); auch für Ausdrucksvarianten im Bereich der Raumreferenz (Adverbien versus Präpositionalphrasen) ließ sich zeigen, daß durch die Quaestio bedingte Kriterien der Entscheidung des Sprechers zugrunde liegen (vgl. Carroll & von Stutterheim, 1993). Zusammenhänge zwischen sprachlicher Form und Globalstruktur konnten auch für den Bereich Subordination, für spezifische Wortstellungsvarianten (von Stutterheim & Carroll, 1993) und für den Gebrauch von Modalverben (von Stutterheim, 1993) belegt werden.

Wir wollen hier nicht auf Einzelheiten dieser Untersuchungen eingehen. Festzuhalten ist, daß der Sprecher sich bei der Entscheidung für die jeweilige sprachliche Form auf ein Netz von Kriterien stützt, die zum Teil global festgelegt, zum Teil lokal bedingt sind. Für die Erklärung der Entscheidungsprozesse muß man annehmen, daß die Kriterien unterschiedlich gewichtet sind.

3. Textproduktion zwischen Routine und Problemlösen

In den vorangehenden Abschnitten haben wir den Schwerpunkt darauf gelegt, wie der Weg, den ein Sprecher bei der Produktion eines komplexen Textes nimmt, festgelegt wird und woran dieser sich orientieren kann, um nicht vom Wege abzukommen. So gesehen, könnte man annehmen, mit der Quaestio würde ein bestimmtes Schema aufgerufen – charakterisiert durch das, was wir als Vorgaben bezeichnet haben. Daß dies ein falsches Bild des Textproduktionsprozesses wäre, daß es sich vielmehr um einen *im Prinzip* zu jedem Zeitpunkt kontrollierten Vorgang handelt, sollen die folgenden Befunde empirischer Untersuchungen zeigen. Aktuelles Problemlöse-Verhalten des Sprechers zeigt sich im Hinblick auf alle Schritte, die im Prozeß der Textproduktion durchlaufen werden. Wir wollen dies anhand von drei Detailstudien deutlich machen, die sich auf Informationsselektion (3.1), Textaufbau (3.2) und sprachliche Formulierung (3.3) beziehen.

3.1 Informationsselektion

Die Untersuchung, deren Ergebnisse wir hier kurz zusammenfassen, geht der Frage nach, in welcher Weise Standardwissen – als zwischen Sprecher und Hörer geteiltes Wissen – als Größe in den Textplanungsprozeß eingeht. Es ist vielfältig nachgewiesen worden, daß gemeinsames Wissen in der Kommunikation unterstellt und vom Sprecher kontrolliert in die Planung seiner Rede miteinbezogen wird. Die hier berichtete Studie untersucht einen Teilaspekt dieses Zusammenhanges. Anhand von Instruktionen zum Bau einer kleinen Bauklotzkonstruktion soll überprüft werden, ob Standarddurchführungen einer Handlung in anderer Form angeleitet werden als vom Standard abweichende Handlungen.

30 Versuchspersonen produzierten Instruktionen mit identischem Stimulusmaterial, wobei Handlungen anzuleiten waren, die in standardisierten und non-

standardisierten Zielzuständen resultierten. Nimmt man an, daß mit der Quaestio "Wie baue ich x auf?" die Spezifikation von Handlungsschritten, die jeweils in einzelnen kausativen Bewegungshandlungen bestehen, in chronologischer Folge verlangt ist, so ist damit die Hauptstruktur des Antworttextes vorgegeben, die möglicherweise durch weitere Informationen, zum Beispiel über Ausgangszustände und Zielzustände, zu ergänzen ist. Zielzustände müssen expliziert werden, wenn aus dem Handlungsschritt selbst die entsprechende Information nicht abgeleitet werden kann ('non-standardisierte Zielzustände'). Wenn zum Beispiel ein Bauklotz um einen Zentimeter versetzt auf einen formgleichen gelegt werden soll, so muß diese Information gegeben werden.

Die Ergebnisse der Auswertungen sind eindeutig und wenig überraschend. Sprecher explizieren non-standardisierte Zielzustände grundsätzlich, während sie standardisierte implizit lassen (für die ausführliche Darstellung der Studie vgl. Wintermantel, von Stutterheim & Speck, 1993).

Doch eine Konsequenz dieser Befunde wollen wir festhalten. Sprecher produzieren nicht nach einem globalen Schema eine Reihe von 'Handlung + Zielzustand'-Einheiten, sondern kontrollieren bei jedem Schritt, welchen Wissensstand sie diesbezüglich beim Hörer unterstellen können.

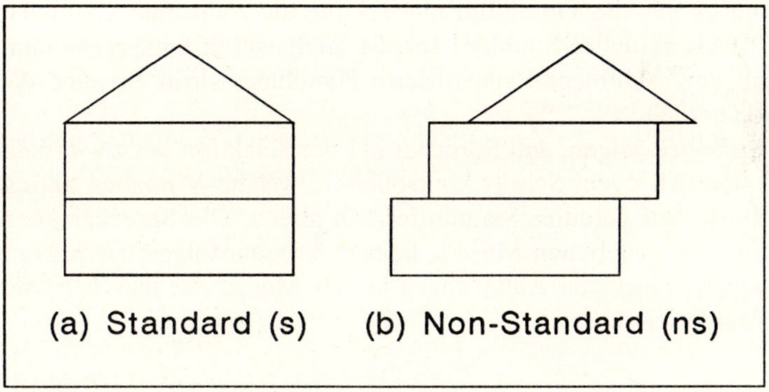

Abb. 1: Standard- und Non-Standard-Zielzustand in einer Instruktionsaufgabe.

Nun könnte man dennoch annehmen, daß das Wissen, das die Sprecher bei der Produktion einer Instruktion über den Sachverhalt aktivieren, bereits die entsprechenden Merkmale (± Standard) für die einzelnen Handlungsschritte im Sinne eines 'Was-Schemas' (vgl. Herrmann et al., 1992) enthält. Dann ließe sich die jeweils der geteilten Wissensbasis angepaßte Selektion von Informationen wiederum als Ergebnis einer Bearbeitungsroutine erklären, die, zu Beginn aufgerufen, den Zugriff während der gesamten Textproduktion steuert.

Um diese Hypothese zu überprüfen, wurde eine weitere Untersuchung durchgeführt. Wiederum sollten Versuchspersonen Instruktionstexte produzieren, wobei die anzuleitenden Handlungsschritte sich im Hinblick auf Standard/Non-Standard unterschieden (vgl. Abbildung 1).

Überprüft werden sollte nun, wie Sprecher die in die Zielpositionen (a) und (b) mündenden Handlungsschritte als Bestandteile einer komplexeren Instruktionsaufgabe in Abhängigkeit von der Reihenfolge sprachlich darstellen. Zwei Gruppen von Versuchspersonen (15 pro Gruppe) produzierten Instruktionstexte, wobei die eine Gruppe (s – ns) in der Anleitung der Reihenfolge *(a) dann (b)* folgte, die andere Gruppe (ns – s) der Reihenfolge *(b) dann (a)*. Die Auswertungen ergeben, daß die verbalisierte Information in Abhängigkeit von der gewählten Reihenfolge variiert. Während die Gruppe (s – ns) bei dem zuerst genannten Handlungsschritt (a) einheitlich keinen Zielzustand nennt und bei dem darauffolgend spezifizierten Handlungsschritt (b) dann die Abweichung hinsichtlich der Zielposition expliziert, verbalisieren Sprecher der Gruppe (ns – s) den Zielzustand für den von ihnen zunächst angeleiteten Handlungsschritt (b) *und für dem darauffolgend angeleiteten Handlungsschritt (a)* (vgl. für die ausführliche Darstellung von Stutterheim et al., 1993).

Wir sehen darin einen Effekt des lokalen Informationsaufbaus auf die Festlegung dessen, was als geteiltes Wissen angenommen werden kann. Für die Gruppe (s – ns) gilt ein konventionell bestimmter Standard in Bezug auf 'aufeinanderlegen-Handlungen' von Bauklötzen, und daher muß im ersten Schritt für die Konfiguration (a) die Zielposition der Objekte nicht näher spezifiziert werden. In der Gruppe (ns – s) wird dieser konventionell gültige Standard kontextuell außer Kraft gesetzt, und es gilt die Durchführung des für diese Gruppe ersten Handlungsschrittes (b) als aktueller Standard für die Zielposition entsprechender Objekte. Daher muß der nachfolgend spezifizierte Handlungsschritt (a) eine Angabe der Zielposition enthalten.

Die Ergebnisse zeigen, daß Sprecher bei der Selektion der zu verbalisierenden Informationen bei jedem Schritt kontrollieren, welche Vorgaben aktuell für den Hörer in bezug auf geteiltes Standardwissen gelten. Die Sprecher können dabei keinem global vorgegebenen Muster, keinem Schema folgen, sie müssen sich bei der Planung der einzelnen Äußerungen an der Menge der *jeweils gültigen* Bedingungsfaktoren orientieren.

3.2 Textstruktur

In dem folgenden Abschnitt soll anhand empirischer Untersuchungen gezeigt werden, daß Sprecher in der Linearisierung der dargestellten Information nicht schematisch einem Muster folgen, sondern immer wieder Modifikationen vornehmen, die, lokal bedingt, unter Beibehaltung des globalen Rahmens in den Text integriert werden. Wir müssen uns auch hier kurz fassen und verweisen auf ausführliche Darstellungen der entsprechenden Experimente.

Bei den Texten, die wir hier betrachten, handelt es sich um Beschreibungen unterschiedlicher Objekte. In dem ersten Versuch, auf dessen Ergebnisse wir uns beziehen, waren Versuchspersonen aufgefordert, eine Puppenstube zu beschreiben, in dem zweiten eine kleine Holzkonstruktion.

Puppenstube: Die Quaestio, die den Versuchspersonen vorgegeben wurde, lautete: "Kannst du bitte jemandem beschreiben, wie die Puppenstube aussieht?". Damit ist ein referentieller Rahmen festgelegt und verlangt, Eigenschaften des betreffenden Objektes zu spezifizieren. Ein Linearisierungskriterium ist – wie wir oben ausgeführt haben – mit der Quaestio nicht eingeführt, der Sprecher kann sich entscheiden, ob er eine raumbezogene oder eine objektbezogene Verkettung der Teilinformationen wählt. In der Regel folgen die Sprecher in diesem Fall einer raumbezogenen Linearisierung.(vgl. Carroll, 1993c). Wir geben ein typisches Textbeispiel:

(1) "... die Puppenstube besteht aus einem Zimmer
(2) es gibt *ein Fenster* an einer der Längsseiten
(3) an einer der Querseiten ist die Tür
(4) und *der Boden* ist mit Teppichboden ausgekleidet
(5) und auf diesem liegt ein kreisrunder grüner Teppich
(6) und auf dem steht ein Tisch aus Naturholz
(7) auf dem Tisch steht noch ein Kuchen ..."

Die überwiegende Anzahl der Äußerungen in diesem Text folgt einem einheitlichen referentiellen Aufbau: In der Raumdomäne wird die Anbindung geleistet (das Relatum ist das Thema oder ist bezogen auf das Thema (in 3) der vorangehenden Lokalisation), es folgt ein Positionsverb und abschließend als neue Information das zu lokalisierende Objekt (vgl. (3), (5), (6), (7)). Doch daß dieser referentielle Aufbau vom Sprecher nicht für geeignet angesehen wird, die gesamte inhaltliche Struktur, die zum Ausdruck gebracht werden soll, abzubilden, zeigen die Äußerungen (2) und (4). In diesen Äußerungen wird die Anbindung nicht über die Raumdomäne, sondern über die Objektdomäne geleistet (vgl. Kohlmann et al., 1989). Der Wechsel im Kohärenzmuster erfolgt – wie auch in anderen Texten dieser Art – nicht beliebig, sondern an charakteristischen Stellen. Dort, wo Teile eingeführt werden, die notwendiger Bestandteil des zu beschreibenden Gegenstandes sind, wie "Fenster" oder "Boden", können diese als Topikelemente die Anbindung gewährleisten. Eine räumliche Verankerung ist dann nicht notwenig.

Wir schließen aus diesen Befunden, daß Sprecher nicht einem einheitlichen, global etablierten Linearisierungsprinzip folgen, das in der Funktion einer Routine Entscheidungsvorgaben auf den verschiedenen Ebenen des Textproduktionsprozesses liefert. Sowie sich die Faktorenkonstellation, die die Entscheidungsprozesse des Sprechers steuert, ändert – wie in dem hier betrachteten Fall durch spezifische Eigenschaften des darzustellenden Sachverhaltes – paßt der Sprecher Aufbau und Ausdruck diesen Bedingungen an und lenkt so den Hörer im Verstehen einer vielschichtigen Informationsstruktur.

Holzobjekt: Parallele Befunde ergeben sich aus einer Untersuchung, in der Versuchspersonen ein kleines Holzobjekt beschreiben sollten. Aufgrund des spezifischen Sachverhaltes wird die Möglichkeit einer projizierten Tour durch das Objekt nicht zur Linearisierung der Teilinformationen gewählt. Überwiegend folgen die Sprecher einem raumorientierten Linearisierungsmuster (vgl. Carroll & von Stutterheim, 1993; von Stutterheim & Carroll, 1993), wie in folgendem Beispiel:

> "... zwischen diesen beiden Würfeln befindet sich eine lilafarbene Unterlegscheibe – rechts an diesem gelben Würfel ist wieder ein grüner Würfel befestigt mit einer grünen Schraube – zwischen dem Kopf der Schraube und dem grünen Würfel befindet sich eine Unterlegscheibe und ein Brett ein kleines Brett mit drei Löchern" (Vp76; zur ausführlichen Darstellung des Untersuchungsdesigns vgl. Mangold et al., 1992).

Dieses Muster findet sich durchbrochen, wenn einzelne Objekte in Größe oder Funktion anderen Objekten zugeordnet sind, wenn also eine Hierarchisierung der zu spezifizierenden Eigenschaften zum Ausdruck gebracht wird. Dann treten Sprecher aus dem in dem Beispiel gegebenen Muster heraus und wechseln zu einer objektbezogenen Anbindung, wie beispielsweise in der folgenden Äußerung:

> "... die Schraube befestigt zusätzlich noch ein Stück Holz an diesem Quadrat" (Vp 74).

Wieder zeigt sich, wie auf oberster Ebene der Textplanung wirksame Vorgaben aufgrund der Konzeptualisierung des Sachverhaltes lokal überprüft werden. Gerade durch die Absetzung von dem globalen Muster erhält eine andere Struktur ihre spezifische Funktion. In diesem Falle bringt die Variation die hierarchische Organisation der Informationen im Rahmen der Hauptstruktur zum Ausdruck.

3.3 Sprachliche Form

Als letzten Bereich wollen wir die Ebene der sprachlichen Formulierung betrachten. Auch hier könnte man argumentieren, daß, gegeben eine Menge von Beschränkungen für den Textaufbau, Sprecher bei der Wahl der sprachlichen Ausdrucksmittel bestimmten Formulierungsroutinen folgen. Einen Bereich, für den sich dies sinnvoll annehmen ließe, stellt die Wortstellung dar. Im Deutschen ist die Konstituentenreihung – mit Ausnahme einiger weniger syntaktisch geregelter Prinzipien – in hohem Maße von der Topik-/Fokusstruktur abhängig. Wie wir zu Beginn ausgeführt haben, ist die Topik-/Fokusgliederung für die Hauptstruktur eines Textes teilweise mit der Quaestio vorgegeben. So kann man erwarten, daß auf dieser Grundlage der Äußerungsaufbau im Rahmen der Hauptstruktur eines Textes relativ homogen ist. Dies ist in Texten wie Beschreibungen, Instruktionen oder Alltagserzählungen auch weitgehend der Fall. Doch finden sich ebenso immer wieder Modifikationen des globalen Musters, die auf eine Reihe von Gründen zurückzuführen sind.

Eine auch nur annähernd befriedigende Diskussion dieser komplexen Zusammenhänge kann im Rahmen des vorliegenden Aufsatzes keinesfalls geleistet werden (vgl. hierzu ausführlich Dietrich, 1993). Wir beschränken uns auf die Darstellung eines Phänomens, das die von Äußerung zu Äußerung kontrollierte Wahl von Wortstellungsmustern verdeutlicht.

Nehmen wir das Beispiel einer Instruktion. Das typische Muster, das sich für den Äußerungsaufbau ergibt, sieht folgendermaßen aus:

(1)	"dann	steckst	du	die grüne Schraube	in die helle Leiste"
	Zeit –	*Prädikat –*	*Person –*	*affiziertes Objekt –*	*Raumreferenz*

Es kann sich nun eine Fortsetzung der folgenden Art finden:

(2) "in das unterste Loch steckst du dann die rote Schraube"

Hier ist die Raumreferenz an die erste Stelle und die Zeitreferenz ins Mittelfeld hinter die Personenreferenz gerückt. Das Kriterium für diesen Wechsel im Aufbau liegt in dem besonderen Verlauf der referentiellen Bewegung. Die Raumreferenz in (2) führt eine Teilregion der Raumreferenz in (1) ein ("das unterste Loch der Leiste") und ist damit vom Typ "Eingrenzung" und nicht vom Typ "neu", was den Status im Rahmen der referentiellen Bewegung angeht. Wir nehmen an, daß die enge referentielle Anbindung im Bereich der Raumreferenz – im Kontrast zu dem global etablierten Muster – die beobachtete Umstellung bewirkt.

Die Liste der Phänomene, bei denen sich der Einfluß des vorausgehenden sprachlichen Kontextes auf die Wahl spezifischer Ausdrucksmittel zeigt, ließe sich unschwer fortsetzen. Der Schritt der Enkodierung ist sicherlich der Bereich, in dem der Einfluß spezifischer lokaler Bedingungen, zum Beispiel der vorausgehenden Äußerung, von niemandem bestritten würde.

4. Schlußbemerkung

Verbinden wir abschließend die generellen Überlegungen zu Prinzipien des Textaufbaus mit den Befunden der empirischen Analysen.

Auf die Frage, ob Textproduktion deterministisch in der Form der Schema-Instanzierung oder unter Einsatz von Problemlösestrategien erfolgt, gibt es eine klare Antwort: Beides trifft zu. Ein Sprecher gewinnt aus den durch die Quaestio festgelegten Vorgaben unter Einschluß des jeweiligen Gesprächskontextes Kriterien, die die Selektion, Serialisierung und zum Teil auch die sprachliche Formulierung steuern. Entscheidungsprozesse, die in diesem Rahmen laufen, müssen im Prinzip nicht auf neuen Bewertungen einer spezifischen Faktorenkonstellation beruhen. Sie können innerhalb des jeweiligen Rahmens Routinen folgen. Bliebe die Konstellation der Faktoren, die für den Textproduktionsprozeß maßgeblich ist, konstant, so ließe sich tatsächlich in Abhängigkeit von der jeweiligen kommunikativen Aufgabe ein Schema für die Textproduktion entwickeln.

Wie die empirischen Untersuchungen in kleinen Ausschnitten gezeigt haben, ist die Homogenität der Bedingungen in der Regel jedoch nicht gegeben. Die Faktoren, die als steuernde Größen in den Textproduktionsprozeß eingehen, können im Verlauf der Bearbeitung einer kommunikativen Aufgabe unterschiedliche Werte annehmen. Der Sprecher muß folglich jederzeit in der Lage sein, sein Grundmuster den Anforderungen gemäß zu variieren. Hierin sehen wir die Notwendigkeit begründet, daß der Sprecher Problemlösestrategien einsetzt, die auf der Grundlage eines global verankerten 'default'-Musters die Bewertung der veränderten Faktorenkonstellation ermöglichen. Modifikationen der betrachteten Art führen daher nicht zur Dispensierung der globalen Vorgaben, vielmehr erhalten sie ihren Stellenwert im Rahmen von und in Abgrenzung zu dem einmal etablierten Globalplan.

Um die Entscheidungsprozesse auf den Ebenen der Informationsselektion, -anordnung und -darstellung nachzeichnen zu können, bedarf es langwieriger empirischer Arbeit. Mit dem hier vorgestellten Ansatz ist lediglich ein Weg eröffnet, der allerdings – wie wir meinen – weiterführende Hypothesen zu bilden erlaubt, die in Produktionsexperimenten überprüfbar sind. Erste Schritte auf diesem Weg haben gezeigt, daß sich Einblicke in das komplexe Geflecht der an der Textproduktion beteiligten Faktoren gewinnen lassen. Die Arbeit an diesen Fragen, die Prozesse der Konzeptualisierung ebenso betreffen wie Prinzipien des Sprachgebrauchs, stellt aber auch besondere Anforderungen hinsichtlich Methodik und wissenschaftlicher Einbettung. Sie kann – und dies sei abschließend betont – letztlich nur erfolgreich sein, wenn Psychologen und Linguisten in interdisziplinärer Kooperation ihre Kenntnisbereiche zusammenführen.

Literatur

Bartlett, F. C. (1932). *Remembering: A study in experimental and social psychology*. Cambridge: Cambridge University Press.

Berman, R. & Slobin, D. I. (1994). *Relating events in narrative: A crosslinguistic developmental study*. Hillsdale: Lawrence Erlbaum.

Brown, G. & Yule, G. (1983). *Discourse analysis*. Cambridge: Cambridge University Press.

Canisius, P. (Hrsg.) (1987). *Perspektivität in Sprache und Text*. Bochum: Brockmeyer

Carroll, M. (1993a). Deictic and intrinsic orientation in spatial descriptions. A comparison between English and German. In J. Altarriba (Ed.), *Cogniton and culture: A cross-cultural approach to cognitive psychology*. Amsterdam: Elsevier

Carroll, M. (1993b). *Information organisation and direction of attention when structuring space in English and German*. Unveröffentlichtes Manuskript. Heidelberg: Universität, Institut für Deutsch als Fremdsprachenphilologie.

Carroll, M. (1993c). *Keeping spatial concepts on track in text production* (Arbeiten aus dem Sonderforschungsbereich 245 "Sprache und Situation" Heidelberg/Mannheim, Nr. 59). Heidelberg: Universität, Institut für Deutsch als Fremdsprachenphilologie.

Carroll, M. & von Stutterheim (1993). The representation of spatial configurations in English and German and the grammatical structure of locative and anaphoric expressions. Erscheint in *Linguistics*.

Clark, H. H. & Murphy, G. L. (1982). Audience design in meaning and reference. In J.-F. Le Ny & W. Kintsch (Eds.), *Language and comprehension* (pp. 287–299). Amsterdam: North-Holland.

Clark, H. H. & Marshall, C. R. (1981). Definite reference and mutual knowledge. In A. K. Joshi, B L. Webber & I. A. Sag (Eds.), *Elements of discourse understanding* (pp. 10–63). Cambridge: University Press.

Dietrich, R. (1993). Wettbewerb – aber wie? Skizze einer Theorie der freien Wortstellung. Erscheint in B. Haftka & M. Schmidt (Hrsg.), *Was determiniert Wortstellungsvariation?* Opladen: Westdeutscher Verlag.

van Dijk, T. (1980). *Textwissenschaft*. Tübingen: Niemeyer.

Engelkamp, J. & Zimmer, H. D. (1983). Foci of attention in comprehension and production of sentences. In G. Rickheit & M. Bock (Eds.), *Psycholinguistic studies in language processing* (pp. 119 – 137). Berlin: de Gruyter.

Ehrich, V. & Koster, C. (1983). Discourse organisation and sentence form. *Discourse Processes*, *6*, 169 – 195.

Foley, W. A. & van Valin, R. D. (1985). Information packaging in the clause. In T. Shopen (Ed.), *Language typology and syntactic description* (pp. 282 – 365). Cambridge: University Press.

Galambos, J. A., Abelson, R. & Black, J. B. (Eds.) (1986). *Knowledge structures*. Hillsdale: Lawrence Erlbaum.

Graumann, C. F. (1989). Perspective setting and taking in verbal interaction. In R. Dietrich & C. F. Graumann (Eds.), *Language processing in social context* (pp. 95 – 112). Amsterdam: North-Holland.

Herrmann, Th. (1985). *Allgemeine Sprachpsychologie*. München: Urban & Schwarzenberg.

Herrmann. Th., Dittrich, S., Hornung-Linkenheil, A., Graf, R. & Egel, H. (1989). *Sprecherziele und Lokalisationssequenzen: Über die antizipatorische Aktivierung von Wie-Schemata* (Arbeiten aus dem Sonderforschungsbereich 245 "Sprache und Situation", Nr. 3). Mannheim: Universität, Lehrstuhl Psychologie III.

Herrmann, Th., Kilian, E., Dittrich, S. & Dreyer, P. (1992). Was- und Wie-Schemata beim Erzählen. In H.-P. Krings & G. Antos (Hrsg.), *Textproduktion. Neue Wege der Forschung* (S. 147 – 158). Trier: WVT

Hoppe-Graff, S. (1984). Verstehen als kognitiver Prozeß. *Zeitschrift für Literaturwissenschaft und Linguistik*, *55*, 10 – 37.

Johnson-Laird, P. (1983). *Mental Models*. Cambridge: Harvard University Press.

Klein, W. & von Stechow, A. (1982). *Intonation und Bedeutung von Fokus* (Arbeitspapiere des SFB 99, Nr.7). Konstanz: Universität.

Klein, W. & von Stutterheim, C. (1992). Textstruktur und referentielle Bewegung. *Zeitschrift für Literaturwissenschaft und Linguistik*, *86*, 67 – 92.

Kohlmann, U. (1993). *Objektreferenz im Kontext*. Unveröffentlichte Dissertation. Heidelberg: Universität.

Kohlmann, U., Scharnhorst, U., Speck, A. & von Stutterheim, C. (1989). Textstruktur und sprachliche Form in Objektbeschreibungen. *Deutsche Sprache*, *2*, 137 – 169.

Levelt, W. J. M. (1981). The speaker's linearization problem. *Philosophical Transactions Royal Society London*, *B295*, 305 – 315.

Levelt, W. J. M. (1982). Linearization in describing spatial networks. In S. Peters & E. Saarinen (Eds.), *Processes, beliefs, and questions* (pp. 199 – 220). Dordrecht: Reidel.

Levelt, W. J. M. (1989). *Speaking. From intention to articulation*. Cambridge: MIT Press.

Linde, C. & Labov, W. (1975). Spatial networks as a site for the study of language and thought. *Language*, *51*, 924 – 939.

Mandl, H. & Spada, H. (Hrsg.) (1988). *Wissenspsychologie*. München: PVU.

Mangold-Allwinn, R., von Stutterheim, C., Barattelli, S., Kohlmann, U. & Kölbing, H.-G. (1992). Objektbenennung im Diskurs. *Kognitionswissenschaft*, *3*, 1 – 11.

Minsky, M. (1977). Frame-system theory. In P. Johnson-Laird & P. C. Wason (Eds.), *Thinking* (pp. 355 – 376). Cambridge: Cambridge University Press.

Quintilianus, (1988). *Ausbildung des Redners. 12 Bücher (Teil I und II), herausgegeben und übersetzt von Helmut Rahn* (2. Aufl.). Darmstadt: Wissenschaftliche Buchgesellschaft.

Schank, R. C. & Abelson, R. P. (1977). *Scripts, plans, goals, and understanding*. Hillsdale: Lawrence Erlbaum.

Schwarz, M. (1992). *Einführung in die kognitive Linguistik*. Tübingen: Francke.

von Stutterheim, C. (1993). Modality: function and form in discourse. In N. Dittmar & A. Reich (Eds.), *Modality in second language acquisition/Modalité et Acquisition des Langues*. Berlin: de Gruyter.

von Stutterheim, C. & Carroll, M. (1993). Raumkonzepte in Produktionsprozessen. *Kognitionswissenschaft*, *3*, 70 – 82.

von Stutterheim, C. & Klein, W. (1989). Text structure and referential movement. In R. Dietrich & C. F. Graumann (Eds.), *Language processing in social context* (pp. 39 – 76). Amsterdam: North-Holland.

von Stutterheim, C., Mangold-Allwinn, R., Barattelli, S., Kohlmann, U. & Kölbing, H.-G. (1993). Reference to objects in text production. Erscheint in *Belgian Journal of Linguistics*.

von Stutterheim, C. & Speck A. (1993). *Standardvariation im Kontext*. Unveröffentlichtes Manuskript. Heidelberg: Universität, Institut für Deutsch als Fremdsprachenphilologie.

Tack, W. (1987). Ziele und Methoden der Wissensrepräsentation. *Sprache & Kognition*, *3*, 150 – 163.

Talmy, L. (1988). The relation of grammar to cognition. In B. Rudzka-Ostyn (Ed.), *Topics in cognitive linguistics* (pp. 165 – 205). Amsterdam: Benjamin.

Wiegand, H. E., (1988). Wörterbuchartikel als Text. In G. Harras (Hrsg.), *Artikel und Verweisstrukturen. Jahrbuch 1987 des Instituts für deutsche Sprache* (S. 31 – 120). Düsseldorf: Schwann.

Vater, H., (1992). *Einführung in die Textlinguistik*. München: Fink Verlag.

Wintermantel, M., von Stutterheim, C. & Speck, A. (1993). *Wissensstruktur und Sprachstruktur*. Unveröffentl. Manuskript. Heidelberg: Universität.

Sprachpsychologische Forschung in Anwendungsfeldern

"Gib mal dem weißem Ratzefummel"

Überlegungen zur Störung der Sprachproduktion am Phänomen der Spezifischen Sprachentwicklungsstörung

Hermann Schöler

Auf der Grundlage einer Kohorten-Sequenz-Analyse von 100 spezifisch sprachentwicklungsgestörten Kindern, in deren Rahmen eine Vielzahl sprachlicher und sprachunspezifischer Leistungen erhoben wurde, werden Annahmen zur Genese der sprachlich-strukturellen Defizite dieser Kinder formuliert. Es wird postuliert, daß (a) diese Sprachentwicklungsstörung auf qualitativ andersartige Informationsverarbeitungsprozesse zurückzuführen ist, (b) nicht nur die Produktion, sondern auch die Sprachrezeption beeinträchtigt ist und (c) den Defiziten eine basale auditive Verarbeitungsstörung zugrundeliegt, die nicht auf den Sprachwissensbereich beschränkt ist.

1. Vorbemerkungen

Für die Beschäftigung mit sprach*entwicklungspathologischen* Phänomenen sprechen – einmal abgesehen von (sonder-) pädagogischen und therapeutischen Interessen, die sich aus dem Handlungsbedarf der Praxis ergeben – vor allem zwei Argumente: Zum einen bieten pathologische Phänomene die Möglichkeit, wie Kainz (1969, S.268) dies formulierte, »an den Bruchstellen tiefer in die innere Struktur hineinzusehen als an der intakten und glattpolierten Oberfläche«. Zum anderen gilt generell für die Betrachtung von Entwicklungsvorgängen, daß diese zur Erkenntnis über das allgemeine Funktionieren und den Aufbau der verschiedenen Wissenstrukturen beitragen können. »Wenn wir nicht wissen, wie etwas geworden ist, kennen wir es nicht«, wie es Schleicher 1883 ausdrückte (zitiert nach Deutsch, 1982, S. 1). Anders als beim kompetenten Sprecher und Hörer ist das Sprachwissen noch nicht vollständig vorhanden, und der Aufbau des Wissens kann durch seine zeitliche Erstreckung möglicherweise sogar besser beobachtet und analysiert werden. Wir erhoffen uns durch die Untersuchung der sogenannten Spezifischen Sprachentwicklungsstörung (SES)* unter anderem einen Beitrag zum

* Die Bezeichnung 'Spezifische Sprachentwicklungsstörung' (hier abgekürzt mit SES; engl. specific language impairment) hat sich in den letzten Jahren international durchgesetzt. Unsere bisherige Benennung 'Kindlicher Dysgrammatismus' haben wir daher zugunsten dieser Bezeichnung aufgegeben. Die SES soll nicht einhergehen mit organischen Schädigungen (Hörstörung, Aphasie, Cerebralparese), mit Autismus, geistiger Behinderung. Bei dieser Sprachentwicklungsstörung wird definitionsgemäß eine allgemeine kognitive Beeinträchtigung oder Intelligenzminderung ausgeschlossen.

Zusammenhang von sprachlicher und nichtsprachlicher kognitiver Entwicklung, um beispielsweise so auch zur Klärung der Frage beitragen zu können, ob es sprachspezifische Lernprozesse gibt oder ob der Spracherwerb allgemeineren Lern- und Verarbeitungsprinzipien folgt. Desweiteren wird gefragt nach der autonomen Entwicklung sprachlicher Systeme und nach der Interaktion verschiedener sprachlicher Ebenen, im besonderen der Interaktion von inhaltlichen und formalen Aspekten.

2. Zum Erscheinungsbild der Spezifischen Sprachentwicklungsstörung

Die spontansprachlichen Äußerungen der spezifisch sprachentwicklungsgestörten Kinder sind meist dadurch auffällig, daß Wörter ausgelassen oder falsch gebildet werden: So finden sich viele Deklinations- und Konjugationsfehler; vor allem Funktionswörter werden häufig ausgelassen, wie Artikel, Präpositionen, Konjunktionen. Typische Fehler sind Inkongruenzen im morphologischen Bereich: Artikel, Adjektiv und Nomen in Nominalphrasen und auch Subjekt und Verb sind inkongruent. Das im Titel dieses Beitrages frei nach Herrmann & Laucht (1977) konstruierte Beispiel einer Handlungsaufforderung demonstriert einen wesentlichen Teil der bei der SES zu beobachtenden Phänomene: Nicht die Referenz oder die Sprachschichtwahl (Herrmann & Deutsch, 1976), in aller Regel auch nicht die Wortfolge, sondern falsche Flexionen sind oft das einzig sichtbare Zeichen bei dieser Störungsform, insbesondere bei Kindern ab dem fünften Lebensjahr. Alle diese Fehler treten interessanterweise nicht nur in der Spontansprache auf, sondern sind besonders auffällig auch in evozierten Sprachproben, beispielsweise beim Nachsprechen von vorgegebenen Sätzen.

3. Offene Fragen

Diese Phänomene legten nahe, daß – ganz im Gegensatz zur lange Zeit bevorzugten Untersuchung der rezeptiven Prozesse der Sprachwahrnehmung und des Sprachverstehens in der allgemeinpsychologischen Forschung – im sprachentwicklungspathologischen Bereich die Sprachproduktion im Vordergrund stand. Eine Forschungsfrage lautet daher: (1) Betrifft die SES allein die Sprachproduktion oder stellen die zu beobachtenden Probleme bei den Sprachäußerungen Auswirkungen von Störungen der Perzeption oder der Wissensorganisation dar? Sieht man einmal ab von Störungen der phonetischen Realisation, so wird zunehmend mehr davon ausgegangen, daß die SES nicht allein auf die produktiven Prozesse beschränkt ist, sondern daß die Rezeption sprachlicher Informationen und damit folgend der Aufbau sprachlichen Wissens gestört ist. Neben dieser Frage nach der Lokalisation der Störung im Sprachverarbeitungsprozeß wird desweiteren danach gefragt, (2) ob es sich bei der SES lediglich um eine zeitlich verzögerte Sprachentwicklung (Retardierung) handelt oder ob eine Störung zugrundeliegt, die einen qualitativ andersartigen Erwerb und andere Wissensstrukturen bewirkt? Eine dritte zentrale Frage ist schließlich, (3) ob die SES als eine umgrenzte sprachspezifische Störung oder aber als eine allgemeine, nicht domänenspezifische Störung zu charakterisieren ist. Anders formuliert (und hier wird unseres Erachtens die Relevanz einer Antwort für eine allgemeine Theorie der Sprachverarbeitung deutlich): Ist die Störung eine sprachspezifische, bei der beispielsweise nur ein einzelnes angeborenes sprachspezifisches 'Modul' (siehe zum Beispiel auch die Postulierung eines entsprechenden Gens durch Gopnik, 1990) defekt ist oder möglicherweise nur ein Parameter nicht richtig 'getriggert' wurde, also sozusagen der Schalter nicht richtig eingestellt wurde? Oder liegen der SES, die sich besonders in der Sprachbeherrschung äußert, allgemeine, das heißt sprachunspezifische Ursachen zugrunde?

Aus den genannten (weiten) Fragestellungen ergeben sich für ein Forschungsprogramm zur Untersuchung der SES eine Reihe von Orientierungen und Vorgaben: Grundlegend für die Beantwortung aller Fragen ist zunächst einmal eine detaillierte Beschreibung der Phänomene. Nach unserem Verständnis sind dazu neben Einzelfallbeschreibungen, die wir ebenfalls, aber nicht alleine und ausschließlich als relevant betrachten, Untersuchungen an größeren Gruppen erforderlich.*

Um Ergebnisse zur Beantwortung der erstgenannten Frage (Rezeptions- und/oder Produktionsstörung?) zu gewinnen, müssen diagnostische beziehungsweise methodische Verfahren eingesetzt werden, die den Informationsverarbeitungsprozeß von der Rezeption bis zur Produktion überprüfen können. Die Wahl einer einzigen methodischen Zugangsweise, beispielsweise die häufig ausschließliche Erhebung sogenannter freier Sprachstichproben (auch Spontanspracherhebungen genannt) kann zu keiner zufriedenstellenden Antwort führen.

Um zur zweiten Frage (Retardierung oder Störung?) einen Beitrag liefern zu können, kann eine querschnittliche Studie einiger weniger sprachauffälliger Kinder nicht genügen, sondern es ist eine längsschnittliche Betrachtung erforderlich. Dabei sollten die Untersuchungsgruppen einen solchen Umfang haben, der die zufällige Auswahl nur eines Störungstyps minimiert (vorausgesetzt, daß unter dem Etikett SES mehrere Störungsbilder subsumiert sind, was nach dem derzeitigen Kenntnisstand mit an Sicherheit grenzender Wahrscheinlichkeit der Fall ist). Ein Leistungsvergleich mit sprachunauffälligen Kindern ist darüber hinaus unabdingbar.

> Bei vielen Studien werden solche Vergleiche mit MLU-parallelisierten Gruppen durchgeführt. Die Vergleichskinder sind meist erheblich jünger. Wenige Studien parallelisieren nach dem Alter. Beide Arten von Vergleichsgruppen birgen eine Reihe von Problemen in sich. Eine Parallelisierung nach einem Sprachentwicklungsstandskriterium, wie der mittleren Äußerungslänge, war aufgrund des gewählten Altersbereiches allerdings bei unserem Untersuchungsvorhaben auszuschließen. Aber auch bei jüngeren Kindern erscheint uns eine solche Vergleichsgruppe

* Es genügt unseres Erachtens keineswegs, wie dies öfter in der Literatur zu finden ist, anekdotisch einzelne Fälle zu schildern, sondern ein Ziel muß es (auch) sein, interindividuelle Invarianzen aufzufinden. Wir möchten dies ausdrücklich betonen, da die Anekdote sich sozusagen auf dem Vormarsch befindet und sich (wieder mal) als ein neues umfassendes Forschungsparadigma durchzusetzen scheint. Vgl. dazu die brilliante Arbeit und Analyse von Kleine-Moritz (1991).

höchst problematisch. Denn damit wird implizit postuliert, daß es nur einen einzigen Weg des Spracherwerbs gibt, der sich in einer kontinuierlich ansteigenden Zahl von Morphemen, Wörtern oder was auch immer man als Indikator dem MLU-Maß zugrundelegt, ausdrückt. Neben den in der Literatur belegten Beobachtungen, daß sich Kinder in sehr unterschiedlicher Weise vom 'nichtsprachlichen' Interaktionspartner zum kompetenten Sprecher entwickeln können (zum Beispiel Tracy, 1991), erlauben wir uns anekdotisch (im Sinne von Kleine-Moritz, 1991) einige Beobachtungen beizutragen, die im Gegensatz zu der als gesicherten Erkenntnis geltenden Annahme stehen, daß zwar im Hinblick auf den Erwerbszeitpunkt große interindividuelle Variation beobachtbar ist, aber eine interindividuelle Invarianz der Entwicklungsabfolge bestehen soll. Als Vater von fünf Kindern – übrigens eine breitere Basis als bei den meisten bisherigen Spracherwerbsstudien! – und als Spracherwerbsforscher konnte der Autor beobachten, daß nur zwei der fünf Kinder den Weg gegangen sind, der zumeist als der einzige Weg zur Sprache gilt: Sie sind über unterscheidbare Ein-Wort- und Zweiwort- zu Mehrwortäußerungen, die dann entsprechend komplexer ausgebaut wurden, gelangt. Bei den drei anderen Kindern bestand jeweils – gerade in Kenntnis von Sprachentwicklungsauffälligkeiten – fast die Befürchtung massiver Entwicklungsstörungen, da unter anderem der Sprachbeginn sich erheblich verzögerte. Ohne sichtbaren Übergang, nahezu übergangslos, traten im weiteren Verlauf nach dem eingrenzbaren Stadium von Ein-Wort-Äußerungen Mehrwortäußerungen mit flektierten Formen auf. Die Frage ist, ob hier nur Beobachtungsfehler vorliegen, ob tatsächlich Zwei-Wort-Äußerungen so gut wie nicht vorkamen, ob die Phase nur 'innerlich' abgelaufen ist, ohne daß entsprechende Produktionen erfolgt sind. Eine Erklärung könnte aber auch in dem sprachlichen Angebot (der 'Input-Sprache') liegen: Die Eltern haben sich – wegen der unberechtigten (emotionalen) Ablehnung jeglicher Ammensprachen sozusagen anormal/atypisch verhalten und sich nicht, wie dies bereits jüngere Kinder tun, in ihren Sprachäußerungen angepaßt, sie also in ihrer Komplexität reduziert etc. Zumindest kann man vermuten, daß die Kinder überdurchschnittlich lange 'sprachlos' blieben, weil sie 'noch nicht reif' für die Produktion längerer Äußerungen waren beziehungsweise ihnen ein 'Kode-Knacken' und eine Segmentierung durch das komplexere Angebot erschwert war. Alles dies deutet unseres Erachtens darauf hin, daß Sprachentwicklung zumindest auch durch Faktoren wie Inputsprache oder individuelle Lernstrategien in weit größerem Maße bedingt sein kann, als es moderne (psycho-) linguistische Theorien nahelegen, die von angeborenen modularen Strukturen ausgehen und nach denen lediglich noch eine Selektion stattzufinden hat (siehe in extremer Weise Piatelli-Palmarini, 1989).

Ergebnisse zur Frage der Retardierung versus Störung sind für die Theoriebildung und die Diagnostik und Therapie dieser Spracherwerbsstörung relevant: Wenn bei den sprachauffälligen Kindern zumindest die zwei genannten Erwerbstypen (verzögerter und abweichender Spracherwerb) vorkommen und zu differenzieren sind, müssen sowohl die theoretische Modellierung als auch die Anleitungen für Diagnostik und Therapie diesen qualitativen Unterschied berücksichtigen.

Um zu einer Klärung der dritten Frage (sprachspezifische oder allgemeine Störung?) beitragen zu können, muß ein Untersuchungsdesign gewählt werden, das sowohl sprachliche als auch nichtsprachliche Leistungsbereiche zu beschreiben und zu analysieren erlaubt. Ein Ergebnis zu dieser Frage könnte sowohl von großem theoretischen Wert im Hinblick auf eine allgemeine Spracherwerbstheorie sein, als auch von praktischem Wert: Stellt sich nämlich heraus, daß eine allgemeine Informationsverarbeitungsstörung bedingend ist, müßten folglich auch andere als rein auf die sprachlichen Defizite bezogene therapeutische Methoden gesucht und appliziert werden.

Wir haben versucht, diese Vorgaben in unserem Forschungsprojekt zu realisieren. Mittels einer Kohorten-Sequenz-Analyse beschreiben wir die Entwicklung spezifisch sprachentwicklungsgestörter Kinder (N = 100; Altersbereich 6–16 Jahre) in ausgewählten sprachlichen und nichtsprachlichen Leistungsbereichen und versuchen, spezifische Hypothesen über das Bedingungsgefüge und die Ätiologie zu generieren. Wir verzichten hier auf eine Darstellung des Forschungsprojektes und einzelner Ergebnisse* und tragen im folgenden einige der Annahmen und Spekulationen vor, die wir aus den bisherigen empirischen Analysen ableiten.

Seit Beginn unserer Untersuchungen ist die Zahl empirischer Studien zur SES erheblich gestiegen (zu einem Überblick über die Untersuchungen im deutschsprachigen Raum siehe Schöler, Dalbert & Schäle, 1991). Wenn man auch nicht – wie Grimm dies vor einigen Jahren (1988, S. 65) formulierte – »die dysphasischen Kinder mit einem Sammelsurium von Testaufgaben konfrontieren sollte«, weil schon sehr klare Fragen gestellt werden könnten, so kann man nach wie vor nicht davon ausgehen, daß (a) damit eine genaue Deskription des Erscheinungsbildes erfolgt wäre, (b) geschweige denn mit der Verbreiterung der empirischen Basis eine Reduzierung der vielen, konkurrierenden Theorien einhergegangen wäre (siehe dazu den rezenten Überblick von Bishop, 1992). Es können und werden zwar spezifischere Fragen gestellt, auf der anderen Seite ist aber noch keine Theorie in Sicht, die eine befriedigende Erklärung für die sehr unterschiedlichen Befunde liefern könnte. Darüber hinaus ist es nach wie vor problematisch, die zahlreichen Studien aufgrund der unzureichenden Stichprobenkennzeichnungen beziehungsweise der enormen Heterogenität der untersuchten Kindergruppen und der unterschiedlichen Sprachen miteinander zu vergleichen. Es liegen nach wie vor nur wenige Längsschnittstudien vor, die wir als unabdingbar für die Analyse von Entwicklungen und Entwicklungsstörungen betrachten. Und eine weitere hilfreiche Möglichkeit, Bedingungsfaktoren für die Sprachstörung zu isolieren, nämlich die sprachvergleichende Untersuchung, wurde ebenfalls erst wenig genutzt. Nur wenige solcher Studien liegen vor, wobei gravierende methodologische Probleme, auf die wir hier nicht näher eingehen wollen, ihre Aussagekraft in beträchtlichem Maße einschränken.

---

* Detailliertere Informationen über das Forschungsprojekt sind unseren Arbeitsberichten (Arbeitsberichte aus dem Forschungsprojekt "Dysgrammatismus", Nr. 1 – 21) zu entnehmen. Ein erster Ergebnisüberblick ist dem Bericht Nr. 21 zu entnehmen (Schöler, Fromm & Kürsten, 1993), auf dem im wesentlichen die hier referierten Überlegungen basieren.

Wir möchten uns bei der Deutschen Forschungsgemeinschaft und der Pädagogischen Hochschule Heidelberg für die finanzielle Unterstützung unserer Forschung bedanken.

4. Einige Ergebnisse und unsere Annahme(n) bezüglich der Spezifischen Sprachentwicklungsstörung

Obwohl Entscheidungen über theoretische Erklärungen der SES noch verfrüht erscheinen, kann ein Ergebnis anderer und unserer Arbeiten allerdings schon jetzt ziemlich sicher formuliert werden: Es gibt nicht *die* SES, sondern es zeigen sich unterscheidbare Subgruppen, die auf unterschiedliche Ätiologien hindeuten. Bei einer dieser Gruppen – und auf diese beziehen sich im besonderen unsere Überlegungen und Annahmen – scheint dabei eine Störung vorzuliegen, die besonders im Bereich sprachlichen Wissens auffällt: Äußerungen, bei denen sogenannte innersprachliche Regularitäten verstanden oder produziert werden müssen, bereiten diesen Kindern erhebliche Schwierigkeiten. Immer dann, wenn bei der Rezeption die Informationen nicht allein aus der Situation in Verbindung mit den Inhaltswörtern der sprachlichen Äußerungen ableitbar sind, sondern sprachliche, im besonderen grammatische Markierungen bedeutsame und nicht-vernachlässigbare Informationen enthalten, treten massive Probleme auf. Dies gilt ebenfalls für die Sprachproduktion, die dann für den Hörer zu undifferenzierte Informationen enthält. In der Herrmannschen Terminologie (siehe unter anderem Herrmann, 1985) würde man unseres Erachtens sagen können: Bestimmte grammatische De- beziehungsweise Enkodier-Operatoren stehen nicht oder in nicht genügendem Maße zur Verfügung. Herrmann postuliert eine 'Selbstüberwachungsinstanz', die sowohl die eigene Sprachproduktion unterbrechen als auch die Rezeption fremder Äußerungen ermöglichen kann. Sie soll denselben Prinzipien folgen. »In diesen Fällen erfolgen explizite grammatische Input-Analysen ebenso wie Berichtigungen des eigenen Sprachoutputs« (1985, S. 257). Diese Operatoren sind also bei der Rezeption wie auch der Produktion tätig. Wir untersuchen die Annahme, daß bei kindlichem Dysgrammatismus solche grammatischen Operatoren oder – wie wir es formulieren – solches implizites primärsprachliches Wissen nicht adäquat erworben wurde und damit auch nicht bei der Produktion von Äußerungen zur Verfügung steht. Dies würde bedeuten, daß solche Teilprozesse, die eine automatisierte De- und Enkodierung innersprachlicher Regularitäten – wir vermuten vor allem morpho-phonologische Prozesse – leisten, nicht aufgebaut wurden beziehungsweise daß bei diesen Prozessen nur auf unvollständiges primärsprachliches Wissen rekurriert werden kann. In diesem Kontext sind die Versuche dieser Kinder interessant, wenn sie bei Mißverstehenssignalen ihres Gesprächspartners ihre sprachlichen Äußerungen modifizieren. Während sprachunauffällige Kinder ihre Äußerungen dann elaborieren, vor allem auch morphosyntaktisch sozusagen ausfeilen, reduzieren diese Kinder sehr stark auf die Inhaltswörter (vgl. Huber, 1978; siehe auch den 'naiven Semantismus' nach Kolpowskaja, 1979). In der mittleren Kindheit entwickeln diese Kinder dann Strategien, die wir als metasprachlich kennzeichnen und mit denen sie die primärsprachlichen Defizite zu kompensieren suchen. Beispiele dafür haben wir unter anderem bei einer Untersuchung gefunden, bei denen die Kinder morphologische Fehler in Sätzen entdecken und korrigieren sollten. Beim Korrigieren fand sich bei einer Reihe von Kindern die Strategie, eine 'oberflächliche' Kongruenz herzustellen, indem sie die Endungen innerhalb einer Nominalphrase einander anglichen. Beispiele dafür sind die Korrektur von

- "dem kleiner Baum" zu "dem kleinem Baum" (statt kleinen);
- "dem weißes Auto" zu "dem weißem Auto" (statt weißen);
- "die vielen Bäumer" zu "die vielen Bäumen" (statt Bäume).

Dies gilt im übrigen nicht nur für diese Aufgabenstellung, sondern diese Fehler treten auch bei anderen Aufgaben auf wie dem Einfügen von Wörtern in vorgegebene Texte. Bei demselben Kind finden sich dann folgende Lösungen:

(1) Vorgabe: ... in einem (hoch) Baum ...
Einfügung: ... in einem hohem Baum ...
(2) Vorgabe: ... den (hoch) Baum ...
Einfügung: ... den hohen Baum ...

Die verschiedenen Flexionsmorpheme stehen also zur Verfügung, die Operatoren zur korrekten Flexion scheinen dagegen zu fehlen. Die Sprachproduktion ist für diese Kinder ein Problem und sehr häufig keine automatisiert ablaufende Aufgabe (im Sinne der üblichen Unterscheidung von Aufgabe und Problem).

Bei der Sprachverarbeitung postulieren wir zwei unterschiedliche Prozesse: (1) Es gibt eine 'Normalverarbeitung', bei der die Verarbeitung der formalen Aspekte sprachlicher Äußerungen problemlos, schnell, automatisiert, unwillentlich prozessiert werden. Erforderliche grammatische Analysen laufen dementsprechend automatisiert ab. Es wird keine Aufmerksamkeit benötigt für diese formalen Aspekte, man hat sozusagen den Kopf frei für die Inhalte, die transportiert werden. Betrachtet man die Komplexität der bei der Sprachverarbeitung ablaufenden Prozesse, so wird die zwingende Notwendigkeit des Einsatzes automatisierter Prozesse verdeutlicht. Es sei nur auf die von Bock (1982) unterschiedenen nicht-syntaktischen und syntaktischen Aspekte bei der Satzerzeugung verwiesen. (2) Auf einer zweiten, zeitkonsumtiveren Verarbeitungsstufe wird erst dann operiert, wenn Inkonsistenzen auftreten (zur Inkonsistenzverarbeitung siehe Herrmann, Schöler & Winterhoff-Spurk, 1982). Dann kann die Aufmerksamkeit auch auf die formalen, sprich: grammatischen Anteile der Äußerungen gelenkt werden.

Die spezifisch sprachentwicklungsgestörten Kinder operieren sehr häufig auf dieser zweiten Stufe der Verarbeitung, da ihnen für eine problemlose, automatisierte Verarbeitung die erforderlichen grammatischen Operatoren nicht zur Verfügung stehen. Über das normale Maß hinausgehende Verarbeitungskapazität muß daher von ihnen für die sprachlich-formalen Anteile bereitgestellt werden. Sie gleichen unseres Erachtens bei der Sprachverarbeitung Erst-Leselernern, die sich sehr stark auf die Dekodierung der Buchstaben zentrieren müssen und dabei sozusagen das Wort vor lauter Buchstaben nicht sehen. Oder aber die Kinder vernachlässigen bei der Äußerungsproduktion, wie bei den Untersuchungen von Huber (1978), vollständig diese formalen Aspekte und zentrieren allein auf die semantische Ebene. Diese Verarbeitungsstrategie führt auch in aller Regel zu einer ausreichenden Sinnentnahme oder Information in sozialen Kontexten. Dies steht in Einklang mit den Befunden von Häuser (1989), der bei den spezifisch sprachentwicklungsgestörten Kindern eine Dominanz einer semantischen beziehungsweise kognitiv-pragmatischen Sprachverarbeitung feststellt. Er nimmt darüber hinaus auch an, daß die parallele Verarbeitung verschiedener Teilprozesse nicht gelingt. Bei der Parallelverarbeitung ist unseres Erachtens impliziert, daß zumindest ein Teil dieser Prozesse automatisert ablaufen muß.

Die Relevanz automatisierter Prozesse bei unterschiedlichen Leistungsbereichen (zum Beispiel schriftsprachlichen Aufgaben wie Lesen) ist unstrittig. Im Zusammenhang mit der kindlichen Entwicklung gilt der Grad und Anteil automatisierten Verhaltens als ein die weitere Entwicklung unterstützender und fördernder Faktor. Dabei wird angenommen, daß viele automatisierte Prozesse sich erst entwickeln müssen: Die Entwicklung läuft dann von intendiertem hin zu zunehmend unwillentlichem Verhalten (vgl. dazu auch das ACT-Modell von Anderson, 1982). Als Bedingungen für die Entwicklung automatisierter Prozesse werden Übung und konsistente Verknüpfung von Aufgabenstruktur und Leistungserfordernissen genannt (Shiffrin & Schneider, 1977). Bezogen auf Sprache kann letzteres bedeuten, daß einer Klasse bestimmter nichtsprachlicher Gegebenheiten eine konstante sprachliche Struktur entspricht und zugeordnet wird.

Die Frage nach der Automatisierung von Operationen hängt unseres Erachtens eng mit der Frage der Modularität von sprachlichen Strukturen zusammen. Es erscheint uns naheliegend, daß die Teilprozesse (Operatoren) des Enkodier-Mechanismus im Modell von Herrmann modularen Charakter aufweisen, allerdings sind diese Operatoren *erworbene* Strukturen. Und wenn der Erwerb solcher Operatoren aus welchen Gründen auch immer gestört ist, dann könnte nach unseren derzeitigen Überlegungen und Annahmen eine Kompensation dahingehend versucht werden, daß man via Kognition, also über das Üben vorgegebener Strukturen, zu impliziten, automatisierten Routinen (Operatoren) gelangen kann. Dies gelingt (meist) beim Schriftspracherwerb, den wir als ein Paradigma für diese Art des Lernens von automatisierten Routinen betrachten.

Ein anderer Vergleich drängt sich ebenfalls auf: nämlich der Vergleich mit dem Zweitspracherwerb. Wir nehmen an, daß der Zweitspracherwerb in Abhängigkeit vom kognitiven Entwicklungsstand qualitativ andersartig verläuft. So wird Sprache bis zum Stadium der konkreten Operationen (sensu Piaget) nach unserer Auffassung im wesentlichen 'kommunikationsorientiert' (Lamendella, 1978) erworben, der Aufbau sprachlich-strukturellen Wissens erfolgt implizit. Durch die neuen Denkmöglichkeiten, wie die Umkehrbarkeit von Prozessen und die Dezentrierung, wird es dem Kind im Stadium konkreter Operationen nun auch möglich, Sprache losgelöst vom Kontext als eigenen Wissensbereich zu betrachten und erfahren zu können (Karmiloff-Smith, 1979; Schöler, 1982). Salopp formuliert: Das Kind wird seine nunmehr vorhandenen Denkmöglichkeiten nicht mehr 'ausschalten' können. Bezogen auf den Erwerb von Sprache(n) bedeutet dies, daß Spracherwerb nun eher 'kognitionsorientiert' (Lamendella, 1978) verlaufen wird. Für den gestörten impliziten Spracherwerb, wie wir ihn bei der SES annehmen, könnte dies bedeuten, daß mit Erreichen dieses kognitiven Operationsniveaus auch eine Möglichkeit gegeben ist, bisher nicht erworbenes sprachlich-strukturelles Wissen in einer neuen Art und Weise lernen zu können, nämlich kognitionsorientiert unter Umgehung der defizienten impliziten Informationsverarbeitungsprozesse. Würde ein solcher Lernprozeß wirksam werden, dann sollten die 'Ergebnisse' dieser unterschiedlichen Prozesse zumindest in einigen Wissensbereichen verschieden sein. Es ist anzunehmen, daß bei einem Lernprozeß, mit dem via Kognition und damit – wie wir meinen – in reflektierter Weise (metasprachlich) sprachlich-strukturelles Wissen aufgebaut wird, all diejenigen sprachlich-strukturellen Wissensbereiche erhebliche Schwierigkeiten bereiten sollten, bei denen keine oder nur wenige 'beobachtbare' 'Regeln' zur Formenbildung vorhanden sind (siehe unter anderem Schöler & Lindner, 1990).

Nach all dem postulieren wir, daß zumindest ab dem Stadium der konkreten Operationen der abweichende Spracherwerb, hier die SES, dem Zweitspracherwerb insofern ähnlicher sein sollte als dem Erstspracherwerb, als der Aufbau sprachlich-strukturellen Wissens, das bis dato unzulänglich erworben ist, nunmehr 'via Kognition' erfolgen könnte (vgl. dazu unsere Überlegungen in Dalbert & Schöler, 1991; Schöler, 1987).

4.1 Zum sprachlichen Wissen und zur Sprachverarbeitung spezifisch sprachentwicklungsgestörter Kinder

Die bei den spezifisch sprachentwicklungsgestörten Kindern zu beobachtenden Defizite im Bereich des morphosyntaktischen Wissens können sich als fehlende oder gestörte Invariantenbildungen beschreiben lassen. Ohne Invariantenbildungen kann eine Automatisierung auf dieser Ebene der Sprachverarbeitung nur schwer gelingen. Der Gegenstand der Automatisierung ist sozusagen nur rudimentär vorhanden. Die Kinder zeigen bei der Analyse korrekter oder fehlerhafter Formen mangelndes primärsprachliches Wissen. Teile des primärsprachlich-strukturellen Wissens scheinen nicht ausgebaut beziehungsweise verfestigt zu werden, vielmehr verbleibt solches Wissen in einem Zustand der Instabilität. Unabhängig davon, ob zum Beispiel das Flexionssystem von diesen Kindern in derselben Vollständigkeit erworben wird wie beim normalen Erwerb, sind die Bildungen, die die Kinder vornehmen, nicht stabil. Es kommt somit ständig zu Unsicherheiten und großer intraindividueller Variabilität bei der Formenbildung, wie wir dies bereits in einer Pilotstudie unter anderem bei der Bildung von Steigerungsformen beobachten konnten (Schöler, Anzer & Illichmann, 1986). Bestimmte morphologische Paradigmen stehen den Kindern nicht in gleicher Weise wie beim normalen Erwerb zur Verfügung. Diese Paradigmen konnten – so postulieren wir – durch eine Erwerbs- bzw. Verarbeitungsstörung nicht gelernt werden (s. unten).

Eine Erklärung dieses Phänomens aufgrund angeborener modularer Strukturen erscheint uns nicht angemessen, da bei einer solchen Modularitäts-Annahme die für den Erwerb morphologischer Paradigmen verantwortlichen Parameter gleichzeitig fixiert und nicht fixiert sein müssen. Die oben beschriebenen Phänomene entsprechen aber eher einem 'Sowohl-als-auch'- als einem 'Alles-oder-nichts'-Mechanismus. Während bei normalem Erwerb ein Ist-Zustand innerhalb des sprachlichen Wissens angenommen wird, der keine Möglichkeiten enthält, sich für eine bestimmte Flexion bei einem Wort zu entscheiden, weil die Flexionsbildung nach Maßgabe relativ starrer impliziter Bildungsprozesse folgt, legen die Beschreibungen des sprachlichen Wissens bei den sprachauffälligen Kindern nahe, von einem Ist-Zustand auszugehen, bei dem mittels kontrollierter Prozesse entschieden werden muß, welches das passende Flexiv für ein bestimmtes Wort sein könnte. Im Ergebnis führen solche kontrollierten Prozesse meist zu einer schwächeren Leistung als bei sprachunauffälligen Kindern, da die Kompensationsleistungen der sprachauffälligen Kinder nicht die Effektivität impliziter sprachlich-struktureller Prozesse erreichen können, allein schon deshalb, weil sie eine größere Aufmerksamkeit an sich binden, die damit anderen Ebenen im Sprachverarbeitungsprozeß nicht zur Verfügung steht. Das für solche kontrollierten Prozesse erforderliche Wissen (in unserem Sinne metasprachliches Wissen) wird zwar ab einem bestimmten Entwicklungsalter aufgebaut beziehungsweise gelernt (oder kann zumindest werden), dieses metasprachliche Wissen wird aber die Kinder in aller Regel nicht zu ähnlichen Sprachleistungen befähigen können wie intaktes primärsprachliches Wissen. Während sich das metasprachliche Wissen der spezifisch sprachentwicklungsgestörten Kinder normal entwickeln kann, werden Teile des implizit primärsprachlichen Wissens allenfalls rudimentär erworben.

Die zu beobachtende Instabilität beziehungsweise Variabilität der Formenbildungen, anders formuliert: dieses ständige 'Konstruieren-Müssen' läßt die sprachentwicklungsgestörten Kinder zum Teil sogar als 'Metagrammatiker' erscheinen, beispielsweise wenn sie den Plural doppelt markieren. Sie sind in gewisser Weise sprachinnovativer als unauffällige Kinder – auf einem deutlich zeitlich verzögerten Kenntnisstand. Auch die bei einer Reihe von Aufgaben zu beobachtende Antwortstrategie, die wir als eine 'Oberflächenstrategie' gekennzeichnet haben, spricht für eine kontrolliertere Verarbeitung bei den sprachauffälligen Kindern. Die Antworten lassen darauf schließen, daß sich die Kinder an der oberflächlichen Form des Kontextes orientieren, im Falle der Flexion des Adjektivs etwa an der Endung des Artikels. Sprachliche Informationen scheinen bei den sprachauffälligen Kindern, dafür sprechen die Beobachtungen bei einer Reihe von Aufgaben, daher erheblich aufmerksamkeitsbelasteter und somit kapazitätsbegrenzter prozessiert zu werden.

Unsere bisherigen Ergebnisse zu den metasprachlichen und primärsprachlichen Leistungen sprechen für unsere Annahme einer relativ unabhängigen Entwicklung dieser beiden Wissensbereiche (Dalbert & Schöler, 1991). Würde die Gegenposition zutreffen (vgl. unter anderem Waller, 1988), müßten entweder (a) zeitliche Unterschiede in der Verfügbarkeit über bestimmtes metasprachliches Wissen zwischen den beiden Gruppen von vier/fünf und mehr Jahren oder (b) qualitativ unterschiedliche Antwortmuster zu beobachten sein. Solche großen zeitlichen Verzögerungen und qualitativen Unterschiede sind beim Vergleich der sprachlich-strukturellen Leistungen zwischen sprachauffälligen und unauffälligen Kindern beobachtbar, aber nicht beim Vergleich der metasprachlichen Leistungen. Insofern stützen die bisher vorliegenden Befunde nicht nur unsere Annahme einer relativen Unabhängigkeit der Entwicklung primär- und metasprachlichen Wissens, sondern lassen auch hoffen, daß den sprachentwicklungsgestörten Kindern durch gezielte Förderung ihres metasprachlichen Wissens geeignete Kompensationsstrategien zur Reduktion ihrer Sprachauffälligkeiten an die Hand gegeben werden könnten.

4.2 Überlegungen zur Genese der sprachlich-strukturellen Defizite

In einer großen Zahl von Untersuchungen (siehe zusammenfassend Bishop, 1992; Johnston, 1987) wurden immer wieder Probleme der sprachauffälligen Kinder bei sensomotorischen Verarbeitungsprozessen festgestellt. Besonders ist die auditive Modalität betroffen.

Die bisherige Negativdefinition der SES schließt eine allgemeine intellektuelle Minderbegabung aus. Dies heißt aber nicht, daß die Störung bei den sprachauffälligen Kindern sprachspezifisch sein muß. Mehrere Untersuchungsergebnisse (unter anderem Breuer & Weuffen, 1986; Graichen, 1986; Kegel, 1991; Tallal, 1980) sprechen neben den unseren dafür, daß es sehr wohl eine allgemeine Verarbeitungsstörung sein kann, die sich allerdings nur modalitätsspezifisch auswirkt. Dabei wird angenommen, daß bei der auditiven Verarbeitung von Informationen bestimmte elementare Operationen nicht oder nur in unzureichendem Maß zur Verfügung stehen oder Kapazitätsbegrenzungen (zum Beispiel der 'artikulatorischen Schleife'; Gathercole & Baddeley, 1993) die Verarbeitung akustischer Informationen nicht in der Vollständigkeit erlauben, die zum korrekten Erlernen der Sprache notwendig wäre. Es würde also erschwert, Wissen in der für eine angemessenene Sprachverarbeitung erforderlichen Organisationsform zu erzeugen. In der Begrifflichkeit von Cruttenden (1981) würde man sagen, das 'item-learning' gelingt, aber das 'system-learning' (das unter anderem Segmentierungen und Kategorisierungen involviert) nicht.

Eine auditive Verarbeitungsstörung würde nicht nur den Erwerb (primär-) sprachlichen Wissens beeinträchtigen, sondern ebenfalls andere Wissensbereiche, bei denen Organisierungen/Strukturierungen der Informationen in der auditiven Modalität erforderlich sind. Wie die Leistungen der spezifisch sprachentwicklungsgestörten Kinder bei unseren Aufgaben zur auditiven Informationsverarbeitung zeigen, läßt sich diese Annahme aufrechterhalten. Uns interessieren hier aber besonders die Auswirkungen der auditiven Verarbeitungsschwäche im sprachlichen Bereich: Wie kann sich eine solche Verarbeitungsschwäche auf den Spracherwerb auswirken?

Wir möchten dazu die von Lyons (1971) vorgeschlagene Unterscheidung in primäre und sekundäre grammatische Kategorien aufgreifen. Primäre grammatische Kategorien sind formale Wortklassen beziehungsweise Wortgruppen (Nominalphrasen etc.), sekundäre grammatische Kategorien umfassen Tempus, Modus, Kasus etc. Diese Unterscheidung spiegelt Einzelergebnisse unserer Untersuchungen wieder. Tatsächlich gelingt es spezifisch sprachentwicklungsgestörten Kindern, Wortstellungsregularitäten auszubilden, ohne daß jedoch 'regelhafte' sprachsysteminterne Kongruenzen zwischen den syntaktischen Kategorien hergestellt werden. Ein weiterer Aspekt Lyons deckt sich ebenfalls mit unseren Hypothesen und Befunden: Zur Ausbildung sekundärer grammatischer Kategorien gehört hauptsächlich eine eingehende Analyse phonologischer Lautketten. Während syntaktische Kategorien semantisch erschlossen werden und die Positionierung jeder einzelnen Kategorie im Satz auf propositionaler Basis vonstatten gehen könnte (Reimann, 1991), muß zum Verständnis von Kongruenzen eine phonologische Analyse stattfinden.

Wenn dem sprachauffälligen Erwerb eine auditive Verarbeitungsschwäche zugrundeliegt, heißt dies für den Erwerb weniger komplexer Sachverhalte (Syntax), daß aus dem dargebotenen sprachlichen Input möglichst einfache und für jede Sprechsituation angepaßte syntaktische Strukturen aufgebaut werden, während bei komplexeren Sachverhalten (Morphologie) aufgrund der auditiven Verarbeitungsschwäche keine stabilen Routinen mehr ausgebildet werden können.

Die bisherigen Befunde im gestörten Spracherwerb und unsere Annahmen im Hinblick auf Bedingungsfaktoren der SES lassen sich unseres Erachtens gut mit den theoretischen Überlegungen von Engelkamp (1990) in Einklang bringen.* Im Sinne der Engelkampchen Terminologie postulieren wir folgende allgemeine Annahme im Hinblick auf die SES: *Ein sensorisches Subsystem, nämlich ein defizientes sprachunspezifisches akustisches Verarbeitungssystem, ist bedingend für die SES.* Dieses Teilsystem ist willentlich nicht beeinflußbar, die sensumotorische Verarbeitung läuft automatisch. Das System ist die Grundlage für weitere Verarbeitungsprozesse, die sozusagen an diesen kurzzeitig festgehaltenen Informationen ansetzen und die als automatische, modalitätsunspezifische Erkennensprozesse gekennzeichnet werden können. Die automatische Verarbeitung akustischer Informationen wäre also gestört, was unter anderem eine Störung der (automatischen) sprachlichen Erkennensprozesse implizieren würde. Sprachliche Erkennensprozesse operieren dementsprechend auf defizitären auditiven Informationen und führen somit nicht zu einem angemessenen Aufbau sprachlich-kategorialen Wissens (Invariantenbildungen). Das Arbeitsgedächtnis bleibt bei der Sprachverarbeitung überlastet, da die erforderliche Entlastung durch eine Automatisierung von verschiedenen Erkennensprozessen nicht zustandekommt. Probleme dürften sich dann vor allem in solchen sprachlich-strukturellen Subsystemen ergeben, deren Elemente sehr flüchtig in der mündlichen Rede sind, das heißt keine lange Zeitdauer aufweisen und nicht durch besondere Intonation markiert sind, wie dies in aller Regel für Bereiche der Flexionsmorphologie zuzutreffen scheint. In anderen Worten: In bestimmten Bereichen der Flexionsmorphologie können die Kategorien nur mangelhaft erkannt und damit nur unzulänglich aufgebaut und automatisiert werden. Ein solches defizitäres Informationsverarbeitungssystem führt also nicht nur zu sehr spezifischen Sprachverarbeitungsproblemen, sondern kann auch in anderen Wissensbereichen zu Störungen und Problemen führen. (Wir sehen große Ähnlichkeiten dieser Annahme mit der von Bishop (1992) präferierten Hypothese, daß die Probleme der spezifisch sprachentwicklungsgestörten Kinder aus »limitations in the speed and capacity of the information-processing system« resultieren, wobei wir dies auf das auditive Subsystem begrenzen würden.)

Diese Annahme steht auch in Einklang mit bisherigen Untersuchungen zur Zeitverarbeitung (Kegel, 1991), die auf gestörte basale akustische Verarbeitungssysteme hinweisen. Unsere Ergebnisse zeigen, daß basale informationsverarbeitende Prozesse beeinträchtigt sind und sich im Laufe der Entwicklung nicht wesentlich verbessern (Schöler, Fromm, Jeutner & Kürsten, 1992). Wenn diese sensumotorischen Subsysteme defiziente Informationen für die Erkennensprozes-

---

* Nicht uninteressant scheint auch eine Rekonstruktion dieser postulierten auditiven Defizite in Termini der Theorie der binauralen Rivalität: Die SES als eine Störung der 'binauralen Hörbedingungen' im Sinne von Dölle (Stapf, 1974).

se liefern, müssen resultierend diese Erkennensprozesse ebenfalls zu defizienten kategorialen Informationen führen.

5. Eine allgemeine Schlußbemerkung

Ein psychologisch orientierter Begriff von Sprache verlangt den Einbezug von weiteren Bereichen als nur dem grammatischen, um über die relativ enge linguistische Erfassung von Sprachstrukturen hinausweisen zu können. Konzeptualisierungen des Begriffs "Sprache", wie sie etwa von Hörmann (1976) und Herrmann (1985) vorgenommen wurden, erlauben, sprachliche in allgemeine informationsverarbeitende Prozesse einzugliedern. Diese funktionalen Betrachtungen des Spracherwerbs schließen aber keineswegs aus, daß im Verlauf des Erwerbs sprachsysteminterne Prozesse und Strukturen aufgebaut werden, die relativ unabhängig von semantischen oder pragmatischen Aspekten zu betrachten sind. Als Voraussetzung zur Ausbildung abstrakter syntaktischer und morphologischer Strukturen scheint uns eine Orientierung an allgemeinen informationsverarbeitenden Strukturen und Prozessen jedoch notwendig zu sein. Wie unsere Ergebnisse zeigen, besteht zwischen auffälligem und unauffälligem Spracherwerb ein qualitativer Unterschied, der – so postulierten wir – auf einer Beschränkung der auditiven Verarbeitung beruht. Die sprachentwicklungsgestörten Kinder sind genötigt, dieses Defizit durch eine andere Wissensaneignung zu kompensieren, das heißt beim Aufbau der Repräsentation sprachlich-strukturellen Wissens 'regelgeleitetes' Sprechen und Verstehen auszubilden. Im Bereich der Untersuchung sprachentwicklungspathologischer Phänomene halten wir es daher für ausgesprochen nützlich, gewinnbringend und unumgänglich, Sprachentwicklung nicht losgelöst von anderen Entwicklungen zu betrachten, sondern in die allgemeine Entwicklung einzubetten (vgl. auch Dannenbauer, 1989). Damit treten nicht nur Beziehungen zwischen verschiedenen Ebenen des Sprachwissens, sondern vor allem auch zwischen sprachlichen und anderen nichtsprachlichen Bereichen in den Blickpunkt.

Von nativistischer Seite wird unter anderem betont, daß die kurze Zeitdauer der Sprachentwicklung, in der das komplexe Sprachsystem beherrscht wird, ein Lernen dieses Systems ausschließt. Wir wollen eine der jüngeren Äußerungen zu diesem Punkt zitieren: »Die Geschwindigkeit und Leichtigkeit, mit der das ungemein komplexe Sprachsystem erworben wird, ist atemberaubend, angesichts der Asymmetrie zwischen dem dargebotenen Reiz und der Komplexität des Kenntnissystems« (Keller & Leuninger, 1991, S. 161). Einmal abgesehen davon, daß andere Bereiche nicht minder komplex scheinen, dort aber keine solch komplexen Beschreibungssysteme wie grammatisch-linguistische Modelle vorliegen, ist die These von der Asymmetrie zwischen dargebotenem Reiz und Komplexität des Sprachsystems wenig überzeugend. Klein (1984) führt in einem beeindruckenden Rechenbeispiel vor, daß der Erstspracherwerb – vergleicht man ihn mit dem Zweitspracherwerb – keineswegs 'schnell', noch 'mühelos' vonstatten geht. Danach wendet ein Kind in den ersten fünf Lebensjahren etwa 9100 Stunden (konservativ geschätzt) zum Erwerb der Muttersprache auf, ohne allzu komplexe Strukturen zu beherrschen. In Sprachschulen hingegen wird beim Erwerb einer

Zweitsprache ein ähnlich lückenhafter Erfolg in sechs Wochen und bei etwa 500 Lernstunden erreicht. Angesichts dieser Zahlen erscheint die Lernbarkeit nicht ein zentrales Problem der Theoriebildung zu sein. Vielmehr wird es in der nativistischen Sichtweise erst zu einem, weil der dort postulierte Bereich, in dem Sprachentwicklung sich ereignet, so eng – nämlich modular – gesetzt wird, daß ein Lernen aufgrund der Kapazitäts- beziehungsweise Leistungseinschränkung eines Moduls bereits in den theoretischen Vorannahmen ausgeschlossen werden muß. Nun zeigen aber unsere Ergebnisse, daß ein Zustandekommen sprachlicher Repräsentation bei der SES bereits zu einem Problem auf einer sehr basalen Ebene – namentlich im auditiven Bereich – wird. Von hier aus betrachtet, bedarf es einer Neuformulierung des Lernbarkeitsproblems im eigentlichen Sinn des Wortes: nämlich mit welchen informationsverarbeitenden Mechanismen Kinder auch dann Sprache erlernen können, wenn die Ausbildung sprachlicher Routinen beeinträchtigt ist. Die Untersuchungen zur interindividuellen Variation des Spracherwerbs (vgl. Kaltenbacher, 1990; Tracy, 1991) lassen darüber hinaus erkennen, daß eine Beschreibung der am Spracherwerb beteiligten Prozesse erst dann umfassend ist, wenn das Augenmerk auf mehrere mögliche Lernprozesse gerichtet wird.

Literatur

Anderson, J. R. (1982). Acquisition of cognitive skill. *Psychological Review*, *89*, 369–406.

Bishop, D. V. M. (1992). The underlying nature of specific language impairment. *Journal of Child Psychiatry*, *33*, 3–66.

Bock, J. K. (1982). Toward a cognitive psychology of syntax: information processing contributions to sentence formulation. *Psychological Review*, *89*, 1–47.

Breuer, H. & Weuffen, M. (1986). *Gut vorbereitet auf das Lesen- und Schreibenlernen?* Berlin: VEB Deutscher Verlag der Wissenschaften.

Cruttenden, A. (1981). Item-learning and system-learning. *Journal of Psycholinguistic Research*, *10*, 79–88.

Dalbert, C. & Schöler, H. (1991). Metasprachliches und primärsprachliches Wissen: Wissen dysgrammatisch sprechende Kinder mehr über Sprache als sie sprechen können? *Die Sprachheilarbeit*, *36*, 4–13.

Dannenbauer, F. M. (1989). Ist der kindliche Dysgrammatismus grammatisch? Zu den Sprachproblemen entwicklungsdysphasischer Kinder. *Die Sprachheilarbeit*, *34*, 151–168.

Deutsch, W. (1982). *Language control process in development*. Tutorial paper prepared for the 10th Attention and Performance Conference. Venlo.

Engelkamp, J. (1990). *Das menschliche Gedächtnis*. Göttingen: Hogrefe.

Gathercole, S. E. & Baddeley, A. D. (1993). *Working memory and language*. Hillsdale, N. J.: Erlbaum.

Gopnik, M. (1990). Feature-blind grammar and dysphasia. *Nature*, *344*, 715.

Graichen, J. (1986). Zentrale Bedingungen von Sprachentwicklungsstörungen. *Die Sprachheilarbeit, 31*, 60-74.

Grimm, H. (1988). Sprachliche und kognitive Probleme dysphasischer Kinder. *Frühförderung interdisziplinär, 7*, 57-66.

Häuser, D. (1989). Zu Grundlagen der Diagnostik der Sprachentwicklung im Vorschul- und frühen Schulalter. Unveröff. Dissertation (B). Berlin: Akademie der Pädagogischen Wissenschaften.

Herrmann, Th. (1985). *Allgemeine Sprachpsychologie*. München: Psychologie Verlagsunion.

Herrmann, Th. & Deutsch, W. (1976). *Psychologie der Objektbenennung*. Bern: Huber.

Herrmann, Th. & Laucht, M. (1977). Pars pro toto. Überlegungen zur situationsspezifischen Variation des Sprechens. *Psychologische Rundschau, 28*, 247-265.

Herrmann, Th., Schöler, H. & Winterhoff-Spurk, P. (1982). *Inkonsistenzmanagement - Überlegungen zur kognitiven Verarbeitung sprachlicher Äußerungen* (Arbeiten der Forschungsgruppe Sprache und Kognition am Lehrstuhl Psychologie III der Universität Mannheim, Nr. 24). Mannheim: Universität, Lehrstuhl Psychologie III.

Hörmann, H. (1976). *Meinen und Verstehen*. Frankfurt: Suhrkamp.

Huber, M.-A. (1978). *Sprechstrategien bei sprachgestörten Kindern im Vorschulalter*. Unveröff. Diplom-Arbeit. Bern: Psychologisches Institut der Universität.

Johnston, J. R. (1987). The language disordered child. In N. Lass, L. McReynolds, J. Northern & D. Yoder (Eds.), *Handbook of speech-pathology and audiology* (pp. 685-715). Philadelphia: B. C. Decker.

Kainz, F. (1969). *Psychologie der Sprache, Bd. 2 (Vergleichend-genetische Sprachpsychologie)*. Stuttgart: Klett.

Kaltenbacher, E. (1990). *Strategien beim frühkindlichen Syntaxerwerb*. Tübingen: Narr.

Karmiloff-Smith, A. (1979). *A functional approach to child language*. Cambridge: Cambridge University Press.

Kegel, G. (1991). Sprach- und Zeitverarbeitung bei sprachauffälligen Kindern. In M. Grohnfeldt (Hrsg.), *Handbuch der Sprachtherapie, Bd. 4 (Störungen der Grammatik)* (S. 225-243). Berlin: Marhold.

Keller, J. & Leuninger, H. (1991). Psycholinguistik. *Frankfurter Linguistische Forschungen, Sonderheft 3* (Kognitive Linguistik for Beginners), 160-194.

Klein, W. (1984). *Zweitspracherwerb*. Königstein: Athenäum.

Kleine-Moritz, G. (1991). *Friedrich der Große und die Bahnwärters-Tochter* (Reihe Gelebte Geschichte, Nr. 6). Bad Soltro: Institut für Angewandte Zweckforschung.

Kolpowskaja, I. K. (1979). Satzbildungsstörungen bei Kindern mit einer allgemeinen Unterentwicklung der Sprache. *Die Sonderschule, 24*, 290-295.

Lamendella, J. T. (1978). General principles of neurofunctional organization and their manifestation in primary and nonprimary language acquisition. *Language Learning, 27*, 155 - 198.

Lyons, J. (1971). *Einführung in die moderne Linguistik*. München: Beck.

Piatelli-Palamarini, M. (1989). Evolution, selection and cognition: from "learning" to parameter setting in biology and in the study of language. *Cognition, 31*, 1 - 44.

Reimann, B. (1991). Syntagmatisch orientierte Reaktionen in Frühphasen des Spracherwerbs. *Zeitschrift für Psychologie, 199*, 45 - 54.

Schöler, H. (1982). *Zur Entwicklung des Verstehens inkonsistenter Informationen*. Frankfurt: R. Fischer.

Schöler, H. (1987). Zur Entwicklung metasprachlichen Wissens. In Deutsche Gesellschaft für Sprachheilpädagogik (Hrsg.), *Spracherwerb und Spracherwerbsstörungen* (S. 339 - 359). Hamburg: Wartenberg.

Schöler, H., Anzer, A. & Illichmann, E. (1986). Flexion und Wortbildung: ein Vergleich zwischen dysgrammatisch sprechenden und sprachunauffälligen Kindern. *Der Sprachheilpädagoge, 18(4)*, 62 - 73.

Schöler, H., Dalbert, C. & Schäle, H. (1991). Neuere Forschungsergebnisse zum kindlichen Dysgrammatismus. In M. Grohnfeldt (Hrsg.), *Handbuch der Sprachtherapie, Bd. 4 (Störungen der Grammatik)* (S. 54 - 82). Berlin: Marhold.

Schöler, H., Fromm, W., Jeutner, R. & Kürsten, F. (1992). *Kurzzeitgedächtnis und Verarbeitungskapazität: Sprachauffällige und -unauffällige Schulkinder im Vergleich* (Arbeitsberichte aus dem Forschungsprojekt Dysgrammatismus, Nr. 20). Heidelberg: Pädagogische Hochschule, Fachbereich VI.

Schöler, H., Fromm, W. & Kürsten, F. (1993). *Längsschnittstudie zur spezifischen Sprachentwicklungsstörung: Ein Zwischenbericht* (Arbeitsberichte aus dem Forschungsprojekt Dysgrammatismus, Nr. 21). Heidelberg: Pädagogische Hochschule, Fachbereich VI.

Schöler, H. & Lindner, K. (1990). Zum Lernen morphologischer Strukturen. *Der Deutschunterricht, 42*, 60 - 78.

Shiffrin, R. M. & Schneider, W. (1977). Controlled and automatic human information processing II: perceptual learning, automatic attending and general theory. *Psychological Review, 84*, 127 - 190.

Stapf, K. H. (1974). E. A. Dölles Theorie der binauralen Rivalität. In Th. Herrmann (Hrsg.), *Dichotomie und Duplizität* (S. 108 - 123). Bern: Huber.

Tallal, P. (1980). Language disabilities in children: a perceptual or linguistic deficit? *Journal of Pediatric Psychology, 5*, 127 - 140.

Tracy, R. (1991). *Sprachliche Strukturentwicklung. Linguistische und kognitionspsychologische Aspekte einer Theorie des Erstspracherwerbs*. Tübingen: Narr.

Waller, M. (1988). Komponenten der metasprachlichen Entwicklung und Bedingungen ihres ontogenetischen Aufbaus. *Zeitschrift für Entwicklungspsychologie und Pädagogische Psychologie, 20*, 297 - 321.

Nonverbale Kommunikation und Führung

Peter Winterhoff-Spurk

"Life is a cabaret" – Die aus der dramaturgischen Analyse sozialer Interaktionen übernommene Theatermetapher wird als didaktisches Modell genutzt, um auf die Bedeutung der nonverbalen Kommunikation im Kommunikationsprozeß hinzuweisen, einige empirische Untersuchungen zum Zusammenhang von verbaler und nonverbaler Kommunikation im Kontext des Mannheimer Sprachproduktionsmodells zu schildern und diese in den Zusammenhang von Forschungen zur nonverbalen Kommunikation von Führungskräften zu stellen: "Welcome to the cabaret!"

1. Einführung: Das Programm

»Life is a cabaret« (Liza Minelli).

Ob sie will oder nicht, mit der oben angeführten Liedzeile bietet Liza Minelli eine ganze Theorie zur Interpretation menschlichen Sozialverhaltens an. Etwas vornehmer benutzt der Soziologe Ervin Goffman anstelle des Kabaretts das Theater zur Beschreibung interpersonaler Kommunikation: »Die ganze Welt ist wie eine Bühne, wir stolzieren und ärgern uns ... ein Stündchen auf ihr herum, und dann ist unsere Zeit um« (Goffman, 1977, S. 143; vgl. dazu auch Goffman, 1967; Sennet, 1987). Er gilt bis heute als einer der einflußreichsten Wissenschaftler in der Tradition der dramaturgischen Analyse sozialer Interaktionen (vgl. etwa Mangham & Overington, 1987). Zwar weist auch Goffman auf einige grundlegende Unterschiede zwischen Interaktionen auf der Bühne und im realen Leben hin (so gibt es im 'richtigen' Leben seltener vorgeschriebene Texte und konstruierte Handlungsabläufe), dennoch eignet sich der Mikrokosmos des Theaters zumindest als didaktisches Modell.

Wir bedienen uns nachfolgend der Theatermetapher, um

(i) auf die Bedeutung der nonverbalen Kommunikation im Kommunikationsprozeß hinzuweisen,

(ii) um eigene Untersuchungen zum Zusammenhang von verbaler und nonverbaler Kommunikation im Kontext des Mannheimer Sprachproduktionsmodells zu schildern und

(iii) um diese in den Zusammenhang der Forschungen zur nonverbalen Kommunikation von Führungskräften stellen.

In diesem Sinne: "Welcome to the cabaret!"

2. Kommunikation: Das Stück

> "Face-to-face"- (FTF-) Kommunikation ist ein Prozeß, bei dem zwei oder mehr koorientierte und wechselseitig kontingent interagierende Akteure im Rahmen zielgerichteter Verhaltenssequenzen und auf der Basis ähnlicher Situationsdefinitionen einander Informationen durch verschiedenartige Zeichenkomplexe mit der Absicht übermitteln, der (die) Interaktionspartner(in) möge(n) das Gemeinte verstehen und das Gewollte tun (vgl. dazu unter anderem Scherer, 1979a; Winterhoff-Spurk & Vitouch, 1989).

Mit dieser Definition könnte in einem Programmheft der Gegenstand "Kommunikation" für den geneigten Zuschauer eingeführt und wie folgt erläutert werden:

- Die allgemeinen Funktionen kommunikativen Verhaltens sind die Informationsfunktion (das heißt, der Kommunikationspartner soll den mitgeteilten Sachverhalt richtig verstehen) und die Instrumentalitätsfunktion (das heißt, der Kommunikationspartner soll das vom Sprecher Intendierte tun; vgl. Herrmann, 1982, 1985).
- Zu diesem Zweck müssen die Interaktionspartner gegenseitige Aufmerksamkeit zeigen (= ko-orientiert sein), sie müssen ihre Handlungen auf die vorangegangenen Aktionen des Partners abstimmen (= wechselseitig kontingent agieren) und dies in ihre jeweiligen Handlungspläne und -absichten einbinden (= temporäres, zielgerichtetes Ineinandergreifen der Handlungspläne der Partner).
- Sie können dies nur dann erfolgreich tun, wenn sie die Situation, in der sie sich gerade befinden, zumindest ähnlich interpretieren.

Als Zeichensysteme stehen dazu vor allem *verbale* (= gesprochene Sprache und gegebenenfalls Texte) und *nonverbale* Zeichen zur Verfügung (vgl. Scherer & Wallbott, 1979). Bei den nonverbalen Zeichen kann unterschieden werden: (a) Nonverbal-*nonvokale* Zeichen (wie Mimik, Gestik, Körperhaltungen, Blickbewegungen etc.) und (b) nonverbal-*vokale* Zeichen, die mit Hilfe des Stimmapparates erzeugt werden (vgl. Scherer, 1982). Diese sind entweder sprachgebunden (Intonationsverläufe, Pausen) oder sprachunabhängig (Vokalisierungen wie "ääh", "mmm" etc.).

Nonverbale Zeichen können weitgehend unabhängig von sprachlichen Signalen erzeugt werden (vgl. Winterhoff-Spurk & Grabowski-Gellert, 1987a), zudem sind sie oft weniger explizit und eindeutig (vgl. Scherer, 1979a). Dementsprechend können sie die Bedeutung der verbalen Aussage verstärken oder abschwächen (= *Modifikation*; vgl. Scherer, 1979b). Sie können im Gegensatz zur verbalen Aussage stehen (= *Kontradiktion*), sie können parallel zur verbalen einen anderen Inhalt vermitteln (= *Expression*; zum Beispiel Signale der Sympathie oder Antipathie) oder anstelle eines verbalen Zeichens auftreten (= *Substitution*, zum Beispiel das bekannte Zeichen für eine 'Wendeltreppe'). Schließlich können sie auch ohne Bezug zu einer verbalen Aussage Bedeutung vermitteln (= *Embleme*, zum Beispiel in definierten Gesten wie "Vogel zeigen" oder bei Richtungsangaben; vgl. Burgoon, 1985; Ekman und Friesen, 1969).

Während in der Sozialpsychologie (mit dem Schwerpunkt bei der nonverbalen Kommunikation) eher solche funktionalen und definitorischen Überlegungen angestellt werden, versucht die Sprachpsychologie, den Prozeß der Sprachproduktion und -rezeption in kognitiven Modellen abzubilden (vgl. dazu Winterhoff-Spurk, i. Dr.).

Ein solches Modell hat Herrmann (1985) vorgestellt, nach dem der Mensch als ein informationsverarbeitendes Hörer/Sprecher-System (HS-System) abgebildet wird, an dem auch, aber nicht immer Sprachproduktion und -rezeption beobachtet werden können (vgl. zum folgenden auch Herrmann, 1982; Herrmann & Grabowski, 1994; Winterhoff-Spurk & Grabowski-Gellert, 1987b). Nach dieser Theorie verfügt das System über eine interne Repräsentation seiner (System-) Umgebung, die Umgebungs- und Operatorenauswahlsystem (UOS) genannt wird (Herrmann, 1985, S. 48). Das System soll seine Informationen aus Langzeit-Speichersystemen, aus Subsystemen, die Informationen aus der HS-Systemumgebung rekodieren, und aus exekutiven Systemen erhalten. Führen eingehende Informationen zu signifikanten Ist-Soll-Differenzen, so können im UOS Operatoren ausgewählt werden, die zu externem System-Verhalten führen. Sprachrezeption modifiziert eine interne Repräsentation der System-Umgebung, Sprachproduktion ist eine von mehreren Operationen der System-Regulation. »Der Gesamtprozeß der Sprachrezeption ist etwas, was sich der permanenten (kognitiven oder emotionalen) Informationsverarbeitung von HS-Systemen sporadisch 'auflagert' oder 'einlagert'. Und das bedeutet auch, daß eine strikte Festlegung, wann beziehungsweise wo die Sprachrezeption gewissermaßen zum Abschluß kommt, relativ willkürlich ist. Sie wirkt als suppletorischer Vorgang in die permanente Kognitionsdynamik, in heterogene Systemreaktionen sowie auch in die langfristige Veränderung von deklarativem und prozeduralem Wissen in nicht klar abgrenzbarer Weise hinein« skizziert Herrmann (1985, S. 188) die Sprachrezeption und fügt für die Sprachproduktion an anderer Stelle hinzu (a. a. O., S. 191): »Beobachtet man nun ein beliebiges HS-System über einen längeren Zeitraum, so können seine vielfältigen Systemoutputs in der Regel nicht als Sprachoutputs beschrieben werden. Berücksichtigt man alle beobachtbaren Systemaktivitäten sozusagen mit unverkürzter Optik, so sind alle Sprachoutputs eher seltene Ereignisse. Diese Sprachoutputs ergänzen dann und wann die übrigen Outputs, und sie tun das derart, daß sie in funktionaler Wechselbeziehung mit anderen Systemaktivitäten stehen.« Ausgangspunkt der Sprachproduktion ist die zur Mitteilung anstehende sprachfreie Struktur im UOS, die sogenannte propositionale Basis (PB) der Äußerung. Umgangssprachlich formuliert: Der Sprecher richtet seine Aufmerksamkeit auf diejenigen Informationen, über die er reden will (= Fokussierung als erste Stufe der Sprachproduktion). Aus dieser PB werden Teile seligiert (= Selektion und Linearisierung von Enkodier-

Inputs als zweite Stufe der Sprachproduktion) und schließlich verbalsprachlich enkodiert (= dritte Stufe der Sprachproduktion).

»Ich bin ja ein notorischer Reduktionist« – mit dieser Feststellung bekannte sich Herrmann am 11. März 1982 auf einer Autofahrt von Ladenburg nach Mannheim zu einem eher sparsamen Sprachproduktionsmodell. Daß er sich später unter anderem auch als begeisterten Pulloverträger, überzeugten Marktwirtschaftler, alten Preußen, Schnorchler, begeisterten Informationstheoretiker, Schalgegner, analytischen Musikhörer, Oldtimer, Alpenfan, absoluten Schuhmuffel, großen Liebhaber Kantscher Perioden und Fan von Stilreinheit beschrieb (Herrmann, persönliche Mitteilungen, 1982, 1983), ändert daran nichts: Die Theorie ist aus der Sicht des mit nonverbaler Kommunikation befaßten Forschers insofern sparsam, als die nonverbale Kommunikation darin nur am Rande vorkommt.

Das Modell des kommunizierenden Menschen als informationsverarbeitenden Systems erlaubt allerdings nach unserer Auffassung grundsätzlich auch die Integration nonverbaler Äußerungsweisen und ihrer jeweiligen mentalen Repräsentationen. Kendon (1981) drückt diesen Gedanken so aus: »... at the same time as the speaker packages meanings into phrases of speach, he or she is also packaging meaning into phrases of gestures. Gesture phrases and tone units tend to match because they are being produced under the guidance of a single conceptual unit.«

So sehen wir die Produktion von Äußerungen als einen interaktiven Prozeß der Planung und Ausführung verbaler und nonverbaler Äußerungskomponenten. In der Begrifflichkeit des Mannheimer Sprachproduktionsmodells: Ausgangspunkt ist eine zur Mitteilung anstehende sprachfreie Struktur im Umgebungsrepräsentations- und Operatorenauswahlsystem (UOS), die propositionale Basis (PB). Sie wird im allgemeinen mit Hilfe aller dem System zur Verfügung stehenden Subsysteme geäußert, gelegentlich und für bestimmte Zwecke kann auch jedes System alleine benutzt werden. Zwar wird es vermutlich auch Situationen geben, in denen die nonverbalen Subsysteme nicht oder nur wenig gebraucht werden – etwa in hochgradig standardisierten Situationen wie beim Kauf einer Zeitung am Kiosk. Auch mag es andererseits vorkommen, daß auch die verbalen Subsysteme nicht oder nicht sogleich benutzt werden – etwa in Situationen mit starken Angst-, Schmerz- oder Wutgefühlen. Abgesehen von solchen Extremsituationen sehen wir einen situationsspezifischen Einfluß vor allem bei der Auswahl von Varianten von Äußerungsweisen, die in Abhängigkeit von sprecherseitigen Kognitionen über situationsimmanente wie -übergreifende Zustände und Ziele, über soziale Konventionen, über Erfahrungen bei früheren Kommunikationsabläufen, über partnerseitige Dispositionen und anderes mehr erfolgt (vgl. Winterhoff-Spurk & Grabowski-Gellert, 1987a,b; Grabowski-Gellert & Winterhoff-Spurk, 1988, 1989).

Zu fragen ist, welche Bedeutung die nonverbalen Äußerungsweisen in einer aus verbalen und nonverbalen Komponenten bestehenden Gesamtäußerung hinsichtlich ihrer informativen und instrumentellen Funktionen für den Partner haben: Übereinstimmend wird in entsprechenden Untersuchungen nachgewiesen, daß die nonverbalen Komponenten stärkere Wirkung haben – im Einzelfall bis zu 90 Prozent der Gesamtäußerung – als die verbale Äußerung (vgl. dazu Grabowski-Gellert & Winterhoff-Spurk, 1986a). Dies wird besonders bei sogenannten *Kanal-Diskrepanzen* deutlich: Ein lachend gesprochenes "Jetzt aber raus!" wird jeder als burschikos-freundliche Äußerung interpretieren. Eine aggressiv hingeworfenes "Mach' doch, was Du willst." legt nahe, genau dies eben nicht zu tun.

Von der Frage nach dem relativen Zueinander verbaler und nonverbaler Äußerungskomponenten bei der Planung und Produktion einer Äußerung zu unterscheiden ist die Frage nach der zeitlichen Abfolge bei der Manifestation der Äußerung beziehungsweise Äußerungssequenz. Hier werden einige der nonverbalen Äußerungskomponenten sicherlich vor dem Beginn der verbalen Komponente gezeigt werden, wenn es sich beispielsweise um schnell ('ballistisch'; vgl. Levelt, Richardson & Heij, 1985) ablaufende Bewegungen wie Zeigegesten oder emotionale Bewertungen handelt, oder weil es weniger leicht modifizierbare Komponenten wie etwa die räumliche Distanz zum Partner oder die Körperhaltung betrifft. Andere, leichter variierbare nonverbale Komponenten wie etwa die Gestik werden parallel, aber unabhängig von spezifischen verbalen Teilen der Äußerung manifestiert. Wieder andere, so Intonationsvarianten (vgl. Dorn-Mahler, Grabowski-Gellert, Funk-Müldner & Winterhoff-Spurk, 1989a,b), können nur zugleich mit verbalen Komponenten manifestiert werden. Schließlich gibt es auch nonverbale Äußerungsweisen, die einer Gesamtäußerung nachträglich angehängt werden können (etwa ein Lächeln; vgl. Winterhoff-Spurk, 1983).

Fassen wir diese Überlegungen zusammen, so finden wir dies vorzüglich von Herrmann & Grabowski (1994) ausgedrückt, wenn sie schreiben, » ... daß die Gesamtcharakteristik von Äußerungen ... maßgeblich von nonverbalen Komponenten mitdeterminiert wird. ... Nonverbale Verhaltensweisen haben also weit mehr als bloß eine abtönende, modifizierende Funktion ..., sondern sie sind in einer Sprachproduktionstheorie bereits an frühen Stellen der Äußerungsplanung zu berücksichtigen.«

Nähern wir uns dem Thema weiter mit der Frage an die Organisationspsychologie: Welche Bedeutung hat Kommunikation im allgemeinen und die nonverbale Kommunikation im besonderen im Arbeitsalltag von Vorgesetzten (vgl. dazu auch Winterhoff-Spurk & Herrmann, 1987)?

Systematische Beobachtungen des Führungsverhaltens zeigen dazu folgende Ergebnisse (vgl. dazu Neuberger, 1984):

- Der Arbeitstag des typischen Vorgesetzten ist aus sehr vielen kurzen Interaktions-Sequenzen zusammengesetzt. Über verschiedene Untersuchungen gemittelt, finden sich Werte zwischen einer halben Minute und drei Minuten; der größte Teil davon kommt ad hoc zustande.
- Vorgesetzte kommunizieren hauptsächlich mündlich. Im Durchschnitt werden circa zwei Drittel der täglichen Arbeitszeit in Gesprächen verbracht.
- Kontakte mit Untergebenen nehmen die meiste Zeit in Anspruch: Sie werden zumeist vom Vorgesetzten initiiert (Jablin, 1979) und beanspruchen im Mittel 40 Prozent seiner gesamten Kommunikations-Zeit. Gespräche mit Gleichrangigen, mit Externen und mit eigenen Vorgesetzten folgen in dieser Reihenfolge nach.

Soweit der Blick in das Programmheft. Sehen wir uns nun endlich das Stück selbst an: Vorhang auf!

3. Situation: Das Bühnenbild

> »Bei aller Funktionalität moderner Büros, wieso hat der Sachbearbeiter, der in Aktenbergen herumkramen muß, den kleinsten Schreibtisch und der Vorstand fast eine Tischtennisplatte, obwohl er nur knapp gehaltene Vorlagen durchzuarbeiten hat? Symbolisieren Teak und Leder, männlich herb und hart, den unternehmerischen Weitblick, stehen Blech und Kunststoff, leicht zu formen und ersetzbar, für die Qualität der Mitarbeiter? So gesehen, ist die Sache ganz rational und funktional. Der Chef kann weitgehend auf Imponiergehabe verzichten, wenn er für jeden erkennbar mit den Insignien der Macht umgeben ist – er hat schon genug damit zu tun, seine Rolle positionsgemäß auszuüben. Die Sorge um den Status nimmt ihm die Firma größtenteils ab« (Manager Magazin 11, 1981).

Zitate wie dieses und entsprechende empirische Untersuchungen zeigen, daß die Einrichtung eines Raums das kommunikative Verhalten der darin agierenden Menschen stark beeinflußt (vgl. zum folgenden Knapp, 1978). Im gegenwärtigen Zusammenhang ist vermutlich der Schreibtisch das wichtigste Möbel.

Wie sich zwei oder mehr Kommunikationspartner an Tischen niederlassen und welche Folgen das hat, wird in der Sozialpsychologie unter dem Stichwort "*seating behavior*" untersucht. Es zeigen sich unter anderem folgende Ergebnisse:

- Sitzen Ärzte oder Professoren hinter einem Schreibtisch, so fühlen sich die Patienten oder Studenten deutlich weniger wohl als ohne diese Barriere. Bei zwei Schreibtischen in einem Raum hat für gewöhnlich der Statushöhere den Lichteinfall von links.
- Wer an den Kopfenden eines rechteckigen Tisches sitzt, hat größere Chancen, zum Gruppenführer einer informellen Gruppe auserkoren zu werden, als die Diskussionsteilnehmer an den Seiten.
- Bereits gewählte Gruppenleiter und allgemein Statushöhere nehmen meist von sich aus diese Sitzposition ein.

Außer dem Tisch können weitere *Statussymbole* Machtunterschiede definieren. Eine Umfrage der Zeitschrift *Manager Magazin* (vgl. Wahren, 1987, S. 66f.) zeigt, daß etwa die Hälfte der befragten (45) Unternehmen in der Bundesrepublik eigens Richtlinien für die Ausstattung von Büros erlassen hat. Anekdotische Berichte von Textiltapeten, schweren Vorhängen, Ledermöbeln, gediegenem Teppichboden, wuchtigen Stehlampen – der sogenannte 'Palazzo-Prozzi'-Stil – (vgl. Schwertfeger & Lewandowski, 1990, S. 70 ff.) wie über Sporttrophäen, Urkunden, Fotos von Frau und Kindern, Kopien chinesischer Vasen, Oldtimer- und Schiffsmodelle sowie Gegensprechanlagen und Computer ergänzen diese Befunde. Auch Parkinson beschreibt dieses Phänomen schon 1957: »The outer door, in bronze and glass, is placed in a symmetric fassade. Polished shoes glide quietly over shining rubber to the glittering and silent elevator ... A minute later, and you are ankle deep in the director's carpet, plodding sturdily towards his distant tidy desk. Hypnotized by the chief's unwavering stare, cowed by the Matisse hung upon his wall, you will feel that you have found efficiency at last.«

Die Raumausstattung führt zu einem anderen Aspekt: Die Plazierung der Schauspieler. Menschen variieren die räumliche Entfernung zu ihren Kommunikationspartner nach ihren jeweiligen Gefühlen und Absichten und in Abhängigkeit von den je kulturspezifischen *Distanznormen*. Für die USA sind folgende Werte empirisch ermittelt worden (vgl. Hall, 1966):

(a) *Intime Distanz*: (i) 0 bis 50 cm: Enger Bereich für sehr intime, meist nichtöffentliche Interaktionen (Beispiele: Ringen, Beschützen, Sexualität, Zärtlichkeiten, Pflegen).
(b) *Informelle persönliche Distanz*: (i) 50 bis 75 cm: Enger Bereich für Personen, die in dauerhaften Interaktionsbeziehungen stehen (Ehepartner, Eltern und Kinder, aber auch Freunde und langjährige Kollegen); (ii) 75 bis circa 100 cm: Entfernter Bereich, der für Gespräche über persönliche und involvierende Themen gewählt wird.
(c) *Sozial-konsultative Distanz*: (i) 100 bis 200 cm: Enger Bereich für unpersönliche Interaktionen bei der Arbeit oder bei informellen sozialen Veranstaltungen; (ii) 200 bis 350 cm: Entfernter Bereich für formale Angelegenheiten und Gespräche wie etwa in Behörden oder Wohnungen, wenn zwischen den Kommunikationspartnern keine persönlichen Beziehungen bestehen.
(d) *Formelle Distanz*: (i) 350 bis 750 cm: Naher Bereich für eher formale Kommunikationen wie eine Rede vor einem kleinen Publikum oder eine kurze Mitteilung oder Anordnung; (ii) mehr als 750 cm: Entfernter Bereich, in dem das nonverbale Verhalten an Bedeutung gewinnt, wie etwa bei Zurufen oder Gesten über eine Straße oder ein Spielfeld.

Welche Distanz gewählt wird, definiert für gewöhnlich die Führungskraft; bei ihr liegt in der Regel auch die Initiative zur Veränderung. Mit der räumlichen Distanz können Führungskräfte die von ihnen jeweils gewünschte soziale Distanz zu ihren Untergebenen nach Bedarf variieren.

4. Kommunizieren: Der Auftritt

> »'Verehrter Graf Palen, die Einladung zum 26. d. Monats nehme ich mit ergebenem Dank an.' Ergebener Dank? Wollen sehen. 'Empfehlungen an die Komtesse.' Zu familiär. Teils zu ergeben, teils zu vertraut. Vor allem darf er nicht merken, wie gern ich komme. ... 'Sehr verehrter Graf von Palen.' Wie das eingeschobene 'von' distanziert! Die Sache muß als erste schriftliche Äußerung meinerseits in diesen Kreis hinein tadellos korrekt und doch bedeutend sein. ... Wie wird man mit vier, fünf Silben solchen Gehirnen einen Augenblick wichtig? Das ist eine Preisfrage, aber sie muß gelöst werden. Einen Fünfsilber mit viel Vokalen und rollendem Takt für den Anfang. ... Dum da da dum da. Unaufgefordert. Die zweite Silbe ist für mein Ohr länger als die erste. Falscher Takt. Pränumerando – da ist's im Ton, gibt aber natürlich keinen Sinn. Dum da da dum da. Ich muß es finden« (Sternheim, 1990).

Das Zitat soll verdeutlichen: Auf der Grundlage momentaner Befindlichkeiten und angesichts spezifischer Ziele der Kommunikation werden Äußerungen situationsbezogen geplant und fein auf den jeweiligen Partner abgestimmt (vgl. Graumann & Herrmann, 1989).

Im Kontext der nonverbalen Kommunikation von Führungskräften wenden wir uns noch einmal den *Statussymbolen* zu: Uniformen und ähnliche Kleidungsstücke, Räume, das Mobiliar und andere Statussysmbole sind hilfreich, wenn *Macht- und Statusdifferenzen* schnell definiert und durchgesetzt werden sollen (= *Legitimationsmacht*; vgl. Forgas, 1987).

Sie nehmen dem Vorgesetzten jedoch nicht die ganze kommunikative Arbeit ab: Beispielsweise in Konflikt- oder Verhandlungssituationen muß der Vorgesetzte sein jeweiliges Verhaltensziel durch entsprechendes nonverbales Verhalten unterstreichen. Dazu hat er folgende Möglichkeiten (vgl. dazu Argyle, 1975; Ellyson und Dovidio, 1985; Harper, 1985; Henley, 1977; Schlenker, 1980):

Im Bereich des *nonverbal-nonvokalen* Verhaltens finden wir zum Stichwort

- *Körperbewegungen* folgende Beschreibung: Eine aufrechte und zugleich entspannte Körperhaltung, asymmetrische Positionen des Körpers und der Glieder sowie dynamische, schnelle und weit ausholende Bewegungen vor allem der Arme sowie zum Körper zeigende Handflächen bei Statushöheren. An spezifischen Kombinationen werden bei dieser Gruppe oft das Abstützen der Hände in den Hüften sowie das des Kinns mit den Händen beobachtet.
- Hinsichtlich des *Blickverhaltens* zeigt der Statushöhere allgemein längere Blickkontakte während des Sprechens und zugleich kürzereren Kontakt während des Zuhörens. Der Statusniedrigere wendet umgekehrt häufiger den Blick ab – nur nicht während der Statushöhere spricht.

Beim *nonverbal-vokalen* Verhalten werden eine tiefe Grundfrequenz der Stimme, ein schnelles Sprechtempo und eine geringere Lachfrequenz der statushöheren Interaktionspartner angeführt (vgl. Forgas, 1987; Leffler, Gillespie & Conaty, 1982).

Wie feingesponnen das Muster der nonverbalen Äußerungsweisen im Detail sein kann, soll nun am Beispiel des *Anweisens* von Mitarbeitern erläutert werden. Anweisen ist eine Führungsfunktion, die mit rund 30 Prozent den Löwenanteil der vielfältigen Tätigkeiten von Vorgesetzten ausmacht (vgl. Neuberger, 1984, S. 139).

5. Anweisen: Die Rede

> »Jetzt würde ich gern einen Kaffee trinken«
> (Unbekannte Versuchsperson, 1983).

Mit diesem unscheinbaren Satz begann 1983 ein Forschungsprojekt zum Zusammenhang von verbaler und nonverbaler Kommunikation beim Auffordern, das zunächst ein Projekt der Mannheim/Heidelberger-Forschergruppe "Sprechen und Sprachverstehen im sozialen Kontext", später ein Teilprojekt des gleichnamigen SFB 245 war.

185 Studenten und Studentinnen der Universität Mannheim hatten den oben angeführten Satz in Rollenspielexperimenten entweder als Mitteilung oder als indirekte Aufforderung zu sprechen. Eine dritte Gruppe hatte demgegenüber die

direkte Aufforderung "Jetzt mach Sie mir bitte einen Kaffee" zu produzieren (vgl. dazu Winterhoff-Spurk, 1983, 1985, 1986; Herrmann & Grabowski, 1994). Ferner waren zwei aufforderungsrelevante Situationsparameter systematisch variiert: Die Legitimation des Sprechers zum Auffordern des Partners und die partnerseitige Bereitschaft zur Befolgung der Aufforderung waren jeweils 'hoch' oder 'gering'.

Die Auswertung der Videoaufzeichnungen der Rollenspiele führten zu folgenden Ergebnissen:

(i) In Situationen, in denen die obige Äußerung sowohl als Mitteilung wie als Aufforderung verstanden werden kann, wird die Aufforderung durch einen signifikant längeren Blickkontakt zum Partner nonverbal markiert.

(ii) Die direkte Aufforderung wird durch Lächeln und durch eine gegen die syntaktische Form des Satzes manifestierte Frageintonation kompensiert. Dabei gibt es systematische Zusammenhänge mit den Situationsparametern: Sind die Legitimation und die Bereitschaft gering, so brechen die Versuchspersonen das Rollenspiel mit der Begründung ab, daß sie in dieser Situation keine solche Äußerung produzieren würden. Ist nur die Legitimation gering, die Bereitschaft des Partners aber hoch, so intonieren die meisten Sprecher die direkte Aufforderung als Frage. Gleichzeitig verwenden sie ein längeres Lächeln als bei der indirekten Aufforderung oder der Mitteilung. Ist umgekehrt die Legitimation hoch und die Bereitschaft gering, so setzen noch rund die Hälfte der Versuchspersonen die Frageintonation ein. Sind schließlich beide Situationsparameter hoch ausgeprägt, so werden Frageintonation und Lächeln kaum noch eingesetzt.

(iii) Es zeigte sich also, daß verbale Aufforderungen systematisch und situationsabhängig mit spezifischen nonverbalen Äußerungen kovariierten: Verbal direkte Aufforderungen wurden nonverbal abgeschwächt, verbal indirekte Aufforderungen nonverbal verdeutlicht.

Diese Ergebnisse waren der Ausgangspunkt für weitere Untersuchungen: In einer ersten Projektphase von zwei Jahren wurde untersucht, ob und wie die aufgefundene funktionale Interaktion verbaler und nonverbaler Äußerungskomponenten bei einfachen (Einsatz-) Aufforderungen in psychologischen Modellen abgebildet werden kann und welche situativen Einflüsse diese Interaktion kodeterminieren. Zu diesem Zweck wurden folgende Einzelstudien durchgeführt:

(i) In einem ersten Experiment erhielten N = 124 Versuchspersonen Video-Aufnahmen vorgeführt, auf denen von Schauspielern eine Aufforderung – bestehend aus je einer von drei verbalen Aufforderungsvarianten, drei Lächel- und drei Intonationsvarianten – manifestiert wurde. Die Versuchspersonen hatten auf Ratingskalen anzukreuzen, ob sie die ihnen vorgeführte Aufforderung auch selbst in der gegebenen Situation verwenden würden, wie direkt ihnen die Aufforderung erschien und ob beziehungsweise wie gern sie der Aufforderung nachkommen würden. Die Antworten sollten mit Hilfe von 'Conjoint measurement'-Analysen bearbeitet werden, um eine zwischen den verbalen und nonverbalen Äußerungskomponenten möglicherweise bestehende Verknüpfungsregelmäßigkeit aufzudecken. Es zeigten sich im wesentlichen folgende Ergebnisse (vgl. im Detail Grabowski-

Gellert & Winterhoff-Spurk, 1986a,b, 1988, 1989; Winterhoff-Spurk, Geißler & Grabowski-Gellert, 1987; Winterhoff-Spurk & Grabowski-Gellert, 1987b):

- Die in der Literatur zum Zusammenhang verbaler und nonverbaler Kommunikation vorherrschende Annahme einer additiven Verknüpfung dieser Äußerungskomponenten konnte in unseren Analysen nicht bestätigt werden. Die 'Conjoint-measurement'-Verfahren sprechen in allen untersuchten Situationen und auf allen abhängigen Variablen eher für eine distributive Verknüpfung nach dem Modell "Ratingurteil = (verbale Aufforderung + Lächeln) × Intonation".
- Die Intonationsvariation hat bei den hier untersuchten Äußerungen höhere Skalenwerte auf allen abhängigen Variablen als die verbale Aufforderung und das Lächeln.
- Die Identifikation eines Situationstyps "reaktanzgefährdete Standardsituation", in der der Sprecher von vornherein weiß, daß der Partner keine oder nur wenig Bereitschaft zur Ausführung der gewünschten Handlung zeigt, erscheint empirisch nützlich. Ferner finden sich Hinweise auf die Wirksamkeit situationsübergreifender Merkmale (Einmaligkeit versus Wiederholbarkeit der Aufforderungssituation mit demselben Interaktionspartner).

(ii) In einem zweiten Experiment erhielten die N = 92 Versuchspersonen Aufforderungssituationen in der Art eines 'Foto-Romans' vorgelegt, dessen letztes Bild – die Manifestation der Aufforderung – fehlte. Die Aufgabe der Versuchspersonen bestand nunmehr darin, die fehlende Äußerung aus je drei Kärtchen mit verbalen Aufforderungen, Intonations- und Lächelvarianten in der Art der Konstruktion eines Puzzles zusammenzufügen. Registriert wurden vor allem die Abfolge und Verwendungshäufigkeit der Einzelelemente bei der Komposition der Gesamtäußerung (vgl. Winterhoff-Spurk & Grabowski-Gellert, 1987a) sowie der Einfluß der Situation auf die Konstruktionsabläufe. Hier zeigten sich vor allem folgende Befunde (vgl. Winterhoff-Spurk & Grabowski-Gellert, 1987a):

- Wie im ersten Experiment findet sich auch mit Hilfe dieser Experimentaltechnik insgesamt keine Stützung einer nachgeordneten, suppletorischen Funktion nonverbaler Äußerungsweisen. Weder bei der Erstkonstruktion noch bei der Veränderung von Gesamtäußerungen werden die verbalen Komponenten gegenüber den nonverbalen bevorzugt. Besonders bei der Direktheit einer Äußerung bestätigt sich auch hier das Gewicht der Intonation.
- Die zusätzliche Situationsdifferenzierung (nach Standardisierungsgrad und Reaktanzgefährdung sowie Einmaligkeit vs. Wiederholbarkeit der Situation) verändert die Abfolge der Erstkonstruktion sowie die Veränderung konstruierter Gesamtäußerungen bezüglich der Äußerungsdimensionen nicht, sie hat jedoch Auswirkungen auf die Auswahl spezifischer Varianten der Äußerungskomponenten: In reaktanzgefährdeten Standardsituationen werden aus der Sicht des Hörers eher reaktanzmindernde Äußerungskomponenten (indirekte Aufforderungen, Lächeln, Frageintonation) bevorzugt. In wiederholbaren Interaktionssituationen werden indirekte Aufforderungen bevorzugt.

(iii) Im dritten Experiment schließlich hatten N = 63 Versuchspersonen in einem Rollenspiel in der Rolle eines Abteilungsleiters einer Sekretärin einen Brief zu diktieren und diese anschließend mit einer einfachen Aufforderung zu veranlassen, ihnen einen Kaffee zu kochen. Uns interessierte, ob die bisher formulierten Zusammenhänge von Situationsmerkmalen und Aufforderungsproduktion sich auch im freien Rollenspiel nachweisen ließen und welche Variationen nonverbal-vokaler Äußerungsweisen festzustellen sind. Die zuletztgenannte Frage wurden mit Hilfe eines Auswertungssystems zur Intonationsanalyse der Arbeitsgruppe von Prof. Scherer in Gießen untersucht (vgl. Dorn-Mahler, Grabowski-Gellert, Funk-Müldner & Winterhoff-Spurk, 1989a,b). In diesem Experiment war die Auswertung der Intonationsvarianten technisch und organisatorisch außerordentlich aufwendig: Die Äußerungen der Versuchspersonen wurden zunächst vom Video- auf ein Tonband kopiert, Anfang und Ende der Äußerung waren mit einem Signalgenerator elektronisch zu markieren ('triggern'). Diese Bänder waren anschließend zu digitalisieren und von akustischen Unreinheiten ('Noise') zu säubern, bevor sie mit Hilfe entsprechender Software ausgewertet werden konnten (vgl. Dorn-Mahler, Grabowski-Gellert, Funk-Müldner & Winterhoff-Spurk, 1989a,b). Es ergab sich:

- In reaktanzgefährdeten Standardsituationen manifestierten die Versuchspersonen entgegen der Instruktion größtenteils nicht einfache, sondern komplexe Aufforderungen.
- Die verbalen Äußerungen des gesamten Rollenspiels werden in der reaktanzgefährdeten Standardsituation mit einer tieferen Grundfrequenz manifestiert, diese fällt bei der Aufforderung selbst noch einmal signifikant ab (= Befehlsintonation). Die Grundfrequenzschwankungen ('range') sind in dieser Situation geringer als in einer Standardsituation.

In der zweiten Projektphase wurden aus mehreren Äußerungsteilen bestehende Aufforderungssequenzen (= komplexe Aufforderungen) bearbeitet, wobei wir zunächst einige situative Determinanten komplexer Aufforderungen, dann die verbalen Aufforderungen selbst und schließlich damit systematisch kovariierende nonverbale Äußerungskomponenten untersuchten. Zur Reduzierung der Situationsvarianz beschränkten wir uns hier ausschließlich auf Beispiele aus dem betrieblichen Kontext, das heißt auf Aufforderungen von Vorgesetzten gegenüber ihren Mitarbeitern. Voran ging ferner eine Methodenstudie über die Vergleichbarkeit schriftlicher und mündlicher Erhebungsverfahren. Mit einer ersten Untersuchung über partnerseitige Aufforderungsreaktionen wurde das Projekt abgeschlossen.

(i) In der Methodenstudie (vgl. Grabowski-Gellert & Winterhoff-Spurk, 1989) wurde untersucht, welchen Einfluß die Erhebungsmethode auf die jeweils produzierte Äußerung hat. Hierzu wurden den Versuchspersonen Situationsbeschreibungen schriftlich vorgegeben, in denen entweder in schriftlicher oder mündlicher Form aufgefordert werden sollte. Die Analyse der so gewonnenen Aufforderung zeigte, daß Unterschiede sowohl beim propositionalen Enkodierinput als auch bei der sprachlichen Oberflächengestaltung der Äußerung auftreten: Schriftlich erho-

bene Äußerungen sind tendenziell länger und komplexer als mündliche. Dies war bei der Datenerhebung im Projekt zu berücksichtigen.

(ii) Der zweite Projektteil bestand aus fünf Teiluntersuchungen, die mit dem Ziel durchgeführt wurden, situative Merkmale und Bedingungen zu finden, die die Aufforderungsproduktion determinieren. Auf der Basis dieser Ergebnisse sollte eine Erweiterung der bisher verwendeten aufforderungsrelevanten Parameter erarbeitet werden, die zur Konstruktion von Situationstypen als Interaktionskontext verwendet und systematisch variiert werden konnten.

Die Ermittlung der situativen Merkmale erfolgte in folgenden Teilschritten: Zunächst erstellten vier Experten eine Liste von 53 nach ihrer Meinung aufforderungsrelevanten Situationsmerkmalen. Diese Liste wurde auf Kärtchen übertragen und 56 Versuchspersonen mit der Bitte vorgelegt, die Merkmale nach subjektiver Ähnlichkeit zu gruppieren. Da eine Gruppierung nach semantischen Oberflächenmerkmalen (hier: Wortgleichheiten) ausgeschlossen werden sollte, wurden gleichlautende Begriffe durch andere Benenungen aus dem gleichen Wortfeld ersetzt. Diese Liste wurde weiteren 25 Versuchspersonen zur Gruppierung vorgelegt. Danach wurde sie von 10 weiteren Versuchspersonen aufgrund von Wichtigkeitsurteilen auf 25 Merkmale reduziert. Die reduzierte Merkmalsliste wurde schließlich von weiteren 25 Versuchspersonen erneut gruppiert.

Die so gewonnenen Daten wurden mit multidimensionalen Skalierunsgsverfahren (MDS) und Clusteranalysen ausgewertet. Es zeigte sich (vgl. im Detail Funk-Müldner, Dorn-Mahler & Winterhoff-Spurk, 1990): Als Hauptgruppen situativer Bedingungen beim Auffordern im betrieblichen Kontext wurden die Cluster "Vorgesetzter", "Mitarbeiter", "Beziehung Vorgesetzter-Mitarbeiter", "Organisationsklima" sowie "Aufforderung" gebildet. Die einzelnen Merkmalsgruppen blieben über alle Untersuchungen hinweg relativ konstant. Die nach der Wichtigkeit reduzierte Anzahl von Parametern wurden in einem Kategoriensystem SIT zusammengefaßt.

(iii) Zu diesem Untersuchungsstrang zählte zunächst die Replikation des oben erwähnten Rollenspiels, in welchem männliche Vorgesetzte ihre Sekretärin zum Kaffeekochen auffordern sollten. Die Replikation erfolgt mit 36 weiblichen Versuchspersonen. Von dieser Untersuchung wurden Hinweise auf mögliche geschlechtsspezifische Unterschiede bei der Aufforderungsproduktion erwartet.

Eine weitere Untersuchungsreihe dieses Abschnitts diente der Entwicklung eines Kategorien- und Kodiersystems zur Analyse komplexer Aufforderungen (vgl. dazu Dorn-Mahler, Funk-Müldner & Winterhoff-Spurk, 1991). Mit Hilfe der Technik des Lauten Denkens wurden von 45 Versuchspersonen eine Aufzählung aufforderungsrelevanter Kognitionen ermittelt. Daraus wurde ein Klassifikationssystem (mit der Bezeichnung AUFFkomp) entwickelt, das die Grundlage für ein entsprechendes Kodiersystem wurde. Dieses umfaßt die drei Hauptkategorien "Personenmerkmale", "Aktionsmerkmale" und "Nichtpersonenbezogene Situationsparameter". Dieses Kodiersystem wurde an Aufforderungen aus unterschiedlichen Untersuchungen erprobt und weiterentwickelt.

Es zeigten sich folgende Ergebnisse:

- Vor allem in reaktanzgefährdeten Standardsituationen verwenden Frauen signifikant häufiger den Höflichkeitspartikel "bitte". Männer wählen in dieser Situation häufiger komplexere Satzstrukturen und längere Sätze als Frauen.
- Die Auswertungen mit dem Kodiersystem führten zu einer Interraterreliabilität von 0,83.

Im vierten Projektteil wurde das nonverbale Verhalten beim Auffordern untersucht: Dazu führten wir zunächst Auswertungen zum Intonationsendverlauf und zur Interaktion syntaktischer und intonatorischer Gestaltung beim Auffordern durch. Datenbasis bildeten Aufforderungen, die von 63 Versuchspersonen unter verschiedenen situativen Vorgaben produziert wurden. Wir fanden: Die vom Sprecher antizipierte Bereitschaft des Hörers führte zur Produktion von Aufforderungen mit eher fragendem Charakter (syntaktische Frage und steigender Endverlauf der Intonation), während antizipierte mangelnde Bereitschaft zur Produktion von Aufforderungen mit befehlendem Charakter (syntaktische Frage/Befehl und fallender Intonationsendverlauf) führt.

Eine weitere Studie bestand aus einem auf Video aufgezeichneten Rollenspiel, in dem 37 Sachbearbeiter von Arbeitsämtern ihre Untergebene (eine in allen Versuchen konstant agierende Konfidentin) zur Bearbeitung einer typischen Aufgabe (Bearbeitung eines Leistungsfalls) auffordern sollten. Auch hier wurden die schon mehrfach genannten Bereitschaftsvariationen experimentell vorgegeben. Die Videoaufnahmen wurden mit Hilfe des 'Berner Systems zur Untersuchung nonverbaler Interaktion' ausgewertet (vgl. Frey, 1984; Frey, Hirsbrunner, Pool & Daw, 1981). Das System erlaubt die Kodierung und Auswertung von insgesamt 104 Dimensionen des nonverbal-nonvokalen Verhaltens sowie von neun Dimensionen des nonverbal-vokalen Verhaltens. Die hohe Auflösung bis auf Halbsekunden-Ebene ist zwar sehr arbeitsintensiv, sie erlaubt aber zugleich sehr präzise statistische Auswertungen. Insofern ist mit diesem Verfahren der Anspruch nach hoher ökologischer Validität der Untersuchungssituation, nach Objektivität der Messungen und nach elaborierter statistischer Auswertung gleichermaßen erfüllbar. Wir finden unter anderem folgende Ergebnisse (vgl. im Detail Funk-Müldner, Dorn-Mahler & Winterhoff-Spurk, 1991):

- In beiden Situationen (Standardsituation und reaktanzgefährdete Standardsituation) finden wir die meisten Aktivitäten der Versuchspersonen im Bereich von Kopf, Augen und Händen.
- Die Bewegungsparameter sind in der kommunikativ schwierigeren reaktanzgefährdeten Standardsituation gegenüber der Standardsituation im allgemeinen reduziert. Statistische Signifikanz erreichen die Unterschiede bei allen Bewegungsparametern der Augen und der rechten Hand. Bei den Kopfbewegungen liegen die Werte zwischen $p = 0{,}05$ und 0,10. Ferner wird diese vergleichsweise schwächere Aktivität gegen Ende der Anweisung noch weiter reduziert.

In der letzten Untersuchung dieses Projekts wurden aus dem Videomaterial der Rollenspiele hinsichtlich der verbalen Aufforderung, der Intonation und des sonstigen nonverbalen Verhaltens acht besonders typische Beispiele herausgesucht.

Diese Beispiel wurden 57 Versuchspersonen zur Bewertung vorgelegt. Es zeigt sich, daß Vorgesetzte in Standardsituationen durchweg positiver beurteilt werden als in reaktanzgefährdeten Standardsituationen.

6. Rezipieren: Warten auf das Stichwort

»Darum, liebe Brüder, ein jeglicher Mensch sei schnell, zu hören, langsam aber zu reden, und langsam zum Zorn« (Jakobus 1, 19).

Bei aller verbalen und nonverbalen Raffinesse: Irgendwann ist die Äußerung getan und das Wort muß an den Mitspieler weitergegeben werden. Dem *Stichwort* des Theaters entspricht in realen Kommunikationen das *'turn-giving'-Signal*: Das Ende einer Äußerung und die Gesprächsweitergabe signalisiert der Vorgesetzte vor allem durch Anblicken des Mitarbeiters, durch langsameres Sprechtempo und Anheben (bei Fragen) oder Absenken (bei Aussagen etc.) der Intonationskurve, durch das Beenden von Gestikverläufen, durch Körperbewegungen (zum Beispiel Zurücklehnen) oder durch 'trailors' ("Alles klar?", "OK" etc.; vgl. Knapp, 1978).

Kommt das vom Untergebenen erwartete 'turn-giving'-Signal nicht oder nicht rechtzeitig, so kann er schon während der Rede seines Partners anzeigen, daß er nun selbst wieder zum Sprecher werden möchte (= *'turn-requesting'-Signale*). Eine der häufigsten Formen ist das Unterbrechen: Für weniger als eine Sekunde sprechen beide Kommunikationsteilnehmer, schließlich obsiegt der Lautere. Andere Möglichkeiten sind Zeigegesten (zum Beispiel das Handheben), schnelles und mehrfaches Nicken, hörbares Einatmen sowie Veränderungen der Körperhaltung – und entsprechende Kombinationen.

Hörer- und Sprecherrollen sind aber nur Akzentuierungen von Vorgängen, die beide Kommunikationspartner im Verlaufe der Kommunikation zeigen: Auch der Vorgesetzte rezipiert während des Sprechens und der Untergebene kommuniziert während des Hörens. So erwartet der Sprecher geradezu während der eigenen Rede Signale des Hörers: Zuwendung zum Vorgesetzten, Anblicken, Kopfnicken und Vokalisierungen ("mmmh") – besonders an den Satzgrenzen – signalisieren *Aufmerksamkeit* und *Verstehen*; Mimik, Kopf- und Körperbewegungen *bewerten* darüber hinaus ständig das Gesagte. Dabei stellen sich die Partner zu Beginn des Gesprächs deutlich aufeinander ein (= 'interaktionale Synchronizität'; vgl. Kendon, 1979): Wenn der Vorgesetzte lächelt, so lächelt auch der Mitarbeiter, nickt dieser, so nickt auch jener, dreht sich der Sprecher zum Hörer, so wendet sich dieser dem Sprecher zu.

7. Bilanz: Die Kritik

»Ich wünschte sehr, der Menge zu behagen,
besonders weil sie lebt und leben läßt« (Goethe, 1871, S.2).

Nach der Aufführung die Kritik: An einer Reihe von Beispielen und Untersuchungen aus dem Bereich des Führungsverhaltens sollte verdeutlicht werden, daß nonverbales Verhalten von besonderer *Bedeutung* im Kommunikationsprozeß ist. Dies gilt auch und besonders für die nonverbale Kommunikation von Führungskräften, wie wir am Beispiel des Anweisens darstellten (vgl. dazu auch Schwertfeger & Lewandowski, 1990). Ob es Einzelphänomene wie Konfliktgespräche, Verhandlungen, Gruppendiskussionen sind oder ob es um allgemeinere Aspekte etwa des Führungsstils, der Personal- und Organisationsentwicklung (zum Beispiel bei der Einführung neuer Kommunikationsmedien) oder ganz allgemein um das Organisationsklima geht: Kommunikation spielt immer eine Rolle, und die nicht so recht bewußte und kontrollierbare nonverbale Kommunikation eine besondere dazu.

Ein *Problem* darf allerdings nicht verschwiegen werden, das hier durch die Verwendung der Theater-Metapher verdeckt wurde: Das Forschungsfeld der nonverbalen Kommunikation ist oft ein Sammelsurium von Einzeluntersuchungen, die weder in der Kommunikationspsychologie noch gar in der Organisationspsychologie theoretisch sonderlich gut verankert sind. Das Feld ist insgesamt » ... undertheorized and under-researched ...« (Porter & Roberts, 1976). Für die Organisationspsychologie resümiert ein deutscher Organisationspsychologe: »Überraschenderweise ist das Gebiet der Kommunikation innerhalb der Organisationspsychologie bis heute ein noch vielfach unerforschtes, z. T. stark vernachlässigtes Feld trotz seiner Wichtigkeit für Arbeits- und Organisationsprozesse .... Dies trifft in besonderem Maße auch für die nonverbale Kommunikation zu ... « (Weinert, 1987, S. 324). Dabei gilt im Verhältnis von Vorgesetzten zu Untergebenen (wie umgekehrt) genauso wie überall sonst, daß auch hier der Ton die Musik macht.

Abschließend und ausblickend bleibt nach allem die für den Kommunikations- und Organisationspsychologen nicht unerfreuliche Bilanz: "Further research is needed" oder – um nun wirklich ein letztes Mal die Theatermetapher zu strapazieren: "Vorhang zu und viele Fragen offen."

Literatur: Das Archiv

Argyle, M. (1975). *Bodily communication*. London: Methuen.

Burgoon, J. K. (1985). Nonverbal signals. In M. L. Knapp & G. R. Miller (Eds.), *Handbook of interpersonal communication* (pp. 344–390). Beverly Hills: Sage.

Dorn-Mahler, H., Funk-Müldner, K. & Winterhoff-Spurk, P. (1991). AUFF_{KO} – *ein inhaltsanalytisches Kodiersystem zur Analyse von komplexen Aufforderungen* (Arbeiten aus dem Sonderforschungsbereich 245 "Sprechen und Sprachverstehen im sozialen Kontext" Heidelberg/Mannheim, Nr 43). Mannheim: Universität, Lehrstuhl Psychologie III.

Dorn-Mahler, H., Grabowski-Gellert, J., Funk-Müldner, K. & Winterhoff-Spurk, P. (1989a). *Intonation bei Aufforderungen. Teil 1: Theoretische Grundlagen* (Arbeiten aus dem Sonderforschungsbereich 245 "Sprechen und Sprachverstehen im sozialen Kontext" Heidelberg/Mannheim, Nr. 7). Mannheim: Universität, Lehrstuhl Psychologie III.

Dorn-Mahler, H., Grabowski-Gellert, J., Funk-Müldner, K. & Winterhoff-Spurk, P. (1989b). *Intonation bei Aufforderungen. Teil II: Eine experimentelle Untersuchung* (Arbeiten aus dem Sonderforschungsbereich 245 "Sprechen und Sprachverstehen im sozialen Kontext" Heidelberg/Mannheim, Nr. 8). Mannheim: Universität, Lehrstuhl Psychologie III.

Ekman, P. & Friesen, W. V. (1969). The repertoire of nonverbal behavior: Categories, origins, usage and coding. *Semiotica, 1*, 49–98.

Ellyson, S. L. & Dovidio, J. F. (1985) (Eds.). *Power, dominance, and nonverbal behavior*. New York: Springer.

Forgas, J. P. (1987). *Sozialpsychologie*. München: PVU.

Frey, S. (1984). *Die nonverbale Kommunikation* (Stiftungsreihe der SEL Stiftung, Nr. 1). Stuttgart: SEL.

Frey, S., Hirsbrunner, H. P., Pool, J. & Daw, W. (1981). Das Berner System zur Untersuchung nonverbaler Interaktion. In P. Winkler (Hrsg.), *Methoden der Analyse von Face-to-face-Situationen* (S. 203–236). Stuttgart: Metzler.

Funk-Müldner, K., Dorn-Mahler, H. & Winterhoff-Spurk, P. (1990). *Kategoriensystem zur Situationsabhängigkeit von Aufforderungen im betrieblichen Kontext* (Arbeiten aus dem Sonderforschungsbereich 245 "Sprechen und Sprachverstehen im sozialen Kontext" Heidelberg/Mannheim, Nr. 27). Mannheim: Universität, Lehrstuhl Psychologie III.

Funk-Müldner, K., Dorn-Mahler, H. & Winterhoff-Spurk, P. (1991). *Nonverbales Verhalten beim Auffordern – ein Rollenspielexperiment* (Arbeiten aus dem Sonderforschungsbereich 245 "Sprechen und Sprachverstehen im sozialen Kontext" Heidelberg/Mannheim, Nr. 42). Mannheim: Universität, Lehrstuhl Psychologie III.

Goethe, J. W. von (1871). *Sämmtliche Werke* (Band 11). Stuttgart: Cotta'sche Buchhandlung.

Goffman, E. (1967). *Interaction ritual*. Garden City: Doubleday.

Goffman, E. (1977). *Rahmen-Analyse*. Frankfurt: Suhrkamp.

Grabowski-Gellert, J. & Winterhoff-Spurk, P. (1986a). *Sprechen, Betonen, Lächeln. Teil I: Zur Interaktion verbaler und nonverbaler Äußerungskomponenten beim Auffordern* (Arbeiten der Forschergruppe Sprechen und Sprachverstehen im sozialen Kontext Heidelberg/Mannheim, Nr. 5). Mannheim: Universität, Lehrstuhl Psychologie III.

Grabowski-Gellert, J. & Winterhoff-Spurk, P. (1986b). *Sprechen, Betonen, Lächeln. Teil II: Modelldiagnose mit "Conjoint measurement"-Verfahren* (Arbeiten der Forschergruppe Sprechen und Sprachverstehen im sozialen Kontext Heidelberg/Mannheim, Nr. 6). Mannheim: Universität, Lehrstuhl Psychologie III.

Grabowski-Gellert, J. & Winterhoff-Spurk, P. (1988). Your Smile is my Command: Interaction between Verbal and Nonverbal Components of Requesting Specific to Situational Characteristics. *Journal of Language and Social Psychology, 7*, 229–242.

Grabowski-Gellert, J. & Winterhoff-Spurk, P. (1989). Your smile is my command. Interaction between verbal and nonverbal components of requesting specific to situational characteristics. In C. F. Graumann & Th. Herrmann (Eds.), *Speakers: The role of the listener* (pp. 71–84). Clevedon: Multilingual Matters.

Graumann, C. F. & Herrmann, Th. (1989). Other-relatedness in language processing. In C. F. Graumann & Th. Herrmann (Eds.), *Speakers: The role of the listener* (pp. 1–10). Clevedon: Multilingual Matters.

Hall, E. T. (1966). *The hidden dimension*. Garden City: Double Day.

Harper, R. G. (1985). Power, dominance, and nonverbal behavior: An overview. In S. L. Ellyson & J. F. Dovidio (Eds.), *Power, dominance, and nonverbal behavior* (pp. 29–48). New York: Springer.

Henley, N. M. (1977). *Body politics. Power, sex, and nonverbal communication*. New York: Simon and Schuster.

Herrmann, Th. (1982). *Sprache und Situation*. Berlin: Springer.

Herrmann, Th. (1985). *Allgemeine Sprachpsychologie*. München: Urban & Schwarzenberg.

Herrmann, Th. & Grabowski, J. (1994). *Sprechen – Psychologie der Sprachproduktion*. Heidelberg: Spektrum Akademischer Verlag.

Jablin, F. M. (1979). Superior-subordinate communication: The state of the art. *Psychological Bulletin*, *86*, 1201–1222.

Kendon, A. (1979). Die Rolle sichtbaren Verhaltens in der Organisation sozialer Interaktion. In K. Scherer & H. G. Wallbott (Hrsg.), *Nonverbale Kommunikation* (S. 202–235). Weinheim: Beltz.

Kendon, A. (1981). *Nonverbal communication, interaction and gesture*. New York: Mouton Publishers.

Knapp, M. L. (1978). *Nonverbal communication in human interaction*. New York: Holt, Rinehart & Winston.

Leffler, A., Gillespie, D. L. & Conaty, J. (1982). The effects of status differentiation on nonverbal behavior. *Social Psychology Quarterly*, *45(3)*, 153–161.

Levelt, W. J. M., Richardson, G. & Heij, W. (1985). Pointing and voicing in deictic expressions. *Journal of Memory and Language*, *24*, 133–164.

Mangham, I. L. & Overington, M. A. (1987). *Organisations as theatre: A social psychology of dramatic appearance*. Chichster: Wiley.

Neuberger, O. (1984). *Führung*. Stuttgart: Enke.

Parkinson, C. (1957). *Parkinson's law and other studies in administration*. London: Heinemann.

Porter, L. W. & Roberts, K. H. (1976). Communication in organizations. In M. D. Dunette (Ed.), *Handbook of industrial and organizational psychology* (pp. 1953–1971). Chicago: Rand McNally.

Scherer, K. (1979a). Kommunikation. In K. Scherer & H. Wallbott (Hrsg.), *Nonverbale Kommunikation* (S. 14–24). Weinheim: Beltz.

Scherer, K. (1979b). Die Funktionen des nonverbalen Verhaltens im Gespräch. In K. Scherer & H. Wallbott (Hrsg.), *Nonverbale Kommunikation* (S. 25–32). Weinheim: Beltz.

Scherer, K. (1982) (Hrsg.). *Vokale Kommunikation*. Weinheim: Beltz.

Scherer, K. & Wallbott, H. (1979) (Hrsg.), *Nonverbale Kommunikation*. Weinheim: Beltz.

Schlenker, B. R. (1980). *Impression management. The self-concept, social identity, and interpersonal relations*. Monterey, Calif.: Brooks/Cole Comp.

Schwertfeger, B. & Lewandowski, N. (1990). *Die Körpersprache der Bosse*. Düsseldorf: Econ.

Sennet, R. (1987). *Verfall und Ende des öffentlichen Lebens. Die Tyrannei der Intimität*. Frankfurt: Fischer.

Sternheim, C. (1990). *Der Snob*. Frankfurt: Luchterhand.

Wahren, H. K. (1987). *Zwischenmenschliche Kommunikation und Interaktion in Unternehmen. Grundlagen, Probleme und Ansätze zur Lösung*. Berlin: De Gruyter.

Weinert, A. B. (1987). *Lehrbuch der Organisationspsychologie*. München: PVU.

Winterhoff-Spurk, P. (1983). *Die Funktionen von Blicken und Lächeln beim Auffordern*. Frankfurt: Lang.

Winterhoff-Spurk, P. (1985). Die Mimik in Aufforderung und Bericht. Zum Zusammenhang verbaler und nonverbaler Kommunikation. *Zeitschrift für Semiotik*, *7(3)*, 155-174.

Winterhoff-Spurk, P. (1986). Psychologische Untersuchungen zum Auffordern. *Studium Linguistik*, *19*, 48-60.

Winterhoff-Spurk, P. (i. Dr.). Ergebnisse der Kommunikationspsychologie. In O. Jarren (Hrsg.), *Fernstudieneinheit "Medien und Kommunikation"*. Berlin: Freie Universität, Studiengang Journalisten-Weiterbildung.

Winterhoff-Spurk, P., Geißler, J. & Grabowski-Gellert, J. (1987). Vom Lob der Direktheit: Wirkungen sprachlicher Merkmale des Führungsverhaltens. *Zeitschrift für Arbeits- und Organisationspsychologie*, *31(2)*, 55-62.

Winterhoff-Spurk, P. & Grabowski-Gellert, J. (1987a). *"...the sauce of the sentence?" - Ein Experiment zur suppletorischen Funktion nonverbaler Komponenten bei der Sprachproduktion* (Arbeiten der Forschergruppe Sprechen und Sprachverstehen im sozialen Kontext Heidelberg/Mannheim, Nr. 13). Mannheim: Universität, Lehrstuhl Psychologie III.

Winterhoff-Spurk, P. & Grabowski-Gellert, J. (1987b). Nonverbale Kommunikation und die Direktheit von Direktiva: Der Ton macht die Musik! *Sprache & Kognition*, *6(3)*, 138-149.

Winterhoff-Spurk, P. & Herrmann, Th. (1987). Sprache in der Führung. In A. Kieser, G. Reber & R. Wunderer (Hrsg.), *Handwörterbuch der Führung* (S. 1873-1881). Stuttgart: Poeschel.

Winterhoff-Spurk, P. & Vitouch, P. (1989). Mediale Individualkommunikation. In J. Groebel & P. Winterhoff-Spurk (Hrsg.), *Empirische Medienpsychologie* (S. 247-257). München: PVU.

Richtig-Verstehen in konfliktären Interaktionen zwischen Eltern und Kindern

Manfred Hofer und Birgit Pikowsky

An Hand verbaler konfliktärer Auseinandersetzungen zwischen Eltern und Kindern wird die Rolle sprachpsychologischen Forschens bei dem Bemühen um pädagogisch-psychologische Erkenntnisse demonstriert. Ein Aspekt, unter dem sich Konfliktgespräche untersuchen lassen, besteht im Grad der Übereinstimmung des vom Sprecher Gemeinten und des vom Partner Verstandenen. Richtig-Verstehen wird als ein Konstrukt eingeführt, dessen Determinanten und Folgen und ihre Messung erörtert werden. In einer empirischen Untersuchung von Argumentationsgesprächen zwischen Müttern und Töchtern, in denen konfliktbesetzte Themen behandelt wurden, zeigt sich unter anderem, daß die Anzahl der vorgebrachten Argumente, die Kontrollintention der Mutter, die Individualisierungsintention der Tochter und das wechselseitige Erkennen dieser Ziele das Richtig-Verstehen und auch die Beurteilung der Nützlichkeit des Gesprächs beeinflussen.

1. Einführung

Die verbale Austragung von Konflikten ist ein verbreiteter Modus der Problembewältigung in Familien mit jugendlichen Kindern. Konfliktgespräche können unter der Frage betrachtet werden, was der jeweilige Sprecher mit seinen Äußerungen dem Partner mitteilen möchte, wie seine Äußerungen vom Partner verstanden werden, und inwieweit das Verstandene mit dem Gemeinten übereinstimmt. Bei weitgehender Übereinstimmung kann von Richtig-Verstehen gesprochen werden. Die vorliegende Arbeit greift den dritten Teil des Problems heraus und befaßt sich (a) mit der Messung des Richtig-Verstehens in konflikthaften Gesprächen zwischen Müttern und ihren 12-20jährigen Töchtern, mit den Fragen, (b) von welchen Bedingungen Richtig- beziehungsweise Falsch-Verstehen abhängt und (c) mit welchen Konsequenzen es verknüpft ist.

Mißverstehen kann immer auftreten, wenn es um (sprachliche oder nichtsprachliche) Kommunikation geht. In der erzieherischen Interaktion spielt der verbale Austausch von Mitteilungen eine zunehmend große Rolle. Eltern setzen vielfach Vertrauen in die Kraft ihrer Erklärungen und Begründungen und appellieren an die Einsicht ihrer Kinder. Auch Kinder und Jugendliche nehmen sich häufig ungeniert das Recht zum Widerspruch heraus, verwickeln ihre Eltern in Diskussionen und versuchen, sie ihrerseits zu überzeugen oder mindestens zu überreden. Und in der Schule findet Unterricht ohnehin fast ausschließlich über die Sprache statt. Mißverstehen ist eher wahrscheinlich in konfliktären Diskussionen, sachlichen Disputen oder emotional gefärbten Gesprächen, in denen unterschiedliche Standpunkte eingenommen werden. Das Richtig-Verstehen einer Äußerung seitens des Angesprochenen kann als eine Bedingung für eine erfolgreiche Handlungsregulation des Sprechers angesehen werden (Herrmann, 1984, 1989). Der Sprecher will, daß der Hörer sich in einer bestimmten Weise verhält, etwas unterläßt oder zuläßt. Dies setzt in der Regel als notwendige (wenn auch nicht hinreichende) Bedingung voraus, daß der Hörer die Mitteilung richtig versteht.

Obwohl die Psychologie interaktiven Sprachverstehens insofern eine pädagogisch relevante Fragestellung aufgreift, wurde ihr in der pädagogisch-psychologischen Forschung kaum Aufmerksamkeit geschenkt. Eine Ausnahme bildet die Diskussion um die möglichen Wirkungen der geläufigen pädagogischen Mittel des Lobs und des Tadels. Brophy (1981) und Meyer (1992) haben darauf hingewiesen, daß lobende beziehungsweise tadelnde Äußerungen aus unterschiedlichen 'Absichten' heraus produziert und von Kindern und Jugendlichen auch völlig unterschiedlich, mitunter geradezu gegensätzlich, aufgefaßt werden können. Die Diskussion über diese Thematik ist in den letzten Jahren breit geführt worden (Groeben & Blickle,1988; Hofer, 1985; Pikowsky, 1988). Sie hat gezeigt, daß der erzieherische Inhalt von der Absicht bis zur intendierten pädagogischen Wirkung eine Reihe von Zwischenstationen zu durchlaufen hat und dabei unterschiedliche Wege gehen kann. Auch die Forschungen zum Pygmalion-Effekt (vgl. Dusek, 1985) legen nahe, daß Lehrererwartungen unterschiedliche Wirkungen haben, je nachdem, wie sie von Lehrern geäußert und wie diese Äußerungen von Schülern interpretiert werden. Gleichwohl fehlen in der Pädagogischen Psychologie systematische Ansätze, die Prozesse der Interaktion und den dabei erfolgenden Austausch von Mitteilungen thematisieren. Der vorliegende Beitrag soll auch dazu dienen, die Nützlichkeit sprachpsychologischen Forschens bei dem Bemühen um pädagogisch-psychologische Erkenntnisse aufzuzeigen.

2. Richtig-Verstehen in Mütter-Töchter-Konflikten, dessen Determinanten und Folgen

Diskussionen zwischen Eltern und jugendlichen Kindern, auch solche konfliktären Inhalts, sind weitverbreitet und haben offensichtlich in den letzten beiden Jahrzehnten zugenommen (Jugendwerk der Deutschen Shell, 1985). Aus entwicklungspsychologischer Sicht kommt ihnen eine wichtige Funktion zu. Der Wandel der Eltern-Kind-Beziehungen von einer unilateralen in eine mehr partnerschaftliche Beziehung drückt sich in Diskussionen aus und kann durch Auseinandersetzungen gefördert werden. Auch wird den Diskussionen ein Einfluß auf die kognitive Entwicklung zugeschrieben (Peterson, Peterson & Skevington, 1986; Walker & Taylor 1991). Auf der anderen Seite können Konflikte auch eine negative Wirkung auf die Entwicklung und das Verhalten von Jugendlichen haben (Montemayor, 1983). Daher gilt es, verstärkt nach der Art und Weise zu fragen, wie Konfliktgespräche ausgetragen werden. Eine möglicherweise diskriminierende Variable ist das Ausmaß des Richtig-Verstehens. Gelingt es den Partnern, ihre gegenseitigen Standpunkte richtig zu verstehen, dann ist eine Voraussetzung dafür geschaffen, daß – trotz unter Umständen gegenteiliger Auffassungen – eine wechselseitige Anregung des Denkens erfolgt und eine Weiterentwicklung in der Beziehung möglich wird. In der vorliegenden Arbeit wird anhand der Analyse von Konfliktgesprächen zwischen Müttern und ihren jugendlichen Töchtern untersucht, in welchem Ausmaß Richtig-Verstehen beziehungsweise Mißverstehen auf der Inhalts- und der Beziehungsebene auftritt, mit welchen Determinanten es zusammenhängt und welche Konsequenzen es für die Beteiligten hat. Erfaßt wird Richtig-Verstehen bezogen auf ein ganzes Gespräch und nicht im Hinblick auf Einzeläußerungen. Ermittelt wird es im Anschluß daran. Es handelt sich also nicht um punktuelles, sondern um globales Richtig-Verstehen.

Richtig-Verstehen wird als eine Variable aufgefaßt, die bei einer Person das Ausmaß beschreibt, in dem sie in der Rolle des Hörers eine Einzeläußerung oder eine Folge von Sprecheräußerungen so versteht, wie sie gemeint war. Nach Gibbs (1988) bringt der jeweilige Sprecher in seinem Gesprächsbeitrag eine partnerbezogene Intention zum Ausdruck, und der Partner deutet den Beitrag in Hinblick auf die von ihm vermutete Intention. Für Gaelick, von Bodenhausen & Wyer (1985) ist dann Verstehen die Genauigkeit der Intentionswahrnehmung durch den Empfänger. Herrmann (1989) bedient sich der Terminologie der Kognitionspsychologie, wenn er Verstehen als Übereinstimmung zwischen dem Informationsbestand im Arbeitsspeicher des Partners und dem Informationsbestand im Arbeitsspeicher des Produzenten der Äußerung definiert. Ähnlich liegt nach Dobrick (1985) Richtig-Verstehen dann vor, »wenn das der Äußerung des Sprechers zugrundeliegende Konzept durch dieselben Merkmale definiert ist und denselben aktuellen Referenten aufweist wie das Konzept des Hörers, dem die Äußerung durch den Hörer zugeordnet wird« (S. 111).

Mit dieser Auffassung ist eine Reihe von Annahmen hinsichtlich des Gemeinten, des Verstandenen und der Übereinstimmung zwischen beiden verbunden. Das Interesse richtet sich nicht auf das Verstehen von Phonemen, Wörtern und Wortfolgen (Herrmann, 1990). Der akustisch undeutliche und der nicht muttersprachliche Fall seien aus der Betrachtung ausgeschlossen. Zunächst wird angenommen, daß der Sprecher möchte, daß das, was er meint, vom Hörer erkannt wird, und daß dieser eine bestimmte Reaktion zeigt (zum sogenannten Griceschen Mechanismus vgl. Harras, 1983). Der Fall des In-die-Irre-Führens und somit der, daß ein Partner den Sprecher 'versteht', indem er ihn durchschaut, seine wahren, aber verborgenen Absichten erkennt, wird durch die obige Definition nicht abgedeckt. Eine weitere Annahme besteht darin, daß eine Specheräußerung grundsätzlich mißverständlich sein kann. Der Sprecher kann sich, zum Beispiel durch falsche Wortwahl, unklar oder mehrdeutig ausdrücken, indem die Äußerung nur einen Teil aller für die Mitteilung relevanten Informationen enthält. Weiter wird angenommen, daß der Partner – sofern er überhaupt verstehen will – das vom Sprecher Gemeinte aus dem vom ihm Gesagten erschließt. Schließlich enthält die Konzeptualisierung des Konstrukts "Richtig-Verstehen" die Annahme einer über den Gesprächsteilnehmern sich befindlichen Instanz, welche über eine Art Schnittmengenbildung das Ausmaß der Übereinstimmung zwischen dem Gemeinten und dem Verstandenen feststellt und zu einem oder mehreren Meßwerten auf der Skala zwischen "ganz richtig" und "ganz falsch" kommt.

Für unsere Zwecke bezeichnen wir also Richtig-Verstehen als eine hörerseitige kontinuierliche Variable, die das Ausmaß der Übereinstimmung zwischen dem vom Sprecher Gemeinten und vom Hörer Verstandenen angibt. Verstehen ist eine Hörer-Variable. Sie ist abzugrenzen von der Variable des 'Verstandenwerdens' beim Sprecher als dem Komplement des Verstehens. Die Definition enthält nur die allernötigsten Elemente. Spezialfälle schließt sie aus, so auch den Fall absichtlichen Mißverstehens. Sie thematisiert nur die Quantität und nicht die Qualität des Falschverstehens. Verstehen im Sinne von Verständnis ist ohnehin etwas ganz anderes. Vom 'gegenseitigen' Verstehen in einem Gespräch kann man sprechen, wenn eine dyadische Aggregierung der Variablen des individuellen Richtig-Verstehen vorgenommen wird. Es bezeichnet das Ausmaß, in dem beide Partner zusammengenommen sich richtig verstehen (vgl. Dobrick, 1988). Obwohl unsere Definition all diese Komplikationen vermeidet, beinhaltet sie dennoch einen Grad an Komplexität, der an der oberen Grenze des empirisch Handhabbaren liegt.

Inhalte des Richtig-Verstehens: Entsprechend unserer Ausführungen betrachten wir Richtig-Verstehen als Übereinstimmung zwischen dem von der Sprecherin Gemeinten und dem von der Hörerin Verstandenen. Das Gemeinte kann verschiedenes beinhalten und mit unterschiedlichen Mitteln transportiert werden. Dyadische interaktive Konflikte sind Situationen, in denen zwei Personen Ziele verfolgen, von denen sie annehmen, daß sie sich gegenseitig ausschließen oder behindern. Beide Personen setzen interaktive Ressourcen ein, ihren jeweiligen Zielen Geltung zu verschaffen. In Konfliktgesprächen versuchen die Partnerinnen, anhand eines strittigen Sachverhaltes ihr jeweiliges Ziel vorzutragen, es mit Hilfe von inhaltlichen Argumenten zu stützen und die Position der anderen anzugreifen, um diese von der Legitimität ihrer Position zu überzeugen. Wir differenzieren das Gemeinte nach der Ebene des Inhalts und jener der Beziehung (Dobrick, 1985, 1988; Tannen, 1991; vgl. die davon abweichende Unterscheidung in kognitive Inhalte und Intentionen bei Herrmann, 1990). Der Inhalt ist die Mitteilung, die im Fokus der jeweiligen Äußerung steht. Inhalte sind unter Bezug auf Voss et al. (1993) (1) das Ziel, (2) das Proargument und (3) das Gegenargument des Sprechers. Ein Ziel besteht prototypisch aus dem Wunsch, daß die andere Person eine Handlung ausführt oder unterläßt. Argumente sind deskriptive oder normative Propositionen.

Die Beziehungsebene enthält Mitteilungen über die im Hinblick auf den Hörer aktivierten Beziehungsabsichten. Im Anschluß an die Individuationstheorie (Hofer & Pikowsky, 1993a; Youniss & Smollar, 1985) gehen wir davon aus, daß jugendliche Töchter in konfliktären Diskussionen mit ihrer Mutter in interindividuell unterschiedlichem Ausmaß eine Absicht zur Abgrenzung (Individualisierung) aktualisieren. Die jeweils aktualisierten Tendenzen vermitteln sie in dem Gespräch der Mutter, meist ohne sie explizit zu thematisieren. Von den Müttern wird angenommen, daß sie als Beziehungsbotschaften ihren Töchtern (wiederum in interindividuell unterschiedlichem Ausmaß) vor allem die Absicht vermitteln, über das Tochterverhalten Kontrolle auszuüben. Das Richtig-Verstehen interessiert im Hinblick auf jede der beiden Ebenen. Konfliktgespräche eignen sich zur Untersuchung von Richtig-Verstehen, da dieses variabel erwartbar ist. Denkbar ist auch, daß Mütter infolge ihres Alters und ihrer sozialen Erfahrungen höhere Werte im Richtig-Verstehen aufweisen als Töchter.

Bedingungen des Richtig-Verstehens: Zwei Bedingungsklassen für Richtig-Verstehen durch die Hörerin werden unterschieden: (a) Bedingungen, die im Sprachverhalten der Sprecherin liegen; (b) Bedingungen, die die Hörerin charakterisieren.

Ad (a): Nach übereinstimmender Auffassung der Sprachpsychologie müßte das Ausmaß des Richtig-Verstehens von Variablen des Sprecherverhaltens abhängen, die Grice (1979) als Kooperationsmaximen bezeichnet. Wir kennen allerdings kaum Untersuchungen zum Zusammenhang zwischen der Verletzung einzelner Kooperationsmaximen durch den Sprecher und der Güte des Sprachverstehens (Käsermann & Foppa, 1986). Nach dem Prinzip der Informativität (die Sprecherin sagt alles, was die Hörerin wissen muß), müßten die Sprecherinneninhalte um so richtiger verstanden werden, je deutlicher sie im Gespräch geäußert werden. Als Indikator für Deutlichkeit betrachten wir die Häufigkeit der Verwendung bestimmter sprachlicher Kategorien durch die Sprecherin. Die Hörerin müßte das wesentliche Gesprächsziel der Sprecherin um so besser richtig identifizieren, je häufiger diese im Gespräch Aufforderungen und Vorschläge äußert. Sie müßte das Proargument der Sprecherin um so besser verstehen, je häufiger diese begründende Argumente äußert. Und sie müßte das Gegenargument der Sprecherin um so besser verstehen, je häufiger diese Gegenargumente äußert.

Diese Indikatoren sind sicher nicht eindeutig, da unter den Äußerungen, die in Auszählungen eingehen, auch solche sein können, die für die wesentlichen Mitteilungen irrelevant sind. Auch ist prinzipiell denkbar, daß wiederholte Äußerungen Folge schlechten Verstehens sind. Gleichwohl betrachten wir den quantitativen Umfang der Explikation als einen möglichen Indikator für die Informationshaltigkeit der Mitteilungen.

Ad (b): Auf der Seite der Hörerin nehmen wir drei Bedingungsvariablen an. Verstehen erfordert Leistungen der Inferenz und Eigenkonstruktion (Engelkamp, 1984; Herrmann, 1990; Hörmann, 1978; Rickheit & Strohner, 1985). Die Hörerin interpretiert die eingehenden Äußerungen der Sprecherin unter Rückgriff auf ihr Wissen (ihre Schemata, Skripts etc.). Es erscheint plausibel und wurde von Dobrick (1984, 1985, 1988) teilweise bestätigt, daß – ceteris paribus – eine Hörerin die Inhalte einer Sprecheräußerung um so eher anders als gemeint auffaßt, je dringlicher ihr in der betreffenden Situation die Erreichung des von ihr angestrebten und mit jenem der Sprecherin konfliktären Ziels ist. So wird erwartet, daß Richtig-Verstehen der Töchter abnimmt, je stärker sie bestrebt sind, sich gegenüber den Müttern zu behaupten, und daß Richtig-Verstehen bei Müttern abnimmt, je stärker diese bestrebt sind, über das Verhalten der Töchter Kontrolle auszuüben.

Weiter lassen sich gerichtete Hypothesen bezüglich des Einflusses übersituativer Bedingungen auf das Richtig-Verstehen begründen. Das Niveau sozio-moralischen Denkens könnte eine personseitige Determinante für Richtig-Verstehen darstellen, insofern mit zunehmender Reife moralisch relevante Situationen nicht nur nach der eigenen Mittel-Zweck-Perspektive, sondern zunehmend auch danach beurteilt werden, wie sie unter Zugrundelegung von sozial geteilten Normen zu bewerten sind. Diese Hörervariable erleichtert den Perpektivenwechsel und begünstigt damit die korrekte Auffassung der Sprecherinhalte. Und Kohäsion als Variable des Familienklimas könnte dafür maßgebend sein, in welchem Ausmaß bei den Beteiligten geteiltes Wissen als Determinante von Richtig-Verstehen vorhanden ist.

Folgen des Richtig-Verstehens: Die Folgen von Richtig- und Miß-Verstehen sind in der sprachpsychologischen Literatur kaum konzeptualisiert und untersucht. Das Mißverstehen von Sprachäußerungen kann unbemerkt bleiben oder sofort oder später erkannt werden (Herrmann, 1989). Wird es erkannt, so kann es zum Gegenstand gemacht und aufgeklärt oder aber übergangen werden. Unter der Annahme, daß sprachliche Kommunikation ein Vorgang ist, in dem die Partner mit Hilfe sprachlicher Mittel ihre jeweiligen Ziele zu erreichen versuchen, ist zu erwarten, daß Mißverstehen generell eher abträglich als irrelevant oder gar zuträglich ist. Da die Sprecherin bei der Zielerreichung meist auf die Kooperation der Hörerin angewiesen ist, verfehlt sie bei gestörter Kommunikation ihr Ziel. Zum anderen gewährleistet Richtig-Verstehen durch die Hörerin keineswegs die Zielerreichung für die Sprecherin. Die Hörerin kann sehr wohl verstehen, was die Partnerin meint, gleichwohl es nicht in ihr Überzeugungssystem einordnen. Richtig-Verstehen dürfte insofern eine notwendige, aber nicht hinreichende Bedingung für die Zielerreichung darstellen. Es dürfte sich nicht nur auf die Sprecherin, sondern auch auf die Hörerin positiv auswirken. Wir erwarten, daß Sprecherin und Hörerin das Gespräch um so eher als 'nützlich' ansehen, je richtiger die Hörerin die Mitteilungen der Sprecherin im Hinblick auf Inhalt und Beziehung versteht.

Die Konstrukte und die hypostasierten Relationen sind in Abbildung 1 schematisch dargestellt.

3. Methode

3.1 Stichprobe

In die Untersuchung gingen 80 Mutter-Tochter-Dyaden ein. Das Einwohnermeldeamt der Stadt Mannheim zog für die Zwecke dieser Untersuchung eine Zufallsstichprobe von 200 Familien mit einer Tochter im Alter zwischen 12 und 20 Jahren. Dieses Vorgehen sollte die Variabilität der teilnehmenden Familien erhöhen und eine Mittelschichtlastigkeit der Stichprobe begrenzen. Die Stichprobe wurde bis zur achtzigsten Dyade ausgeschöpft. Nicht alle angesprochenen Familien waren bereit mitzuwirken.

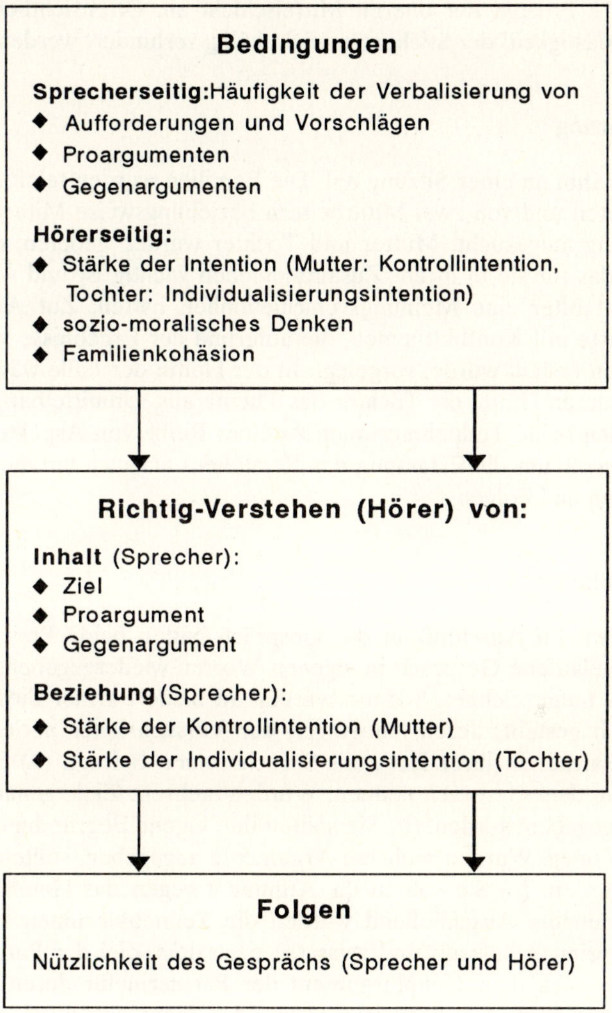

Abb. 1: Graphische Darstellung der thematisierten Konstrukte und ihrer Zusammenhänge.

Das mittlere Alter der Töchter lag bei 14,6 Jahren. Die Altersspanne der Mütter reichte von 28 bis 56, ihr mittleres Alter lag bei 41 Jahren. Im Durchschnitt betrug die Anzahl der Kinder pro Familie 2,2 und variierte von 1 bis 9. 79 Prozent der Mütter waren verheiratet, 15 Prozent geschieden und der Rest verwitwet oder alleinerziehend. 11 Prozent der Mädchen besuchten die Hauptschule, je 41 Prozent die Realschule oder das Gymnasium und 7 Prozent die Berufsschule oder eine Berufsfachschule. Die entsprechenden Prozentsätze für die Mütter lauteten 54 (Hauptschule), 30 (Mittlere Reife) und 14 (Abitur). 33 Prozent der Mütter arbeiteten ganztags, 31 Prozent teilzeit, und 33 Prozent waren Hausfrauen. Laut eigener Angabe gehörten 19 Prozent der Arbeiterschicht, 69 Prozent der Mittelschicht und 11 Prozent der oberen Mittelschicht an. Offensichtlich konnte eine 'Mittelschichtlastigkeit' der Stichprobe nicht völlig verhindert werden.

3.2 Durchführung

Jede Dyade nahm an einer Sitzung teil. Die Familien wurden telefonisch um Mitwirkung gebeten und von zwei Mitarbeitern beziehungsweise Mitarbeiterinnen in ihrer Wohnung aufgesucht. Mutter und Tochter wurden gebeten, ein Thema zu besprechen, das für sie in ihrem Zusammenleben wichtig ist und worüber sie im letzten Monat öfter eine Meinungsverschiedenheit hatten. Zur Auswahl wurde ihnen eine Liste mit Konfliktthemen, die aufgrund der Ergebnisse von vorauslaufenden Studien erstellt wurde, vorgelegt. In der Hälfte der Fälle wählten die Mütter, in der anderen Hälfte die Töchter das Thema aus. Unmittelbar nach der Diskussion wurden beide Teilnehmerinnen zu einer Reihe von Aspekten befragt. Es ging dabei sowohl um die Erfassung des Verstehens als auch um die Messung von Determinanten und Folgen.

3.3 Meßinstrumente

Inhaltsverstehen: Im Anschluß an das Gespräch hatten beide Personen getrennt das zuvor abgelaufene Gespräch in eigenen Worten wiedergegeben. Die Antwort wurde auditiv aufgezeichnet. Sodann wurden an beide Partner dieselben Fragen zum Gespräch gestellt, deren Antworten der Versuchsleiter notierte. Zunächst wurden die Partner in ihrer Rolle als Sprecherinnen befragt. (a) Sie sollten ihr eigenes Ziel in dem Gespräch nennen. Wurden mehrere Ziele genannt, sollte das wichtigste angegeben werden. (b) Sie sollten ihre eigene Begründung für ihr wichtigstes Ziel nennen. Wurden mehrere Argumente angegeben, sollte das wichtigste bezeichnet werden. (c) Sie sollten ihr Argument gegen das Hauptargument der Partnerin benennen. Anschließend wurden die Teilnehmerinnen komplementär dazu als Hörerinnen befragt, und zwar (a) nach dem Ziel der Partnerin in dem Gespräch, (b) nach dem Hauptargument der Partnerin für deren Ziel, und (c) nach dem Argument der Partnerin gegen das Hauptargument der befragten Person.

Als Verstehen wurde der von Beurteilern eingeschätzte Grad der Übereinstimmung zwischen dem von der Hörerin nach dem Gespräch vermuteten Ziel/Argument der Sprecherin und dem von der Sprecherin nach dem Gespräch tatsächlich angegebenen Ziel/Argument definiert. Verglichen wurden die Angaben einer Person im Fragebogen mit den Antworten der jeweiligen Partnerin zum gleichen Inhalt in deren Fragebogen. Das Ausmaß der Übereinstimmung hatte drei Ausprägungen: 1 = keine Übereinstimmung in den Antworten; 2 = mittlere Übereinstimmung; 3 = gute Übereinstimmung in den Antworten. Pro Person wurde für jede der drei Inhaltsvariablen "Ziel", "Proargument" und "Gegenargument" eine Verstehensvariable gebildet. Zwei Rater kodierten diese Variablen unabhängig voneinander für zwei Dyaden. Die Kategorisierungen stimmten in 83,3 Prozent der Fälle überein, was für die Brauchbarkeit des Meßinstruments spricht.

Beziehungsverstehen: Nach der Diskussion hatte jede Partnerin anzugeben, in welchem Ausmaß sie bei der Äußerung ihres Hauptarguments verschiedene vorgegebene Intentionen zum Ausdruck bringen wollte. Auf der Grundlage der Individuationstheorie wurden 27 Items formuliert, zu beantworten auf 5-stufigen Ratingskalen. Auf der Basis von Faktorenanalysen wurden für Töchter acht Items zu einer Skala zusammengefaßt, in denen die Tendenz der 'Individualisierung' ausgedrückt wird (zum Beispiel "Mit meinem Hauptargument wollte ich zum Ausdruck bringen, daß bestimmte Dinge nur meine Sache sind."). Der Konsistenzkoeffizient erwies sich als befriedigend (Alpha = 0,76). Bei den Müttern wurden acht Items zur Skala "Kontrolle" zusammengefaßt, welche die Erwartung der Mutter, daß sie und ihre Tochter bestimmte Pflichten zu erfüllen haben, ausdrücken (zum Beispiel "... daß ich von meiner Tochter ein bestimmtes Verhalten erwarte", "... daß es beim Zusammenleben Regeln gibt, an die man sich halten muß"). Cronbachs Alpha beträgt 0,82. Derselbe Fragebogen war im Hinblick darauf zu beantworten, was die Partnerin vermutlich zum Ausdruck bringen wollte, als sie ihr Hauptargument in der Begründung ihres Zieles dargelegt hatte. Die Skalen wurden entsprechend gebildet. Ihre Alpha-Werte betragen für die von den Töchtern vermutete Mütterintention 0,77 und für die von den Müttern vermutete Tochterintention 0,74. Das spricht für eine Homogenität der Items.

Für jede Person wurden zwei Maße gebildet: zunächst die Differenz (das Ausmaß der Nicht-Übereinstimmung) zwischen ihrer tatsächlichen und der von der Partnerin vermuteten Intention. Diese Skala ist negativ gepolt. Bei maximaler Übereinstimmung ergibt sich eine Differenz von Null. Ein Wert von (plus oder minus) Vier zeigt maximale Nicht-Übereinstimmung an. Daneben wurde auch die absolute Differenz gebildet.

Tab. 1: Kategorien des Sprecherverhaltens.

Kategorie	Definition	Beispiel	Übereinstimmung (Kappa)
Initiative	Aufforderung und Vorschlag	M: mach du das bitte	.88
Proargument	Begründung, Erläuterung und modifizierendes Argument	T: (ich gehe heute abend weg), weil morgen keine Schule ist	.82
Gegenargument	Gegenargument und Einwand	M: (du kennst ihn erst drei Wochen) T: ich kenne ihn seit sechs Wochen	.73

Kategorien des Sprecherinnenverhaltens: Die Gespräche wurden nach den Transkriptionsvereinbarungen des Sonderforschungsbereichs "Sprache und Situation" (Heidelberg/Mannheim; vgl. Gutfleisch et al., 1989) verschriftlicht und nach dem Mannheimer Argumentations-Kategorien-System (Hofer & Pikowsky, 1993b; Spranz-Fogasy, Hofer & Pikowsky, 1992) kodiert. In der hier vorgestellten Analyse wurden die folgenden Kategorien verwendet: "Initiative" (Aufforderung und Vorschlag), "Proargument" (Begründung, Erläuterung und modifizierendes Argument) und "Gegenargument" (Gegenargument und Einwand). Tabelle 1 enthält die Definitionen der Kategorien, je ein Beispiel sowie Angaben zur Beurteilerübereinstimmung.

Diese Variablen wurden gebildet als Häufigkeiten, relativiert an der Gesamtzahl der Einheiten pro Person in dem Gespräch.

Es folgt zur Illustration ein kurzer Ausschnitt aus einem Gespräch über Schule (gekürzt und in normaler Schreibweise).

Mutter (M): es müßte öfter sein
Tochter (T): ja dann wenn es sein muß dann lerne ich ja auch aber wenn
M: ja aber nicht genügend nicht genügend das ist doch das problem dann würdest du ja auch bessere arbeiten schreiben du mußt ausdauernder lernen aber das irgendwo ist das etwas schwierig bei dir aber du willst ja partout das gymnasium machen also mußt du ja auch was dafür tun aber dazu bist du auch nicht bereit
T: ja ich lerne ja aber nur dann wenn halt es unbedingt sein muß

Stärke der eigenen Intention: Zur Messung der Stärke der eigenen Intention wurden die oben beschriebenen Variablen zur Erfassung der 'Individualisierung' von Töchtern und der 'Kontrolle' von Müttern verwendet.

Zur Erfassung des *moralischen Denkens* wurden beide Partnerinnen individuell mit dem Judy Dilemma nach Kohlberg interviewt. Darin geht es um die Frage, ob ein Mädchen ihrer Mutter sagen sollte, daß ihre Schwester sich gegen die Anweisung der Mutter verhalten hat. In dem Dilemma haben die Personen Pflichterfüllung gegenüber der Mutter und Solidarität gegenüber der Schwester abzuwägen. Das Interview und die Auswertungsrichtlinien orientierten sich an den Anweisungen von Colby & Kohlberg (1987). Jede Person konnte einen Wert zwischen 1 und 7 erreichen, welcher dem sozio-moralischen Niveau der Person entsprechen soll.

Das Konstrukt der *Kohäsion* in der Familie wurde mithilfe eines Fragebogens erfaßt, der auf der Basis von Schneewind, Beckmann & Hecht-Jackl (1985) formuliert wurde. Die Skala "Kohäsion" (Cronbachs Alphas 0,81 bei Müttern und 0,81 bei Töchtern) ergab sich auf faktorenanalytischer Basis (Itembeispiel: "Alle in unserer Familie helfen und unterstützen einander, wenn es darauf ankommt").

Folgen von Verstehen: Die Folgen des Verstehens wurden mit einem Meßinstrument zur beurteilten Nützlichkeit des Gesprächs erfaßt. Verwendet wurde eine Skala aus sechs Items (zum Beispiel "Das Gespräch war für mich nützlich", "Das Gespräch hat für mich etwas verändert"; Cronbachs Alpha = 0,60 für Mütter und 0,79 für Töchter), welche beide Partner unmittelbar nach dem Gespräch zusammen mit anderen Fragen zu beantworten hatten.

4. Ergebnisse

Jede Dyade wählte sich ihr eigenes Thema. Gleichwohl war es möglich, die Gesprächsthemen zu klassifizieren. Am häufigsten stritten sich die Partnerinnen um die 'Mithilfe im Haushalt' (37 Prozent), wobei die Mütter mehr, die Töchter weniger Mithilfe für nötig hielten. Weitere Themen waren Aussehen (14 Prozent), Haustiere (13 Prozent), Ausgehen/Freunde (10 Prozent) und Schule (9 Prozent).

Ergebnisse zum Inhaltsverstehen: Mittelwerte und Standardabweichungen der Variablen zum Inhaltsverstehen sind in Tabelle 2 enthalten.

Insgesamt war das Richtig-Verstehen nur mäßig (niedriger als "mittlere Übereinstimmung"). Am besten war es für das jeweilige "Ziel". Der (für beide Personen kombinierte) Mittelwert dieser Variable ist signifikant größer als für das "Proargument" ($t = 6{,}57$, $p < 0{,}0001$), auch für das "Gegenargument". Zwischen Müttern und Töchtern lassen sich keine Unterschiede sichern. Die Erwartung, daß Mütter ihre Töchter genauer verstehen als umgekehrt, wird nicht bestätigt.

Tab. 2: Mittelwerte und Standardabweichungen des Inhaltsverstehens von Müttern und Töchtern (N = 75); 1 = keine Übereinstimmung, 2 = mittlere Übereinstimmung, 3 = gute Übereinstimmung.

Rolle	Ziel		Proargument		Kontraargument	
	$\bar{x}$	s	$\bar{x}$	s	$\bar{x}$	s
Mutter	2,11	0,85	1,64	0,71	1,48	0,72
Tochter	2,16	0,72	1,65	0,63	1,51	0,76
Dyade = M +T	4,27	1,22	3,29	0,99	2,99	1,08

Ergebnisse zum Beziehungsverstehen: Aufschluß über die Genauigkeit des Beziehungsverstehens geben die Differenzwerte. Pro Person wurde die Differenz zwischen der von der Person tatsächlich angegebenen Intention und der vom Partner vermuteten Intention gebildet und mit der Zahl der Items gewichtet. Da die Items auf 5-stufigen Ratingskalen zu beantworten waren, können die Werte dieser Variable zwischen −4 und +4 variieren. Tabelle 3 enthält Mittelwerte und Streuungen für diese Variablen. In Klammern sind die absoluten Differenzen angeführt.

Wie die Mittelwerte für die absoluten Differenzen zeigen, weichen die Angaben der Teilnehmerinnen pro Item im Mittel um mehr als eine Einheit von der Angabe der Partnerin ab. Diese Unterschiede sind (gemessen an den Streuungen) durchweg signifikant. Fragt man nach der Richtung der Fehleinschätzung, so fällt auf, daß Töchter dazu neigten, die Intention ihrer Mütter zu unterschätzen (positive Differenzen). Umgekehrt neigten Mütter dazu, die Intention ihrer Töchter im Mittel zu überschätzen (Mittelwerte sind negativ).

Tab. 3: Mittelwerte und Standardabweichungen des Beziehungsverstehens (in Klammern Werte für absolute Differenzen).

	Mittelwerte	Streuung	N
Tochter nimmt Mutterintention "Kontrolle" richtig wahr	0,97 (1,18)	1,16 (0,87)	76
Mutter nimmt Tochterintention "Individualisierung" richtig wahr	-0,62 (1,00)	0,93 (0,72)	74

Einen Hinweis auf die Genauigkeit des Beziehungsverstehens (ohne Berücksichtigung der Skalenmittelwerte) geben die Korrelationen der Intentionen mit den vermuteten Intentionen. Mütter und Töchter erreichten signifikante Verstehenswerte. Bei Müttern korrelierte die vermutete mit der von den Töchtern angegebenen Abgrenzungsintention zu $r = 0{,}38$ ($p < 0{,}001$). Umgekehrt schafften es Töchter, die Kontrollintention der Mütter überzufällig richtig einzuschätzen ($r = 0{,}42$, $p < 0{,}001$).

Ergebnisse zu den Determinanten des Richtig-Verstehens: Die Unterschiede zwischen den Mittelwerten der drei Kategorien des Inhaltsverstehen wurden mit Varianzanalysen auf Signifikanz geprüft. Die Ergebnisse zum Beziehungsverstehen wurden mit Hilfe von Korrelationen ausgewertet. Da gerichtete Hypothesen vorlagen, wurden Korrelationen einseitig auf Signifikanz getestet.

Bei den *sprecherseitigen Determinanten* des Inhaltsverstehen erwiesen sich einige Unterschiede als signifikant: Je mehr stützende Argumente Mütter äußerten, umso besser verstanden Töchter das Gegenargument der Mütter ($F = 3{,}49$ (2,70); $p < 0{,}05$). Je mehr stützende Argumente Töchter äußerten, desto besser verstanden Mütter das Tochterziel ($F = 6{,}64$ (2,70); $p < 0{,}01$). Und je häufiger Töchter Initiativen (Vorschläge und Aufforderungen) äußerten, desto besser verstanden Mütter tendentiell das Proargument der Töchter ($F = 3{,}06$ (2.70); $p < 0{,}10$).

Bei den *hörerseitigen Determinanten* des Inhaltsverstehens ergab sich erwartungsgemäß, daß Mütter das Proargument der Töchter umso schlechter verstanden, je mehr sie Kontrolle anstrebten ($F = 4{,}69$ (2,68); $p < 0{,}05$). Und Töchter verstanden das Ziel der Mütter tendentiell um so schlechter, je mehr sie Individualisierung anstrebten ($F = 2{,}59$ (2,69); $p < 0{,}10$). Erwartungswidrig war das Ergebnis, daß Töchter die Kontrollintention der Mütter um so besser verstanden, je stärker sie selbst die Intention der Individualisierung hatten ($r = -0{,}24$; $p < 0{,}05$).

Außerdem gab es in der Gruppe der Variablen, die übersituative Bedingungen erfaßten, zwei signifikante Ergebnisse. Die Variable "moralisches Urteil" hing bei Töchtern mit dem Ausmaß des Richtig-Verstehens des Gegenarguments der Mütter zusammen ($F = 5{,}13$ (2,63); $p < 0{,}01$). Mütter, die Familienkohäsion als hoch einschätzten, verstanden das Ziel der Töchter richtiger ($F = 6{,}50$ (2,70); $p < 0{,}01$).

Ergebnisse zu den Konsequenzen des Richtig-Verstehens: Je besser Töchter im Verstehen des Mutterziels abschnitten, um so nützlicher empfanden sie das Gespräch

(F = 4,31 (2,70); $p < 0,05$). Sie beurteilten das Gespräch auch um so nützlicher, je besser sie die Kontrollintention der Mütter verstanden (r = −0,23; $p < 0,05$).

5. Diskussion

Verstehen auf der Inhaltsebene: Auffällig ist das, gemessen an der Raterbeurteilung, insgesamt schlechte inhaltsbezogene Verstehensniveau zwischen den Partnerinnen. Selbst wenn man nicht annimmt, daß die gewählte Konfliktsituation wegen ihrer besonderen Zielkonstellation (die Ziele sind miteinander unverträglich) gute Voraussetzungen für ein Richtig-Verstehen bietet, weil die zutagetretenden Widersprüche die Positionen verdeutlichen (vgl. Dobrick, 1988, S. 85), müßte man ein besseres Verstehen erwarten. Es handelte sich bei den Gesprächen wohl um Standardsituationen (Herrmann, 1985), in denen die Partnerinnen sich schon öfter befunden haben und in der keine neuen Lösungswege zu finden waren. Möglicherweise vermeinte die jeweilige Partnerin fälschlicherweise, Ziel und Argumente der Sprecherin aus vergangenen Auseinandersetzungen oder aus der Rollensituation heraus zu kennen.

Interessanterweise lassen sich in den Variablen zum inhaltlichen Verstehen keine Unterschiede zwischen Müttern und Töchtern sichern. Wir haben aus der größeren Reife der Mütter im sozio-moralischen Denken (Durchschnitt 5,0 (s = 1,7); Töchter-Durchschnitt 4,4 (s = 1,9)) erwartet, daß diese mehr Richtig-Verstehen zeigen. Da Mütter in Gesprächen mehr Relativierungen und Bezüge auf beide Personen äußern (Hofer & Pikowsky, 1993b), vermuteten wir eine empathischere, die Perspektive der Partnerin stärker einbeziehende Haltung. Unsere Ergebnisse legen die Vermutung nahe, daß diese Fähigkeit in einer Situation nicht zum Tragen kommt, in der man seine eigenen Ziele mit Nachdruck verfolgt.

Die Ergebnisse zum Inhaltsverstehen zeigen deutlich, daß die Personen das jeweilige Ziel der Partnerin besser verstanden haben als deren Argumente. Daß das Verstehen für die jeweiligen Haupt- und Gegenargumente deutlich schlechter ist, kann verschiedene Deutungen finden. Kognitiv salient für die handelnde Person ist die Barriere, die einer Zielerreichung im Wege steht. Die Person sieht in dem oppositionellen Ziel der Partnerin den Widerstand, der Auslöser des Gesprächs ist und der das 'Thema' des Gesprächs mitkonstituiert. Dagegen hebt sich die Begründung der Partnerin für ihr Ziel weniger augenfällig ab. Neben dieser größeren Handlungsnähe des Partnerziels mag auch dessen einfachere kognitive Strukturiertheit im Vergleich zur eher komplexen Struktur von Argumenten eine Rolle für dessen leichtere Verstehbarkeit spielen. In Betracht zu ziehen sind auch Erhebungsbesonderheiten. Vielleicht haben die Partnerinnen Ziel und Pro- beziehungsweise Gegenargument nicht, wie im Fragebogen gefordert, gut genug auseinandergehalten. Die Länge der Gespräche hat sicher auch bewirkt, daß zu einem Ziel mehrere Argumente generiert wurden, was zu einer schlechteren Identifikation der Argumente geführt haben mag.

Verstehen auf der Beziehungsebene: Die Ergebnisse lassen über das Verstehen von Beziehungen kaum absolute Aussagen zu. Ob die mittlere Fehlschätzung im Ausmaß von einer Skaleneinheit als gutes oder schlechtes Verstehen zu interpretieren ist, muß offen bleiben. Bezogen auf die Skalenbreite handelt es sich immerhin um etwa 25 bis 30 Prozent Mißverstehen. Dabei ist eine unterschiedliche Nutzung der Antwortskala in Rechnung zu stellen. Insofern sind die Korrelationen interessant, bei denen Unterschiede zwischen Müttern und Töchtern in den Skalenmittelwerten unbeachtet bleiben. Das Richtig-Verstehen ist zwar signifikant, gleichwohl fällt es äußerst niedrig aus (maximal 16 Prozent der gemeinsamen Varianz). Wie beim Inhaltsverstehen werden Unterschiede zwischen Müttern und Töchtern im Ausmaß des Richtig-Verstehens nicht sichtbar.

Auch ist die Qualität der Messungen des Richtig-Verstehens sowohl auf Inhalts- als auch auf Beziehungsebene nicht voll geklärt. Die Variablen des Inhaltsverstehens beruhen auf Vergleichsurteilen von Ratern, die relativ komplexe Schätzungen abzugeben hatten. Und die Variablen des Inhaltsverstehens wurden als Differenzwerte gebildet. Aus mehreren Variablen neu gebildete Werte sinken in ihrer Zuverlässigkeit bekanntlich deutlich ab. Insofern sind die Ergebnisse mit Vorsicht zu interpretieren.

Determinanten des Richtig-Verstehens: Ausgehend von der Kooperationsmaxime der Informativität war vermutet worden, daß eine Person den Beitrag der Partnerin aus einer Inhaltsklasse um so genauer versteht, je mehr Einheiten die Partnerin in dieser Inhaltsklasse äußert. In keinem von sechs Fällen ergab sich das erwartete signifikante Ergebnis. Gleichwohl ergaben sich signifikante Unterschiede über unterschiedliche Inhaltsklassen. Dabei scheint das wiederholte Auftreten von Äußerungen, welche die Sprecherposition stützen, bei der Hörerin das Verstehen (auch) von anderen Inhalten der Sprecherin (Ziele, Gegenargument) zu fördern. Das Ausbleiben deutlicherer Zusammenhänge kann zum einen darauf zurückgeführt werden, daß die in den Sprachvariablen zum Ausdruck kommenden Häufigkeiten keine optimalen Messungen für die Informativität der Äußerungen darstellen. Zu bedenken ist auch, daß ein Richtig-Verstehen der Sprecherin nicht unbedingt auf die Klarheit der Sprachäußerung angewiesen ist. Was der Partner will, kann auch aus außersprachlichen (gestischen, prosodischen) oder anderen Merkmalen der Situation (zum Beispiel das geteilte Wissen zwischen den Partnerinnen) erschlossen werden (Herrmann, 1984). Umgekehrt ist auch denkbar, daß deutliche Verbalisierungen durch nonverbale Mitteilungen verunklart werden (vgl. Schöler, 1982). Gleichwohl lassen unsere Ergebnisse eher vermuten, daß die Häufigkeit des Äußerns von Mitteilungen beziehungsweise von Teilen davon Ursache für Richtig-Verstehen ist. Die Daten sprechen auch nicht dafür, daß das Wiederholen von Mitteilungen Folge von Falsch-Verstehen ist.

Ausgehend von der Tatsache, daß beim Sprachverstehen absteigende Prozesse der Informationsverarbeitung eine Rolle spielen, war erwartet worden, daß Mißverstehen um so stärker auftritt, je ausgeprägter die Stärke der eigenen Intention ist. Für Mütter konnte gezeigt werden, daß eine starke Kontrollintention das Verstehen stützender Tochterargumente behindert. Auch bei Töchtern zeigten die Ergebnisse in dieselbe Richtung. Obwohl die Effekte nicht groß sind, bestätigen sie die auf der Basis der Befunde von Dobrick (1988) formulierte Erwartung. Erwartungswidrig war das Ergebnis, daß eine starke Tochterintention "Individualisierung" mit einem besseren Verstehen der Mutterintention "Kontrolle" einhergeht.

Dies könnte damit erklärt werden, daß die Partnerinnen ihre eigene Beziehungsintention in dem Wissen um die oppositionelle Intention der Partnerin wahrnehmen.

Auch für die übersituativen Variablen deuten sich Einflüsse auf das Richtig-Verstehen an. Moralisches Urteil und die wahrgenommene Kohäsion in der Familie wirken sich zum Teil wie vorhergesagt auf das Verstehen von Müttern und Töchtern aus. Daß die Effekte über andere Determinanten vermittelt werden, ist unwahrscheinlich, denn die Bedingungsvariablen weisen keine substantiellen Korrelationen untereinander auf. Gleichwohl ist auch hier nicht außer acht zu lassen, daß die Zahl signifikanter Ergebnisse gemessen an der Zahl erwarteter Signifikanzen gering ist.

Konsequenzen des Richtig-Verstehens: Wenngleich es die Anlage der Untersuchung verbietet, von Konsequenzen im Sinne eines ursächlichen Zusammenhangs zu sprechen, geben die Ergebnisse Hinweise auf mögliche Folgen von Richtig-Verstehen. Insbesondere das richtige Verstehen des Partnerziels geht zum Teil mit der Einschätzung des Gesprächs als nützlich einher. Und auch das Beziehungsverstehen seitens der Hörerin geht teilweise mit dem Gefühl der Nützlichkeit des Gesprächs einher. Gemessen an der Zahl der erwarteten Signifikanzen sind die erzielten wiederum gering. Außerdem fällt das Ausbleiben von Zusammenhängen des Verstehens mit der Nützlichkeitseinschätzung durch die Sprecherin auf. Insofern kann die Erwartung, daß das Verstandenwerden eine Voraussetzung für den Handlungserfolg seitens der Sprecherin (Herrmann, 1984) darstellt, nicht bestätigt werden. Die Ergebnisse stehen lediglich im Einklang mit der Annahme, daß Gespräche, in denen die Hörerin Inhalte der Sprecheräußerungen richtig versteht, als erfolgreicher bewertet. Hier scheint ein echter Effekt vorzuliegen, denn die Nützlichkeitseinschätzungen der Töchter korrelierten nicht signifikant mit jenen Bedingungsvariablen, die mit dem Tochterverstehen zusammenhingen. So kann ausgeschlossen werden, daß die Nützlichkeit eine Folge von Variablen der Gesprächsgestaltung ist. Dennoch sind insgesamt die Ergebnisse zu den Determinanten wie auch jene zu den Folgen von Richtig- beziehungsweise Miß-Verstehen nicht sehr ausgeprägt. Neben der ungeklärten Qualität der Verstehensvariablen muß auch in Betracht gezogen werden, daß Verstehensleistungen möglicherweise von komplexerer als der hier konzeptualisierten Art sind.

Pädagogische Überlegungen: Die vorliegende Untersuchung ist mit der Absicht durchgeführt worden, Erkenntnisse über ein pädagogisches Phänomen zu erhalten. Gewählt wurde die Variable des Richtig-Verstehens von Inhalts- und Beziehungsmitteilungen in konfliktären Gesprächen zwischen Müttern und jugendlichen Töchtern. Dies erfolgte in der Annahme, daß es sich dabei um eine für das Gelingen von Kommunikation und für das Gelingen von Erziehung bedeutsame Variable handelt. Im Rahmen der Möglichkeiten, die eine querschnittlich angelegte Feldstudie bietet, kann diese Ausgangsannahme bejaht werden. Daß sich die von uns erhobenen Gespräche durch ein – absolut gesehen – geringes Ausmaß an Richtig-Verstehen auszeichnen, spricht aufs Ganze gesehen eher dafür, daß sie in einer wenig förderlichen Weise abgelaufen sind. Daß Partner sich gegenseitig stimulieren, neue Gedanken nahebringen und ihre Wissensstruktur erweitern, kann kaum angenommen werden, wenn sie sich nur ungenau über die Positionen und die Begründungen der jeweiligen Partnerin im klaren sind. Auch sind damit kaum geeignete Voraussetzungen für eine Transformation ihrer Beziehung gegeben. Eher wäre zu erwarten, daß Gespräche mit viel Mißverstehen negative Einflüsse auf die Eltern-Kind-Beziehung und auf die Individualentwicklung der Jugendlichen ausüben. Die in der Literatur berichteten Zusammenhänge zwischen starken Familienkonflikten und abweichendem Verhalten (zum Beispiel Jugendwerk der Deutschen Shell, 1985; Montemayor, 1983) könnten dadurch erklärt werden, daß die Diskussionen die angesprochenen Probleme nicht klären helfen, Jugendliche sich 'unverstanden' fühlen, ihre Eltern als unflexibel erleben, die Gespräche als nicht nützlich und sich selbst als davon belastet einschätzen. Unsere Ergebnisse geben keine Antwort auf die Frage, in welcher Weise Richtig-Verstehen für die Handlungsplanung des Hörers funktional ist. Das Sprachverhalten des Hörers hängt neben dem Verstehen der Sprecheräußerung davon ab, wie er diese bewertet, welche Ziele er verfolgt und welche Operatoren er daraufhin einsetzt (Herrmann, 1984). Plausibel wäre jedoch anzunehmen, daß diese Jugendlichen evasive Reaktionen präferieren, das Zusammensein mit Eltern und deren Kontrolle meiden, Gleichaltrige aufsuchen und Problemverhalten entwickeln.

In pädagogischer Hinsicht erhält abschließend die Frage nach möglichen Antezedentien von Mißverstehen Bedeutung. Leider können Schlußfolgerungen auf Variablen der Gestaltung des Gesprächs selbst nicht gezogen werden. Doch geben unsere Ergebnisse Aufschluß über zwei Variablenkomplexe. Zunächst scheint es für das Richtig-Verstehen eher abträglich zu sein, wenn die Partner im Gespräch ausgeprägte Beziehungsbotschaften vermitteln möchten. Eine Mutter, die das Gespräch unter einer starken Kontrollintention führt, muß erhöht mit Mißverstehen seitens der Tochter rechnen. Es wäre angezeigt, in einer solchen Situation das Gespräch nicht zu führen und damit zu warten, bis bei den Beteiligten eine entspanntere Haltung vorliegt. Und ein Klima der familialen Zusammengehörigkeit scheint eine gute Bedingung für eine richtige Dekodierung von Gesprächsäußerungen durch den Partner zu schaffen, zumindest dafür, daß genau verstanden wird, was der andere für Wünsche hat. Dies läßt sich mit den neueren Forschungsergebnissen zum sogenannten autoritativen Erziehungsstil in Einklang bringen. Es zeigt sich immer wieder, daß elterliche Unterstützung, verbunden mit elterliche Kontrolle, ein potenter Prädiktor für erwünschte Effekte verschiedenster Art bei Jugendlichen darstellt. Jugendliche, deren Eltern einen Erziehungsstil der beschriebenen Art realisieren, haben bessere Schulleistungen, sind gesünder, haben weniger Probleme mit Rauchen, Alkohol und dergleichen (zum Beispiel Baumrind, 1991; Steinberg et al., 1991). Die Ergebnisse der vorliegenden Untersuchung legen die Interpretation nahe, daß diese Familien ihre Interaktion so kohäsiv und gleichzeitig organisiert gestalten, daß gute Bedingungen für ein gegenseitiges Richtig-Verstehen in konfliktären Interaktionen gegeben sind.

Diese Arbeit entstand im Sonderforschungsbereich 245 *Sprache und Situation* (Heidelberg/Mannheim) im Rahmen des Teilprojektes *Argumente in Konfliktgesprächen zwischen Eltern und Jugendlichen* mit Unterstützung der Deutschen Forschungsgemeinschaft. Für die Durchführung der Berechnungen danken wir Kai Sassenberg.

Literatur

Brophy, J. E. (1981). Teacher praise: A functional analysis. *Review of Educational Research*, *51*, 5-32.

Baumrind, D. (1991). The influence of parenting style on adolescent competence and substance use. *Journal of Early Adolescence*, *11*, 56-95.

Colby, A. & Kohlberg, L. (1987). *The measurement of moral judgement* (Vol. 2). Cambridge: Cambridge University Press.

Dobrick, M. (1984). Mißverstehen: eine experimentelle Untersuchung. *Zeitschrift für Sozialpsychologie*, *15*, 211-223.

Dobrick, M. (1985). *Gegenseitiges (Miß-)Verstehen in der dyadischen Kommunikation*. Münster: Aschendorff.

Dobrick, M. (1988). *Verstehen verstehen. Grundzüge einer Theorie des Dialogs zur Erklärung von Verstehen*. Unveröffentlichte Habilitationsschrift. Mannheim: Universität.

Dusek, J. B. (1985) (Ed.). *Teacher expectancies*. Hillsdale, NJ: Erlbaum.

Engelkamp, J. (1984). Verstehen als Informationsverarbeitung. In J. Engelkamp (Hrsg.), *Psychologische Aspekte des Verstehens* (S. 31-53). Heidelberg: Springer

Gaelick, L., von Bodenhausen, G. & Wyer, R. S. Jr. (1985). Emotional communication in close relationships. *Journal of Personality and Social Psychology*, *49*, 1246-1265.

Gibbs, R. W. Jr. (1988). How do you know when you have understood? Psycholinguistic criteria for understanding verbal communication. *Communication & Cognition*, *21*, 201-225.

Grice, H. P. (1979). Logik und Konversation. In G. Meggle (Hrsg.), *Handlung, Kommunikation, Bedeutung* (S. 243-265). Frankfurt: Suhrkamp.

Groeben, N. & Blickle, G. (1988). Gegen einen objektivistisch halbierten Kognitivismus. Kognitiv-konstruktives Sprachverstehen und nicht-paradoxale Wirkungen von Lob und Tadel - Teil 1. *Zeitschrift für Sozialpsychologie*, *19*, 85-102.

Gutfleisch, I., Klein, W., Speck, A. & Spranz-Fogasy, T. (1989). *Transkriptionsvereinbarungen* (Arbeiten aus dem Sonderforschungsbereich 245 "Sprechen und Sprachverstehen im sozialen Kontext" Heidelberg/Mannheim, Nr. 14). Heidelberg und Mannheim: Universität.

Harras, G. (1983). *Handlungssprache und Sprechhandlung*. Berlin: de Gruyter.

Herrmann, Th. (1984). "Sprachverstehen" und das Verstehen von Sprechern. In J. Engelkamp (Hrsg.), *Psychologische Aspekte des Verstehens* (S. 15-30). Heidelberg: Springer.

Herrmann, Th. (1985). *Allgemeine Sprachpsychologie*. München: Urban & Schwarzenberg.

Herrmann, Th. (1989). Der Sprecher und das Sprachverstehen. In P. Matusche (Hrsg.), *Wie verstehen wir Fremdes? Aspekte zur Klärung von Verstehensprozessen* (S. 20-36). München: Goethe-Institut.

Herrmann, Th. (1990). Sprechen und Sprachverstehen. In H. Spada (Hrsg.), *Allgemeine Psychologie* (S. 281-322). Bern: Huber.

Hörmann, H. (1978). *Meinen und Verstehen. Grundzüge einer psychologischen Semantik*. Frankfurt: Suhrkamp.

Hofer, M. (1985). Zu den Wirkungen von Lob und Tadel. *Bildung und Erziehung, 38*, 415 - 427.

Hofer, M. & Pikowksy, B. (1993a). Partnerintentionen und die Produktion von Argumenten in konfliktären Diskussionen. *Zeitschrift für Entwicklungspsychologie und Pädagogische Psychologie, 25*, 281 - 296.

Hofer, M. & Pikowsky, B. (1993b). Validation of a category system for arguments in conflict discourse. *Argumentation, 7*, 135 - 148.

Jugendwerk der Deutschen Shell (1985). *Jugendliche und Erwachsene '85. Generationen im Vergleich*. Opladen: Leske & Budrich.

Käsermann, M.-L. & Foppa, K. (1986). Zur Untersuchung normaler und gestörter Kommunikation. *Schweizerische Zeitschrift für Psychologie, 45*, 165 - 184.

Meyer, W.-U. (1992). Paradoxical effects of praise and criticism on perceived ability. In W. Stroebe, & M. Hewstone (Eds.), *European review of Social Psychology, vol. 3* (pp. 259 - 283). New York: Wiley.

Montemayor, R. (1983). Parents and adolescents in conflict: all families some of the time and some families most of the time. *Journal of Early Adolescence, 3*, 83 - 103.

Peterson, C., Peterson, J. & Skevington, S. (1986). Heated argument and adolescent development. *Journal of Social and Personal Relationships, 3*, 229 - 240.

Pikowsky, B. (1988). Lob im Unterricht. *Zeitschrift für Pädagogische Psychologie, 2*, 251 - 257.

Rickheit, G. & Strohner, H. (1985). *Inferences in text processing*. Amsterdam: North Holland.

Schöler, H. (1982). *Zur Entwicklung des Verstehens inkonsistenter Äußerungen*. Frankfurt: Fischer.

Schneewind, K., Beckmann, M. und Hecht-Jackl, A. (1985). *Familiendiagnostisches Testsystem (FDTS)* (Forschungsbericht aus dem Institutsbereich Persönlichkeitspsychologie und Psychodiagnostik, Bd. 6 und 7). München: Universität München.

Spranz-Fogasy, T., Hofer, M. & Pikowsky, B. (1992). Mannheimer ArgumentationsKategorienSystem (MAKS). Ein Kategoriensystem zur Auswertung von Argumentationen in Konfliktgesprächen. *Linguistische Berichte, 141*, 350 - 370.

Steinberg, L., Mounts, N. S., Lamborn, S. D. & Dornbusch, S. M. (1991). Authoritative parenting and adolescent adjustment across varied ecological niches. *Journal of Resarch on Adolescence, 1*, 19 - 36.

Tannen. D. (1991). *Du kannst mich einfach nicht verstehen. Warum Männer und Frauen aneinander vorbeireden*. Hamburg: Kabel.

Voss, J. F., Fincher-Kiefer, R., Wiley, J. & Silfies, L. N. (1993). On the processing of arguments. *Argumentation, 7*, 165 - 181.

Walker, L. J. & Taylor, J. H. (1991). Family interactions and the development of moral reasoning. *Child Development, 62*, 264 - 283.

Youniss, J. & Smollar, J. (1985). *Adolescent relations with mothers, fathers, and friends*. Chicago: The University of Chicago Press.

Autorenregister

Abelson, R. P. 82, *92*, 255f, 263, *271f*
Abkarian, G. G. 188, *206*
Ach, N. 137, *156*
Acredolo, L. P. *207*
Albert, D. *159*
Allport, G. W. 133, *156*
Altarriba, J. *206*, *270*
Altfelder, G. 31, *32*
Altmann, G. T. M. 80, *90*
Anderson, J. R. 37, *52*, 141, *156*, 216f, *230*, 282, *288*
Anochin, P. K. *156*
Antos, G. *271*
Anzer, A. 283, *290*
Apel, K.-O. 1, *12*
Argyle, M. 298, *305*
Arnold, N. B. 244, *248*
Austin, G. A. 137, *156*, 213, *230*
Azuma, H. 245, 247, *248*

Bach, E. *157*
Baddeley, A. D. 40, *52*, 141, *156*, 285, *288*
Bakhtin, M. N. 120, *129*
Ballmeier, R. 28, *32*
Balota, D. A. *232*
Barattelli, S. 210, 224, 229, *230–232*, *272*
Barkow, J. *129*
Barsalou, L. W. 150, *156*
Barthelmey, E. 26, *32*
Bartlett, F. C. 255, *270*
Bates, E. 120, *129*
Baumrind, D. 324, *325*
Beckmann, F. *92*
Beckmann, M. 318, *326*
Berg, P. 135, *159*
Berman, R. 252, 261, *270*
Bernstein, N. A. 118, 125, *129*
Bertelson, P. *131*
Biegelmann, U. 48f, *53*
Bischof, N. 241, *248*
Bischof-Köhler, D. 126, *129*
Bishop, D. V. M. 279, 285f, *288*
Black, J. B. 256, 263, *271*
Blake, B. *182*
Blaxton, T. 50f, *52*
Bleichrodt, N. *249*
Blickle, G. 310, *325*
Bock, J. K. 281, *288*
Bock, M. *271*
Bockhacker, K. 26, *32*
Bodenhausen, G. von 311, *325*
Bosshardt, H.-G. *12*, *33*, *207*, *230*
Boucher, J. D. 241, *248*
Bower, G. H. 76, 81, *90f*
Bozetti, I. 30, *32*
Brakke, K. E. *131*
Braun, C. F. 26, *32*
Brecht, B. 173
Breuner, H. 285, *288*
Bridgeman, B. 47, *52*
Bright, W. *69*
Brillouin, L. 134, *156*
Brophy, J. E. 310, *325*
Brown, A. S. 18, *32*
Brown, G. 256f, 259, *270*
Brown, P. 181, *182*, 185, *206*
Brown, R. 18, 22, *32*, 218, *230*
Bruce, V. 39, *53*
Brugmann, K. 165
Bruner, J. S. 137, 149, *156*
Bühler, K. 7f, *12*, 20, 55–57, 59–67, *68*, 74, *90*, 165, *182*
Burgoon, J. K. 293, *395*
Bürkle, B. 190, *206*

Burr, D. J. 84, *91*
Bush, R. R. 133, *156*
Butters, N. 128, *130*

Canisius, P. 252, 257, *270*
Carpenter, P. A. 80, *91*
Carroll, J. B. 243, *248*
Carroll, J. M. 189, 191, *206*, 222, *230*, 257, 260f, 263f, *270*, *272*
Casagrande, J. B. 243, *248*
Cermak, L. S. *54*, *131*
Cheney, D. L. 127, *129*
Chomsky, N. 21, 114, 119-121, *129*, 135, *156*, 234, 240, 242, *248*
Christlieb, M. 26, *33*
Ciborowski, T. *248*
Clancey, W. J. 76, *90*
Clark, H. H. *90*, 106f, *110*, 122, *129*, 149, *156*, 223, *230*, 255, *270*
Clarke, D. C. 83, *90*
Clausing, H. 31, *33*
Colby, A. 318, *325*
Cole, P. *110*
Collins, A. M. 138, *157*
Coltheart, M. *54*, *90*
Conaty, J. 298, *307*
Conte, M. E. 64f, *68*
Copernicus, N. 115
Cosmides, L. 115, 125, *129*
Coulmas, F. *208*
Craik, F. I. M. *54*, 114, 118, 127f, *129-131*
Craik, K. 75, *90*
Cramon, D. von *131*
Cruttenden, A. *288*

Dalbert, C. 279, 283f, *288*, *290*
Daly, J. A. 83, *90*
Danks, H. *231*
Dannenbauer, F. M. 287, *288*
Daw, W. 303, *306*
Deacon, T. 124, 126, *129*
Deutsch, W. 24, 28-30, 31, *33f*, 76, *91*, 209, 210-213, 221-223, 230, *230f*, 275f, *288f*
Dieterich, A. 28, *33*
Dietrich, R. *110f*, 254, 268, *271f*
Dittmar, N. *272*
Dittrich, S. 190, *206*, *271*
Dixon, R. M. W. *182*
Dobrick, M. 204, *206*, 311-313, 321f, *325*
Doi, K. 239, *248*

Dölle, E. A. 64, *68*, 286, *290*
Donald, M. 122, *129*
Donaldson, W. 38, *54*
Dorn-Mahler, H. 295, 301-303, *305f*
Dornbusch, S. M. *326*
Dörner, D. 135, *157*
Dovidio, J. F. 298, *306f*
Dreckmann, I. 30, *33*
Drenth, P. J. D. *249*
Dreyer, P. *271*
Dunette, M. D. *307*
Dusek, J. B. 310, *325*

Eberhardt, E. G. 28, *33*
Eckes, T. 204, *206*
Eckhart, B. von 44, *54*
Eelen, P. *131*
Egel, H. 185, *206*, *271*
Ehlich, K. *111*
Ehrich, V. 183, 186, 189, 191, *206*, 260, *271*
Eichendorff, J. Freiherr von, 166
Ekman, P. 241, *248*, *250*, 293, *306*
Ellis, A. 40, 42, *53*
Ellyson, S. L. 298, *306f*
Engelkamp, J. 40, 42, 44, 48f, *53*, 75, 77, *90*, *109*f, 141, *157*, 217, *230*, 233, *248*, 261, *271*, 286, *288*, 313, *325*
Ertel, S. 20
Esch, F. J. 28, *33*
Eschbach, A. 55, *68*
Estes, W. K. *133*, *157*
Ewering, N. 31, *33*

Farah, M. J. 116, *129*
Faulconer, B. A. 44, *54*
Feigenbaum, E. A. *159*
Feldmann, J. *159*
Feldmann, L. B. 44, *54*
Ferber, R. 109, *110*
Fillmore, C. J. 63, *68*, 139, *157*
Finscher-Kiefer, R. *326*
Fischer, B. 119, 124, *130*
Flores d'Arcais, G. B. *232*
Fodor, J. A. 78, *90*, 113f, 118, 121, *130*
Foley, W. A. 263, *271*
Foppa, K. 94f, 99, 102, 105, 109, *110*f, 313, *326*
Ford, W. 22, 212, *231*
Forgas, J. P. 298, *306*
Fraisse, P. 18

Frazier, L. 80, *90*
Freksa, Ch. *207*
Frey, D. *110*
Frey, S. 303, *306*
Frick, A. M. 26, *33*
Friederici, A. 120, 122, *130*
Friesen, W. V. 293, *306*
Fromm, W. 279, 286, *290*
Frost, N. A. H. 141, *157*
Funk-Müldner, K. 6, *12*, 295, 301-303, *305f*
Funnell, E. *54*

Gaelick, L. 311, *325*
Galambos, J. A. 256, 263, *271*
Gall, F. J. 116
Gallisch, M. 31, *33*
Gardner, H. 122, *130*
Gardner, M. 166, *182*
Garrod, S. C. 75, 82, *92*
Gathercole, S. E. 285, *288*
Geertz, H. *248*
Geier, N. 28, *35*
Geißler, H.-G. 135, *157*
Geißler, J. 300, *308*
Gell-Mann, M. *129*
Gibbs, R. W. 83, *90*
Gibbs, R. W. Jr. 311, *325*
Gibson, J. J. 135, *157*
Gibson, K. R. *130*
Gillespie, D. L. 298, *307*
Glaser, W. R. 74, *90*
Glass, A. L. 39, *53*
Gleitmann, H. 135, *157*
Glucksberg, S. 27, *34*, 137, *158*, 222
Goede, K. 135, *157*
Goethe, J. W. von 174, 304, *306*
Goffman, E. 291, *306*
Goldberg, E. 119, *130*
Goodnow, J. J. 137, *156*
Gopnik, M. 277, *288*
Grabowski, J. 2, 5, *12*, 95, 98, 105, *111*, 145, 152f, *157*, 185, 187f, 190-193, 196, 204f, *206f*, 233, *249*, 292-295, 299-301, *305-308*
Graesser, A. C. 81, *90*
Graf, R. 185f, *207*, *271*
Graichen, J. 285, *289*
Graumann, C. F. 20, *34*, 55, 66f, *68*, *110f*, 252, *271f*, 298, *306f*
Grawe, K. *249*
Greenfield, P. M. 120, *130*
Greenspan, S. L. 76, *91*
Gregg, L. W. *157*f
Grewe, N. 30, *33*
Grice, H. P. 106, *110*, 190, *207*, 313, *325*
Grimm, H. 279, *289*
Groebel, J. *308*
Groeben, N. 310, *325*
Grohnfeldt, M. *289f*
Groner, M. 109, *110*
Grosser, Ch. 210, 219f, 223, *231f*
Günther, U. 80, *90*
Gutfleisch, I. 318, *325*

Habel, Ch. *182*, *206f*
Habermas, J. 83, *90*
Haeckel, E. 117f, *130*
Häfner, I. 26, *33*
Haftka, B. *271*
Hagendorf, H. *129*
Hall, E. T. 297, *307*
Halle, M. 135
Hänni, R. *249*
Hanson, S. J. 84, *91*
Harms, R. T. *157*
Harper, R. G. 298, *307*
Harras, G. *272*, 311, *325*
Hartley, E. L. *248*
Hartung, O. 28, *34*
Harweg, R. 62f, *68*
Hauptmann, U. 30, *33*
Häuser, D. 281, *289*
Haviland, J. 175, *182*
Havinga, J. *12*, *34*
Hayashi, T. *249*
Hecht-Jackl, A. 318, *326*
Heger, K. 55, *68*
Heij, W. 295, *307*
Hemenway, K. 149, *160*
Henley, N. M. 298, *307*
Heritage, J. 96, *110*
Herrmann, Th. 19f, 23f, 27-30, *33-35*, 37, 40-43, 52, *53*, 55f, 66f, *68f*, 76, 81, *91*, 93-98, 105, *110f*, 113, 120, 122, *130*, 133, 139, 144f, 152f, 155f, *157*, 163, 165f, 170-172, *182*, 185-188, 190-193, 204-206, *206f*, 209f, 212-221, 223, 230, *231f*, 233f, 246, 248, *248f*, 252-257, 261f, 265, *271*, 276, 280-282, 287, *289f*, 292, 293-295, 298f, *306-308*, 310-314, 321-324, *325*
Herweg, M. *182*, 185, *206*, *208*
Hess, R. D. *248*

Hesse, W. 25f, *34*
Hewstone, M. *326*
Heyer, G. *92*
Heymann, I. 28, *33*
Hildebrandt, B. 85, *91*
Hill, C. 174, *182*, 185, *207*
Hirsbrunner, H. P. 303, *306*
Hodges, J. R. 128, *130*
Hofer, M. 310, 312, 318, 321, *326*
Hoffmann, J. 127, *130*, 136, 141, *157f*, 217, *231*
Holst, E. von 134, *157*
Holyoak, K. J. 39, *53*
Hoppe-Graff, S. 94, 96f, *111*, 210, 256, *271*
Horgan, J. 119, *130*
Hörmann, H. 20, 56, 67, *69*, 77, *91*, 287, *289*, 313, *326*
Hornung-Linkenheil, A. *206*, *271*
Howkins, J. A. *129*
Huber, M.-A. 280f, *289*
Hull, C. L. 133, 137, *157f*
Humphreys, G. W. *54*
Hunkel, G. 26, *34*
Husserl, E. 66, *69*

Illichmann, E. 283, *290*
Iwawaki, S. *249*

Jablin, F. M. 295, *307*
Jackson, H. J. 118, 121, *130*
Jacoby, L. L. 50, *53*
Jaekel, H. 26, *32*
Jakobovits, L. A. *35*
Jandl, E. 163, 175
Jarren, O. *308*
Jarvella, R. J. *207f*
Jeutner, R. 286, *290*
Johnson-Laird, P. N. 75, 82, *91*, 186, 188, *207*, 255, *271*, *272*
Johnston, J. R. 285, *289*
Jordens, P. *182*
Joshi, A. K. *270*
Jung, E. E. 31, *34*
Just, M. A. 80, *91*

Kainz, F. 96, 275, *289*
Kaiser, N. *34*
Kaltenbacher, E. 288, *289*
Karmiloff-Smith, A. 122, *130*, 282, *289*
Käsermann, M. L. 99, 105, *110*, 313, *326*
Kashima, Y. *249*
Kashiwagi, K. *248*
Kawamoto, A. H. 228, *232*
Kegel, G. 285f, *289*
Keil, F. C. 135, 149, *158*
Keller, J. 287, *289*
Kendon, A. 294, 304, *307*
Keppler, A. 99, *111*
Kiefer, F. *68*
Kiefer, M. 210, 224, 229, *231*
Kieser, A. *12*, *308*
Kilian, E. *271*
Kindermann, T. *250*
Kindt, W. *90*
Kintsch, W. 79, 81, *91f*, 96, 108f, *111*, 136, 138, *157f*, 228f, *231*, *270*
Kitayama, S. 247, *250*
Klatzky, R. L. 141, 148, *158*
Kleene, S. C. 134, *158*
Klein, W. 61, *69*, 167, 169, *182*, 184f, 189, *207f*, 233f, *249*, 253f, 259, *271f*, 287, *289*, *325*
Kleine-Moritz, G. 24, *34*, 277f, *289*
Kleinemas, U. *249*
Klix, F. *129*, *131*, 139f, 147-149, 151, 155, *158*, *160*
Kluwe, R. H. 108, *111*
Knapp, M. L. 296, 304, *305*, *307*
Kobayashi, R. 246, *249*
Kobsa, A. 76, *91*
Koch, D. 27, *34*
Koch, S. *157*
Koelbing, H.-G. 210, 224, *230*, *232*, *272*
Koerfer, A. *111*
Kohlberg, L. 318, *325*
Kohler, I. 135, *158*
Kohlmann, U. 224, *230*, *232*, 256, 264, 267, *271f*
Kolpowskaja, I. K. 280, *289*
Kornadt, H.-J. 196, 234f, 243, 245, 247, *249f*
Kosslyn, S. M. 37, *53*, 141, *158*
Koster, C. 260, *271*
Krahe, B. *232*
Krauss, R. M. 27, *34*, 219, 222, *231*
Krings, H.-P. *271*
Kronenberger, U. 28, *34*
Kruger, A. 127, *131*
Kruse, H. *231*
Küchler, E. 139, *158*
Kühnhold, K. 26, *34*
Kurcz, I, *231*

Kürsten, F. 279, 286, *290*

Labov, W. 255f, 260, *272*
Lahav, R. 80, *91*
Lakoff, G. 234, *249*
Lalleman, J. *182*
Lalouschek, J. 103, *111*
Lamborn, S. D. *326*
Lamendella, J. T. 282, *290*
Landow, M. 27, *34*
Langacker, R. W. 76, *91*
Lass, N. *289*
Laucht, M. 24, 27-30, *33f*, 210, 213, *231*, 276, *289*
Laufenberg, W. 26, *33*
Lazarus, R. S. 244, *249*
Le Ny, J.-F. 37, *53*, *270*
Lebra, T. S. 247, *250*
Lebsanft, F. 64, *69*
Leffler, A. 298, *307*
Lenk, H. *231*
Lenneberg, E. H. *129*
León, L. de 181, *182*
Leopardi 170
Leslie, A. 115, *130*
Leube, E. *69*
Leung, K. *249*
Leuninger, H. 287, *289*
Levelt, W. J. M. 5, *12*, 18, *34*, 97, *111*, 188-190, 204, *207*, 252f, 257f, 260, *271f*, 295, *307*
LeVine, R. A. *250*
Levinson, S. C. 63, *69*, 175, 181, *182*, 185, *206*
Lewandowski, N. 296, 305, *308*
Li Ping 175, *182*
Lietz, J. 31, *35*, 212, *231*
Linde, C. 255f, 260, *272*
Lindner, K. 283, *290*
Lindsey, P. H. 135, *159*
Linell, P. 100, *111*
Lippold-Grunewald, R. 28, *35*
Lloyd, B. *35*, *232*
Lobin, H. 74, *91*
Lockhart, R. S. 114, 118, *130*
Lorch, R. L. 47, *53*
Lorenz, K. *53*
Luce, D. R. 133, *158*
Luckmann, T. 99f, *111*
Lüer, G. 138, *159*
Lupker, S. J. 47, *53*
Luria, A. R. 113, *130*
Lutz, T. *250*
Lutz, W. 135, *157*
Lyons, J. 151, *156*, *158*, 285, *290*

MacLean, P. 121, 125, *130*
Macoby, E. E. *248*
MacWinney, B. 120, *129*
Magee, L. E. 44, *54*
Mandl, H. *111*, 256, 263, *272*
Mangham, I. L. 291, *307*
Mangold-Allwinn, R. 144, *158*, 188, 196, 199, 204f, *207*, 210, 213f, 217, 219f, 223, 225, 229, *231f*, 264, 268, *272*
Marcel, A. 128, *131*
Marchman, V. A. 119, *131*
Markova, I. *110f*
Markus, H. R. 247, *250*
Marseiia, A. J. *248*
Marshall, C. R. 255, *270*
Martinetz, T. 116, *131*
Marx, W. *159*
Matusche, P. *325*
Maxwell, M. *90*
McCarthy, J. M. *158*
McClelland, D. C. 133, *158*
McClelland, J. L. 78, *92*, 228, *232*
McClosky, M. E. 137, *158*
McNamara, T. P. 77, *91*
McNeill, D. 18, *32*
McReynolds, L. *289*
Mechler, B. *231*
Meggle, G. *207*, *325*
Meiser, T. *249*
Menz, F. 103, *111*
Meurer, K. 135, *157*
Meyer, A. S. *12*, *34*
Meyer, D. E. 47, *53*
Meyer, W.-U. 310, *326*
Michon, J. H. 149, *158*
Miller, D. L. 77, *91*
Miller, G. A. 186, 188, *207*
Miller, M. 28, *35*
Minelli, L. 291
Minsky, M. 255, *272*
Mittelstaedt, H. 134, *157*
Moesch, K. 102f, *111*
Montada, L. *69*
Montemayor, R. 310, 324, *326*
Morgan, J. L. *110*
Morgenstern, O. 134, *160*
Morrow, D. G. 76, *91*
Mosteller, F. 133, *156*
Mounts, N. S. *326*

Müller, H. M. 77, *91*
Murdock, B. B. J. 141, *158*
Murphy, G. L. 77, *91*, 255, *270*
Murphy, J. *131*

Neel, H. *90*
Neely, J. H. 47, *54*
Nelson, D. L. 39, *54*
Neuberger, O. 295, 298, *307*
Neumann, J. von 134, *160*
Neumann, O. 46, *54*
Newcomb, T. M. *248*
Newell, A. 114, *131*, 135, *159*
Nguyen-Xuan, A. 125, *131*
Nirmaier, H. 190, *206*
Nittel, K. 27, *34*
Norman, D. A. 135, *159*
Northern, J. *289*

Ochs, E. 242, *250*
Oldfield, R. C. 18
Olson, D. R. 7f, 10, *12*, 15, 19-23, 25-31, *35*, 209-212, 221, 223, *231f*
Opwis, K. 138, *159*
Osgood, C. E. 22, *35*
Overington, M. A. 291, *307*

Paivio, A. 38f, 48, *54*, 141, 148, *159*
Parkinson, C. 296, *307*
Pechmann, T. *12*, 26, *34f*, *53*, 75, *90*, 211, *232*, 233, *248*
Penger, O. *231*
Perner, J. 122, 127, *131*
Perrig, W. 108, *111*
Peters, S. *271*
Peterson, C. 310, *326*
Peterson, J. *326*
Petry, J. 25f, *34*
Piaget, 282
Piatelli-Palamarini, M. 278, *290*
Pick Jr, H. L. *207*
Pikowsky, B. 310, 312, 318, 321, *325f*
Pobel, R. 210, 213, 218-220, *231f*
Politzer, G. 125, *131*
Pool, J. 303, *306*
Pöppel, E. *131*
Popper, K. 1
Porter, L. W. 305, *307*
Potter, M. C. 44, *54*
Preuß, M. 139, *159*
Prinz, W. 46, *54*
Putnam, W. D. 67, *69*

Pylyshyn, Z. W. 37, *54*, 78, *90*, 141, *159*

Quastler, H. 134, *159*
Quillian, M. R. 138, *157*
Quinlan, Ph. 221, *232*
Quintilianus, 251f, 254, 262, *272*

Rapp, R. 109, *110*
Ratner, H. 127, *131*
Rayner, K. *232*
Reber, G. *12*, *308*
Redder, A. *111*
Rehkämper, K. *206*
Rehkämper, W. *182*
Reich, A. *272*
Reimann, B. 285, *290*
Reisberg, D. 109, *111*
Ress, R. 28, *35*
Retz-Schmidt, G. 184, 188, *207*
Richards, D. D. 150, *159*
Richardson, G. 295, *307*
Rickheit, G. 74, 79-82, 85, 88, *91f*, 233, *250*, *271*, 313, *326*
Riddoch, M. J. 40, *54*
Riesbeck,C. K. 139, *159*
Rietz, C. *249*
Rips, L. J. *137*, *159*
Ritter, H. 116, *131*
Ritter, M. 31
Roberts, K. H. 305, *307*
Roediger, H. L. 50, *54*
Rommetveit, R. 63f, *69*
Roos, J. 246, *250*
Rosaldo, M. Z. *250*
Rosch, E. 22, *35*, 127, *131*, 138, *159*, 218, 220, *232*, 242, *250*
Rosenblatt, F. 134, *159*
Roth, E. *160*, *249*
Rudinger, G. *249*
Rudzka-Ostyn, B. *272*
Ruhrberg, P. 187, *207*
Rumbaugh, D. M. *129*, *131*
Rumelhart, D. E. 78, *92*, *232*
Rutz, H. 187, *207*

Saarinen, E. *271*
Sag, I. A. *270*
Saile, G. 188, *207*
Salmon, D. P. 128, *130*
Sandig, B. *53*
Sanford, A. J. 75, 82, *92*

Santa, J. L. 39, *53*
Sapir, E. 234, *250*
Saussure, F. de 153
Savage-Rumbaugh, S. 120, *130f*
Schacter, D. L. 141, *159*
Schade, U. *90*
Schadewaldt, W. 155, *159*
Schaefer, E. F. 83, *90*, 106f, *110*
Schaefer, F. 31
Schäle, H. 279, *290*
Schank, G. *111*
Schank, R. C. 82, *92*, *159*, 255, *272*
Scharnhorst, U. 256, *271*
Scherer, K. R. *248*, *250*, 292, *307*
Schiffelin, B. *250*
Schleicher 275
Schlenker, B. R. 298, *308*
Schmidt, B. 139, *160*
Schmidt, G. 31, *33*
Schmidt, M. *271*
Schmidt-Denter, U. *250*
Schmiescheck, M. 139, *159*
Schneewind, K. 318, *326*
Schneider, W. 282, *290*
Schnelle, H. 75, *92*
Schöler, H. 210, 279, 281-284, 286, *288-290*, 322, *326*
Schrader, L. *69*
Schriefers, H. *12*, *34*
Schulten, K. 116, *131*
Schulze, M. 31, *33*
Schulze-Naumburg, F. 31
Schütte, W. 101, *111*
Schvaneveldt, R. W. 47, *53*
Schwartz, B. 109, *111*
Schwarz, M. 256, *272*
Schweizer, H. *206*
Schwertfeger, B. 296, 305, *308*
Schwitalla, J. *111*
Searle, J. R. 83, *92*, 213, *232*
Selbmann, K. E. 26, 28, *35*
Semin, G. *232*
Semmer, N. *249*
Sennet, R. 291, *308*
Sennholz, K. 62f, *69*
Sevcick, R. A. *131*
Seyfart, R. M. 127, *129*
Shannon, C. E. *158*, 211, *232*
Shaw, E. 135, *159*
Shiffrin, R. M. 282, *290*
Shoben, E. J. 137, *159*
Shugar, G. W. *231*
Shweder, R. A. *250*
Sichelschmidt, L. *90*, 174, *182*
Sieburg, I. 26, *33*
Silfies, L. N. *326*
Simon, H. A. 76, *90*, *92*, 114, *131*, 135, *159*
Singer, M. 135, *159*
Skevington, S. 310, *326*
Slobin, D. I. 135, *159*, 252, 261, *270*
Smith, E. E. 137, *159*
Smith, M. C. 44, *54*
Smolensky, P. 78, *92*
Smollar, J. 312, *326*
Snodgrass, J. G. 39, *54*
So, K. F. 44, *54*
Sokolowski, K. *250*
Sommer, M. 67, *68*
Spada, H. *12*, *54*, *91*, *111*, *158*, 256, 263, *272*, *325*
Speck, A. 256, 263, 265, *271f*, *325*
Sperber, D. 82, *92*
Sperling, A. 47, *52*
Spranz-Fogasy, T. 318, *325f*
Stäcker, K. H. 19f, *34f*
Stapf, A. 19, 24 *35*
Stapf, K. H. 19, *35*, *159*, 286, *290*
Stechow, A. von *208*, 254, *271*
Steedman, M. 80, *90*
Steinberg, D. A. *35*
Steinberg, L. 324, *326*
Steinthal, H. 181, *182*
Stempel, W. D. 64, *69*
Sternheim, C. 297, *308*
Stroebe, W. *326*
Strohner, H. 74, 79, 81f, 85, 88, *90-92*, 233, *250*, 313, *326*
Strube, G. 138, 149, *159*
Stuss, D. T. 127, *131*
Stutterheim, Ch. von 224, *232*, 253, 256, 259, 260, 263-267, *270-272*

Tachibana, Y. *249*
Tack, W. 263, *272*
Tallal, P. 285, *290*
Talmy, L. 206, *207*, 256, *272*
Tannen, D. 312, *326*
Taraban, R. 228, *232*
Taylor, J. H. 310, *326*
Taylor-Parker, S. *130*
Tesnière, L. 138f, *159*
Tharp, R. *248*
Thomas, A. *249*, *250*
Todtenhöfer, A. 196, *208*
Tomasello, M. 127, *131*

Tooby, J. 115, 125, *129*
Tracy, R. 278, 288, *290*
Treisman, A. 118, *131*
Trommsdorff, G. 234, 245 - 247, *249f*
Tschan, F. *249*
Tsuji, H. 234
Tulving, E. 38, *54*, 141, *159*
Turing, A. M. 134, *160*
Tversky, A. 149 - 151, *160*

Ullmer - Erich, V. 191, *208*

Valsiner, J. *250*
van der Meer, E. 139, *160*
van Dijk, T. A. 81, *91f*, 96, *111*, 138, *158*, 258, *271*
van Eye, A. *159*
van Valin, R. D. 263, *271*
Vangelisti, A. L. *90*
Vater, H. 184, 187, *208*, 259, *272*
Velichkovsky, B. M. 114, 116, 118, 124, *129*, *131*
Vera, A. H. 76, *90*, *92*
Viol, B. 16, *35*
Vitouch, P. 292, *308*
Vogts, B. 178
Volbers, A. 26, *35*
Vorberg, D. *12*, *34*
Voss, J. F. 312, *326*
Vygotsky, L. S. 118, 122, 128, *131*

Wahlster, W. 76, *91*
Wahren, H. K. 296, *308*
Walker, L. J. 310, *326*
Wallbott, H. G. 292, *307*
Waller, M. 284, *290*
Warren, N. *250*
Warren, R. E. 47, *54*
Wason, P. C. *272*
Weaver, W. 211, *232*
Webber, B. l. *270*
Weber, D. J. *90*
Weber, H. 119, 124, *130*
Weddige, A. 26, *35*
Weinert, A. B. 305, *308*
Weinert, S. 108, *111*
Weingarten, R. *111*
Weinheimer, 219, 222
Weissenborn, J. *182*, *207*
Weiß, P. 187f, 191 - 193, 205f, *206 - 208*, 210
Wettler, M. 109, *110*, 139, *160*
Weuffen, M. 285, *288*
Weyer, R. S. jr. 311, *325*
White, G. M. *250*
Whorf, B. L. 234, 240, 242, *250*
Wickelgren, W. A. 141, *160*
Wiegand, H. E. 254, *272*
Wiener, N. 134, *160*
Wieser, I. 27, *34*
Wiley, J. *326*
Wilkes - Gibbs, D. 223, *230*
Will, C. 26, *35*
Williams, S. L. *131*
Wilson, D. 82, *92*
Winkler, P. *306*
Winterhoff - Spurk, P. 6, *12*, 204, 210, 281, *289*, 292, 293 - 295, 299 - 303, *305f*, *308*
Wintermantel, M. 265, *272*
Wisniewski, E. J. 77, *91*
Wittgenstein, L. 120
Wolf, M. 137, 139, *160*
Wolter, G. 26, *33*
Wunderer, R. *12*, *308*
Wunderlich, D. 185, 188f, 191, *208*
Wundt, W. 18, 20, 118

Yamauchi, H. *249*
d'Ydewalle, G. *131*
Yoder, D. *289*
Young, A. W. 39f, 42, *53*
Youniss, J. 312, *326*
Yule, G. 256f, 259, *270*

Zajonc, R. B. 244, *250*
Zimmer, H. D. 42, 48f, *53*, 141, *157*, 233, *248*, 261, *271*